Elemente der Mathematik

**Niedersachsen
9. Schuljahr**

Herausgegeben von
Heinz Griesel
Helmut Postel
Friedrich Suhr
Werner Ladenthin
Matthias Lösche

Niedersachsen 9

Herausgegeben von
Prof. Dr. Heinz Griesel, Prof. Helmut Postel, Friedrich Suhr, Werner Ladenthin, Matthias Lösche

Bearbeitet von
Julia Berlin-Bonn, Lutz Breidert, Gabriele Dybowski, Dr. Beate Goetz, Bodo Paul Hoffmann,
Reinhard Kind, Werner Ladenthin, Matthias Lösche, Kerstin Schäfer, Thomas Sperlich,
Friedrich Suhr, Prof. Dr. Hans-Georg Weigand, Ulrike Willms

Für Niedersachsen bearbeitet von
Lutz Breidert, Prof. Dr. Regina Bruder, Bodo Paul Hoffmann, Reinhard Kind, Jochen Scheuermann,
Dirk Schulze, Dr. Holger Schütte, Thomas Sperlich, Friedrich Suhr, Klaas Wiggers

Der Schülerband ist auch als digitales Schulbuch erhältlich: Best.-Nr. 88609
Für dieses Unterrichtswerk sind umfangreiche Unterrichtsmaterialien entwickelt worden:
Lösungen: Best.-Nr. 88610
Arbeitsheft: Best.-Nr. 88611
BiBox: Best.-Nr. 88613

© 2016 Bildungshaus Schulbuchverlage Westermann Schroedel Diesterweg Schöningh Winklers GmbH,
Georg-Westermann-Allee 66, 38104 Braunschweig
service@westermann.de, www.westermann.de

Das Werk und seine Teile sind urheberrechtlich geschützt. Jede Nutzung in anderen als den gesetzlich zugelassenen bzw. vertraglich zugestandenen Fällen bedarf der vorherigen schriftlichen Einwilligung des Verlages. Wir behalten uns die Nutzung unserer Inhalte für Text und Data Mining im Sinne des UrhG ausdrücklich vor. Nähere Informationen zur vertraglich gestatteten Anzahl von Kopien finden Sie auf www.schulbuchkopie.de.

Für Verweise (Links) auf Internet-Adressen gilt folgender Haftungshinweis: Trotz sorgfältiger inhaltlicher Kontrolle wird die Haftung für die Inhalte der externen Seiten ausgeschlossen. Für den Inhalt dieser externen Seiten sind ausschließlich deren Betreiber verantwortlich. Sollten Sie daher auf kostenpflichtige, illegale oder anstößige Inhalte treffen, so bedauern wir dies ausdrücklich und bitten Sie, uns umgehend per E-Mail davon in Kenntnis zu setzen, damit beim Nachdruck der Verweis gelöscht wird.

Druck A^7 / Jahr 2025
Alle Drucke der Serie A sind im Unterricht parallel verwendbar.

Redaktion: Lena Schenk, Claus Peter Witt
Umschlagentwurf: LIO Design GmbH, Braunschweig
Innenlayout: JANSSEN KAHLERT Design & Kommunikation GmbH, Hannover
Illustrationen: Dietmar Griese, Laatzen
Zeichnungen: Langner & Partner, Hemmingen; Birgit und Olaf Schlierf, Lachendorf; topset GmbH - Rudi Warttmann, Nürtingen
Taschenrechner: Texas Instruments Education Technology GmbH, Freising
Satz: imprint, Zusmarshausen
Druck und Bindung: Westermann Druck GmbH, Georg-Westermann-Allee 66, 38104 Braunschweig

ISBN 978-3-507-**88608**-7

Über dieses Buch 6

Bleib fit im Umgang mit Termen mit Klammern 9

1. Quadratwurzeln 11
Lernfeld Entdeckungen an Zahlen 12
1.1 Einführung der Quadratwurzeln 13
1.2 Näherungswerte für Quadratwurzeln 15
1.3 Rechenregeln für Quadratwurzeln und ihre Anwendung 17
1.4 Anwenden der Wurzelgesetze auf Terme mit Variablen 21
1.5 **Zum Selbstlernen** Umformen von Wurzeltermen 25
1.6 Aufgaben zur Vertiefung 27
◉ Mathematik und Sprache – Mathematik als Sprache – Sprache der Mathematik 28
Das Wichtigste auf einen Blick/Bist du fit? 30

2. Satz des Pythagoras 31
Lernfeld Alles über Dreiecke 32
2.1 Satz des Pythagoras 33
2.2 Berechnen von Streckenlängen 38
◉ Modellieren mit geometrischen Figuren 46
2.3 Umkehrung des Satzes des Pythagoras 48
2.4 Höhensatz und Kathetensatz des Euklid 50
2.5 Aufgaben zur Vertiefung 54
Das Wichtigste auf einen Blick/ Bist du fit? 55

3. Quadratische Zusammenhänge 57
Lernfeld Keine Gerade, aber symmetrisch 58
3.1 Quadratischen Funktionen – Definition 59
3.2 Quadratfunktion – Normalparabel – Gleichungen der Form $x^2 = r$ ... 62
3.3 Verschieben der Normalparabel 66
    3.3.1 Verschieben der Normalparabel parallel zur y-Achse 66
    3.3.2 Verschieben der Normalparabel parallel zur x-Achse – Gleichungen der Form $(x + d)^2 = r$ 69
    3.3.3 Verschieben der Normalparabel in beliebiger Richtung – Scheitelpunktform – Quadratische Gleichungen der Form $x^2 + px + q = 0$ 73
3.4 Strecken und Spiegeln der Normalparabel 78
3.5 Strecken und Verschieben der Normalparabel – Gleichungen der Form $ax^2 + bx + c = 0$ 85
◉ Bremsen und Anhalten von Fahrzeugen 92
3.6 Strategien zum Lösen quadratischer Gleichungen 94
3.7 Linearfaktorzerlegung quadratischer Terme - Satz des Vieta 98
3.8 Schnittpunkte von Parabeln und Geraden 102
◉ Goldener Schnitt 105

◉ Auf den Punkt gebracht   ◉ Im Blickpunkt

3.9	**Zum Selbstlernen** Modellieren – Anwenden von quadratischen Gleichungen	107
3.10	Optimierungsprobleme mit quadratischen Funktionen – Lösungsstrategien	110
3.11	Bestimmen von Parabeln	114
	◎ Näherungslösungen und exakte Lösungen	118
3.12	Parabeln als Ortslinien	120
	Das Wichtigste auf einen Blick/Bist du fit?	124

Bleib fit im Umgang mit Baumdiagrammen und Pfadregeln 127

4. Baumdiagramme und Vierfeldertafeln 129

	Lernfeld Vor und zurück in Bäumen und Feldern	130
4.1	Darstellung von Daten in Vierfeldertafeln	131
4.2	Vierfeldertafeln und Zufallsexperimente	134
4.3	Umkehren von Baumdiagrammen	139
	● Paradox erscheinende Wahrscheinlichkeiten	145
	Das Wichtigste auf einen Blick/ Bist du fit?	147

5. Ähnlichkeit 149

	Lernfeld Gleiche Form – andere Größe	150
5.1	Ähnliche Vielecke	151
5.2	**Zum Selbstlernen** Flächeninhalt bei zueinander ähnlichen Figuren	157
	● Volumen bei zueinander ähnlichen Quadern	159
	◎ Arbeit im Team organisieren	160
5.3	Zentrische Streckung	162
5.4	Ähnlichkeit bei beliebigen Figuren	166
5.5	Ähnlichkeitssatz für Dreiecke	168
5.6	Beweisen mithilfe des Ähnlichkeitssatzes	170
5.7	Strategien zum Berechnen von Streckenlängen	172
	● Mess- und Zeichengeräte selbst gebaut	180
5.8	Umkehrung des 1. Strahlensatzes für Halbgeraden	182
	◎ Mehrstufiges Argumentieren – Vorwärts- und Rückwärtsarbeiten	184
5.9	Aufgaben zur Vertiefung	186
	Das Wichtigste auf einen Blick/Bist du fit?	187

6. Trigonometrie 189

	Lernfeld Alles über Dreiecke	190
6.1	Sinus, Kosinus und Tangens	191
6.2	Bestimmen von Werten für Sinus, Kosinus und Tangens – Zusammenhänge	195
6.3	Berechnungen in rechtwinkligen Dreiecken	198
6.4	**Zum Selbstlernen** Berechnungen in gleichschenkligen Dreiecken	203

◎ Auf den Punkt gebracht ● Im Blickpunkt

6.5	Berechnungen in beliebigen Dreiecken	205
	6.5.1 Sinussatz	205
	6.5.2 Kosinussatz	210
6.6	Vermischte Übungen	215
	🔵 Wie hoch ist eigentlich... euer Schulgebäude?	216
6.7	Aufgaben zur Vertiefung	218
Das Wichtigste auf einen Blick/Bist du fit?		**219**

Anhang

Lösungen zu Bist du fit?	221
Verzeichnis mathematischer Symbole	230
Stichwortverzeichnis	231
Bildquellenverzeichnis	232

◎ Auf den Punkt gebracht   🔵 Im Blickpunkt

Über dieses Buch

Elemente der Mathematik ist auf der Basis des Kerncurriculums für das Gymnasium in Niedersachsen entwickelt worden. In Umfang und Art der Darstellung trägt es den Veränderungen durch das Abitur nach 13 Jahren Rechung. Die prozessbezogenen und inhaltsbezogenen Kompetenzen, die die Schülerinnen und Schüler erwerben sollen, werden deutlich und akzentuiert herausgestellt. Vielfältige Erweiterungsmöglichkeiten für Differenzierung im Unterricht und thematische Profilbildungen werden angeboten.

Bei der Darstellung der Lerninhalte werden sowohl alle prozessbezogenen Kompetenzbereiche (Mathematisch argumentieren, Probleme mathematisch lösen, Mathematisch modellieren, Mathematische Darstellungen verwenden, Mit symbolischen, formalen und technischen Elementen der Mathematik umgehen, Kommunizieren) als auch alle inhaltsbezogenen Kompetenzbereiche (Zahlen und Operationen, Größen und Messen, Raum und Form, Funktionaler Zusammenhang, Daten und Zufall) ausgewogen berücksichtigt und miteinander verzahnt. Insbesondere wurden auch Ergebnisse und Schlussfolgerungen aus der TIMS- und der PISA-Studie angemessen eingearbeitet. Zum Erwerb der überfachlichen und fachlichen Kompetenzen ermöglicht Elemente der Mathematik eine breite Palette unterschiedlichster schülerorientierter Unterrichtsformen: Beim gemeinsamen Entdecken, Erforschen, Beschreiben und Erklären erfahren die Schüler, dass nicht nur die Lösung eines Problems, sondern auch der Lösungsweg wichtig ist und dass dabei insbesondere die Analyse von Fehlern hilfreich ist. Die überfachlichen Kompetenzen (Personale Kompetenz, Sozialkompetenz, Lernkompetenz und Sprachkompetenz) gelangen so in den Vordergrund des unterrichtlichen Geschehens. Stets werden den Unterrichtenden konkrete Hilfen an die Hand gegeben, um solche problem- und handlungsorientierte Lernsituationen zu schaffen, in denen die Schüler und Schülerinnen altersangemessen ihr mathematisches Wissen möglichst eigenständig entwickeln und strukturieren können.

Zu den Lerninhalten

Aus den im Kerncurriculum angegebenen prozessbezogenen und inhaltsbezogenen Kompetenzen, die am Ende der Klasse 10 erworben sein sollen, wurde folgende Themenabfolge für den Unterricht in Klasse 9 entwickelt:

Kapitel 1 Quadratwurzeln – Lernbereich „Entdeckungen an rechtwinkligen Dreiecken und Ähnlichkeit"

Am geometrischen Problem der Bestimmung der Seitenlänge eines Quadrats mit vorgegebenem Flächeninhalt lernen die Schüler das Wurzelziehen kennen. Es wird nur gezeigt, dass Wurzeln aus natürlichen Zahlen, die keine Quadratzahlen sind, nichtabbrechende Dezimalbrüche sind. Die Wurzelgesetze werden anschließend behandelt.

Kapitel 2 Satz des Pythagoras – Lernbereich „Entdeckungen an rechtwinkligen Dreiecken und Ähnlichkeit"

Der Satz des Pythagoras wird aus einem Berechnungsproblem gewonnen und mithilfe eines Zerlegungsbeweises begründet. Im Vordergrund stehen die vielfältigen Anwendungen in ebenen und räumlichen Figuren. Zum Abschluss des Kapitels werden der Höhensatz und der Kathetensatz sowie deren Zusammenhang zum Satz des Pythagoras behandelt.

Kapitel 3 Quadratische Zusammenhänge – Lernbereich „Quadratische Zusammenhänge"

Allgemeine quadratische Funktionen werden durch Verschieben, Spiegeln und Strecken der Normalparabel eingeführt. Parallel dazu wird schrittweise über die Nullstellenproblematik ein Verfahren zum Lösen quadratischer Gleichungen entwickelt. Die Verwendung quadratischer Funktionen beim Modellieren und beim Lösen von Optimierungsproblemen wird ausführlich behandelt.

Kapitel 4 Baumdiagramme und Vierfeldertafeln − Lernbereich „Baumdiagramme und Vierfeldertafeln"
Vierfeldertafeln werden als übersichtliche Darstellungsmöglichkeit für Daten mit zwei Merkmalen eingeführt. Ihr Zusammenhang zu Zufallsexperimenten wird hergestellt. Damit lassen sich durch das Umkehren von Baumdiagrammen Chancen und Risiken von medizinischen Tests abschätzen.

Kapitel 5 Ähnlichkeit − Lernbereich „Entdeckungen an rechtwinkligen Dreiecken und Ähnlichkeit"
Ausgehend vom maßstäblichen Verkleinern und Vergrößern wird die Ähnlichkeit für Vielecke definiert und auf ihre Eigenschaften hin untersucht. Der Ähnlichkeitssatz für Dreiecke wird beim Berechnen und Beweisen angewendet. Die fakultativ angebotenen Strahlensätze gestatten dann die einfache Berechnung von Streckenlängen in vielfältigen Anwendungssituationen.

Kapitel 6 Trigonometrie − Lernbereich „Entdeckungen an rechtwinkligen Dreiecken und Ähnlichkeit"
Das Problem der Berechnung von Winkelgrößen in rechtwinkligen Dreiecken führt zur geometrischen Definition von Sinus, Kosinus und Tangens im rechtwinkligen Dreieck. Vielfältige Anwendungssituationen zu Berechnungen in rechtwinkligen, gleichschenkligen und beliebigen Dreiecken führen hin bis zum Sinus- und Kosinussatz.

Zum methodischen Aufbau

1. Jedes Kapitel beginnt mit einer **Einstiegsseite**, die an die Erfahrungen der Schülerinnen und Schüler anknüpft und erste Aktivitäten zur Thematik ermöglicht. Diese Seite eignet sich für einen offenen Einstieg und gibt einen Ausblick auf das Thema des Kapitels.
An die Einstiegsseite schließt sich ein **fakultatives Lernfeld** mit verschiedenen offenen und reichhaltigen Lerngelegenheiten an: In unterschiedlichen Problemsituationen können die Schülerinnen und Schüler zentrale Inhalte und Verfahren auf eigenen Lernwegen durch Anknüpfen an Alltags- und Vorerfahrungen selbstständig und häufig handlungsorientiert entdecken. Der Aufbau eigener Vorstellungen und die Bearbeitung einer Vielfalt von Lösungsansätzen werden gefördert durch die Anregung, diese Lernfelder in der Regel in Partner- und Gruppenarbeit zu bearbeiten.

2. Die folgenden **Lerneinheiten** bieten eine Möglichkeit zur systematischen Behandlung der Kapitelinhalte − je nach Vorgehen in der Lerngruppe können Teile davon auch in die Bearbeitung der Lernfelder integriert werden. Jede Lerneinheit beginnt mit einem offenen Einstieg (ohne Lösung im Buch), der die Schüler(innen) zu einer eigenständigen Problembearbeitung und -lösung anregt. Es kann sich eine Aufgabe mit Lösung oder eine Einführung anschließen, die alternativ oder ergänzend die Thematik bearbeiten. Durch ihre sorgfältige, schülergerechte Darstellung eignen sie sich sowohl zum eigenständigen Erarbeiten als auch zum Herausstellen von Problemlösestrategien. Der übersichtlichen Darstellung wegen folgen hier schon weiterführende Aufgaben, die im Unterricht in aller Regel erst nach einer erfolgten Festigung der zuerst behandelten Inhalte an einigen Übungsaufgaben thematisiert werden sollten. Sie dienen der Abrundung und Weiterführung der Theorie. Ihr Thema wird den Unterrichtenden in einer Überschrift genannt. In aller Regel sollten weiterführende Aufgaben im Unterricht bearbeitet werden und nicht als Hausaufgaben gestellt werden.
Die im Lernprozess erarbeiteten Ergebnisse werden häufig in einer Information zusammengefasst. In ihr werden auch Begriffe eingeführt und Ausblicke gegeben. Wesentliche Inhalte werden dabei optisch deutlich in einem Kasten mit einem roten Rahmen hervorgehoben. Hier wird großer Wert auf prägnante, altersgemäße Formulierungen gelegt, die auch beispielgebunden sein können.

Die folgenden Übungsaufgaben sind unter besonderer Berücksichtigung des Erwerbs sowohl der inhaltsbezogenen als auch der prozessbezogenen Kompetenzen konzipiert worden. Sie dienen zur Festigung des Gelernten, der operativen Durcharbeitung und der Vernetzung der Lerninhalte mit denen früherer Themen; dabei sind überall offene Aufgaben integriert. Zur soliden Durcharbeitung wird konsequent das Analysieren typischer Schülerfehler und entsprechendes Argumentieren und Kommunizieren gefordert. Auch die Übungsaufgaben ermöglichen Unterricht in vielfältigen schülerbezogenen Aktivitäten, bis hin zu Partnerarbeit und Teamarbeit sowie Spielen.

Einige Aufgaben enthalten in einem blauen Fond Musterbeispiele für Schreibweisen und Lösungswege. Manche Aufgaben enthalten Selbstkontroll-Möglichkeiten für die Schüler(innen). Aufgaben, die die Selbstständigkeit und Problemlösefähigkeit in besonderer Weise herausfordern, sind durch eine rote Aufgabennummer gekennzeichnet.

3. Abschnitte mit der Überschrift **Vermischte Übungen** finden sich an den Stellen eines Kapitels, an denen eine besonders starke Vermischung der bisher erworbenen Kompetenzen angebracht ist.

4. Eingestreut in die Übungsaufgaben finden sich in regelmäßigen Abständen Fragestellungen unter der Überschrift **Das kann ich noch!** zum Reaktivieren des bisher erworbenen Grundwissens.

5. Am Kapitelende folgt dann der fakultative Abschnitt **Aufgaben zur Vertiefung**, der neben einer Vernetzung auch eine Ergänzung des Lehrstoffes auf einem erhöhten Niveau zum Ziel hat.

6. Den Kapitelabschluss bilden die Abschnitte **Das Wichtigste auf einen Blick** und **Bist du fit?**, in denen in besonderer Weise die erworbenen Grundqualifikationen zusammengestellt und getestet werden. Die Lösungen dieser Aufgaben sind im Anhang des Buches angegeben, sodass sie von den Schülern gut zum eigenständigen Üben für eine Klassenarbeit verwendet werden können.

7. Unter der Überschrift **Im Blickpunkt (●)** werden innermathematische, aber insbesondere auch fachübergreifende, komplexere Themen, die von besonderem Interesse sind und in engem Zusammenhang mit dem Lerninhalt des Kapitels stehen, als Ganzes behandelt. Zur Förderung der fachlichen Kompetenz des Problemlösens sind einige dieser Abschnitte als Forschungsaufträge formuliert. Die Blickpunkte gehen über die obligatorischen Inhalte des Kerncurriculums hinaus; sie eignen sich auch zur Differenzierung und Förderung von eigenständigen Schüleraktivitäten.

8. Um Schüler und Schülerinnen im eigenständigen Erarbeiten mathematischer Themen zu schulen, enthält jedes Kapitel eine Lerneinheit **Zum Selbstlernen**, in der das Thema so aufbereitet ist, dass es von den Lernenden ganz selbstständig bearbeitet werden kann.

9. An geeigneten Stellen werden unter der Überschrift **Auf den Punkt gebracht (◎)** die für diese Klassenstufe vorgesehenen allgemeinen Kompetenzen akzentuiert zusammengefasst.

Symbole

1. Dieser Arbeitsauftrag ist für die Bearbeitung in Partnerarbeit konzipiert.
2. Dieser Arbeitsauftrag ist für die Bearbeitung durch eine Gruppe aus mehreren Schülerinnen und Schülern konzipiert.
3. Rote Aufgabennummern kennzeichnen Aufgaben, die die Selbstständigkeit und Problemlösefähigkeit der Schülerinnen und Schüler in besonderer Weise herausfordern.
4. Blaue Aufgabennummern (und Überschriften) kennzeichnen Zusatzstoffe.

 In den Einheiten zum Selbstlernen kennzeichnet dieses Symbol einen Auftrag.

Bleib fit im ...
Umgang mit Termen mit Klammern

Zum Aufwärmen

1. Der abgebildete Schwimmbecken-Typ wird in mehreren Größen hergestellt. Diese unterscheiden sich nur in der Länge x der längsten Seite (Abmessungen in m).
   Für die Grundfläche A (in m²) wurden drei verschiedene Terme aufgestellt:
   David: $A = (6 + 4) \cdot x - 4 \cdot (x - 6)$
   Emilie: $A = 6 \cdot x + 4 \cdot 6$
   Frank: $A = (6 + 4) \cdot 6 + 6 \cdot (x - 6)$
   a) Überprüfe durch Einsetzen, ob alle drei Terme dieselben Ergebnisse liefern.
   b) Erläutere diese Terme an der Figur; zeichne dazu auch Hilfslinien ein.
   c) Zeige durch Umformen, dass alle drei Terme wertgleich sind.
   d) Das Schwimmbecken soll 120 m² groß sein. Wie lang muss die längste Seite sein?

2. Übertrage die Figur in dein Heft. Löse die Klammern des Terms auf und veranschauliche das Ergebnis an der Figur.

   a) $(a + b)^2$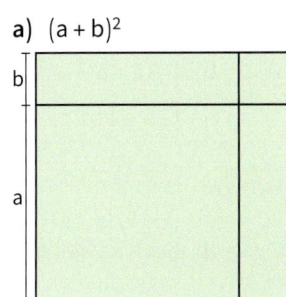

   b) $(a - b)^2$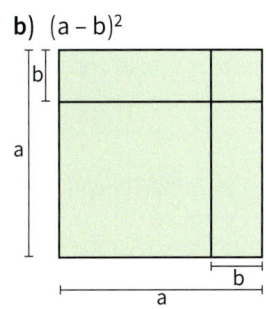

   c) $(a + b)(a - b)$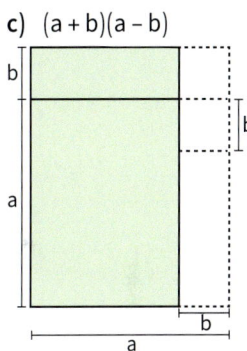

Zum Erinnern

(1) Multiplizieren einer Summe bzw. Differenz
Man multipliziert eine Summe (Differenz) mit einem Term, indem man jedes Glied der Summe (Differenz) mit dem Term multipliziert. Die Vorzeichen + und − werden dabei nach den Vorzeichenregeln gesetzt.
Ein Minuszeichen vor der Klammer bedeutet eine Multiplikation mit (−1).

$7 \cdot (4x + 3y) = 7 \cdot 4x + 7 \cdot 3y$
$= 28x + 21y$
$-2x \cdot (3y - 6z) = -2x \cdot 3y + 2x \cdot 6z$
$= -6xy + 12xz$
$-(-3a + 2bc) = (-1) \cdot (-3a + 2bc)$
$= (-1) \cdot (-3a) + (-1) \cdot (2bc)$
$= 3a - 2bc$

(2) Multiplizieren von Summen und Differenzen miteinander
Jedes Glied der einen Klammer wird mit jedem Glied der anderen Klammer multipliziert.
Als Spezialfall ergeben sich daraus auch die **binomischen Formeln**.
1. Binomische Formel: $(a + b)^2 = a^2 + 2ab + b^2$
2. Binomische Formel: $(a - b)^2 = a^2 - 2ab + b^2$
3. Binomische Formel: $(a + b) \cdot (a - b) = a^2 - b^2$

$(3a - 2b) \cdot (2a - b + 4c)$
$= 6a^2 - 3ab + 12ac - 4ab + 2b^2 - 8bc$
$= 6a^2 - 7ab + 12ac + 2b^2 - 8bc$

(3) Strategie beim Bestimmen der Lösungsmenge einer Gleichung

Um die Variable auf einer Seite der Gleichung zu isolieren, geht man in folgenden Schritten vor:

- *Anwenden von Termumformungsregeln* zum Vereinfachen der beiden Seiten.
- *Sortieren* der Summanden: mit Variable auf eine Seite, ohne Variable auf die andere Seite der Gleichung. Dazu darf man auf beiden Seiten der Gleichung denselben Term addieren bzw. subtrahieren.
- *Isolieren* der Variablen: Dazu multipliziert bzw. dividiert man beide Seiten der Gleichung mit dem Vorfaktor der Variablen.

$$(x-2)(x-1) - x = x^2 - 2x - 7 + x$$
$$x^2 - x - 2x + 2 - x = x^2 - x - 7$$
$$x^2 - 4x + 2 = x^2 - x - 7 \quad |-x^2 - 2$$
$$-4x = -x - 9 \quad |+x$$
$$-3x = -9 \quad |:(-3)$$
$$x = 3$$
Lösungsmenge $L = \{3\}$

Zum Trainieren

3. Löse die Klammern auf und fasse zusammen.
- **a)** $(5-x) - (x-7)$
- **b)** $6(a+b) - 4(a-b)$
- **c)** $7x - 2(x-3)$
- **d)** $x + y - (x+y)$
- **e)** $x(y+3) + (y-3)$
- **f)** $(x-4) \cdot (5-x)$
- **g)** $-a(x-2) + ax$
- **h)** $(x+3)(x-4)$
- **i)** $75x - (18x - 9y) - 3(y - 2x)$
- **j)** $(3x-8)(2x+3) + 5x + 24$
- **k)** $2x - (x+1)(x+5)$
- **l)** $ab + (a+3)(2a-4)$

4. Wende die binomischen Formeln an.
- **a)** $(k+m)^2$
- **b)** $(k-m)^2$
- **c)** $(k+m)(k-m)$
- **d)** $(r-1)(r+1)$
- **e)** $(s-t)^2$
- **f)** $(a+3)^2$
- **g)** $(2x+5)^2$
- **h)** $(-3a+b)^2$
- **i)** $\left(\frac{1}{2}a - \frac{1}{3}b\right)^2$
- **j)** $(4r-s)(4r+s)$
- **k)** $(y - 2{,}5z)^2$
- **l)** $\left(\frac{1}{4} + 5y\right)^2$

5. Bestimme die Lösungsmenge.
- **a)** $4(y-3) - 2y = 5(3y+1)$
- **b)** $8(x-1) + 3(x+8) = 2(x+5)$
- **c)** $(x+5)(x-4) = x^2 - 15$
- **d)** $(x-1)^2 + (x+4)^2 = (x-2)^2 + (x+3)^2$

6. Drei Erwachsene gehen am 7.4. mit fünf Jugendlichen ins Erlebnisbad. An der Kasse bezahlt einer den Gesamtpreis von 38 Euro. Als sie später im Bad die Kosten aufteilen wollen, erinnern sie sich noch daran, dass ein Erwachsener zwei Euro mehr kostet als ein Jugendlicher. Passt die Gleichung $3x + 5(x-2) = 26$ zu dieser Situation? Was kosten die Einzeleintritte?

7. Das Eckgrundstück von Familie Mauermann ist quadratisch und grenzt an zwei Seiten an eine Straße. Da die Straße um einen Radweg ergänzt werden soll, muss Familie Mauermann an den an die Straße angrenzenden Seiten einen jeweils 3 m breiten Streifen abgeben. Das Grundstück verkleinert sich so um 81 m². Welche Seitenlänge hatte das ursprüngliche Grundstück?

8. Die folgenden Terme sind durch Auflösen mit einer binomischen Formel entstanden. Gib den ursprünglichen Term an.
- **a)** $x^2 + 14x + 49$
- **b)** $169x^2 - 52x + 4$
- **c)** $x^2 - 100$
- **d)** $36a^2 - 144$
- **e)** $81b^2 + 18b + 1$
- **f)** $x^2 - 10x + 25$

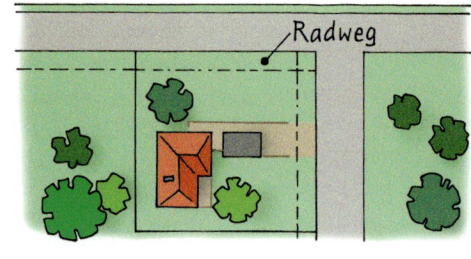

$x^2 - 10x + 25 = (x-5)^2$

1. Quadratwurzeln

In vielen Anwendungssituationen haben die Seitenlängen von Quadraten eine große Bedeutung.

→ In Ahausen werden die Straßenreinigungsgebühren nach dem *Straßenfront-Maßstab* bezahlt.
Für jeden Meter Grundstücksgrenze an der Straße sind jährlich 5 € zu zahlen.
Wie viel müssen die Familien Müller, Meyer und Yilmaz zahlen?

→ Es wird diskutiert, ob dieses Vorgehen gerecht ist. Überlege dir Argumente.

→ Im nächsten Jahr sollen die Gebühren nach dem *Quadratwurzel-Maßstab* berechnet werden.
Dazu denkt man sich jedes Grundstück in ein quadratisches gleicher Größe verwandelt.
Pro Meter Seitenlänge des Quadrats sind jährlich 5 € zu zahlen.
Berechne die neuen Kosten.

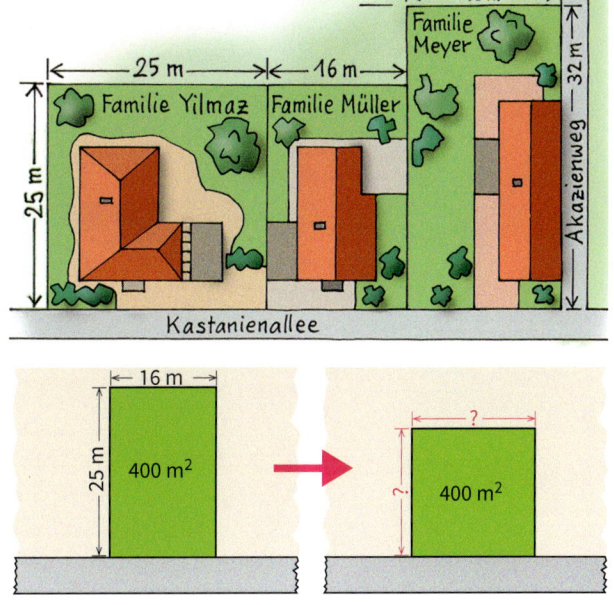

In diesem Kapitel ...
lernst du, wie man zum vorgegebenen Flächeninhalt eines beliebigen Quadrats die Seitenlänge ermitteln kann. Dabei lernst du eine neuen Rechenoperation kennen, das Wurzelziehen.

Lernfeld: Entdeckungen an Zahlen

Gesucht: Seitenlänge von Quadraten
Bestimmt die Seitenlängen der abgebildeten Flächen von Quadraten. Welche Probleme ergeben sich?

- 4 cm²
- 16 cm²
- 6,25 cm²
- 1 cm²
- 25 cm²
- 12,25 cm²
- 19 cm²
- 13 cm²

Zahlenrätsel
Denke dir eine Zahl und multipliziere sie mit sich selbst. Nenne deinem Partner das Ergebnis und lasse ihn die Zahl erraten. Wechselt nach jeder Aufgabe die Rollen.
Überlegt anschließend gemeinsam, welche Strategien beim Lösen solcher Zahlenrätsel hilfreich sind.

1.1 Einführung der Quadratwurzeln

Einstieg

Der Staat Wyoming in den USA hat eine Größe von ungefähr 250 000 km². Seine Fläche kann näherungsweise als Quadrat betrachtet werden.
Wie lang ist die Grenze von Wyoming ungefähr?

Aufgabe 1

Das Grundstück der Familie Neubauer ist 961 m² groß.
Bestimme die Seitenlänge eines quadratischen Grundstücks gleicher Größe.

Lösung

Man erhält den Flächeninhalt eines Quadrats, indem man die Seitenlänge a quadriert: $A = a^2$
Hier ist der Flächeninhalt 961 m² gegeben, gesucht ist die Seitenlänge.
Wir suchen also eine Maßzahl, für die gilt: $961 = a^2 = a \cdot a$
Die gesuchte Maßzahl muss etwas größer als 30 sein, denn $30 \cdot 30 = 900$ ist kleiner als 961.
Wir finden 31, denn $31 \cdot 31 = 961$.
Ergebnis: Die gesuchte Seitenlänge beträgt 31 m.

Information

: **Radix** (lat.)
: Wurzel, Basis

> **Definition**
> Gegeben ist eine nichtnegative Zahl a.
> Unter der **Quadratwurzel** aus a (kurz: *Wurzel* aus a) versteht man diejenige nichtnegative Zahl, die mit sich selbst multipliziert die Zahl a ergibt. Für die Quadratwurzel aus a schreibt man $\sqrt{a}$.
> Die Zahl a unter dem **Wurzelzeichen** heißt **Radikand**. Das Bestimmen der Quadratwurzel heißt **Wurzelziehen (Radizieren)**.
> *Beispiele:* $\sqrt{961} = 31$, denn $31 \cdot 31 = 961$ und $31 \geq 0$
> $\sqrt{0{,}09} = 0{,}3$, denn $0{,}3 \cdot 0{,}3 = 0{,}09$ und $0{,}3 \geq 0$
> $\sqrt{\frac{4}{25}} = \frac{2}{5}$, denn $\frac{2}{5} \cdot \frac{2}{5} = \frac{4}{25}$ und $\frac{2}{5} \geq 0$
> $\sqrt{0} = 0$, denn $0 \cdot 0 = 0$ und $0 \geq 0$

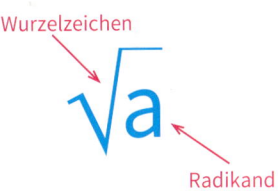

Wurzelzeichen
Radikand

Nichtnegativ ist nicht dasselbe wie positiv.

Beachte:
(1) Eine Quadratwurzel ist stets nichtnegativ. Es ist also z. B. $\sqrt{9} = +3$, obwohl auch $(-3) \cdot (-3) = 9$ ist. Man möchte vermeiden, dass z. B. $\sqrt{9}$ zwei verschiedene Zahlen bezeichnet.
(2) Quadratwurzeln kann man nur aus nichtnegativen Zahlen bilden, denn das Produkt zweier gleicher Zahlen kann niemals negativ sein. $\sqrt{-4}$ ist nicht definiert.

Quadratwurzeln

Übungsaufgaben

2. Gib die Seitenlänge eines Quadrats mit dem gegebenen Flächeninhalt an:
   a) $36\,cm^2$ b) $121\,m^2$ c) $324\,mm^2$ d) $6{,}25\,m^2$ e) $0{,}49\,km^2$

3. Berechne die Quadratzahlen 1^2; 2^2; 3^2; …; 24^2; 25^2. Du benötigst sie häufiger bei den folgenden Aufgaben. Es lohnt sich, sie auswendig zu wissen.

4. Berechne die Wurzeln im Kopf, wenn es sie gibt:
   a) $\sqrt{49}$ d) $\sqrt{81}$ g) $\sqrt{-64}$ j) $\sqrt{1}$ m) $\sqrt{169}$ p) $\sqrt{10\,000}$
   b) $\sqrt{225}$ e) $\sqrt{0}$ h) $\sqrt{289}$ k) $\sqrt{-196}$ n) $\sqrt{576}$ q) $\sqrt{6400}$
   c) $\sqrt{144}$ f) $\sqrt{484}$ i) $\sqrt{121}$ l) $\sqrt{361}$ o) $\sqrt{-900}$ r) $\sqrt{14\,400}$

5. Nimm Stellung zu den Behauptungen rechts.

6. a) $\sqrt{\frac{1}{4}}$ e) $\sqrt{\frac{81}{100}}$ i) $\sqrt{\frac{361}{324}}$
   b) $\sqrt{\frac{1}{9}}$ f) $\sqrt{\frac{25}{144}}$ j) $\sqrt{\frac{36}{289}}$
   c) $\sqrt{\frac{16}{100}}$ g) $\sqrt{\frac{169}{196}}$ k) $\sqrt{-\frac{4}{256}}$
   d) $\sqrt{\frac{81}{225}}$ h) $\sqrt{\frac{49}{225}}$ l) $\sqrt{\frac{324}{121}}$

7. a) $\sqrt{0{,}25}$ d) $\sqrt{0{,}09}$ g) $\sqrt{-3{,}24}$
   b) $\sqrt{0{,}16}$ e) $\sqrt{2{,}56}$ h) $\sqrt{0{,}0049}$
   c) $\sqrt{0{,}01}$ f) $\sqrt{6{,}25}$ i) $\sqrt{0{,}64}$

8. Schreibe als Quadratwurzel, wenn es geht.
   a) 12   b) 17   c) −32   d) 300   e) 0,7   f) $\frac{5}{7}$

   $4 = \sqrt{16}$

9. Kontrolliere Valentins Hausaufgaben.

   a) $\sqrt{256} = 16$ b) $\sqrt{-1024} = 32$ c) $\sqrt{1024} = 32$ d) $\sqrt{1000} = 33{,}4$ e) $\sqrt{0{,}04} = -0{,}2$

10. a) $\sqrt{\sqrt{81}}$ b) $\sqrt{\sqrt{16}}$ c) $\sqrt{\sqrt{256}}$ d) $\sqrt{\sqrt{1296}}$ e) $\sqrt{\sqrt{1}}$

    $\sqrt{\sqrt{625}} = \sqrt{25} = 5$

11. Welche der Zahlen sind gleich? Schreibe als Gleichungsketten.
    a) 16; 2^2; 4·4; $\sqrt{4}$; 2; $\sqrt{16}$; 2·2; $\sqrt{\sqrt{16}}$ b) 0,1; $\frac{1}{100}$; $\frac{1}{10}$; 0,01; $\sqrt{\frac{1}{100}}$; $\left(\frac{1}{10}\right)^2$; $\sqrt{0{,}01}$

12. Ein quadratischer Bauplatz ist $841\,m^2$ groß. Er soll mit einem Bauzaun umgeben werden. Für die Einfahrt sollen 4 m frei bleiben. Wie viel m Zaun benötigt man?

13. Die Oberfläche eines Würfels ist (1) $54\,dm^2$; (2) $150\,dm^2$ groß. Wie groß ist sein Volumen?

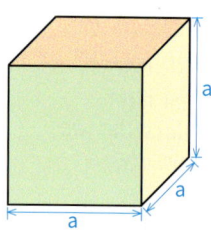

14. Berechne im Kopf.
    a) $3 \cdot \sqrt{100}$ c) $\sqrt{100 - 51}$ e) $\sqrt{9 \cdot \sqrt{16}}$
    b) $\sqrt{6 + 19}$ d) $\sqrt{30 + \frac{1}{2} \cdot 12}$ f) $\sqrt{0{,}1 : \sqrt{\frac{1}{100}}}$

1.2 Näherungswerte für Quadratwurzeln

Einstieg Zeichne ein Quadrat mit der Seitenlänge 2 dm. Beim Verbinden der Seitenmittelpunkte erhältst du ein Quadrat mit dem Flächeninhalt 2 dm². Begründe. Miss die Seitenlänge des neuen Quadrats. Versuche, diese Seitenlänge noch genauer anzugeben. Vergleiche mit deinem Partner.

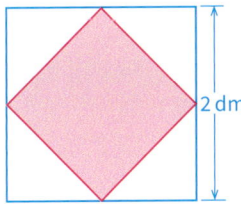

Aufgabe 1 $\sqrt{26}$ ist keine natürliche Zahl, da 26 keine Quadratzahl ist.
a) Versuche $\sqrt{26}$ als Dezimalbruch mit einer Nachkommastelle anzugeben. Falls es nicht gelingt, versuche es mit zwei Nachkommastellen.
b) Bestimme $\sqrt{26}$ mit dem Taschenrechner. Kontrolliere das Ergebnis.

Lösung a) 26 ist nur wenig größer als 25. Wir probieren daher, ob 5,1 die Wurzel aus 26 ist, indem wir $5{,}1 \cdot 5{,}1$ berechnen:

Also ist $\sqrt{26} \neq 5{,}1$. Da es zwischen 5 und 5,1 keinen Dezimalbruch mit nur einer Nachkommastelle gibt, kann man $\sqrt{26}$ nicht als Dezimalbruch mit nur einer Nachkommastelle schreiben. Wir probieren es daher mit 5,09:

$\sqrt{26}$ ist nicht 5,09 sondern muss etwas größer sein. Da es zwischen 5,09 und 5,10 keinen Dezimalbruch mit zwei Nachkommastellen gibt, kann man $\sqrt{26}$ auch nicht als Dezimalbruch mit zwei Nachkommastellen schreiben.

b) Ein Taschenrechner zeigt für $\sqrt{26}$ einen Dezimalbruch mit neun Kommastellen an: 5,099019514. Multipliziert man diesen mit sich selbst, so erhält man ein Ergebnis mit $9 + 9 = 18$ Nachkommastellen. Daher können wir diese Multiplikation nicht mit dem Taschenrechner durchführen. Wir wissen aber, dass die letzte Nachkommastelle eine 6 ist, denn $4 \cdot 4 = 16$. Also ist $\sqrt{26} \neq 5{,}099019514$.

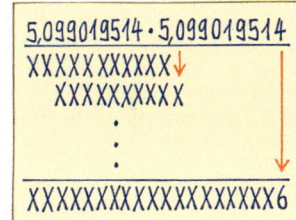

Information In Aufgabe 1 ist es uns nicht gelungen, $\sqrt{26}$ als abbrechenden Dezimalbruch zu schreiben. Wir überlegen daher, ob das überhaupt möglich ist. Da man Endnullen bei Dezimalbrüchen weglässt, kommen für die letzte Nachkommastelle die Ziffern 1, 2, 3, 4, 5, 6, 7, 8, 9 infrage. Multipliziert man einen solchen Dezimalbruch mit sich selbst, so erhält man folgende Endziffern:

Endziffer des Dezimalbruchs	1	2	3	4	5	6	7	8	9
Endziffer des Ergebnisses	1	4	9	6	5	6	9	4	1

Da für die Endziffer beim Ergebnis keine 0 vorkommt, hat das Ergebnis doppelt so viele Nachkommastellen wie der Dezimalbruch. Das Ergebnis ist also auf keinen Fall genau 26. Folglich kann man $\sqrt{26}$ nicht als abbrechenden Dezimalbruch schreiben.

> Die Wurzel aus einer natürlichen Zahl n ist entweder eine natürliche Zahl (falls n eine Quadratzahl ist) oder ein nicht abbrechender Dezimalbruch.

Bei der Angabe des Taschenrechners für Wurzeln handelt es sich häufig um Näherungswerte. Wenn exakt gearbeitet werden soll, lässt man daher Wurzeln wie $\sqrt{26}$ so stehen.

Quadratwurzeln

Übungsaufgaben

2. Hier siehst du einige Zahlen und ihre Quadratwurzeln. Ordne zu; notiere in der Form $\sqrt{9} = 3$.

3. Bestimme mithilfe des Taschenrechners $\sqrt{2000}$.
   Begründe, warum der angezeigte Wert nicht der exakte Wert sein kann.

4. Nimm auf deinem Taschenrechner die kleinste verfügbare Zahl größer als 9 (zum Beispiel 9,000000001).
   Berechne dann deren Wurzel. Erkläre das Ergebnis und begründe erneut, dass der Taschenrechner nicht alle Quadratwurzeln genau angeben kann.

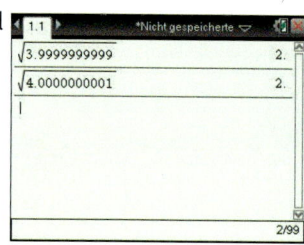

 5. Findet verschiedene Zahlen, die auf euren Taschenrechnern die gleiche Anzeige für ihre Wurzel bewirken.

6. Untersuche, ob die Wurzel eine natürliche Zahl, ein abbrechender oder nicht abbrechender Dezimalbruch ist.

   a) $\sqrt{121}$ c) $\sqrt{1,44}$ e) $\sqrt{41}$ g) $\sqrt{2,89}$
   b) $\sqrt{192}$ d) $\sqrt{256}$ f) $\sqrt{200}$ h) $\sqrt{0,0009}$

Das kann ich noch!

A) Auf dem Bio-Hof von Familie Schubert leben 75 Hühner. Die Hühner legen Eier von unterschiedlicher Größe.
Es gilt: Je älter das Huhn, desto größer das Ei. Nach dem Gewicht der Eier teilt man sie in folgende Gewichtsklassen ein.
An einem Montag legten die Hühner der Familie Schubert insgesamt 50 Eier mit folgenden Gewichten (in g).

	Gewichtsklasse	Gewicht
sehr große Eier	XL	mindestens 73 g
große Eier	L	63 g bis unter 73 g
mittelgroße Eier	M	53 g bis unter 63 g
kleine Eier	S	unter 53 g

56,3	76,2	55,2	48,3	62,4	65,9	77,1	67,9	56,4	51,8
60,4	54,6	62,5	57,2	66,0	46,2	56,4	56,7	65,3	67,4
63,1	50,3	61,4	67,4	77,3	80,3	49,2	63,4	73,2	82,8
55,5	60,7	67,4	74,2	52,4	54,2	65,7	69,2	77,5	55,6
59,0	62,1	53,4	45,4	54,0	48,2	61,0	70,0	65,3	68,1

1) Zähle die absoluten Häufigkeiten für die Gewichtsklassen aus.
2) Berechne die relativen Häufigkeiten für die einzelnen Gewichtsklassen und zeichne ein Säulendiagramm.
3) Bestimme Minimum, Maximum und Spannweite.
4) Berechne das arithmetische Mittel (1) der Daten der Urliste; (2) der klassierten Daten.

1.3 Rechenregeln für Quadratwurzeln und ihre Anwendung

Einstieg

Lucas hat mit dem CAS-Rechner seiner großen Schwester Marie Aufgaben mit Wurzeln berechnet. Links stehen die Eingaben, rechts die Ergebnisse.
Marie sagt: „Guck doch mal genau hin. Das kannst du doch genauso gut im Kopf!"
Könnt ihr Regeln für das Rechnen mit Wurzeln erkennen? Überprüft diese an eigenen Beispielen.

Aufgabe 1

Addieren, Subtrahieren, Multiplizieren und Dividieren von Wurzeln

Michael hat die nebenstehenden Aufgaben im Kopf gerechnet, Nora hat mithilfe des Taschenrechners kontrolliert.
Nora überlegt: „Die ersten beiden Rechnungen von Michael können gar nicht stimmen: $\sqrt{20}$ ist nämlich kleiner als 5; ebenso ist 4 nicht gleich 2,8…

Die anderen Ergebnisse sind erstaunlich:
Die Faktoren $\sqrt{18}$ und $\sqrt{2}$ haben unendlich viele Stellen nach dem Komma, das Produkt jedoch keine einzige. Ebenso ist es beim Quotienten. Sind diese Ergebnisse genau oder Näherungswerte?"

a) Mache die Probe, ob $\sqrt{18} \cdot \sqrt{2}$ genau die Wurzel aus 36 ist.
   Tipp: Quadriere dazu $\sqrt{18} \cdot \sqrt{2}$.

b) Begründe, dass $\frac{\sqrt{18}}{\sqrt{2}}$ genau $\sqrt{9}$, also gleich 3 ist.

c) Formuliere einfache Regeln für die Berechnung des Produktes und des Quotienten zweier Wurzeln. Welche Ergebnisse erwartest du für

   (1) $\sqrt{80} \cdot \sqrt{5}$;   (2) $\frac{\sqrt{5}}{\sqrt{80}}$;   (3) $\sqrt{80} : \sqrt{5}$?

   Kontrolliere anschließend mit dem Taschenrechner.

d) Bestätige an den Beispielen von $\sqrt{9} + \sqrt{16}$ und $\sqrt{100} - \sqrt{36}$, dass keine ähnlich einfachen Regeln für die Summe und die Differenz von Wurzeln gelten.

Lösung

a) Wenn $\sqrt{18} \cdot \sqrt{2}$ genau $\sqrt{36}$ ist, so muss das Quadrat von $\sqrt{18} \cdot \sqrt{2}$ genau 36 sein:
$(\sqrt{18} \cdot \sqrt{2})^2 = (\sqrt{18} \cdot \sqrt{2}) \cdot (\sqrt{18} \cdot \sqrt{2}) = \sqrt{18} \cdot \sqrt{18} \cdot \sqrt{2} \cdot \sqrt{2} = 18 \cdot 2 = 36$
$\sqrt{18} \cdot \sqrt{2}$ ergibt quadriert 36 und ist auch nichtnegativ.
Daher muss es die Wurzel von 36, also 6 sein.

b) Um zu überprüfen, ob $\frac{\sqrt{18}}{\sqrt{2}}$ die Wurzel aus 9 ist, berechnen wir das Quadrat von $\frac{\sqrt{18}}{\sqrt{2}}$:
$\left(\frac{\sqrt{18}}{\sqrt{2}}\right)^2 = \frac{\sqrt{18}}{\sqrt{2}} \cdot \frac{\sqrt{18}}{\sqrt{2}} = \frac{\sqrt{18} \cdot \sqrt{18}}{\sqrt{2} \cdot \sqrt{2}} = \frac{18}{2} = 9$.
Das Quadrat von $\frac{\sqrt{18}}{\sqrt{2}}$ ist also 9.
Da $\frac{\sqrt{18}}{\sqrt{2}}$ ferner nichtnegativ ist, ist $\frac{\sqrt{18}}{\sqrt{2}}$ die Wurzel aus 9, also gilt tatsächlich: $\frac{\sqrt{18}}{\sqrt{2}} = \sqrt{9} = 3$.

c) **Regeln:**
- Wenn zwei Wurzeln multipliziert werden sollen, kann man zunächst nur die Radikanden multiplizieren und aus diesem Ergebnis die Wurzel ziehen.
- Wenn zwei Wurzeln dividiert werden sollen, kann man zunächst nur die Radikanden dividieren und aus diesem Ergebnis die Wurzel ziehen.

Bei Anwendung dieser Regeln vermuten wir:

(1) $\sqrt{80} \cdot \sqrt{5} = \sqrt{80 \cdot 5} = \sqrt{400} = 20$

(2) $\frac{\sqrt{5}}{\sqrt{80}} = \sqrt{\frac{5}{80}} = \sqrt{\frac{1}{16}} = \frac{1}{4}$

(3) $\sqrt{80} : \sqrt{5} = \sqrt{80 : 5} = \sqrt{16} = 4$

Der Taschenrechner liefert genau diese Ergebnisse.

d) $\sqrt{9} + \sqrt{16} = 3 + 4 = 7$, aber $\sqrt{9 + 16} = \sqrt{25} = 5$.
$\sqrt{100} - \sqrt{36} = 10 - 6 = 4$, aber $\sqrt{100 - 36} = \sqrt{64} = 8$.

Beachte also: Für die Summe und die Differenz von Wurzeln gelten *keine* einfachen Regeln.

Information

Wurzelgesetze für Produkte und Quotienten

(W1) Man kann zwei Wurzeln multiplizieren, indem man die Radikanden multipliziert und dann die Wurzel zieht.
Für alle $a \geq 0$, $b \geq 0$ gilt: $\sqrt{a} \cdot \sqrt{b} = \sqrt{a \cdot b}$

(W2) Man kann zwei Wurzeln dividieren, indem man die Radikanden dividiert und dann die Wurzel zieht.
Für alle $a \geq 0$, $b > 0$ gilt: $\frac{\sqrt{a}}{\sqrt{b}} = \sqrt{\frac{a}{b}}$

Beweis von (W1):
Die Behauptung $\sqrt{a} \cdot \sqrt{b} = \sqrt{a \cdot b}$ bedeutet: $\sqrt{a} \cdot \sqrt{b}$ ist die Wurzel aus dem Produkt $a \cdot b$.
Dazu müssen wir zeigen:
(1) Das Quadrat von $\sqrt{a} \cdot \sqrt{b}$ ist $a \cdot b$.
(2) $\sqrt{a} \cdot \sqrt{b}$ ist nichtnegativ.

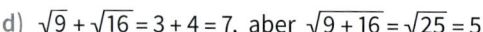
Assoziativ- und Kommutativgesetz anwenden

Zu (1): $(\sqrt{a} \cdot \sqrt{b})^2 = (\sqrt{a} \cdot \sqrt{b}) \cdot (\sqrt{a} \cdot \sqrt{b}) = \sqrt{a} \cdot \sqrt{a} \cdot \sqrt{b} \cdot \sqrt{b} = a \cdot b$
Zu (2): Da $\sqrt{a}$ und $\sqrt{b}$ nichtnegativ sind, ist auch das Produkt $\sqrt{a} \cdot \sqrt{b}$ nichtnegativ.
Aus (1) und (2) folgt: $\sqrt{a} \cdot \sqrt{b} = \sqrt{a \cdot b}$

Beweis von (W2):
Die Behauptung $\frac{\sqrt{a}}{\sqrt{b}} = \sqrt{\frac{a}{b}}$ bedeutet: $\frac{\sqrt{a}}{\sqrt{b}}$ ist die Wurzel aus dem Quotienten $\frac{a}{b}$.
Dazu müssen wir zeigen:
(1) Das Quadrat von $\frac{\sqrt{a}}{\sqrt{b}}$ ist $\frac{a}{b}$.
(2) $\frac{\sqrt{a}}{\sqrt{b}}$ ist nicht negativ.

Zu (1): $\left(\frac{\sqrt{a}}{\sqrt{b}}\right)^2 = \frac{\sqrt{a}}{\sqrt{b}} \cdot \frac{\sqrt{a}}{\sqrt{b}} = \frac{\sqrt{a} \cdot \sqrt{a}}{\sqrt{b} \cdot \sqrt{b}} = \frac{a}{b}$.
Zu (2): Da $\sqrt{a}$ und $\sqrt{b}$ nichtnegativ sind, ist auch der Quotient $\frac{\sqrt{a}}{\sqrt{b}}$ nichtnegativ.
Aus (1) und (2) folgt: $\frac{\sqrt{a}}{\sqrt{b}} = \sqrt{\frac{a}{b}}$

1.3 Rechenregeln für Quadratwurzeln und ihre Anwendung

Weiterführende Aufgaben CAS

Teilweises Wurzelziehen

2. a) Die Lehrerin zeigt ihrer Klasse die nebenstehende Anzeige eines CAS-Rechners und fordert sie auf: „Findet Rechenschritte, die die Umformung von der linken Seite zur rechten Seite verständlich machen."

$\sqrt{18}$	$3\cdot\sqrt{2}$
$\sqrt{18}+\sqrt{2}$	$4\cdot\sqrt{2}$
$\sqrt{18}-\sqrt{2}$	$2\cdot\sqrt{2}$

b) Beweise die folgenden Gesetze für teilweises Wurzelziehen.

> Für nichtnegative Zahlen a, b gilt:
> (1) $\sqrt{a^2 b} = a \cdot \sqrt{b}$ (2) $\sqrt{\dfrac{a}{b^2}} = \dfrac{\sqrt{a}}{b}$ mit $b \neq 0$ (3) $\sqrt{\dfrac{a^2}{b}} = \dfrac{a}{\sqrt{b}}$ mit $b \neq 0$

c) Ziehe teilweise die Wurzel.
(1) $\sqrt{50}$ (2) $\sqrt{\dfrac{3}{16}}$ (3) $\sqrt{\dfrac{9}{11}}$

Addition und Subtraktion von Termen mit Wurzeln

3. Es gibt keine allgemeinen einfachen Gesetze für die Summe und die Differenz von Wurzeln. In einigen besonderen Fällen kann man aber doch vereinfachen.

a) Erläutere die Rechnungen. Was für eine Umformung wurde vorgenommen?
(1) $5\cdot\sqrt{6}+7\cdot\sqrt{6}=12\cdot\sqrt{6}$ (2) $7\cdot\sqrt{5}-2\cdot\sqrt{5}=5\cdot\sqrt{5}$ (3) $5\cdot\sqrt{6}-\sqrt{6}=4\cdot\sqrt{6}$

b) Beweise die folgenden Behauptungen durch teilweises Wurzelziehen.
(1) $\sqrt{3}+\sqrt{12}=\sqrt{27}$ (2) $\sqrt{12}-\sqrt{3}=\sqrt{3}$

Übungsaufgaben

4. Berechne mithilfe eines Wurzelgesetzes.

a) $\sqrt{8}\cdot\sqrt{18}$ d) $\sqrt{5}\cdot\sqrt{20}$ g) $\sqrt{2{,}4}\cdot\sqrt{0{,}6}$
b) $\sqrt{2}\cdot\sqrt{32}$ e) $\sqrt{10}\cdot\sqrt{16{,}9}$ h) $\sqrt{\dfrac{1}{3}}\cdot\sqrt{48}$
c) $\sqrt{60}\cdot\sqrt{15}$ f) $\sqrt{1{,}6}\cdot\sqrt{1000}$ i) $\sqrt{\dfrac{4}{5}}\cdot\sqrt{80}$

$\sqrt{3}\cdot\sqrt{27}=\sqrt{3\cdot 27}$
$=\sqrt{81}$
$=9$

5. a) $\sqrt{25\cdot 9}$ d) $\sqrt{169\cdot 144}$ g) $\sqrt{9\cdot 16\cdot 49}$
b) $\sqrt{36\cdot 16}$ e) $\sqrt{0{,}16\cdot 49}$ h) $\sqrt{(-4)\cdot(-16)}$
c) $\sqrt{64\cdot 225}$ f) $\sqrt{0{,}81\cdot 121}$ i) $\sqrt{(-36)\cdot(-81)}$

$\sqrt{49\cdot 81}=\sqrt{49}\cdot\sqrt{81}$
$=7\cdot 9$
$=63$

6. Berechne mithilfe eines Wurzelgesetzes.

a) $\sqrt{20}:\sqrt{5}$ d) $\sqrt{147}:\sqrt{3}$ g) $\sqrt{0{,}8}:\sqrt{0{,}2}$
b) $\sqrt{75}:\sqrt{3}$ e) $\sqrt{40}:\sqrt{2{,}5}$ h) $\sqrt{7{,}2}:\sqrt{0{,}05}$
c) $\sqrt{360}:\sqrt{10}$ f) $\sqrt{30}:\sqrt{1{,}2}$ i) $\sqrt{10{,}8}:\sqrt{1{,}2}$

$\sqrt{125}:\sqrt{5}=\sqrt{125:5}$
$=\sqrt{25}$
$=5$

7. Berechne die Wurzel durch Anwenden eines Wurzelgesetzes von rechts nach links.

a) $\sqrt{\dfrac{49}{9}}$ c) $\sqrt{\dfrac{16}{81}}$ e) $\sqrt{\dfrac{0{,}25}{0{,}49}}$ g) $\sqrt{\dfrac{1{,}69}{2{,}56}}$
b) $\sqrt{\dfrac{625}{4}}$ d) $\sqrt{\dfrac{1{,}44}{25}}$ f) $\sqrt{\dfrac{6{,}25}{2{,}25}}$ h) $\sqrt{\dfrac{0{,}09}{0{,}04}}$

$\sqrt{\dfrac{4}{25}}=\dfrac{\sqrt{4}}{\sqrt{25}}$
$=\dfrac{2}{5}$
$=0{,}4$

8. Vereinfache durch teilweises Wurzelziehen.

   a) $\sqrt{12}$ c) $\sqrt{72}$ e) $\sqrt{125}$ g) $\sqrt{360}$ i) $\sqrt{720}$ k) $\sqrt{1331}$ m) $\sqrt{\frac{7}{25}}$

   b) $\sqrt{32}$ d) $\sqrt{180}$ f) $\sqrt{192}$ h) $\sqrt{525}$ j) $\sqrt{980}$ l) $\sqrt{\frac{3}{16}}$ n) $\sqrt{\frac{3}{400}}$

9. Arbeite mit einem Partner zusammen. Jeder denkt sich fünf Terme aus, bei denen teilweises Wurzelziehen möglich ist. Der Partner formt die Terme entsprechend um. Kontrolliert eure Ergebnisse dann gegenseitig.

10. Bringe den Vorfaktor unter das Wurzelzeichen.

    a) $2 \cdot \sqrt{17}$ c) $0{,}5 \cdot \sqrt{28}$ e) $\frac{11}{6} \cdot \sqrt{\frac{6}{11}}$ g) $10 \cdot \sqrt{17{,}33}$

    b) $7 \cdot \sqrt{10}$ d) $\frac{3}{4} \cdot \sqrt{11}$ f) $2 \cdot \sqrt{3{,}25}$ h) $2{,}5 \cdot \sqrt{\frac{1}{50}}$

    $2 \cdot \sqrt{3} = \sqrt{4} \cdot \sqrt{3} = \sqrt{12}$

11. Berechne im Kopf.

    a) $\sqrt{62\,500}$ d) $\sqrt{48\,400}$ g) $\sqrt{0{,}000036}$

    b) $\sqrt{810\,000}$ e) $\sqrt{0{,}0025}$ h) $\sqrt{0{,}000625}$

    c) $\sqrt{49\,000\,000}$ f) $\sqrt{0{,}0121}$ i) $\sqrt{0{,}000004}$

    $\sqrt{14400} = \sqrt{144 \cdot 100}$
    $= 12 \cdot 10$
    $= 120$

12. a) Berechne – soweit möglich – ohne Taschenrechner. Was fällt auf?

    (1) $\sqrt{0{,}09}$; $\sqrt{0{,}9}$; $\sqrt{9}$; $\sqrt{90}$; $\sqrt{900}$; $\sqrt{9\,000}$; $\sqrt{90\,000}$

    (2) $\sqrt{14\,400}$; $\sqrt{1\,440}$; $\sqrt{144}$; $\sqrt{14{,}4}$; $\sqrt{0{,}144}$; $\sqrt{0{,}0144}$

    b) Begründe:

    - Wird der Radikand verhundertfacht, so wird die Quadratwurzel verzehnfacht.
    - Wird der Radikand durch 100 dividiert, so wird die Quadratwurzel durch 10 dividiert.

13. Vereinfache durch Zusammenfassen.

    a) $3\sqrt{5} + 8\sqrt{5}$ e) $\frac{3}{4}\sqrt{7} + \frac{1}{2}\sqrt{7}$

    b) $5\sqrt{7} - 9\sqrt{7}$ f) $\frac{5}{6}\sqrt{2} - \frac{7}{8}\sqrt{2}$

    c) $6\sqrt{5} - \sqrt{5}$ g) $3\sqrt{3} - 6\sqrt{3} + \sqrt{3} + 9\sqrt{3}$

    d) $3{,}5\sqrt{6} - 1{,}4\sqrt{6}$ h) $\sqrt{10} - 6\sqrt{10} + 10\sqrt{10}$ i) $7{,}2\sqrt{2} - 9{,}1\sqrt{3} + 4{,}3\sqrt{2} - 4{,}4\sqrt{3}$

    $7\sqrt{7} - \sqrt{7} = 7\sqrt{7} - 1\sqrt{7}$
    $= 6\sqrt{7}$

14. Vereinfache wie im Beispiel.

    a) $\sqrt{2} + \sqrt{32}$ d) $3\sqrt{2} - 2\sqrt{8}$ g) $7\sqrt{27} + 4\sqrt{48}$

    b) $\sqrt{27} - \sqrt{3}$ e) $6\sqrt{3} + \sqrt{12}$ h) $8\sqrt{63} - 6\sqrt{28}$

    c) $\sqrt{45} - \sqrt{20}$ f) $-8\sqrt{5} + 3\sqrt{20}$ i) $3\sqrt{44} - 7\sqrt{99}$

    $\sqrt{27} + \sqrt{147}$
    $= \sqrt{9 \cdot 3} + \sqrt{49 \cdot 3}$
    $= 3\sqrt{3} + 7\sqrt{3}$
    $= 10\sqrt{3}$

15. Überprüfe die Rechnungen.

    a) $\sqrt{3} + \sqrt{27} = \sqrt{48}$ d) $\sqrt{28} - \sqrt{7} = \sqrt{7}$ g) $\sqrt{2} - \sqrt{18} = -\sqrt{2}$

    b) $\sqrt{50} - \sqrt{2} = \sqrt{32}$ e) $\sqrt{28} + \sqrt{63} = \sqrt{175}$ h) $\sqrt{3} - \sqrt{27} = -2\sqrt{3}$

    c) $\sqrt{5} + \sqrt{20} = \sqrt{35}$ f) $\sqrt{147} - \sqrt{75} = \sqrt{12}$ i) $\sqrt{0{,}5} - \sqrt{2} = \sqrt{0{,}5}$

1.4 Anwenden der Wurzelgesetze auf Terme mit Variablen

Einstieg

Wenn du den CAS-Rechner auch zur Bearbeitung von Aufgaben mit Variablen einsetzt, so erhältst du die nebenstehenden Angaben.
Begründe das Auftreten der Betragsstriche in den umgeformten Termen.

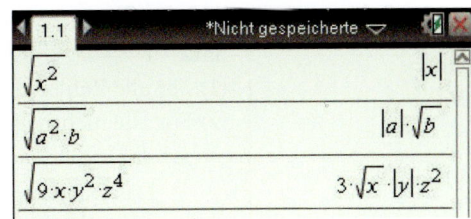

Aufgabe 1

Zusammenhang zwischen Wurzelziehen und Quadrieren
Das Umformen von Wurzeltermen mit Variablen ist schwierig, wenn für diese auch negative Zahlen eingesetzt werden können. Wir untersuchen das zunächst an den einfachen Beispielen $\sqrt{a^2}$ und $(\sqrt{a})^2$.

a) Führe für die Zahlen 9; 6,25; 2; $\frac{1}{4}$; 0; −1; −4; −$\frac{25}{4}$ folgende Anweisungsfolge durch:
   (1) Ziehe zuerst die Wurzel aus der Zahl und quadriere dann dieses Ergebnis.
   (2) Quadriere zuerst die Zahl und ziehe dann die Wurzel aus dem Ergebnis.
   Notiere deine Ergebnisse jeweils in Form einer Tabelle.

b) Was fällt auf? Formuliere sowohl für (1) als auch für (2) eine Regel.

Lösung

a) (1) Wurzelziehen → Quadrieren

a	$\sqrt{a}$	$(\sqrt{a})^2$
9	3	9
6,25	2,5	6,25
2	$\sqrt{2}$	2
$\frac{1}{4}$	$\frac{1}{2}$	$\frac{1}{4}$
0	0	0
−1	nicht möglich	−
−4	nicht möglich	−
−$\frac{25}{4}$	nicht möglich	−

(2) Quadrieren → Wurzelziehen

a	a^2	$\sqrt{a^2}$
9	81	9
6,25	39,0625	6,25
2	4	2
$\frac{1}{4}$	$\frac{1}{16}$	$\frac{1}{4}$
0	0	0
−1	1	1
−4	16	4
−$\frac{25}{4}$	$\frac{625}{16}$	$\frac{25}{4}$

b) (1) Diese Anweisungsfolge ist nur für positive Zahlen und die Zahl 0 durchführbar. Sie liefert als Endergebnis wieder die Ausgangszahl.
Für negative Zahlen ist die Wurzel nicht definiert, daher ist die Anweisungsfolge nicht durchführbar.

(2) Diese Anweisungsfolge ist dagegen für *alle* Zahlen durchführbar. Für nichtnegative Zahlen liefert sie als Endergebnis wieder die Ausgangszahl.
Für negative Zahlen liefert sie deren Gegenzahl. Zusammengefasst kann man sagen, dass diese Anweisungsfolge als Ergebnis den Betrag der Zahl liefert, z. B. $\sqrt{(-4)^2} = |-4|$.

Information

Zusammenhang zwischen Wurzelziehen und Quadrieren
Die Lösung der Aufgabe 1 zeigt:

> **Satz**
> (1) Für alle Zahlen a gilt: $\sqrt{a^2} = |a|$
>
> Für $a < 0$ ist $\sqrt{a}$ nicht definiert
>
> (2) Für alle nichtnegativen Zahlen a gilt:
>
> a) $\sqrt{a^2} = a$
> Das Quadrieren wird durch das Wurzelziehen rückgängig gemacht:
>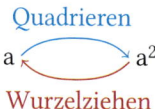
> Quadrieren
> a ⇄ a²
> Wurzelziehen
>
> b) $(\sqrt{a})^2 = a$
> Das Wurzelziehen wird durch das Quadrieren rückgängig gemacht:
>
> Wurzelziehen
> a ⇄ $\sqrt{a}$
> Quadrieren

Beweis:
(1) $\sqrt{a^2}$ ist definiert als diejenige nichtnegative Zahl, die quadriert a^2 ergibt.
   $|a|$ ist nichtnegativ.
   Um $\sqrt{a^2} = |a|$ zu beweisen, müssen wir noch zeigen, dass $|a|^2 = a^2$ ist.
   Für $a \geq 0$ gilt: $|a| = a$, also $|a|^2 = a^2$.
   Für $a < 0$ gilt: $|a| = -a$, also $|a|^2 = (-a)^2 = a^2$.
(2a) Ist ein Spezialfall von (1): Für alle $a \geq 0$ ist $|a| = a$.
(2b) Für nichtnegative Zahlen a ist $\sqrt{a}$ definiert als die Zahl, die quadriert a ergibt.

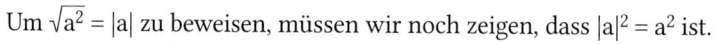
$|-3| = 3 = -(-3)$

Aufgabe 2

Umformen von Wurzeltermen mit Variablen
Vereinfache durch (teilweises) Wurzelziehen.
a) $\sqrt{a^2 b}$ b) $\sqrt{a^3}$ c) $\sqrt{a^4}$ d) $\sqrt{a^5}$ e) $\sqrt{a^6}$

Lösung

a) $\sqrt{a^2 b} = \sqrt{a^2 \cdot b} = \sqrt{a^2} \cdot \sqrt{b} = |a| \cdot \sqrt{b}$

b) $\sqrt{a^3} = \sqrt{a^2 \cdot a} = \sqrt{a^2} \cdot \sqrt{a} = |a| \cdot \sqrt{a}$
   In den Term $\sqrt{a^3}$ dürfen für a nur nichtnegative Zahlen eingesetzt werden.
   Daher kann man die Betragsstriche im Ergebnis weglassen:
   $\sqrt{a^3} = a \cdot \sqrt{a}$

c) $\sqrt{a^4} = \sqrt{a^2 \cdot a^2} = \sqrt{a^2} \cdot \sqrt{a^2} = |a| \cdot |a| = |a|^2$
   Da das Quadrat einer Zahl stets nichtnegativ ist, kann man die Betragsstriche im Ergebnis weglassen:
   $\sqrt{a^4} = a^2$

d) $\sqrt{a^5} = \sqrt{a^2 \cdot a^2 \cdot a} = \sqrt{a^2} \cdot \sqrt{a^2} \cdot \sqrt{a} = |a| \cdot |a| \cdot \sqrt{a} = |a|^2 \sqrt{a}$
   Da das Quadrat einer Zahl stets nichtnegativ ist, kann man die Betragsstriche im Ergebnis weglassen:
   $\sqrt{a^5} = a^2 \sqrt{a}$

e) $\sqrt{a^6} = \sqrt{a^2 \cdot a^2 \cdot a^2} = \sqrt{a^2} \cdot \sqrt{a^2} \cdot \sqrt{a^2} = |a| \cdot |a| \cdot |a| = |a|^3$
   Da in den Term $\sqrt{a^6}$ auch negative Zahlen für a eingesetzt werden dürfen, kann man die Betragsstriche im Ergebnis nicht weglassen:
   $\sqrt{a^6} = |a|^3$

1.4 Anwenden der Wurzelgesetze auf Terme mit Variablen

Information

(1) Teilweises Wurzelziehen in Termen mit Variablen
Für nichtnegative Zahlen haben wir die Gesetze für teilweises Wurzelziehen schon auf Seite 19 formuliert. Lassen wir auch negative Zahlen für die Variablen zu, so lauten die Gesetze folgendermaßen:

(1) $\sqrt{a^2 b} = |a| \cdot \sqrt{b}$	(2) $\sqrt{\dfrac{a}{b^2}} = \dfrac{\sqrt{a}}{|b|}$	(3) $\sqrt{\dfrac{a^2}{b}} = \dfrac{|a|}{\sqrt{b}}$
für $b \geq 0$	für $a \geq 0$, $b \neq 0$	für $b > 0$

(2) Vereinfachung von Wurzeltermen unter einschränkenden Bedingungen
Beim Umformen von Wurzeltermen mit Variablen können die Überlegungen, ob Beträge gebildet oder weggelassen werden können, schwierig sein. Beschränkt man sich darauf, dass für die Variable nur nichtnegative Zahlen eingesetzt werden dürfen, so können bei den Umformungen die Betragsstriche weggelassen werden.

Übungsaufgaben

3. Vereinfache den Term.
   a) $\sqrt{c^2}$
   b) $\sqrt{(-c)^2}$
   c) $-(\sqrt{c})^2$
   d) $(-\sqrt{c})^2$
   e) $-(\sqrt{(-c)^2})^2$
   f) $\sqrt{(3r)^2}$
   g) $\sqrt{(-3r)^2}$
   h) $-\sqrt{(3r)^2}$
   i) $\sqrt{(2-a)^2}$
   j) $(\sqrt{1-a})^2$

4. Kim und Sascha haben die Graphen zu $y = (\sqrt{x})^2$ und $y = \sqrt{x^2}$ von einem Rechner zeichnen lassen.
   Welcher Graph gehört zu welchem Funktionsterm?

   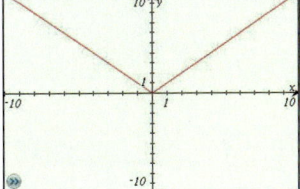 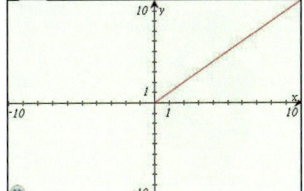

   Entscheidet, ohne Hilfsmittel zu benutzen.

5. Prüfe die folgende Behauptung.
   Für alle Zahlen gilt:
   a) $\sqrt{x^2} = x$
   b) $\sqrt{(-x)^2} = -x$
   c) $\sqrt{(-x)^2} = x$
   d) $\sqrt{x^2} = |x|$
   e) $\sqrt{(-x)^2} = -|x|$
   f) $\sqrt{(-x)^2} = |-x|$
   g) $\sqrt{x^2} = -x$
   h) $\sqrt{x^2} = |-x|$

Bei den folgenden Übungsaufgaben ist es sinnvoll, zunächst zu vereinbaren, ob die Umformungen für beliebige Zahlen oder nur für nichtnegative Zahlen erfolgen sollen.

6. Vereinfache.
   a) $\sqrt{y} \cdot \sqrt{y}$
   b) $\sqrt{y} \cdot \sqrt{y^3}$
   c) $\sqrt{x} \cdot \sqrt{xy^2}$
   d) $\sqrt{5y} \cdot \sqrt{20y}$
   e) $\sqrt{3b} \cdot \sqrt{3a^2 b}$
   f) $\sqrt{45z} \cdot \sqrt{\dfrac{16}{5}z}$
   g) $\sqrt{0,2u} \cdot \sqrt{0,05u}$
   h) $\sqrt{0,9x^2} \cdot \sqrt{0,4x^2}$

7. a) $\sqrt{x^3} : \sqrt{x}$
   b) $\sqrt{x^2 y} : \sqrt{y}$
   c) $\sqrt{a} : \sqrt{ab^2}$
   d) $\sqrt{uv} : \sqrt{u^3}$

8. a) $\sqrt{2u} \cdot \sqrt{4v} \cdot \sqrt{8uv}$
   b) $\sqrt{x^2} \cdot \sqrt{3x} \cdot \sqrt{12y}$
   c) $\sqrt{5a} \cdot \sqrt{5b^2} \cdot \sqrt{a}$
   d) $\sqrt{3m} \cdot \sqrt{mn} \cdot \sqrt{6mn}$
   e) $\sqrt{x^3} \cdot \sqrt{xy} \cdot \sqrt{y^2}$
   f) $\sqrt{p^2 q} \cdot \sqrt{6q^2 p} \cdot \sqrt{2pq}$

9. Berechne die Wurzel.
   a) $\sqrt{9x^2}$
   b) $\sqrt{x^2 y^2}$
   c) $\sqrt{36 a^4}$
   d) $\sqrt{81 m^2 n^2}$
   e) $\sqrt{p^2 q^2 r^2}$
   f) $\sqrt{9 m^4 n^4}$
   g) $\sqrt{1{,}96 x^2 y^4}$
   h) $\sqrt{25 u^2 v^4 w^6}$

10. Ziehe teilweise die Wurzel.
    a) $\sqrt{7 a^2}$
    b) $\sqrt{2 b^2}$
    c) $\sqrt{4 x}$
    d) $\sqrt{12 c^2}$
    e) $\sqrt{x^2 y}$
    f) $\sqrt{c d^2}$
    g) $\sqrt{z^5}$
    h) $\sqrt{25 x^3}$
    i) $\sqrt{18 a b^2}$
    j) $\sqrt{3 a^2 b^4}$
    k) $\sqrt{10 a^3 b^2}$
    l) $\sqrt{0{,}81 x z^3}$
    m) $\sqrt{\frac{3 b^2}{a^2}}$
    n) $\sqrt{\frac{a}{49}}$
    o) $\sqrt{\frac{2 a^2}{b^2}}$
    p) $\sqrt{\frac{a}{b^4}}$
    q) $\sqrt{\frac{a^3}{b^4}}$
    r) $\sqrt{\frac{8 r^4}{s^3}}$

11. Bringe den Vorfaktor unter das Wurzelzeichen.
    a) $a \cdot \sqrt{b}$
    b) $2c \cdot \sqrt{d^2}$
    c) $u v \cdot \sqrt{\frac{u}{v}}$
    d) $a b c \cdot \sqrt{\frac{a}{bc}}$
    e) $x^2 y \cdot \sqrt{\frac{x}{y}}$
    f) $\frac{p}{q} \cdot \sqrt{\frac{p}{q}}$

12. Vereinfache folgende Wurzelterme:
    a) $\sqrt{20 a^2}$
    b) $\sqrt{4 x^2 y}$
    c) $\sqrt{x^2 y^6}$
    d) $\sqrt{z^3}$
    e) $\sqrt{125 x^3}$
    f) $\sqrt{\frac{27 b^2}{a^2}}$
    g) $\sqrt{\frac{a^5}{25}}$
    h) $\sqrt{\frac{x^2}{b^4}}$
    i) $\sqrt{0{,}25 r^2}$
    j) $\sqrt{8 a^2 b^4 c^6}$

13. Kontrolliere Julians Hausaufgaben.

a) $\sqrt{p^2 + q^2}$	b) $\sqrt{p^2 \cdot q^2}$	c) $\sqrt{\frac{p^2}{16}}$	d) $\sqrt{p^2 - 1}$
$= \sqrt{p^2} + \sqrt{q^2}$	$= \sqrt{p^2} \cdot \sqrt{q^2}$	$= \frac{\sqrt{p^2}}{\sqrt{16}}$	$= \sqrt{p^2} - \sqrt{1}$
$= |p| + |q|$	$= p \cdot q$	$= \frac{|p|}{4}$	$= p - 1$

14. Vereinfache den Term.
    a) $\sqrt{1 + 2a + a^2}$
    b) $\sqrt{x^2 + 14x + 49}$
    c) $\sqrt{4t^2 + 4tr + r^2}$
    d) $\sqrt{u^4 + 4u^2 + 4}$
    e) $\sqrt{v + 2\sqrt{vw} + w}$
    f) $\sqrt{e^2 - 6ec + 9c^2}$

    $\sqrt{a^2 + 2ab + b^2} = \sqrt{(a+b)^2} = |a + b|$

Das kann ich noch!

A) Bei einem Quader mit den angegebenen Abmessungen sind die rechteckigen Flächen grün und die quadratischen Flächen rot gefärbt.
Der Quader soll in Würfel mit einer Kantenlänge von 1 cm zerschnitten werden.
1) Wie viele Würfel entstehen?
2) Wie viele Würfel haben zwei grüne Flächen?
3) Wie viele Würfel haben eine rote Fläche?
4) Wie viele Würfel sind ungefärbt?

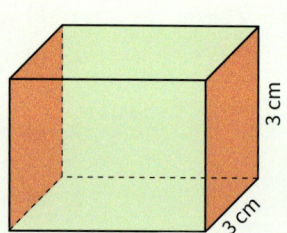

1.5 Umformen von Wurzeltermen

Ziel

Du kannst schon mithilfe des Distributivgesetzes Terme umformen, in denen Summen multipliziert werden. Hier erweiterst du dein Wissen auf solche Terme, in denen auch Wurzeln vorkommen.

Zum Erarbeiten

Anwenden des Distributivgesetzes

Löse die Klammern auf:

(1) $(10 + \sqrt{2})\sqrt{2}$ (2) $\sqrt{a}(\sqrt{a} - b)$ (3) $(\sqrt{3x} - \sqrt{x} + 1)\sqrt{x}$

> Distributiv-
> gesetz
> $a \cdot (b + c)$
> $= a \cdot b + a \cdot c$

→ Durch Anwenden des Distributivgesetzes erhältst du:

(1) $(10 + \sqrt{2}) \cdot \sqrt{2} = 10 \cdot \sqrt{2} + \sqrt{2} \cdot \sqrt{2} = 10\sqrt{2} + 2$

(2) Für $a \geq 0$ gilt: $\sqrt{a}(\sqrt{a} - b) = \sqrt{a} \cdot \sqrt{a} - \sqrt{a} \cdot b = a - b\sqrt{a}$

(3) Für $x \geq 0$ gilt: $(\sqrt{3x} - \sqrt{x} + 1) \cdot \sqrt{x} = \sqrt{3x} \cdot \sqrt{x} - \sqrt{x} \cdot \sqrt{x} + 1 \cdot \sqrt{x} = \sqrt{3x^2} - x + \sqrt{x}$
$= \sqrt{3} \cdot x - x + \sqrt{x}$
$= (\sqrt{3} - 1)x + \sqrt{x}$

Anwenden der binomischen Formeln

> binomische
> Formeln
> $(a + b)^2$
> $= a^2 + 2ab + b^2$
> $(a - b)^2$
> $= a^2 - 2ab + b^2$
> $(a + b)(a - b)$
> $= a^2 - b^2$

Wende die binomischen Formeln an:

(1) $(\sqrt{2} + \sqrt{18})^2$ (2) $(\sqrt{a} - \sqrt{b})^2$ (3) $(\sqrt{a} + \sqrt{b}) \cdot (\sqrt{a} - \sqrt{b})$

→ Du erhältst:

(1) $(\sqrt{2} + \sqrt{18})^2 = (\sqrt{2})^2 + 2\sqrt{2}\sqrt{18} + (\sqrt{18})^2 = 2 + 2\sqrt{36} + 18 = 2 + 2 \cdot 6 + 18 = 32$

(2) Für $a, b \geq 0$ gilt: $(\sqrt{a} - \sqrt{b})^2 = (\sqrt{a})^2 - 2\sqrt{a}\sqrt{b} + (\sqrt{b})^2 = a - 2\sqrt{ab} + b$

(3) Für $a, b \geq 0$ gilt: $(\sqrt{a} + \sqrt{b})(\sqrt{a} - \sqrt{b}) = (\sqrt{a})^2 - (\sqrt{b})^2 = a - b$

Beseitigen von Wurzeln im Nenner

Marc hat in einen CAS-Rechner Terme mit Wurzeln im Nenner eingegeben (linke Spalte). Die Ausgaben in der rechten Spalte überraschen ihn zunächst.
Welche Umformungen hat der CAS-Rechner vorgenommen?

$\dfrac{2}{\sqrt{3}}$	$\dfrac{2 \cdot \sqrt{3}}{3}$
$\dfrac{2}{3 - \sqrt{2}}$	$\dfrac{2 \cdot (\sqrt{2} + 3)}{7}$
$\dfrac{3}{\sqrt{5} - \sqrt{3}}$	$\dfrac{3 \cdot (\sqrt{5} + \sqrt{3})}{2}$

→ Der CAS-Rechner hat die Brüche so erweitert, dass keine Wurzeln mehr im Nenner erscheinen:

(1) $\dfrac{2}{\sqrt{3}} = \dfrac{2 \cdot \sqrt{3}}{\sqrt{3} \cdot \sqrt{3}} = \dfrac{2\sqrt{3}}{3}$

(2) $\dfrac{2}{3 - \sqrt{2}} = \dfrac{2(3 + \sqrt{2})}{(3 - \sqrt{2})(3 + \sqrt{2})} = \dfrac{2(3 + \sqrt{2})}{3^2 - (\sqrt{2})^2} = \dfrac{2(\sqrt{2} + 3)}{9 - 2} = \dfrac{2(\sqrt{2} + 3)}{7}$

(3) $\dfrac{3}{\sqrt{5} - \sqrt{3}} = \dfrac{3(\sqrt{5} + \sqrt{3})}{(\sqrt{5} - \sqrt{3})(\sqrt{5} + \sqrt{3})} = \dfrac{3(\sqrt{5} + \sqrt{3})}{(\sqrt{5})^2 - (\sqrt{3})^2} = \dfrac{3(\sqrt{5} + \sqrt{3})}{5 - 3} = \dfrac{3(\sqrt{5} + \sqrt{3})}{2}$

Zum Üben

1. Löse die Klammern mithilfe des Distributivgesetzes auf.
   a) $\sqrt{3} \cdot (1 + \sqrt{3})$
   b) $\sqrt{7} \cdot (7 - \sqrt{7})$
   c) $(2 \cdot \sqrt{6} + \frac{1}{2}) \cdot \sqrt{6}$
   d) $(5 - \frac{1}{2} \cdot \sqrt{11}) \cdot \sqrt{11}$
   e) $(\sqrt{50} + \sqrt{20}) : \sqrt{2}$
   f) $(\sqrt{5} - \sqrt{200}) : \sqrt{5}$
   g) $-(2\sqrt{2} + \frac{1}{4}) : \sqrt{2}$
   h) $(3\sqrt{3} - 18) : \sqrt{3}$

2. Klammere aus.
   a) $a\sqrt{5} - b\sqrt{5}$
   b) $a\sqrt{b} + 2\sqrt{b}$
   c) $x\sqrt{z} - y\sqrt{z}$
   d) $3\sqrt{x^3} - a\sqrt{x^3}$
   e) $\sqrt{7x^3} - \sqrt{28x^5}$
   f) $\sqrt{7a} + \sqrt{4a}$
   g) $\sqrt{r} + \sqrt{rs}$
   h) $\sqrt{ab^2} - \sqrt{ac^2}$

3. Frau Lindemann verblüfft ihre Klasse mit einem Rechentrick. Sie ist in der Lage, aus dem Ergebnis sofort die gedachte Zahl anzugeben.
   Findet heraus, wie sie vorgeht. Begründet ihr Vorgehen.

Denke dir eine Zahl. Ziehe daraus die Wurzel. Subtrahiere davon den Kehrwert der Wurzel. Multipliziere das Ergebnis mit der Wurzel.

4. Vereinfache durch Ausmultiplizieren.
   a) $(\sqrt{4c} + \sqrt{81c}) \cdot \sqrt{c}$
   b) $(\sqrt{9a} + 3) \cdot \sqrt{9a}$
   c) $\sqrt{x} \cdot (\sqrt{x} + \sqrt{x^3} + \sqrt{x^5})$
   d) $(\sqrt{uv} - v) \cdot \sqrt{u}$
   e) $\sqrt{x} \cdot (\sqrt{xyz} + \sqrt{xy})$
   f) $(3\sqrt{a} - 7\sqrt{b})(5\sqrt{b} + 8\sqrt{a})$

5. Vereinfache zunächst; berechne dann im Kopf.
   a) $(5 + \sqrt{13}) \cdot (5 - \sqrt{13})$
   b) $(\sqrt{6} - \sqrt{5}) \cdot (\sqrt{6} + \sqrt{5})$
   c) $(5\sqrt{7} + \sqrt{10}) \cdot (5\sqrt{7} - \sqrt{10})$
   d) $(\sqrt{20} + \sqrt{5})^2$
   e) $(\sqrt{6} - \sqrt{24})^2$
   f) $(5\sqrt{8} - 3\sqrt{2})^2$

6. Kontrolliere Sarahs Hausaufgaben.

   a) $(\sqrt{p} + \sqrt{q})^2$
      $= (\sqrt{p})^2 + (\sqrt{q})^2$
      $= p + q$

   b) $(\sqrt{r} - \sqrt{s})^2$
      $= (\sqrt{r})^2 - \sqrt{r}\sqrt{s} - \sqrt{s}^2$
      $= r - \sqrt{rs} - s^2$

   c) $\sqrt{1 + 2r + r^2}$
      $= \sqrt{1} + \sqrt{2r} + \sqrt{r^2}$
      $= 1 + \sqrt{2}\sqrt{r} + |r|$

7. Vereinfache.
   a) $(\sqrt{a} - \sqrt{b})^2$
   b) $(\sqrt{h+1} + \sqrt{h-1})^2$
   c) $(v + \sqrt{w}) \cdot (v - \sqrt{w})$
   d) $(\sqrt{a+b} + \sqrt{a-b})^2$

8. Beseitige die Wurzeln im Nenner.
   a) $\frac{7}{\sqrt{30}}$
   b) $\frac{1}{3\sqrt{6}}$
   c) $\frac{\sqrt{2}}{\sqrt{10}}$
   d) $\frac{1 + \sqrt{20}}{\sqrt{20}}$
   e) $\frac{\sqrt{10} - \sqrt{20}}{\sqrt{2}}$
   f) $\frac{2}{3 + \sqrt{5}}$
   g) $\frac{\sqrt{5}}{3 + \sqrt{5}}$
   h) $\frac{3 + \sqrt{5}}{3 - \sqrt{5}}$
   i) $\frac{a}{\sqrt{a}}$
   j) $\frac{1}{a - \sqrt{b}}$

9. Bilde alle Produkte, bei denen ein Faktor aus der linken und der andere aus der rechten Schale stammt.

10. a) $(\sqrt{p+1} + \sqrt{p-1}) \cdot (\sqrt{p+1} - \sqrt{p-1})$
    b) $(\sqrt{\sqrt{a}} + \sqrt{\sqrt{b}}) \cdot (\sqrt{\sqrt{a}} - \sqrt{\sqrt{b}})$

1.6 Aufgaben zur Vertiefung

Lionel Penrose
* 11.6.1898
  London
† 12.5.1972
  London

1.

Grundsatzdebatte über die Stimmenverteilung in der EU: Quadratwurzel oder Tod

18.6.2007

Die polnische Regierung fordert ein neue Verteilung der Stimmengewichte in der europäischen Union und bezieht sich dabei auf Überlegungen des britischen Mathematikers Lionel Penrose, der Folgendes überlegte: In einem Extremfall könnte jedes Land unabhängig von seiner Einwohnerzahl dieselbe Stimmenanzahl erhalten. Dies würde aber bedeuten, dass der Einfluss eines Bürgers aus einem kleinen Land viel größer wäre als der aus einem großen. Gerechter erscheint daher zunächst der andere Extremfall: Der Stimmenanteil jedes Landes ist proportional zu seiner Bevölkerungszahl: Dies bedeutet aber, dass ein Land oder eine Ländergruppe mit nur 51 % Stimmenanteil jede Abstimmung, bei der eine einfache Mehrheit von 50 % genügt, gewinnt. Die Bürger dieses Landes beeinflussen damit die Entscheidungen zu 100 %. Lionel Penrose hat herausgefunden, dass alle Bürger denselben Einfluss im Rat haben, wenn der Stimmenanteil eines Landes proportional zur Quadratwurzel seiner Einwohnerzahl ist. Mit dieser Forderung steht aber Polen im Ministerrat der EU aus den 27 Mitgliedsstaaten alleine da.

a) Entnehmt dem obigen Zeitungsartikel die Position der polnischen Regierung und formuliert sie kurz mit eigenen Worten.
b) Recherchiert die Bevölkerungszahlen der Mitgliedsstaaten der EU und berechnet ihre Stimmenanteile im Ministerrat, wenn sie
   (1) proportional zur Einwohnerzahl;
   (2) proportional zur Wurzel aus der Einwohnerzahl („Quadratwurzelverfahren")
   verteilt werden.
c) Vergleicht mit dem aktuell gültigen Stimmenanteil der Länder in der EU.
d) Führt entsprechende Berechnungen für den Stimmenanteil der deutschen Bundesländer im Bundesrat durch.

2. a) Begründe die Näherungsrechnung.
b) Berechne dann näherungsweise im Kopf und prüfe das Ergebnis mit dem Taschenrechner.

$$\frac{1}{\sqrt{101}-\sqrt{99}} = \frac{\sqrt{101}+\sqrt{99}}{2} \approx \sqrt{100} = 10$$

(1) $\dfrac{1}{\sqrt{65}-\sqrt{63}}$ (2) $\dfrac{1}{\sqrt{37}-\sqrt{35}}$ (3) $\dfrac{1}{\sqrt{26}-\sqrt{24}}$ (4) $\dfrac{1}{\sqrt{17}-\sqrt{15}}$ (5) $\dfrac{1}{\sqrt{10}-\sqrt{8}}$

Leonardo da Pisa
auch Fibonacci genannt
* um 1170 Pisa
† nach 1240 Pisa

3. Prüfe die Gleichungen aus dem Rechenbuch *Liber abbaci* von Leonardo da Pisa.

(1) $\dfrac{20-\sqrt{96}}{\sqrt{8}} = \sqrt{50} - \sqrt{12}$ (2) $\dfrac{100}{4+\sqrt{7}} = 44\dfrac{4}{9} - 11\dfrac{1}{9}\cdot\sqrt{7}$

4. Berechne:
a) den Term $\dfrac{1}{\sqrt{a}-1} - \dfrac{\sqrt{a}}{a-1}$;   b) den Term $\dfrac{1}{\sqrt{a}+1} - \dfrac{\sqrt{a}}{a-1}$ für verschiedene Werte von $a > 1$.

Was fällt auf? Beweise deine Vermutung.

Im Blickpunkt

Mathematik und Sprache – Mathematik als Sprache – Sprache der Mathematik

Christoff Rudolff
deutscher Mathematiker
*1500 in Jaur
†1543 in Wien

Vielleicht hast du dich gewundert, warum Quadratwurzeln einen so merkwürdigen Namen tragen. In diesem Fall hat der Begriff eine sehr lange Geschichte und das zugehörige Wort ist oft in andere Sprachen übersetzt worden: Unsere „Wurzel" ist eine Übersetzung des lateinischen Wortes „radix", womit der Begriff im Mittelalter bezeichnet wurde. Das Wort „radix" bedeutet

> Das Wurzelzeichen wurde erstmals 1525 vom deutschen Mathematiker Christoff Rudolff verwendet. Es stammt wohl von dem kleinen Buchstaben r und steht für Radizieren.
> $\mathcal{R} \to r \to \sqrt{}$

aber neben „Wurzel" auch „der unterste Teil" oder „Ursprung", was irgendwie ebenfalls beides als Beschreibung für den Begriff passen würde. „Wurzeln" wurden vorher schon in arabischen, davor in griechischen Texten beschrieben und selbst im alten Ägypten und in Babylon hat man mit ihnen gerechnet und sie beschrieben, und jedes Mal musste eine Übersetzung gefunden werden. So wie dieses Wort „Wurzel" in der Mathematik eine ganz eigene Bedeutung hat, gibt es viele Wörter, die in der mathematischen Fachsprache anders verwendet werden als im Alltag.

Ein Wort – viele Bedeutungen

1. Hannah und Jakob spielen ein Ratespiel mit folgenden Regeln:
    - Ein Spieler überlegt sich ein Wort mit mindestens zwei unterschiedlichen Bedeutungen. Er muss das Wort in beiden Bedeutungen so umschreiben, dass die Mitspieler es erraten können.
    - In der Umschreibung darf man das gesuchte Wort nicht verwenden.
    Man nennt den gesuchten Begriff stattdessen immer „Teekesselchen".
    Das ist auch der Name des Spiels.
    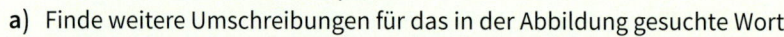
    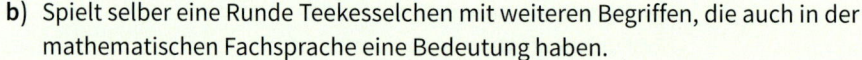

    a) Finde weitere Umschreibungen für das in der Abbildung gesuchte Wort.
    b) Spielt selber eine Runde Teekesselchen mit weiteren Begriffen, die auch in der mathematischen Fachsprache eine Bedeutung haben.

Ein Wort verliert an Bedeutung

2. Manche Wörter haben in der Umgangssprache eine ähnliche Bedeutung wie in der mathematischen Fachsprache. Allerdings wird der Umfang ihrer Bedeutung in der Mathematik enger gefasst:
    a) Beschreibe die Eigenschaften eines Spielwürfels und vergleiche diese mit den Eigenschaften eines mathematischen Würfels.
    b) Überlege, warum es sinnvoll sein könnte, nicht alle diese Spielgeräte als Spielwürfel zu bezeichnen.
    c) Gib weitere Beispiele für solche Wörter an, deren umgangssprachliche und fachsprachliche Bedeutung sich überschneiden, deren Bedeutung in der Mathematik aber eingeschränkt wird.

Im Blickpunkt

Ein Wort – widersprüchliche Bedeutung

3. Es gibt Begriffe, bei denen sich die fachsprachliche und die umgangssprachliche Bedeutung unter Umständen widersprechen. Ein solches Beispiel ist der Begriff Faktor.
   a) „Es gibt viele Faktoren, die die Kosten einer Feier beeinflussen: Die Raummiete, die Anzahl der Gäste, der Konsum pro Kopf, Reinigungskosten und die Kosten für die Band." Untersuche die Aussage daraufhin, welche der aufgezählten Größen echte Faktoren mindestens von Teiltermen sind und welche eher Summanden sind.
   b) Sicher hast du auch schon Situationen erlebt, in denen du den Eindruck hattest, die Mathematiker meinen genau das Gegenteil, von dem was sie sagen. Woran lag das?

Fremde Wörter statt bekannter

4. Häufig werden in der Mathematik Begriffe, die man schon aus der Grundschule kennengelernt hat, später dann mit einem Fremdwort bezeichnet.
   a) Erläutere an den Beispielen rechts, warum man statt des umgangssprachlichen Wortes „Teilen" in der Mathematik häufig besser das Fremdwort „Dividieren" verwendet.
   b) Gib weitere Beispiele an, bei denen man in der Mathematik umgangssprachliche Wörter durch Fremdwörter ersetzt.

   (1) [Bild eines geteilten Kuchens]

   (2) Durch welche Zahl muss ich 12 teilen, um 36 zu erhalten?

5. In dem Buch „Der Zahlenteufel" von Hans Magnus Enzensberger unterhalten sich der Junge Robert und der Zahlenteufel über das Erzeugen großer Zahlen. Lies den Dialog und beantworte die folgenden Fragen:
   a) Welche mathematische Operation ist mit „Hopsen" gemeint?
   b) Obwohl hier ein ganz anderes Wort verwendet wird als gewohnt, weißt du trotzdem, wovon die Rede ist. Wie wird der Begriff hier erklärt?

Enzensberger: „Hopsen" – noch ganz andere Wörter

– Vom Hopsen? sagte Robert verächtlich. Was ist denn das für ein Ausdruck? Seit wann hopsen Zahlen?
– Es heißt hopsen, weil *ich* es hopsen nenne. Vergiß nicht, wer hier das Sagen hat. Ich bin nicht umsonst der Zahlenteufel, merk dir das.
– Schon gut, schon gut, beruhigte ihn Robert. Also sag schon, was meinst du mit Hopsen?
[…]

$2 \cdot 2 = 4$
$2 \cdot 2 \cdot 2 = 8$
$2 \cdot 2 \cdot 2 \cdot 2 = 16$
$2 \cdot 2 \cdot 2 \cdot 2 \cdot 2 = 32$
…

– Das geht aber verdammt schnell hoch! Wenn ich noch ein bißchen weitermache, brauche ich bald wieder den Taschenrechner.
– Nicht nötig. Noch schneller geht es in die Höhe, wenn du die Fünf nimmst:

$5 \cdot 5 = 25$
$5 \cdot 5 \cdot 5 = 125$
$5 \cdot 5 \cdot 5 \cdot 5 = 625$
$5 \cdot 5 \cdot 5 \cdot 5 \cdot 5 = 3125$
$5 \cdot 5 \cdot 5 \cdot 5 \cdot 5 \cdot 5 = 15625$

– Warum regst du dich immer gleich auf, wenn eine große Zahl herauskommt? Die meisten großen Zahlen sind ganz harmlos.
– Da bin ich mir nicht so sicher, sagte Robert. Außerdem finde ich es umständlich, immer dieselbe Fünf wieder und wieder mit sich selber malzunehmen.
– Sicher. Darum schreibt man als Zahlenteufel auch nicht immer dasselbe wieder hin, das wäre mir viel zu langweilig, sondern ich schreibe:

$5^1 = 5$
$5^2 = 25$
$5^3 = 125$

und so weiter. Fünf hoch ein, fünf hoch zwei, fünf hoch drei. Mit andern Worten, ich lasse die Fünf hopsen. Kapiert?

Bist du fit? Quadratwurzeln

Das Wichtigste auf einen Blick

Quadratwurzel

Unter der Quadratwurzel aus einer nichtnegativen Zahl a versteht man diejenige nichtnegative Zahl, die mit sich selbst multipliziert die Zahl a ergibt.

Beispiele:
$\sqrt{64} = 8$, denn $8 \cdot 8 = 64$
$\sqrt{-81}$ ist nicht definiert

Wurzelziehen und Quadrieren

Für alle Zahlen a gilt: $\sqrt{a^2} = |a|$.

Für alle nichtnegativen Zahlen a gilt:
$\sqrt{a^2} = a \qquad (\sqrt{a})^2 = a$

Beispiele:
$\sqrt{(-3)^2} = |-3| = 3$
$\sqrt{0{,}7^2} = 0{,}7;\ (\sqrt{0{,}7})^2 = 0{,}7$

Wurzelgesetze

Für nichtnegative Zahlen a und b gilt:
$\sqrt{a} \cdot \sqrt{b} = \sqrt{a \cdot b}$
$\frac{\sqrt{a}}{\sqrt{b}} = \sqrt{\frac{a}{b}}$ mit $b \neq 0$

Beispiele:
$\sqrt{2} \cdot \sqrt{50} = \sqrt{(2 \cdot 50)} = \sqrt{100} = 10$
$\frac{\sqrt{40}}{\sqrt{10}} = \sqrt{\frac{40}{10}} = \sqrt{4} = 2$

Teilweises Wurzelziehen

Für nichtnegative Zahlen a und b gilt:
$\sqrt{a^2 b} = |a| \cdot \sqrt{b}$; falls $a \geq 0$: $\sqrt{a^2 b} = a\sqrt{b}$
$\sqrt{\frac{a}{b^2}} = \frac{\sqrt{a}}{|b|}$ mit $b \neq 0$; falls $b \geq 0$: $\sqrt{\frac{a}{b^2}} = \frac{\sqrt{a}}{b}$
$\sqrt{\frac{a^2}{b}} = \frac{|a|}{\sqrt{b}}$ mit $b \neq 0$; falls $a \geq 0$: $\sqrt{\frac{a^2}{b}} = \frac{a}{\sqrt{b}}$

Beispiele:
$\sqrt{48} = \sqrt{16 \cdot 3} = 4\sqrt{3}$
$\sqrt{\frac{2}{81}} = \sqrt{\frac{2}{9^2}} = \frac{\sqrt{2}}{9}$
$\sqrt{\frac{16}{5}} = \sqrt{\frac{4^2}{5}} = \frac{4}{\sqrt{5}} = \frac{4}{\sqrt{5}} \cdot \frac{\sqrt{5}}{\sqrt{5}} = \frac{4}{5}\sqrt{5}$

Bist du fit?

1. Berechne im Kopf: **a)** $\sqrt{81}$ **b)** $\sqrt{0{,}25}$ **c)** $\sqrt{\frac{64}{121}}$ **d)** $\sqrt{40\,000}$ **e)** $\sqrt{6{,}25}$

2. Berechne Kantenlänge und Volumen des Würfels im Kaufhaus Kastens.

Stadtkurier
Kaufhaus Kastens in Oberstadt neu eröffnet
Blickfang für die Käufer ist ein im Treppenhaus an einer Ecke aufgehängter Würfel, der mit 3 m² echtem Blattgold beschichtet wurde.

3. **a)** $\sqrt{20} \cdot \sqrt{5}$ **c)** $(\sqrt{20} + \sqrt{5})^2$
   b) $\sqrt{20} : \sqrt{5}$ **d)** $\sqrt{20} + \sqrt{5}$

4. **a)** $\sqrt{9a^2}$ **e)** $(1+\sqrt{a}) \cdot \sqrt{a}$
   b) $(\sqrt{5x})^2$ **f)** $(\sqrt{a} + \sqrt{3b})^2$
   c) $\sqrt{x^9} : \sqrt{x^3}$ **g)** $\sqrt{6uv} \cdot \sqrt{3v} \cdot \sqrt{8u}$
   d) $\sqrt{y^2} \cdot \sqrt{y}$ **h)** $\sqrt{\frac{49a^2}{4b^2c^2}}$
   i) $\sqrt{a} + \sqrt{4a} - \sqrt{9a^3}$ **j)** $\sqrt{a^2 + 2ab + b^2}$

5. Ziehe teilweise die Wurzel. **a)** $\sqrt{12}$ **b)** $\sqrt{45}$ **c)** $\sqrt{5a^2}$ **d)** $\sqrt{1{,}44 x^2 y}$

6. Vereinfache durch Zusammenfassen.
   a) $7\sqrt{2} - 2\sqrt{2}$ **b)** $4\sqrt{3} - \sqrt{2} + 3\sqrt{3} - 8\sqrt{2}$ **c)** $\sqrt{2} - \sqrt{8}$ **d)** $3\sqrt{48} + 2\sqrt{75}$

7. Beseitige die Wurzel im Nenner. **a)** $\frac{5}{\sqrt{3}}$ **b)** $\frac{a}{\sqrt{z}}$ **c)** $\frac{7}{4-\sqrt{2}}$ **d)** $\frac{\sqrt{a}}{\sqrt{3}-\sqrt{5}}$

2. Satz des Pythagoras

Ebene Figuren lassen sich häufig leichter berechnen,
indem man sie in rechtwinklige Dreiecke zerlegt.

Rechte Winkel oder rechtwinklige Dreiecke im Heft zu zeichnen ist nicht schwierig, wenn man ein Geodreieck oder zumindest Zirkel und Lineal hat. Aber auch überall in unserer Umgebung werden rechte Winkel benötigt, und dort ist es oft nicht so einfach, sie herzustellen.
Handwerker verwenden keine Geodreiecke.
Wie stellen sie rechte Winkel her? Auf dem Bild siehst du einen Fliesenleger mit drei Leisten, die 30 cm, 40 cm und 50 cm lang sind.

→ Zeichne ein solches Dreieck im Maßstab 1:10.
   Was stellst du fest?

In diesem Kapitel ...
lernst du mathematische Sätze kennen, die zu den ältesten gehören, die uns überliefert wurden und mit deren Hilfe du rechtwinklige Dreiecke berechnen kannst. Oben siehst du das Denkmal, das zu Ehren von Pythagoras auf der Insel Samos errichtet wurde.

Lernfeld: Alles über Dreiecke

Kleine Quadrate im großen Quadrat

Rechts siehst du, wie vier zueinander kongruente rechwinklige Dreiecke auf zwei verschiedene Weisen in ein großes Quadrat gelegt wurden.

→ Konstruiert selbst rechtwinklige Dreiecke und versucht, sie entsprechend zu legen. Gelingt das stets?

→ Vergleicht die Größe der kleineren nicht ausgefüllten Quadrate.

Wie im alten Ägypten

Das Land der Pharaonen und Pyramiden ist eine der ältesten Kulturen. So wurden die heute noch erhaltenen Pyramiden vor etwa 5000 Jahren erbaut. Der Nil war die Quelle des Reichtums Ägyptens. Jährlich trat er über die Ufer. Diese Überschwemmungen brachten fruchtbaren Boden auf die Felder am Nil. Ausreichend Wasser zur Bewässerung gab es natürlich auch.

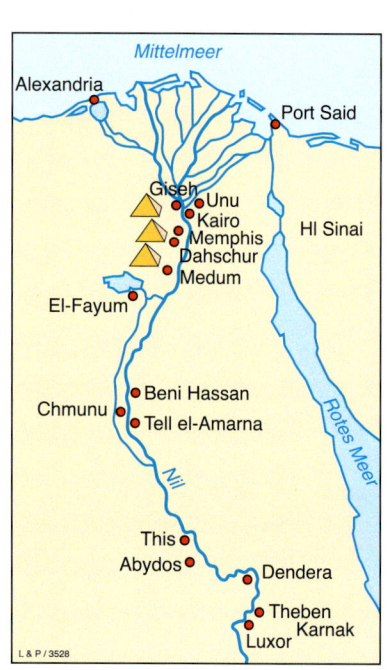

Doch brachte das Nilhochwasser auch Probleme mit sich. Es war bereits früh notwendig, die Zeiten des Hochwassers genau zu bestimmen. Daher entwickelten die Ägypter einen Kalender. Da das Nilhochwasser auch jedes Mal die Feldgrenzen zerstörte, waren auch Methoden der Landvermessung nötig, um die Felder neu einzuteilen. Geometrie fand hier ihre praktische Anwendung. Wichtig für die Landvermessung und beim Bau der Pyramiden war die Konstruktion rechter Winkel. Dabei standen den Ägyptern noch keine modernen Messmethoden zur Verfügung, nicht einmal ein Geodreieck, sondern nur Seile und Stöcke.

Wie schafften die Ägypter es trotzdem, rechte Winkel exakt zu konstruieren?

→ Zeichnet mit Faden und Reißzwecke (statt Seil und Stock) einen Kreis. Findet Punkte auf diesem Kreis, die ein rechtwinkliges Dreieck bilden. Begründet.

→ Man nimmt an, dass auch schon im alten Ägypten eine weitere Lösung für solche Aufgaben bekannt war: Seilspanner benutzten 12-Knoten-Seile, um rechtwinklige Dreiecke aufzuspannen. Diese wurden unter anderem bei der Ausrichtung von Altären und Bauwerken benutzt.
Überprüft die Methode. Markiert auf einem langen Seil 12 gleich große Abschnitte. Einer von euch hält Anfang und Ende zusammen, zwei andere versuchen, die Markierungen zu finden, mit denen sich ein rechtwinkliges Dreieck aufspannen lässt. Wie müssen sie auf die Dreieckseiten verteilt werden?

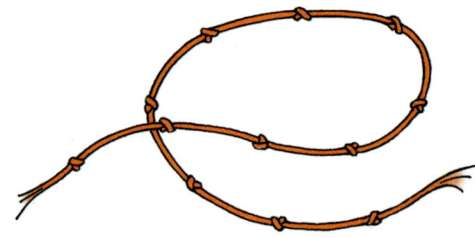

2.1 Satz des Pythagoras

Einstieg

a) Rechts seht ihr eine Bordüre aus hellen und dunklen Granit-Platten.
Für welchen Streifen benötigt man mehr hellen Granit?

b) Formuliert euer Ergebnis aus Teilaufgabe a) als ein Ergebnis über Quadrate an den Seiten eines rechtwinklig-gleichschenkligen Dreiecks.

DGS

c) Untersucht, ob das Ergebnis von Teilaufgabe b) für beliebige rechtwinklige Dreiecke zutrifft. Lasst dazu von einem dynamischen Geometrie-System ein rechtwinkliges Dreieck zeichnen.
Konstruiert dann an jeder Dreieckseite ein Quadrat. Lasst auch den Flächeninhalt dieser Quadrate berechnen.
Verändert die Form des Dreiecks und beobachtet dabei die Flächeninhalte.
Was stellt ihr fest?

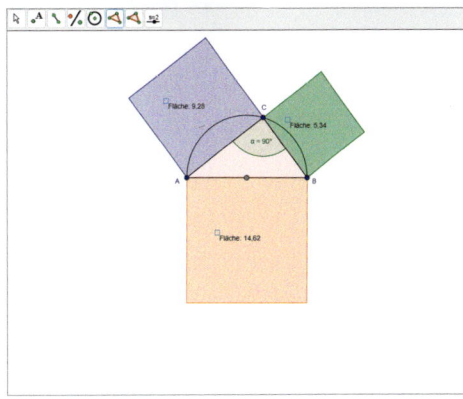

Aufgabe 1

Berechnung eines gleichschenklig-rechtwinkligen Dreiecks

Der Bebauungsplan einer Gemeinde schreibt Satteldächer mit einer Dachneigung von 45° vor. Familie Werner plant ein Haus, das 8,00 m breit sein soll.
Wie lang müssen dann die Dachsparren sein, wenn sie 60 cm überstehen sollen?
Löse diese Aufgabe zunächst zeichnerisch und dann rechnerisch.

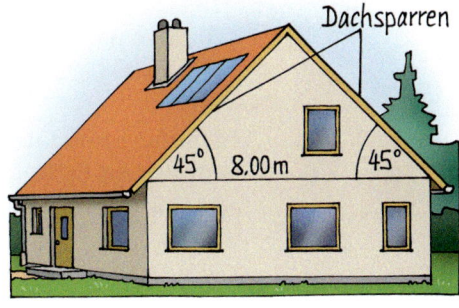

Lösung

(1) *Zeichnerische Lösung*
Der Dachgiebel ist ein Dreieck. Da beide Dachneigungen gleich groß sind, ist das Dreieck gleichschenklig. Von diesem Dreieck ABC sind die Basis $\overline{AB}$ und die beiden anliegenden Basiswinkel α und β gegeben. Nach dem Kongruenzsatz wsw ist es eindeutig konstruierbar.
Wir zeichnen das Dreieck verkleinert im Maßstab 1:200.
Aus dem Winkelsummensatz folgt, dass der Winkel an der Spitze 90° groß ist. Das Dreieck ist also auch rechtwinklig.
Durch Messen der Strecke $\overline{BC}$ bzw. $\overline{AC}$ erhalten wir:
a = b ≈ 5,6 m.
Dazu kommt jeweils noch 0,6 m für den Überstand.
Ergebnis: Die Dachsparren müssen etwa 6,20 m lang sein.

Maßstab 1:200

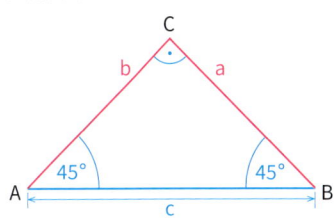

(2) Rechnerische Lösung

Um aus der gegebenen Länge c der Basis des rechtwinklig-gleichschenkligen Dreiecks ABC die gesuchte Schenkellänge a (= b) zu berechnen, müssen wir einen formelmäßigen Zusammenhang zwischen den Längen c und a finden.

Dazu legen wir vier Exemplare des Dreiecks zu einem Quadrat zusammen. Dessen Flächeninhalt können wir mithilfe von zwei verschiedenen Formeln angeben:

- Das Quadrat Q hat die Seitenlänge c, also den Flächeninhalt $A_Q = c^2$.
- Das Quadrat setzt sich aus vier zueinander kongruenten gleichschenklig-rechtwinkligen Dreiecken D zusammen. Deren Flächeninhalt beträgt:
  $A_D = \frac{1}{2} a \cdot b = \frac{1}{2} a \cdot a = \frac{1}{2} a^2$

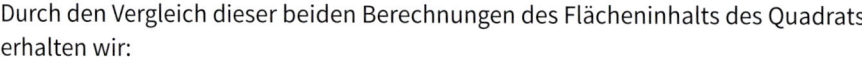

Daraus folgt: $A_Q = 4 \cdot A_D = 4 \cdot \frac{1}{2} a^2 = 2 a^2$

Durch den Vergleich dieser beiden Berechnungen des Flächeninhalts des Quadrats erhalten wir:

$2 a^2 = c^2 \quad |:2$

$a^2 = \frac{1}{2} c^2$

$a = \sqrt{\frac{1}{2} c^2}$ *teilweises Wurzelziehen und Wurzel im Nenner beseitigen*

$a = \frac{c}{2} \sqrt{2}$

a > 0 und c > 0, da es sich um Längen handelt.

Wir setzen ein: $a = \frac{8\,m}{2} \cdot \sqrt{2} \approx 5{,}66\,m$

Dazu kommen noch 0,60 m für den Überstand.

Ergebnis: Die Dachsparren müssen ungefähr 6,26 m lang sein.

Aufgabe 2    **Hinführung zum Satz des Pythagoras**

Bei der Lösung der Aufgabe 1 haben wir für ein gleichschenklig-rechtwinkliges Dreieck mit der Basislänge c und der Schenkellänge a durch Betrachtung von Flächeninhalten folgende Gleichung gewonnen: $c^2 = 2 a^2$
Dies bedeutet geometrisch:

> Der Flächeninhalt des Quadrats über der Seite $\overline{AB}$ ist gleich der Summe der Flächeninhalte der beiden Quadrate über den Seiten $\overline{BC}$ und $\overline{AC}$.

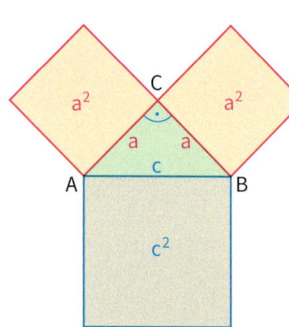

Wir wollen im Folgenden untersuchen, ob dieses Ergebnis nicht nur für gleichschenklig-rechtwinklige Dreiecke, sondern allgemein für rechtwinklige Dreiecke gilt.
Zeichnet rechtwinklige Dreiecke ABC mit $\gamma = 90°$ und den Seitenlängen

(1) $a = 6\,cm$ und $b = 9\,cm$;
(2) $a = 5\,cm$ und $b = 8{,}5\,cm$;
(3) $a = 5\,cm$ und $b = 6\,cm$.

Messt die Länge der dritten Seite. Überprüft, ob das oben formulierte Ergebnis auch für diese rechtwinkligen Dreiecke gilt.

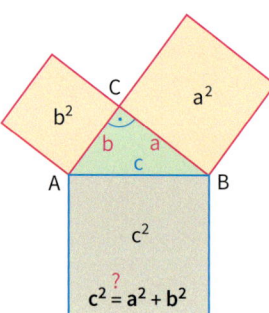

2.1 Satz des Pythagoras

Lösung

Die Dreiecke sind hier auf die Hälfte verkleinert gezeichnet.

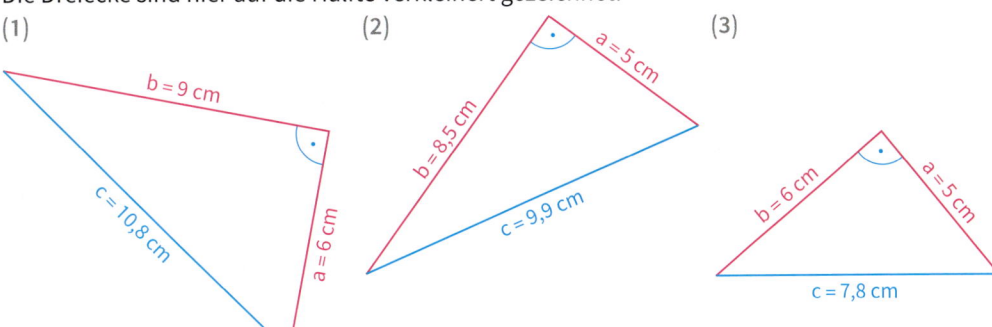

Durch Messen der dritten Seiten der Dreiecke erhalten wir:
(1) c = 10,8 cm;   (2) c = 9,9 cm;   (3) c = 7,8 cm

Überprüfen des Satzes:
(1) $(6\,\text{cm})^2 + (9\,\text{cm})^2 = 117\,\text{cm}^2$ und $(10,8\,\text{cm})^2 = 116,64\,\text{cm}^2$
$117\,\text{cm}^2 \approx 116,64\,\text{cm}^2$
(2) $(5\,\text{cm})^2 + (8,5\,\text{cm})^2 = 97,25\,\text{cm}^2$ und $(9,9\,\text{cm})^2 = 98,01\,\text{cm}^2$
$97,25\,\text{cm}^2 \approx 98,01\,\text{cm}^2$
(3) $(5\,\text{cm})^2 + (6\,\text{cm})^2 = 61\,\text{cm}^2$ und $(7,8\,\text{cm})^2 = 60,84\,\text{cm}^2$
$61\,\text{cm}^2 \approx 60,84\,\text{cm}^2$

Die Beispiele legen nahe, dass die Gleichung $a^2 + b^2 = c^2$ für alle rechtwinkligen Dreiecke gilt.

Information

(1) Begriffe am rechtwinkligen Dreieck
Bevor wir die gefundene Vermutung allgemein formulieren, führen wir zwei Begriffe am rechtwinkligen Dreieck ein:

Hypotenuse (griech.)
hypo – unten
teinein – spannen

Kathete (griech.)
Kathetos – Senkblei

Die dem rechten Winkel gegenüberliegende Seite nennt man **Hypotenuse**, die dem rechten Winkel anliegenden Seiten heißen **Katheten**.

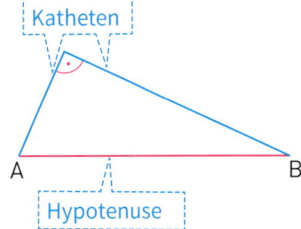

(2) Satz des Pythagoras
Aus den Beispielen der Aufgabe 2 ergibt sich:

Pythagoras von Samos
Πυθαγόρας
etwa 580 bis etwa
500 v. Chr.

> **Satz des Pythagoras**
> Wenn das Dreieck ABC *rechtwinklig* ist, dann ist der Flächeninhalt des Hypotenusenquadrates gleich der Summe der Flächeninhalte der beiden Kathetenquadrate:
> $c^2 = a^2 + b^2$ (für $\gamma = 90°$)

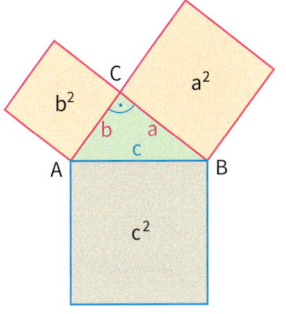

Wir wollen diesen Satz nun allgemein beweisen.

Beweis des Satzes des Pythagoras:

Von einem Quadrat PQRS mit der Seitenlänge $a + b$ werden vier rechtwinklige Dreiecke mit den Kathetenlängen a und b abgeschnitten. Die vier abgeschnittenen Dreiecke stimmen in den Kathetenlängen und dem eingeschlossenen rechten Winkel überein. Sie sind nach dem Kongruenzsatz sws zueinander kongruent.
Folglich hat die Restfigur vier gleich lange Seiten, deren Länge wir mit c bezeichnen.
Des weiteren gilt aufgrund des Winkelsummensatzes im Dreieck:
$\alpha + \beta + 90° = 180°$, also $\alpha + \beta = 90°$.
Ebenso gilt: $\alpha + \beta + \varphi = 180°$, also $\varphi = 90°$.

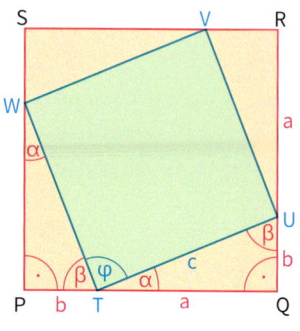

Damit ist gezeigt, dass die Restfigur TUVW ein Quadrat mit der Seitenlänge c ist. Das Quadrat TUVW hat den Flächeninhalt $A = c^2$. Wir berechnen nun diesen Flächeninhalt auf andere Weise:

| Flächeninhalt von PQRS | Flächeninhalt der vier Dreiecke |

$$c^2 = (a+b)^2 - 4 \cdot \frac{1}{2} ab$$
$$= a^2 + 2ab + b^2 - 2ab$$
$$= a^2 + b^2$$

1. binomische Formel
$(a+b)^2 = a^2 + 2ab + b^2$

Damit ist bewiesen, dass der oben gefundene Flächensatz (Satz des Pythagoras) allgemein für alle rechtwinkligen Dreiecke gilt.

Übungsaufgaben

3. Gib für das rechtwinklige Dreieck jeweils die Gleichung nach dem Satz des Pythagoras an. Skizziere zunächst die Dreiecke im Heft; färbe die Katheten rot, die Hypotenuse blau.

(1) 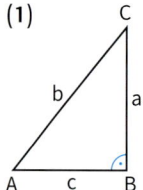   (2) 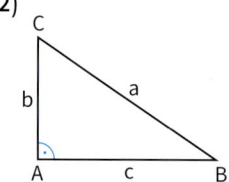   (3)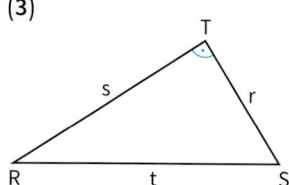

4. Kontrolliere die angegebenen Gleichungen. Berichtige gegebenenfalls.

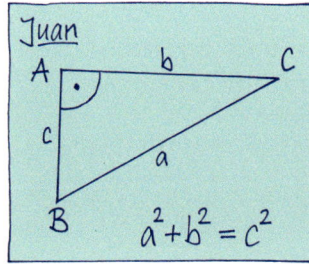 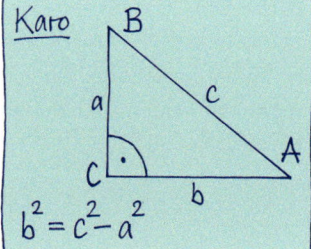 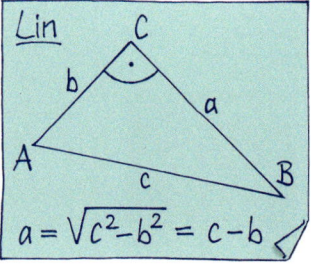

Das kann ich noch!

A) Bestimme die Lösungsmenge des Gleichungssystems.

1) $\begin{vmatrix} 3x + 2y = 7 \\ x - y = 4 \end{vmatrix}$

2) $\begin{vmatrix} -4x + y = 5 \\ y = 3x + 3 \end{vmatrix}$

3) $\begin{vmatrix} 8x + 2y = 4 \\ 4x = 2 - y \end{vmatrix}$

2.1 Satz des Pythagoras

5. Berechne die Länge x der roten Strecke (Maße in cm).

   a) 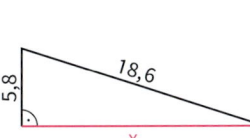   b) 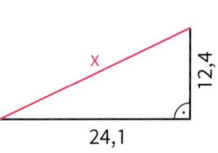   c) 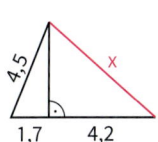   d)

6. In der Figur findest du mehrere rechtwinklige Dreiecke. Notiere sie und gib jeweils nach dem Satz des Pythagoras den Zusammenhang zwischen den Seitenlängen an.

   a) 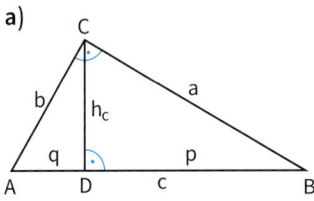   b) 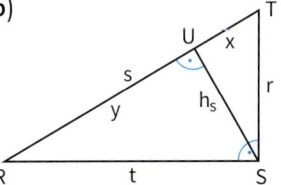   c)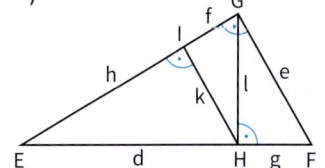

7. Berechne die dritte Seite sowie den Umfang und den Flächeninhalt des Dreiecks ABC.

   a) $a = 12\,\text{cm}$
      $b = 16\,\text{cm}$
      $\gamma = 90°$

   b) $c = 10\,\text{cm}$
      $a = 6\,\text{cm}$
      $\gamma = 90°$

   c) $a = 10\,\text{dm}$
      $c = 6\,\text{dm}$
      $\alpha = 90°$

   d) $b = 4{,}1\,\text{km}$
      $c = 3{,}5\,\text{km}$
      $\alpha = 90°$

   e) $a = 3{,}4\,\text{cm}$
      $c = 51\,\text{mm}$
      $\beta = 90°$

8. Konstruiere mithilfe des Satzes des Pythagoras eine Strecke der Länge
   (1) $\sqrt{10}$;   (2) $\sqrt{20}$;   (3) $\sqrt{2}$.

9. Berechne in der Figur links die Länge der Strecken $\overline{MB}$, $\overline{MC}$, $\overline{MD}$, $\overline{ME}$, usw. Setze die *Quadratwurzelspirale* fort. Was fällt auf?

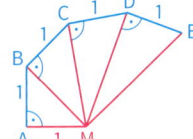

10. a) Zeichne ein rechtwinklig-gleichschenkliges Dreieck mit der Basis $c = 4\,\text{cm}$.
       Konstruiere das Hypotenusenquadrat und die beiden Kathetenquadrate.
       Ergänze die Figur wie im Bild rechts.
    b) Setze die Figur aus Teilaufgabe a) um eine weitere Stufe fort. Wie groß sind alle Quadrate zusammen?
       Berechne auch den Umfang der Gesamtfigur.
    c) Du kannst die Figur weiter fortsetzen.
       Was vermutest du über den Flächeninhalt und den Umfang der Gesamtfigur?

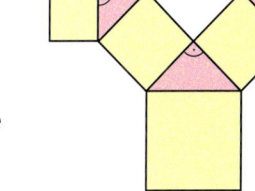

11. a) Die beiden nebenstehenden Figuren zeigen einen weiteren Beweis des Satzes des Pythagoras.
       Erläutere den Beweis im Einzelnen.
    b) Im Internet findest du unter dem Stichwort „Satz des Pythagoras" weitere Beweise.
       Stellt in der Klasse Beweise zusammen, die ihr als Referat präsentiert.

 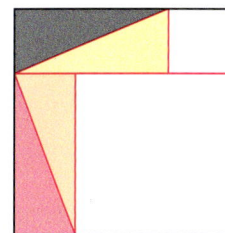

2.2 Berechnen von Streckenlängen

Einstieg Eine Stehleiter ist zusammengeklappt 2,10 m lang. Wenn sie aufgestellt ist, sind die Fußenden 1,40 m weit voneinander entfernt. Wie hoch reicht die Leiter?

Aufgabe 1 Berechnungen am gleichseitigen Dreieck
In einer Feriensiedlung werden Dachhäuser wie im Bild errichtet.
a) Wie hoch sind die Dachhäuser?
b) Die Giebelfläche soll mit Holz verschalt werden. Wie viel Holz wird für eine Seite benötigt?
Löse die Aufgaben auch allgemein und leite somit jeweils eine Formel her.

Lösung Die Giebelfläche ist ein gleichseitiges Dreieck, da die beiden Dachneigungen und damit auch der Winkel an der Spitze jeweils 60° betragen.

a) Die Höhe h zur Seite $\overline{AB}$ zerlegt das gleichseitige Dreieck ABC in zwei rechtwinklige Dreiecke ADC und DBC; außerdem halbiert sie die Seite $\overline{AB}$.
Wir betrachten das rechtwinklige Dreieck ADC und wenden den Satz des Pythagoras an:

(1) *Berechnen von h*
$\left(\frac{a}{2}\right)^2 + h^2 = a^2$

$\left(\frac{7}{2}m\right)^2 + h^2 = (7\,m)^2$

$h^2 = 49\,m^2 - 12{,}25\,m^2$

$h^2 = 36{,}75\,m^2$

$h = \sqrt{36{,}75}\,m$

$h \approx 6{,}06\,m$

(2) *Formel für die Höhe h*
$\left(\frac{a}{2}\right)^2 + h^2 = a^2$

$h^2 = a^2 - \left(\frac{a}{2}\right)^2$

$h^2 = a^2 - \frac{a^2}{4}$

$h^2 = \frac{3}{4}a^2$

$h = \sqrt{\frac{3}{4}a^2}$

$h = \frac{a}{2}\sqrt{3}$

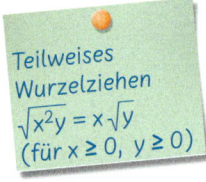

Teilweises Wurzelziehen
$\sqrt{x^2 y} = x\sqrt{y}$
(für $x \geq 0$, $y \geq 0$)

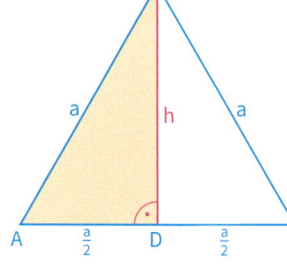

Ergebnis: Die Dachhäuser sind 6,06 m hoch.

b) (1) *Berechnen des Flächeninhalts*
$A = \frac{1}{2} \cdot a \cdot h$

$A = \frac{1}{2} \cdot 7\,m \cdot \sqrt{36{,}75}\,m$

$A \approx 21{,}2\,m^2$

(2) *Formel für den Flächeninhalt*
$A = \frac{1}{2} \cdot a \cdot h$

$A = \frac{1}{2} \cdot a \cdot \frac{a}{2}\sqrt{3}$

$A = \frac{a^2}{4}\sqrt{3}$

Ergebnis: Es werden mindestens 21,2 m² Holz benötigt.

2.2 Berechnen von Streckenlängen

Information

> **Satz**
> Bei einem *gleichseitigen* Dreieck mit der Seitenlänge a gilt:
> (1) für die Höhe: $h = \frac{a}{2}\sqrt{3}$
> (2) für den Flächeninhalt: $A = \frac{a^2}{4}\sqrt{3}$

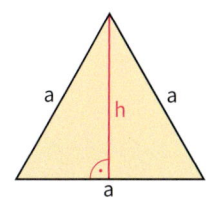

Aufgabe 2

Berechnen von Längen räumlicher Figuren
Bei einem Stadtfest soll ein großes Zelt aufgebaut werden. Es hat eine quadratische Grundfläche und als Dach eine Pyramide. Insgesamt ist das Zelt 5 m hoch. Die Grundfläche ist 10 m × 10 m groß.
Zur sicheren Konstruktion sollen nicht nur die Außenkanten durch Stahlrohre gebildet werden. Jede Außenfläche soll durch ein zusätzliches Rohr gestützt werden.
Berechne, wie viel Stahlrohr insgesamt benötigt wird.

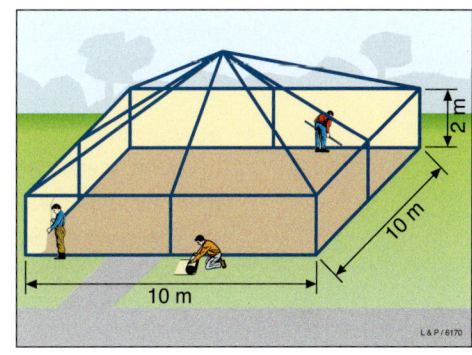

Lösung

(1) Wir berechnen den Stahlrohrbedarf für den Quader.
Für die unteren und oberen Kanten werden 8 Rohre der Länge 10 m benötigt, für die senkrechten Stäbe 8 Rohre der Länge 2 m, also insgesamt:
8 · 10 m + 8 · 2 m = 96 m

(2) Wir berechnen nun den Stahlrohrbedarf für die Schrägen des pyramidenförmigen Daches.

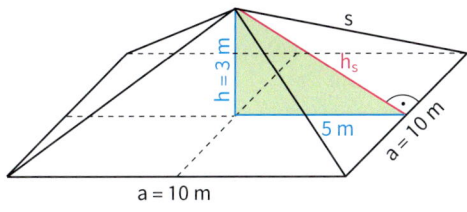 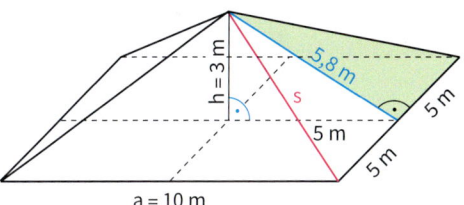

Das Dach ist 5 m − 2 m = 3 m hoch.
Für die Höhe h_s des Seitendreiecks gilt nach dem Satz des Pythagoras:
$h_s^2 = (5\,m)^2 + (3\,m)^2$
$= 25\,m^2 + 9\,m^2$
$= 34\,m^2$
Also: $h_s = \sqrt{34}\,m \approx 5{,}83\,m$
Für die Länge s der Seitenkanten gilt nach dem Satz des Pythagoras:
$s^2 = (\sqrt{34}\,m)^2 + (5\,m)^2$
$= 34\,m^2 + 25\,m^2$
$= 59\,m^2$
Also: $s = \sqrt{59}\,m \approx 7{,}68\,m$

Für das Dach benötigt man also etwa 4 · 5,83 m + 4 · 7,68 m = 54,04 m.
Somit beträgt der Gesamtbedarf an Stahlrohr ungefähr 96 m + 54 m = 150 m.

Information

Strategie zum Berechnen von Längen
Der Satz des Pythagoras ermöglicht es, bei einem rechtwinkligen Dreieck aus zwei Seitenlängen die dritte Seitenlänge zu berechnen.

> Man kann mithilfe des Satzes des Pythagoras Seitenlängen in Vielecken und Körpern berechnen. Dazu muss man rechtwinklige Dreiecke suchen oder durch eine geeignete Hilfslinie ein rechtwinkliges Dreieck einzeichnen. Als Hilfslinien verwendet man häufig Höhen.

Übungsaufgaben

3. Von den beiden Seitenlängen a und b eines Rechtecks sowie der Länge e einer Diagonalen sind zwei gegeben. Berechne die dritte Länge.
   a) $a = 8\,cm$; $b = 5\,cm$ b) $a = 1{,}4\,dm$; $e = 3{,}8\,dm$ c) $e = 5{,}9\,dm$; $b = 4{,}7\,dm$

4. a) Von einem gleichseitigen Dreieck ist die Seitenlänge $a = 7\,cm$ gegeben. Berechne die Höhe h und den Flächeninhalt A.
   b) Von einem gleichseitigen Dreieck ist die Höhe $h = 5\,m$ gegeben. Berechne die Seitenlänge a, den Flächeninhalt A und den Umfang u.
   c) Von einem gleichseitigen Dreieck ist der Flächeninhalt $A = 35\,cm^2$ gegeben. Berechne die Seitenlänge a, die Höhe h und den Umfang u.

5. Von den drei Größen g, s und h eines gleichschenkligen Dreiecks sind zwei gegeben. Berechne die dritte Größe sowie den Flächeninhalt A und den Umfang u.
   a) $g = 6\,cm$; $s = 4\,cm$
   b) $s = 5\,dm$; $h = 3\,dm$
   c) $h = 24\,mm$; $g = 45\,mm$

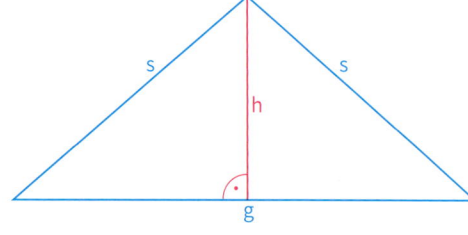

6. Ein Neubau ist 11,20 m breit. Die dreieckige Giebelwand hat die Höhe 3,20 m. Die Dachbalken sollen 70 cm überstehen. Wie lang müssen die Dachbalken sein?

7. Ein gleichschenkliges Dreieck ist durch die Basislänge g und eine Schenkellänge s gegeben. Leite eine Formel für die Höhe h und den Flächeninhalt A her.

8. a) Ein Quadrat hat eine Seitenlänge von 3 cm. Berechne die Länge der Diagonale.
   b) Rechts siehst du einen Ausschnitt aus einer Formelsammlung. Beweise die angegebene Formel.
   c) Ein Quadrat hat eine 12 cm lange Diagonale. Berechne seine Seitenlänge.
   d) Erstelle eine Formel zur Berechnung der Seitenlänge aus der Diagonale eines Quadrats.

Diagonale eines Quadrats: $d = a\sqrt{2}$

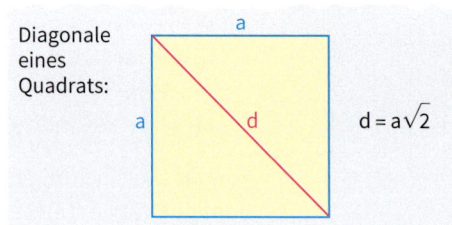

2.2 Berechnen von Streckenlängen

9. Durch einen Sturm ist eine 40 m hohe Fichte in 8,75 m Höhe abgeknickt. Wie weit liegt die Spitze etwa vom Stamm entfernt? Welche Vereinfachung musst du zur Berechnung vornehmen?

10. Im Koordinatensystem mit der Einheit 1 cm sind die beiden Punkte A und C gegeben. Berechne die Länge der Strecke $\overline{AC}$. Gib auch den Umfang und den Flächeninhalt des Dreiecks ABC an.

   a) A(−3|1)
      C(3|4)
   b) A(2|7)
      C(7|4)
   c) A(−6|3)
      C(2|−5)
   d) A(−4|−6)
      C(7|4)
   e) A(−7|−3)
      C(−2|−1)
   f) A(x_1|y_1)
      C(x_2|y_2)

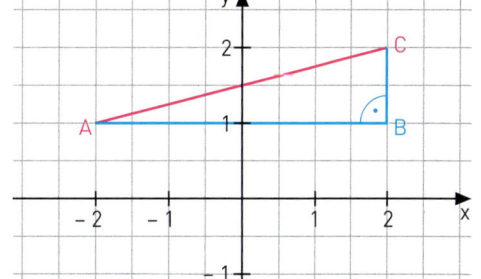

11. Welchen Abstand haben die Punkte A(3|4), B(7|9), C(−1|5), D(2|−4), E(−3|−1) vom Ursprung eines Koordinatensystems mit der Einheit 1 cm?

12. a) In einem Koordinatensystem mit der Einheit 1 cm sind die Punkte A, B und C gegeben. Berechne den Umfang des Dreiecks ABC.
   (1) A(1|2); B(6|4); C(4|7)
   (2) A(−4|−2); B(5|−4); C(0|3)
   b) Gegeben ist in einem Koordinatensystem mit der Einheit 1 cm ein Viereck ABCD mit A(1|4), B(9|6), C(8|8) und D(3|7). Berechne den Umfang des Vierecks.

13. In der Mitte zwischen zwei gegenüber liegenden Masten an einer Straße ist eine Straßenlaterne befestigt. Der Abstand der Masten beträgt 12 m. Das Befestigungsseil ist 12,10 m lang. Wie viel hängt das Seil in der Mitte durch? Welche Modellannahmen musstest du zur Lösung des Problems machen?

*Eine **Raute** ist ein Viereck mit vier gleich langen Seiten.*

14. Von den drei Größen a, e und f einer Raute sind zwei gegeben. Berechne die dritte Größe. Berechne auch den Flächeninhalt und den Umfang der Raute.
   a) e = 5 cm; f = 7 cm
   b) a = 6 mm; e = 9 mm
   c) a = 4,8 km; f = 3,1 km
   d) e = 4,7 m; f = 3,3 m

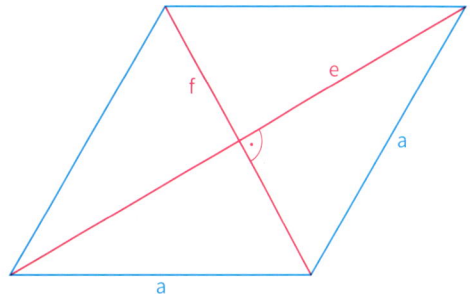

15. a) Ein regelmäßiges Sechseck ist durch die Seitenlänge a gegeben. Leite eine Formel für den Flächeninhalt des Sechsecks her.
b) Die Seitenlänge eines regelmäßigen Sechsecks beträgt 4 cm. Berechne seinen Flächeninhalt.
c) Der Flächeninhalt eines regelmäßigen Sechsecks beträgt 90 cm².
Wie lang sind seine Seiten und der Umfang?

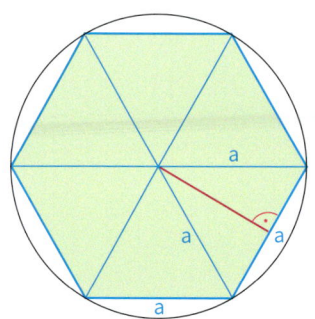

16. Eine Sitzgruppe wie auf dem Foto soll neu gebaut werden. Bestimmt die Menge Holz, die hierfür benötigt wird.
Macht zunächst – jeder für sich – fehlende Annahmen, die für die Rechnung benötigt werden.
Vergleicht dann eure Annahmen und einigt euch, welche Angaben ihr zur Bestimmung der Holzmenge nehmt.
Haltet eure Vorgehensweise schriftlich fest.

17. In einer Turnhalle hängt ein Kletterseil so, dass noch 50 cm dieses Seils auf dem Boden liegen. Zieht man das untere Seilende 2,50 m zur Seite, so berührt es gerade noch den Boden. Wie lang ist das Seil? Fertige eine Skizze an.

18. Ein 16 m hoher Baum ist bei einem Sturm in einer bestimmten Höhe abgeknickt; die Baumspitze berührt 12 m vom Stammende den Boden.
In welcher Höhe ist der Baum abgeknickt? Fertige eine Skizze an.

19. ## Schlanke Riesen: Plasma-TVs

Plasma-Fernseher sind gut in Bild, Größe und Technik. Wer Brillanz und Zukunftssicherheit will, wird bei seinen Überlegungen ohne Zweifel auch die Plasma-TVs in Erwägung ziehen. Das Bild des Plasma-Displays wirkt ruhig, scharf und ist auch in den Ecken nicht verzerrt. 107 cm (42 Zoll) Diagonale sind für Plasma-TVs Standard. So viel Größe hat nicht nur seinen Preis, sondern erfordert auch große Räume. Als Faustregel gilt: Der Sehabstand sollte die 3-fache Bildhöhe betragen. 50-Zoll-Bildschirme sollten aus gut fünf Metern Entfernung betrachtet werden. Sonst stört das unruhige Bild. Plasma-TVs haben immer ein Format von 16:9.

Das Format 16 : 9 beschreibt das Verhältnis von Länge zu Breite des Bildschirms. Bestimmt bei einer Bildschirmdiagonale von 107 cm
a) den empfohlenen Sehabstand zum Fernseher,
b) die Größe des Bildes.

2.2 Berechnen von Streckenlängen

20. Beim Echoloten sendet man Schallwellen mit einem Sender S zum Meeresgrund und empfängt die reflektierten Wellen mit einem Empfänger E. Je tiefer das Meer ist, desto länger dauert es, bis die Schallwellen zurückkehren. Sender und Empfänger befinden sich 1 m unter dem Wasserspiegel am Schiffsrumpf und sind 10 m voneinander entfernt. Im Wasser legt der Schall 1,5 km pro Sekunde zurück. An einer bestimmten Stelle benötigt der Schall $\frac{1}{10}$ Sekunde. Bestimme wie tief an dieser Stelle das Meer ist.

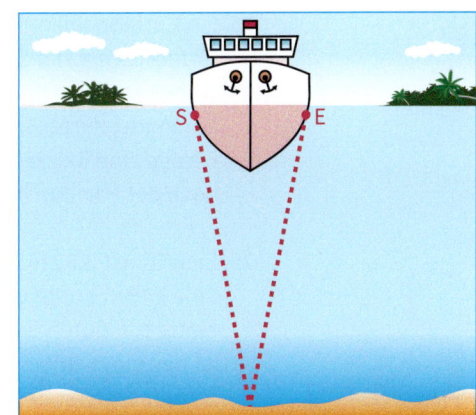

21. Das Bild zeigt den Querschnitt eines 3 m hohen Schutzwalls an einem Fluss.
Die Böschungen sind 4 m und 8,50 m lang und die Dammkrone 2,60 m.
Wie lang ist die Dammsohle?

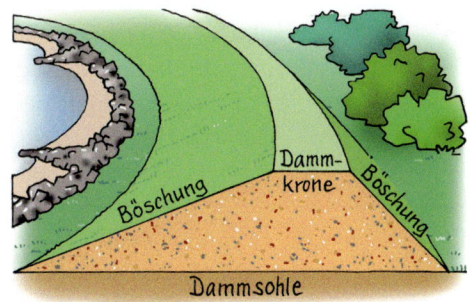

22. Ein Carport hat die in der Zeichnung angegebenen Maße.
Die Dachsparren des Pultdaches stehen links und rechts je 30 cm über.
Wie lang sind die Dachsparren?

23. Die Maße eines Satteldaches sind im Bild rechts gegeben.
Berechne die Länge der Dachsparren und der Stützpfosten.

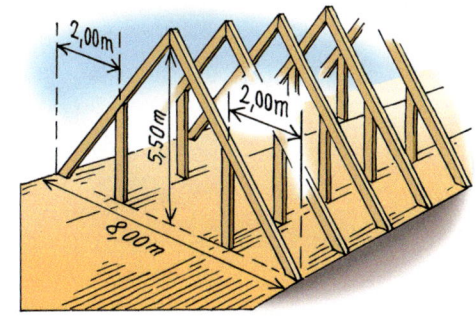

24. Auf die Dachreling eines Pizza-Taxis sollen zwei rechteckige Platten für Werbung aufgeschraubt und oben verbunden werden.
Das Auto mit Dachreling ist 1,43 m hoch, die Holme der Dachreling sind 2,10 m lang und 1,39 m voneinander entfernt.
Das Auto soll unter einem 3,00 m hohen Carport stehen. Der Sicherheitsabstand in der Höhe soll 10 cm betragen.
Fertige eine Skizze an und berechne, wie groß die Platten höchstens sein dürfen.

25. Ein Gartenpavillon hat einen quadratischen Grundriss mit der Seitenlänge 3 m. Die Wände sind 2 m hoch. Das Dach ist eine Pyramide; deren Balken 3,82 m lang sind. Fertige eine Skizze an und berechne, wie hoch der Pavillon insgesamt ist.

26. Eine Tür ist 0,82 m breit und 1,97 m hoch. Eine 2,10 m breite und 3,40 m lange Holzplatte soll durch die Tür getragen werden. Ist das möglich?
Schreibe zuerst deine Vermutung auf, bevor du die Lösung berechnest.

27. a) Ein Würfel hat die Kantenlänge 4 cm. Berechne die Länge seiner Raumdiagonale.
    b) Rechts siehst du einen Ausschnitt aus einer Formelsammlung. Beweise die angegebene Formel.
    c) Berechne die Kantenlänge und die Länge einer Flächendiagonale eines Würfels, dessen Raumdiagonale 8 cm lang ist.

Raumdiagonale eines Würfels:

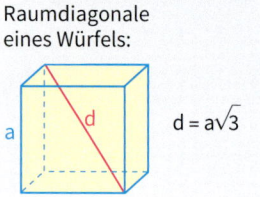

$d = a\sqrt{3}$

28. a) Ein Quader ist durch die Kantenlängen a, b, c gegeben. Leite die Formel für die Länge d der Raumdiagonale her.
    b) Berechne die Längen der Diagonalen der Seitenflächen sowie die Länge der Raumdiagonale eines Quaders.
       (1) a = 7 cm; b = 5 cm; c = 4 cm
       (2) a = 6,4 cm; b = 8,9 cm; c = 1,9 cm
       (3) a = 5 cm; b = 5 cm; c = 7 cm
    c) Von den vier Größen a, b, c und d eines Quaders sind drei gegeben. Berechne die vierte.
       (1) a = 2 cm; b = 4 cm; d = 6 cm   (2) a = 2,4 cm; c = 1,8 cm; d = 4,6 cm

29. Die Cheopspyramide in Ägypten hat eine quadratische Grundfläche mit der Seitenlänge a = 227 m. Die Seitenkanten haben die Länge s = 211 m.

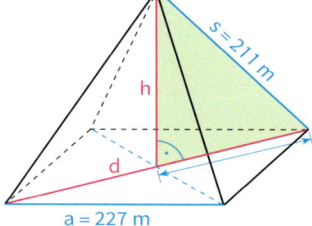

a) Berechne zunächst die Diagonalenlänge d der Grundfläche. Berechne dann die Höhe h der Cheopspyramide. Runde auf Meter.
b) Die Grundkante der Cheopspyramide war ursprünglich 230,3 m, ihre Seitenkante 219,1 m lang. Wie hoch war diese Pyramide ursprünglich?
c) Wie viel Prozent ist die Cheopspyramide heute niedriger als ursprünglich?

2.2 Berechnen von Streckenlängen

30 a) Gegeben ist eine Pyramide mit quadratischer Grundfläche mit der Grundkante a und der Seitenkante s. Die Spitze liegt orthogonal über dem Mittelpunkt des Quadrats *(quadratische Pyramide)*.
Leite eine Formel her für
(1) die Körperhöhe h;
(2) die Höhe h_s einer Seitenfläche.

b) Bei einer quadratischen Pyramide ist die Grundkante a = 15 cm und die Seitenkante s = 20 cm lang. Berechne mithilfe der Formeln aus a) die Körperhöhe h und die Höhe h_s einer Seitenfläche der Pyramide.

c) Bei einer quadratischen Pyramide ist die Grundkante a = 40 m und die Körperhöhe h = 30 m lang. Berechne die Länge s der Seitenkanten sowie die Höhe h_s der Seitenflächen.

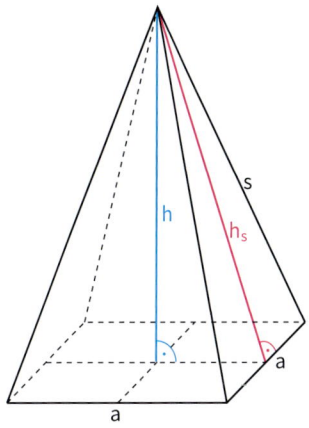

31.

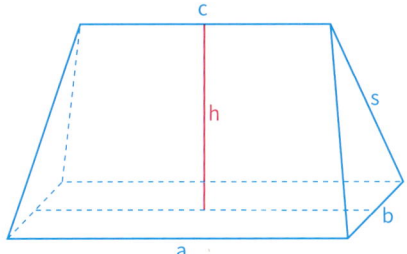

Von den fünf Größen a, b, c, s und h eines Walmdaches sind vier gegeben. Berechne die fehlende Größe.
a) a = 13 m; b = 7 m; h = 8 m; c = 9 m
b) a = 10,5 m; b = 6,1 m; h = 5,2 m; s = 7,2 m

32. Sofia möchte mit einem 14 cm langen Strohhalm aus einer Limonaden-Dose trinken. Diese hat einen Durchmesser von 6 cm und ist 11 cm hoch. Sie befürchtet, dass der Strohhalm in der Dose versinken könnte. Ihr Freund Robin meint:
„Das glaube ich nicht. Ich schätze, dass mindestens 2 cm des Strohhalms aus der Dose herausgucken."
Kontrolliere, wer von beiden Recht hat.
Gib dazu an, von welchen Annahmen du bei deinen Überlegungen ausgegangen bist.

Das kann ich noch!

A) Löse die Klammern auf.
1) $7 \cdot (x + 2y)$
2) $(4 - x) \cdot 3$
3) $-(3x - 2y)$
4) $-3x \cdot (x + 2y)$
5) $(x - y)(2x - 3y)$
6) $(4x + 5y)(3 - 7y)$
7) $(x - 2y)^2$
8) $(2x - 4y)(2x + 4y)$

B) Bestimme die Lösungsmenge.
1) $2(x - 4) = 4(8 - 2x)$
2) $-(2 - x) = (2x + 4) \cdot 3$
3) $(2 - x)(6 + 3x) = 5 - 3x^2$
4) $2(2x + 5) - (x - 2) = 0$
5) $(3 - x)^2 = (3 + x)^2$
6) $(2x - 4)(2x + 4) = 4x^2 - 16$

Auf den Punkt gebracht

Modellieren mit geometrischen Figuren

1. Herr Kruse kann den täglichen Weg zu seiner Arbeitsstelle mit dem Auto über zwei Landstraßen oder eine Kreisstraße zurücklegen.
   Welcher Weg ist günstiger?

   a) Die Frage nach dem „günstigeren Weg" kann verschieden aufgefasst werden.
   Überlegt, welche Möglichkeiten es dafür gibt.

   b) Mit dem günstigeren Weg könnte der kürzere Weg gemeint sein:
   Das ist offensichtlich der über die Kreisstraße K37.
   Berechnet die Länge dieses Weges im Vergleich zu dem über die beiden Landstraßen. Vereinfacht dazu die Standorte zu Punkten, die Straßenstücke zu Strecken und den Winkel zwischen den beiden Landstraßen zu einem rechten Winkel.

   c) Mit dem günstigeren Weg könnte der mit der kürzeren Fahrzeit gemeint sein.
   Berechnet die Gesamtfahrzeit auf den beiden Alternativen.
   Gebt an, welche vereinfachenden Annahmen ihr dazu machen müsst.

   d) Mit dem günstigeren Weg könnte auch der Benzin sparendere gemeint sein.
   Berechnet den Benzinverbrauch auf den beiden Strecken.

Benzinverbrauch	
bei 50 km/h	4,1 ℓ/100 km
bei 100 km/h	5,9 ℓ/100 km
bei 130 km/h	6,5 ℓ/100 km

Modellieren in der Geometrie

Reale Gegenstände sind keine mathematischen Figuren oder Körper. Unter gewissen Vereinfachungen kann man sie aber als solche mithilfe von Punkten, Strecken und Winkeln vereinfacht beschreiben (modellieren). Ein mathematisches Modell ist also ein vereinfachtes Abbild eines realen Gegenstands, das die Wirklichkeit in wesentlichen Teilen, aber nicht vollständig beschreibt.

Im mathematischen Modell kann man gewünschte Größen berechnen, die man an der Realität überprüfen sollte. Bei zu großen Abweichungen wird man das gewählte Modell verändern, um die Realität genauer zu beschreiben und bessere Ergebnisse zu erhalten.

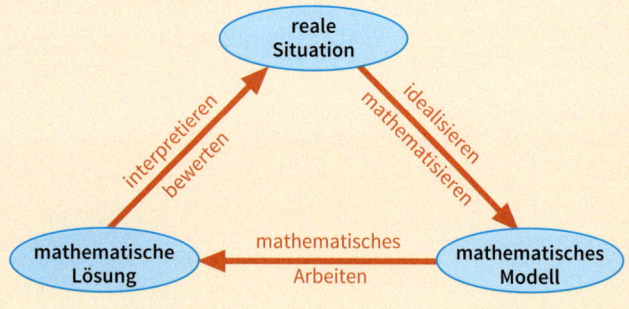

Auf den Punkt gebracht

2. Max kann auf seinem Weg zur Schule den Weg durch die Fußgängerzone nehmen oder mit dem Fahrrad über die Berliner und Hamburger Straße fahren.
Untersuche, welchen Weg du ihm empfiehlst.
Gehe dabei von verschiedenen Annahmen aus, die du jeweils genau erläuterst.

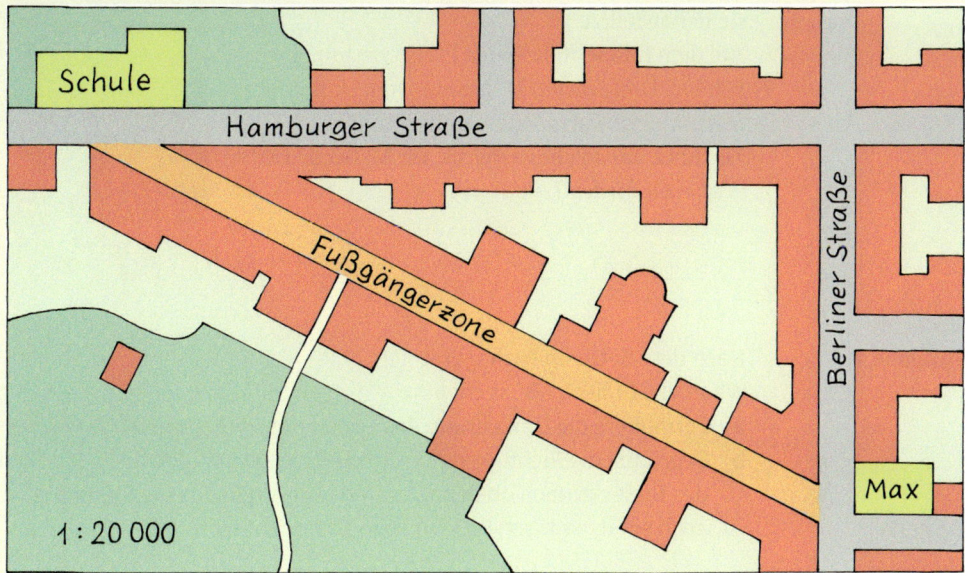

3. Bei einem Tischfußball-Spiel ist der Torwart fest am Tor befestigt und kann nur gedreht werden. Das Tor ist 10 cm breit und 5 cm hoch.
Berechne, wie groß der Torwart mindestens sein muss, um alle Bälle abwehren zu können. Beschreibe die Vereinfachungen, die du für die Berechnung vorgenommen hast.

4. Ein Regalsystem besteht aus 80 cm breiten Regalen, die 50 cm tief und 2,30 m hoch sind.
Berechne die Abmessungen eines Eckregals, das zwei solcher Regale über Eck verbindet.
Beschreibe die Annahmen, von denen du ausgehst.

2.3 Umkehrung des Satzes des Pythagoras

Einstieg

Rechte Winkel werden überall in unserer Umgebung benötigt und dort ist es oft nicht so einfach, sie herzustellen.
Auf dem Bild seht ihr einen Pflasterer mit einem Winkel. Drei Leisten bilden ein Dreieck mit den Seitenlängen 30 cm, 40 cm und 50 cm.
Zeichnet ein solches Dreieck im Maßstab 1:10. Was stellt ihr fest?

Aufgabe 1

Nach dem Satz von Pythagoras gilt:
Wenn das Dreieck ABC rechtwinklig mit $\gamma = 90°$ ist, dann gilt $a^2 + b^2 = c^2$.
a) Formuliere die Umkehrung des Satzes des Pythagoras.
b) Begründe die Richtigkeit der Umkehrung. Verschiebe dazu den Punkt C längs der Höhe h_c des Dreiecks nach oben bzw. unten und vergleiche die Summe $a^2 + b^2$ mit c^2. Du kannst auch ein dynamisches Geometrie-System nutzen.

Lösung

a) Wir erhalten die Umkehrung des Satzes des Pythagoras, indem wir die Wenn- und die Dann-Aussage vertauschen:

> Für jedes Dreieck ABC gilt: Wenn $c^2 = a^2 + b^2$, dann ist das Dreieck rechtwinklig mit $\gamma = 90°$.

b) Zur Begründung gehen wir von einem rechtwinkligen Dreieck ABC aus (Bild Mitte).
Nach dem Satz des Pythagoras gilt dann: $a^2 + b^2 = c^2$

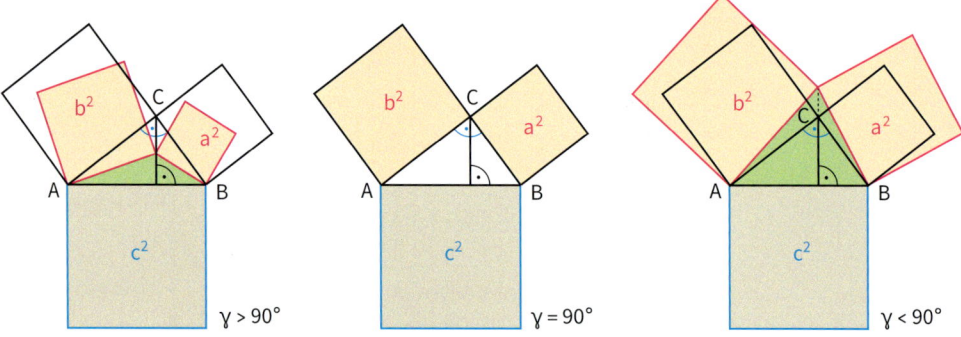

(1) Wir verschieben den Punkt C längs der Höhe nach *unten* (Bild links); es entsteht ein *stumpfwinkliges* Dreieck ($\gamma > 90°$). Die Seiten a und b werden *kürzer*, also $a^2 + b^2 < c^2$.
(2) Wir verschieben den Punkt C längs der Höhe nach *oben* (Bild rechts); es entsteht ein *spitzwinkliges Dreieck* ($\gamma < 90°$). Die Seiten a und b werden *länger*, also $a^2 + b^2 > c^2$.
Aus beiden Überlegungen folgt:
Wenn Winkel $\gamma \neq 90°$ ist, dann gilt $a^2 + b^2 \neq c^2$.
Nur im Fall $\gamma = 90°$ gilt somit $c^2 = a^2 + b^2$.

2.3 Umkehrung des Satzes des Pythagoras

Information

> **Kehrsatz des Satzes von Pythagoras**
> Für jedes Dreieck ABC gilt: Wenn $c^2 = a^2 + b^2$, dann ist das Dreieck rechtwinklig mit $\gamma = 90°$.

Wenn $a^2 + b^2 < c^2$, dann besitzt das Dreieck ABC bei C einen stumpfen Winkel.
Wenn $a^2 + b^2 > c^2$, dann besitzt das Dreieck ABC bei C einen spitzen Winkel.

Übungsaufgaben

2. a) Entscheide, ohne zu zeichnen, ob das Dreieck ABC rechtwinklig, stumpfwinklig oder spitzwinklig ist.
   (1) a = 8 cm; b = 6 cm; c = 10 cm
   (2) a = 7 m; b = 9 m; c = 11 m
   (3) a = 5 cm; b = 4 cm; c = 3 cm
   (4) a = 13 dm; b = 5 dm; c = 12 dm
   (5) a = 23 mm; b = 17 mm; c = 29 mm
   (6) a = 32 mm; b = 4,1 cm; c = 2,7 cm
   b) Erläutere ausgehend von den Beispielen, wie man allgemein überprüfen kann, ob ein Dreieck rechtwinklig, stumpfwinklig oder spitzwinklig ist.

3. Auf einem Baugrundstück sind vier Pfähle A, B, C und D gesetzt worden, um die Ecken des zu bauenden Hauses abzustecken. Das Haus soll einen rechteckigen Grundriss mit den Seitenlängen 16 m und 12 m haben. Die Pfähle haben die in der Zeichnung angegebenen Abstände. Der Abstand zwischen C und D wurde nicht vermessen. Welcher der Winkel bei A bzw. B ist ein rechter Winkel, welcher nicht? Welcher Pfahl steht falsch?

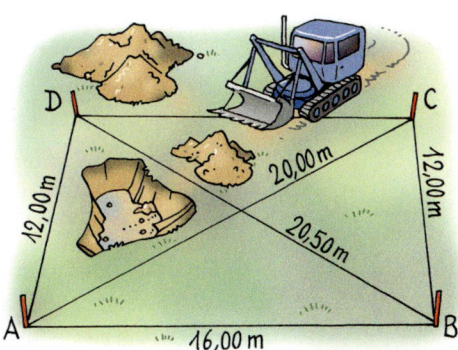

4. Im alten Ägypten benutzten Seilspanner 12-Knoten-Seile, um rechtwinklige Dreiecke aufzuspannen.
   a) Erläutere, wie man mit einem 12-Knoten-Seil ein rechtwinkliges Dreieck spannen kann.
   b) Kann man mit einem 30-Knoten-Seil ein rechtwinkliges Dreieck abstecken? Begründe.
   c) Findest du andere Knotenseile, um rechtwinklige Dreiecke abzustecken?

5. a) Prüfe, ob das Dreieck ABC mit a = 6 cm, b = 8 cm und c = 10 cm rechtwinklig ist.
   b) Man nennt das Zahlentripel (6|8|10) aus natürlichen Zahlen ein **pythagoreisches Zahlentripel**, da $6^2 + 8^2 = 10^2$. Ebenso ist (3|4|5) ein solches Zahlentripel. Entscheide, ob pythagoreische Zahlentripel vorliegen.
   (1) (9|12|15)   (2) (15|20|25)   (3) (5|12|13)   (4) (7|18|19)
   c) Bilde pythagoreische Zahlentripel: (8|15|■), (■|30|34), (24|■|26), (14|48|■).
   d) Findet weitere pythagoreische Zahlentripel. Versucht, Gesetzmäßigkeiten zu entdecken. Ihr könnt dieses auch in Büchern oder im Internet recherchieren.

6. Du kennst verschiedene Möglichkeiten, einen rechten Winkel zu erzeugen. Beschreibe sie.

2.4 Höhensatz und Kathetensatz des Euklid

Einstieg

Sind von einem rechtwinkligen Dreieck zwei der drei Seitenlängen gegeben, so könnt ihr die Länge der dritten Seite sowohl durch Konstruktion bestimmen als auch mit dem Satz des Pythagoras berechnen.

a) Kennt ihr von einem rechtwinkligen Dreieck die Länge eines Hypotenusenabschnitts und die zugehörige Höhe, so könnt ihr das Dreieck ebenfalls eindeutig konstruieren. Überlegt, wie ihr vorgehen müsst.

b) Untersucht folgendermaßen, ob man aus diesen beiden Angaben die Seitenlängen des Dreiecks berechnen kann. Zeichnet dazu mit einem dynamischen Geometrieprogramm ein rechtwinkliges Dreieck. Lasst euch die Länge der beiden Hypotenusenabschnitte und der Höhe anzeigen. Bewegt dann den Punkt C so, dass ihr zunächst Sonderfälle erhaltet (z.B.: einer der Hypotenusenabschnitte hat die Länge 1 oder das Dreieck ist gleichschenklig).

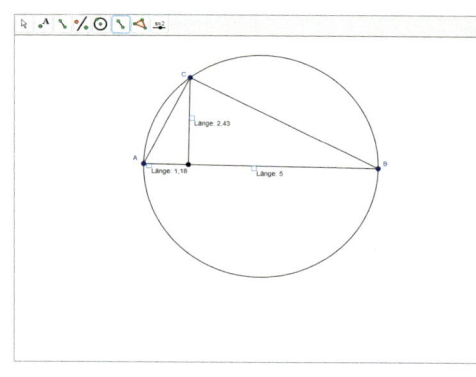

Stellt Vermutungen auf und prüft sie anschließend an beliebigen rechtwinkligen Dreiecken.

Aufgabe 1

Höhensatz des Euklid
Es soll ein Tunnel mit halbkreisförmigem Querschnitt gebaut werden. Die zweispurige Straße soll 11,00 m breit, die beidseitigen, nicht befahrbaren Seitenstreifen jeweils 1,50 m breit sein. Für Lkw, die den Tunnel befahren dürfen, soll in der Höhe ein Sicherheitsabstand von 30 cm angenommen werden.
Was für ein Verkehrsschild zur Höhenbegrenzung muss also am Tunnel angebracht werden?
Entwickle auch eine Formel zur Berechnung der Höhe h.

Lösung

Die geringste Höhe über der Fahrbahn ist über dem Fahrbahnrand bei D. Das Dreieck ABC ist nach dem Satz des Thales rechtwinklig mit dem rechten Winkel bei C, da C auf dem Thaleskreis über der Seite $\overline{AB}$ liegt. Die Höhe zerlegt die Hypotenuse in zwei Hypotenusenabschnitte q und p.
Wir kennen im Dreieck ABC die Längen der beiden Hypotenusenabschnitte:
p = 1,5 m und
q = 11 m + 1,5 m = 12,5 m
Wir wollen die Höhe h berechnen.

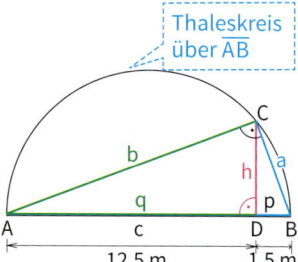

Nach dem Satz des Pythagoras gilt für das

(1) Dreieck ADC: $h^2 + (12{,}5\,m)^2 = b^2$ $h^2 + q^2 = b^2$
(2) Dreieck DBC: $h^2 + (1{,}5\,m)^2 = a^2$ $h^2 + p^2 = a^2$
(3) Dreieck ABC: $a^2 + b^2 = c^2 = (1{,}5\,m + 12{,}5\,m)^2 = 196\,m^2$ $a^2 + b^2 = c^2$

Durch Einsetzen von a^2 und b^2 aus den Gleichungen (1) und (2) in die Gleichung (3) erhalten wir:

$$(h^2 + 2{,}25\,m^2) + (h^2 + 156{,}25\,m^2) = 196\,m^2$$
$$2h^2 + 158{,}5\,m^2 = 196\,m^2$$
$$2h^2 = 37{,}5\,m^2$$
$$h^2 = 18{,}75\,m^2$$
$$h = \sqrt{18{,}75\,m^2}$$
$$h \approx 4{,}33\,m$$

$$(h^2 + p^2) + (h^2 + q^2) = c^2$$
$$2h^2 + p^2 + q^2 = c^2 \quad \lvert\; c = p + q$$
$$2h^2 + p^2 + q^2 = (p+q)^2$$
$$2h^2 + p^2 + q^2 = p^2 + 2pq + q^2$$
$$2h^2 = 2pq$$
$$h^2 = pq$$
$$h = \sqrt{pq}$$

Wir runden sinnvoll.
Ergebnis: Bis zu 4 m hohe Lkws dürfen den Tunnel befahren.

Information

Wie im Alphabet:
q nach p
↕   ↕
b nach a

(1) Weitere Bezeichnungen im rechtwinkligen Dreieck

Die Höhe zur Hypotenuse zerlegt die Hypotenuse in zwei **Hypotenusenabschnitte**:

p ist die Länge des Hypotenusenabschnitts, der zur Kathete a gehört.

q ist die Länge des Hypotenusenabschnitts, der zur Kathete b gehört.

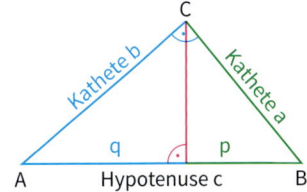

(2) Höhensatz des Euklid

In der Lösung der Aufgabe 1 haben wir die Formel
$h^2 = p \cdot q$ erhalten.
Diese Gleichung können wir wieder geometrisch deuten:
h^2 gibt den Flächeninhalt eines Quadrats über der Höhe an, das Produkt $p \cdot q$ den Flächeninhalt eines Rechtecks aus den beiden Hypotenusenabschnitten.

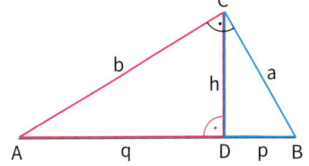

> **Höhensatz des Euklid**
> Wenn ein Dreieck *rechtwinklig* ist, dann hat das Höhenquadrat denselben Flächeninhalt wie das Rechteck aus den beiden Hypotenusenabschnitten.
> $h^2 = p \cdot q$

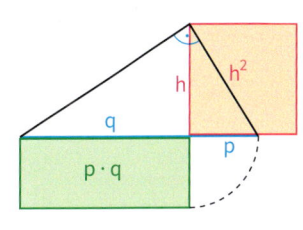

Weiterführende Aufgabe

Kathetensatz des Euklid

2. Rechts siehst du ein Sägezahndach, wie man es oft bei Fabrikhallen findet. Diese Dächer sind oft teilweise verglast. Für den Bau eines solchen Daches wird festgelegt: Der Querschnitt soll aus rechtwinkligen Dreiecken mit den angegebenen Maßen bestehen. Wie lang müssen die Dachsparren sein? Entwickle auch eine Formel zur Berechnung einer Kathete.

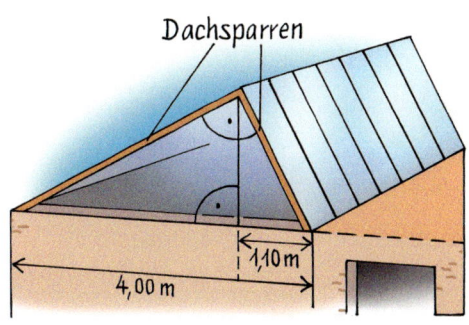

Information

Euklid
Εὐκλείδης
3. Jahrhundert v. Chr.
Alexandria

Kathetensatz des Euklid

Wenn ein Dreieck *rechtwinklig* ist, dann hat das Quadrat über einer Kathete denselben Flächeninhalt wie das Rechteck aus der Hypotenuse und dem zur Kathete gehörenden Hypotenusenabschnitt.

$a^2 = c \cdot p$ und $b^2 = c \cdot q$ (für $\gamma = 90°$)

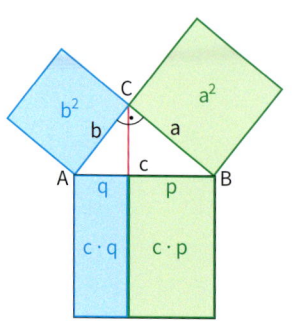

Übungsaufgaben

3. Aus einem 3 cm dicken Rundstab soll eine Leiste mit nebenstehender Querschnittsfläche hergestellt werden. Dazu werden seitlich jeweils 0,5 cm abgeschliffen. Wie lang ist die Seitenkante $\overline{AB}$ der Leiste?

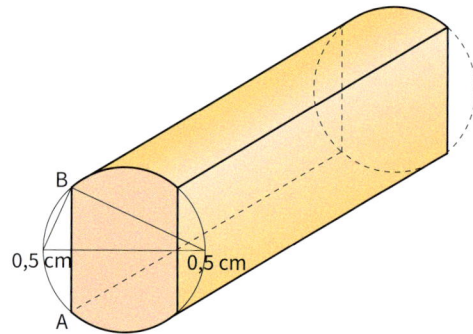

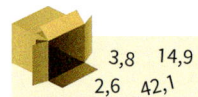

4. Berechne die Länge x der roten Strecke (Maße in cm)

   a)   b)   c)   d)

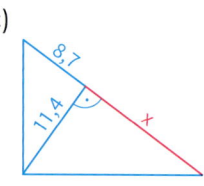
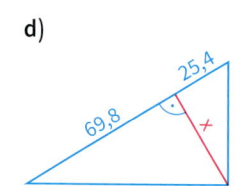

5. Berechne die dritte der drei Längen p, q und h in einem rechtwinkligen Dreieck. Berechne auch den Flächeninhalt des Dreiecks.

   a) p = 13 cm   b) h = 7 cm   c) h = 20 cm   d) p = 8 cm   e) h = 5,1 cm
      q = 9 cm   p = 5 cm   q = 16 cm   q = 1,8 dm   p = 22 mm

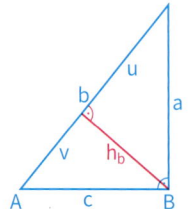

6. Gegeben ist ein Dreieck ABC mit $\beta = 90°$.
   Berechne die dritte der drei Längen u, v und h_b sowie den Flächeninhalt.

   a) u = 12 cm; v = 7 cm   b) h_b = 22 mm; v = 15 mm;   c) h_b = 9,1 m; v = 6,6 m.

7. Ein halbkreisförmiges Fenster soll vergittert werden.
   Die senkrechten Stäbe sollen oben und unten 5 cm in das Mauerwerk eingelassen werden.
   Wie viel Material wird benötigt?

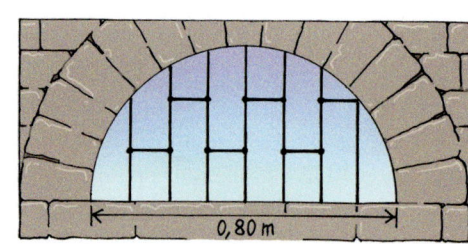

2.4 Höhensatz und Kathetensatz des Euklid

8. Die Entfernung zweier Anlegestellen B und C eines Sees soll bestimmt werden. Dazu wird eine Strecke $\overline{AB}$ so abgesteckt, dass das Dreieck ABC rechtwinklig bei C ist. Es werden dann die Strecken $\overline{AD}$ und $\overline{DB}$ gemessen:
   $|AD| = 340$ m; $|DB| = 130$ m.
   Bestimme die Entfernung zwischen B und C.

9. Gib für das rechtwinklige Dreieck ABC in den Figuren (1) bis (3) jeweils die Gleichungen nach dem Katheten- und Höhensatz an, in Figur (3) auch für die Dreiecke ADC und DBC. Zeichne zunächst das Dreieck ab, färbe die Katheten blau und die Hypotenuse rot.

   (1) 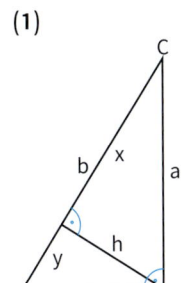   (2) 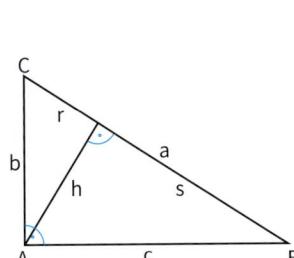   (3)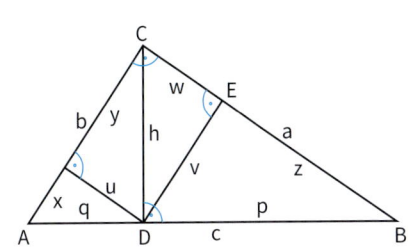

10. Kontrolliere die angegebenen Gleichungen. Berichtige gegebenenfalls.

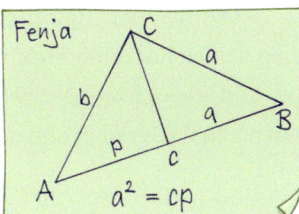
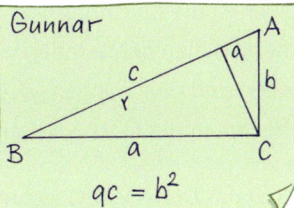
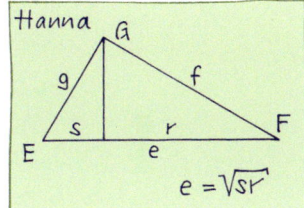

11. In einem Dreieck ABC mit $\gamma = 90°$ sind die Hypotenusenabschnitte $p = 3$ cm und $q = 5$ cm gegeben.
    a) Berechne die drei Seitenlängen a, b und c.
    b) Konstruiere das Dreieck. Kontrolliere das Ergebnis zu Teilaufgabe a) an der Zeichnung.
    c) Berechne den Flächeninhalt des Dreiecks ABC.

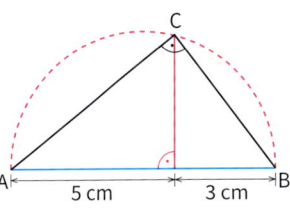

12. In einem rechtwinkligen Dreieck ABC mit $\alpha = 90°$ sind gegeben:
    a) $b = 5$ cm   b) $c = 36$ mm   c) $r = 6$ km
       $r = 3$ cm $s = 7$ mm $a = 15$ km
    Berechne die übrigen der fünf Längen a, b, c, r, s und den Flächeninhalt des Dreiecks.

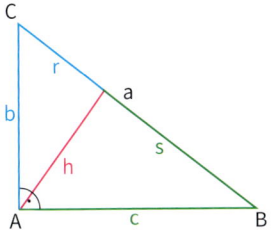

13. Gegeben ist ein rechtwinkliges Dreieck ABC mit den Hypotenusenabschnitten 2,5 cm und 4,5 cm sowie $\alpha = 90°$. Berechne die Seitenlängen a, b und c.

2.5 Aufgaben zur Vertiefung

1. a) Am Strand der Nordsee fliegt ein Sportflugzeug in 150 m Höhe. Bis zu welcher Entfernung s kann die Pilotin noch Schiffe bis zur Wasserlinie sehen?
   b) Wie hoch muss das Flugzeug fliegen, damit die Pilotin 100 km weit sieht?
   c) Wie weit sieht ein Mensch mit der Augenhöhe 1,70 m ins Meer hinaus?
   d) Stelle weitere Fragen. Beantworte sie.
   Hinweis: Die Lichtbrechung wird nicht berücksichtigt. Die Lichtstrahlen sollen geradlinig sein.

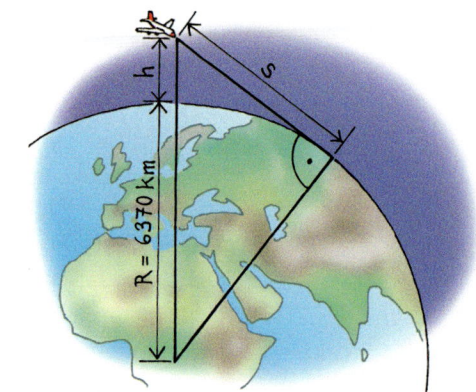

2. In einem rechtwinkligen Dreieck ist eine Kathete (1) halb; (2) ein Drittel; (3) ein Viertel so lang wie die Hypotenuse. Wie lang ist die andere Kathete?

3. Gegeben ist eine Pyramide mit quadratischer Grundfläche.
   a) Die Seitenkante s ist (1) doppelt; (2) viermal so lang wie die Grundkante. Wie hoch ist die Pyramide?
   b) Die Körperhöhe ist (1) zweimal; (2) halb so lang wie die Grundkante. Wie lang ist die Seitenkante?

4. a) Gegeben ist die Gleichung $y = -\frac{3}{5}x + 3$ einer Geraden. Berechne den Flächeninhalt der Fläche zwischen der Geraden und den beiden Koordinatenachsen.
   b) Gegeben sind Gleichungen $y = \frac{4}{3}x - \frac{8}{3}$ und $y = -0{,}5x + 4{,}5$ zweier Geraden. Berechne den Flächeninhalt der Fläche zwischen den beiden Geraden und der x-Achse.

5. Gegeben ist das Dreieck ABC rechts.
   a) Bestimme den Flächeninhalt.
   b) Berechne die Seitenlängen des Dreiecks.
   c) Berechne die Höhen h_a, h_b und h_c. Verwende die Ergebnisse der Teilaufgaben a) und b).
   d) Zeige: Wenn die Koordinaten der Eckpunkte des Dreiecks ganzzahlig sind, dann ist der Flächeninhalt ein ganzzahliges Vielfaches von $\frac{1}{2}$.

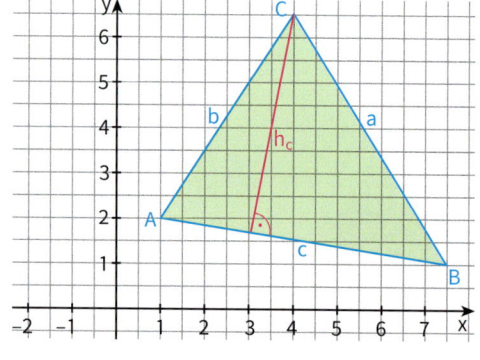

6. Gegeben sind zwei Kreise mit den Radien $r_1 = 5$ cm und $r_2 = 2$ cm. Der Abstand der beiden Mittelpunkte M_1 und M_2 beträgt 10 cm. Die Tangente t berührt die beiden Kreise in P_1 und P_2.
Wie lang ist der Tangentenabschnitt $\overline{P_1P_2}$?

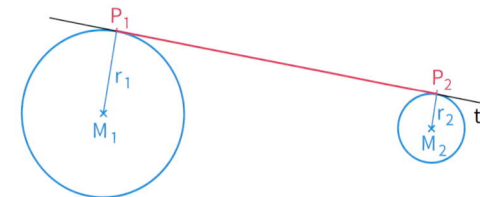

Das Wichtigste auf einen Blick

Satz des Pythagoras	Wenn das Dreieck ABC rechtwinklig ist, dann ist der Flächeninhalt des *Hypotenusenquadrates* gleich der *Summe der Flächeninhalte der beiden Kathetenquadrate*: $c^2 = a^2 + b^2$ (für $\gamma = 90°$)	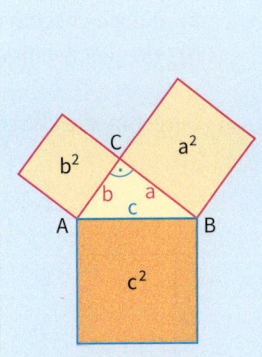 *Beispiel:* $a = 4\,cm$, $b = 3\,cm$, $c^2 = (4\,cm)^2 + (3\,cm)^2 = 25\,cm^2$
Kehrsatz des Satzes von Pythagoras	Für jedes Dreieck ABC gilt: Wenn $c^2 = a^2 + b^2$, dann ist das Dreieck rechtwinklig mit $\gamma = 90°$.	*Beispiel:* Ein Dreieck mit den Seitenlängen 5 cm, 12 cm und 13 cm ist rechtwinklig, denn $(13\,cm)^2 = (5\,cm)^2 + (12\,cm)^2$
Höhensatz des Euklid	Wenn ein Dreieck *rechtwinklig* ist, dann hat das Höhenquadrat denselben Flächeninhalt wie das Rechteck aus den beiden Hypotenusenabschnitten: $h^2 = p \cdot q$	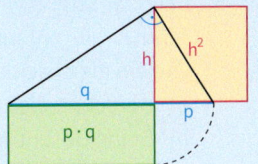 *Beispiel:* $p = 2\,cm$, $q = 8\,cm$ $h^2 = 8\,cm \cdot 2\,cm = 16\,cm^2$
Kathetensatz des Euklid	Wenn ein Dreieck *rechtwinklig* ist, dann hat das Quadrat über einer Kathete denselben Flächeninhalt wie das Rechteck aus der Hypotenuse und dem zur Kathete gehörenden Hypotenusenabschnitt: $a^2 = c \cdot p$ und $b^2 = c \cdot q$ (für $\gamma = 90°$)	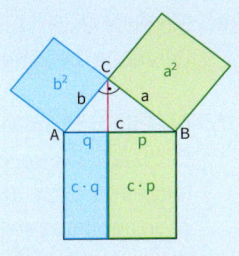 *Beispiel:* $c = 8\,cm$, $q = 2\,cm$, $b^2 = 8\,cm \cdot 2\,cm = 16\,cm^2$

Bist du fit?

1. Berechne die Länge der roten Seite.

   a)   b)   c)   d)

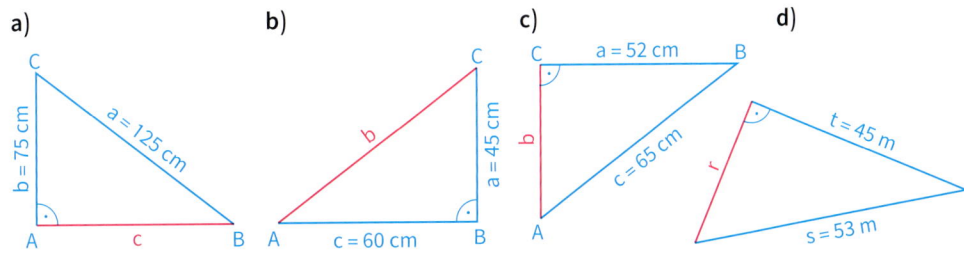

2. Berechne die Höhe und bestimme den Flächeninhalt für
   a) ein gleichschenkliges Dreieck mit Schenkellänge s = 85 cm und Basis g = 72 cm;
   b) ein gleichseitiges Dreieck mit der Seitenlänge a = 26 cm.

3. Berechne die Längen der rot eingezeichneten Strecken.

   a)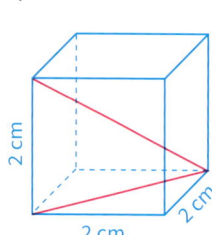

   b)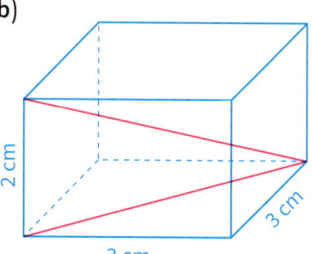

   c)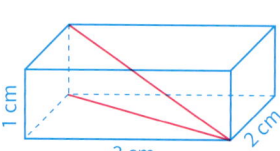

4. Ein 120 m hoher Sendemast soll durch vier Stahlseile abgesichert werden, die in $\frac{3}{4}$ der Höhe befestigt sind. Die Seile sollen 60 m vom Mast entfernt im Boden verankert werden. Wie viel m Seil werden benötigt? (Das Durchhängen der Seile soll unberücksichtigt bleiben.)

5. An einer Straße wird ein 60 m langer Lärmschutzwall geplant, dessen Querschnittsfläche ein gleichschenkliges Trapez sein soll.
   a) Berechne die Länge s einer Böschung.
   b) Beide Böschungen sollen bepflanzt werden. Das Bepflanzen kostet 36 € pro m² zusätzlich 19 % Mehrwertsteuer. Berechne die Kosten.

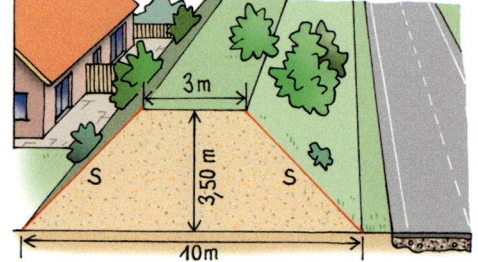

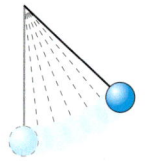

6. Ein Pendel wird 0,3 m nach rechts ausgelenkt. Dabei hat es 12 cm an Höhe gewonnen. Berechne die Länge des Pendels.

7. Die Pflanzfläche eines Blumenkübels ist ein regelmäßiges Sechseck. Die sechseckige Pflanzfläche hat eine Seitenlänge von 36 cm. Der Kübel soll im Herbst mit Stiefmütterchen bepflanzt werden. Man rechnet mit 45 Pflanzen pro m². Wie viele Stiefmütterchen müssen gekauft werden?

8. Entscheide rechnerisch, ob das Dreieck mit den Seitenlängen 39 cm; 65 cm; 52 cm rechtwinklig ist.

9. Ein Dreieck ABC hat einen rechten Winkel bei C. Berechne die übrigen sechs Längen a, b, c, p, q und h. Kontrolliere durch Zeichnung. Berechne auch den Flächeninhalt des Dreiecks.
   a) b = 6 cm; q = 4 cm
   b) p = 3 cm; q = 4 cm

10. Gegeben ist ein Rechteck mit den Seitenlängen 7 cm und 5 cm. Konstruiere ein dazu flächeninhaltsgleiches Quadrat mithilfe (1) des Kathetensatzes; (2) des Höhensatzes.

3. Quadratische Zusammenhänge

Geraden kannst du schon durch Gleichungen beschreiben.
Im Alltag kommen aber auch viele Linien vor, die nicht gerade sind.
Häufig siehst du Kurven wie in den folgenden Bildern.

→ Erläutere, was auf den Bildern dargestellt ist. Beschreibe auch die Form der enthaltenen Kurven.

→ Kurven wie auf diesen Fotos nennt man Parabeln. Bestimmt hast du auch noch an anderen Stellen in deiner Umgebung Parabeln gesehen. Wo?

*In diesem Kapitel ...
wirst du die Eigenschaften von Parabeln untersuchen
und erfahren, wie man Parabeln in einem Koordinatensystem
mit Gleichungen beschreiben kann.*

Lernfeld: Keine Gerade, aber symmetrisch

Überall Quadrate: große und kleine

Sucht verschiedene Quadrate in eurer Umgebung, messt die Seitenlänge, berechnet den Flächeninhalt und zeichnet den Graphen der Funktion *Seitenlänge des Quadrats → Flächeninhalt des Quadrats.*

→ Beschreibt den Graphen.

→ Überlegt, wie der Graph für negative Werte (x < 0) sinngemäß fortgesetzt werden könnte.

Was passiert, wenn man den Funktionsterm variiert?

→ Wie sehen die Graphen zu den Funktionen mit einem Term der Form $f(x) = a \cdot (x + d)^2 + e$ aus, wenn man verschiedene Zahlen für a, d und e wählt?

→ Diese Erkundung sollt ihr in Form eines Gruppenpuzzles bearbeiten.
Lest euch die gesamte folgende Aufgabenstellung durch bevor ihr anfangt.

→ *Vorgehensweise beim Gruppenpuzzle*
Bei einem Gruppenpuzzle wird arbeitsteilig gearbeitet. Bildet in eurer Klasse zunächst

Gruppen mit je sechs Schülern. Diese Gruppen sind die sogenannten Stammgruppen. Vor der Arbeit in der Stammgruppe müssen zunächst Experten zu drei Teilthemen herausgebildet werden. In der Stammgruppe müsst ihr je zwei Teilnehmer auswählen, die sich jeweils zu Experten heranbilden.
Teilthema 1: Betrachte die Graphen der Funktion f mit dem Parameter a der Form $f(x) = a \cdot x^2$. Wähle für a positive und negative Zahlen sowie Zahlen deren Betrag größer oder kleiner als 1 ist. Beschreibe den Einfluss des Parameters a auf den Graphen und versuche deine Beobachtung zu verallgemeinern.
Teilthema 2: Betrachte die Graphen der Funktion f mit $f(x) = (x + d)^2$.
Wähle für d positive und negative Zahlen. Beschreibe den Einfluss des Parameters d auf den Graphen und versuche deine Beobachtung zu verallgemeinern.
Teilthema 3: Betrachte die Graphen der Funktion f mit $f(x) = x^2 + e$.
Wähle für e positive und negative Zahlen. Beschreibe den Einfluss des Parameters e auf den Graphen und versuche deine Beobachtung zu verallgemeinern.

Zu jedem Teilthema treffen sich die angehenden Experten und arbeiten gemeinsam daran. Dabei ist es sinnvoll, die Expertengruppen noch einmal zu teilen. Nach dieser Arbeit kehrt jeder wieder in seine Stammgruppe zurück und vermittelt den anderen sein Expertenwissen.
Anschließend bearbeitet ihr in der Stammgruppe folgende Aufgabe: Stellt zusammen, welchen Einfluss die Parameter a, d und e auf das Aussehen des Graphen der Funktion f mit $f(x) = a \cdot (x + d)^2 + e$ haben. Geht dabei auch auf die Lage der Nullstellen sowie des höchsten oder tiefsten Punktes ein.

3.1 Quadratische Funktionen – Definition

Einstieg

Susanne will mit 6 m Maschendraht an der Ecke zwischen Haus und Garage einen rechteckigen Auslauf für ihr Kaninchen abgrenzen. Bestimme die Abmessungen, für die der Auslauf möglichst groß wird.

Aufgabe 1

Maximierungsproblem

An einer Bretterwand soll ein rechteckiger Lagerplatz durch einen Drahtzaun abgegrenzt werden. Es stehen nur 19 m Drahtzaun zur Verfügung; der Lagerplatz soll dabei möglichst groß sein.
In welchem Abstand von der Wand müssen die Eckpfosten gesetzt werden?
Wie groß ist der Flächeninhalt des Lagerplatzes dann?

Lösung

(1) *Aufstellen einer Funktionsgleichung*

Wir modellieren den Lagerplatz als Rechteck, die Zaunlänge als Summe dreier Seitenlängen. Dabei vernachlässigen wir z. B., dass die Zaunlänge größer ist, da der Zaun um die Pfosten gelegt wird.
Wir stellen zunächst einen Term für den Flächeninhalt des Lagerplatzes auf:
Abstand eines Eckpfostens von der Wand (in m): x
Abstand der beiden Eckpfosten P und Q voneinander (in m): $19 - 2 \cdot x$

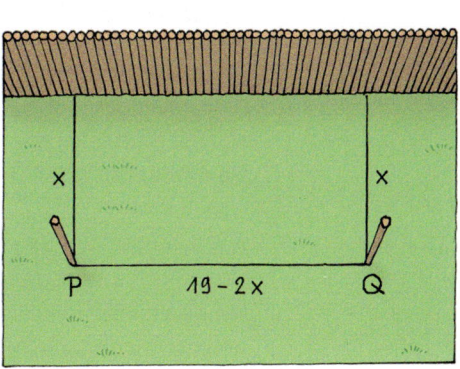

Flächeninhalt A des Lagerplatzes (in m²):
$A = x \cdot (19 - 2x)$
$A = 19x - 2x^2$

Da der Abstand der Pfosten von der Bretterwand nicht null oder negativ sein kann, gilt:
$x > 0$.
Da ferner der doppelte Abstand eines Eckpfostens von der Wand kleiner als die Gesamtlänge des Zauns sein muss, gilt:
$2x < 19$, also $x < 9{,}5$.
Es ist also insgesamt die einschränkende Bedingung $0 < x < 9{,}5$ zu beachten.

(2) Bestimmen des maximalen Flächeninhalts mithilfe eines Graphen

Um herauszufinden, zu welcher Zahl für x der größte Wert von $19x - 2x^2$ gehört, zeichnen wir zunächst mithilfe der Wertetabelle den entsprechenden Graphen. Dabei nehmen wir die Randweite $x = 0$ und $x = 9{,}5$, die für die Realität keine Bedeutung haben, zum besseren Zeichnen hinzu.

Wertetabelle:

x	$19x - 2x^2$
0	0
1	17
2	30
3	39
4	44
5	45
6	42
7	35
8	24
9	9

Graph:

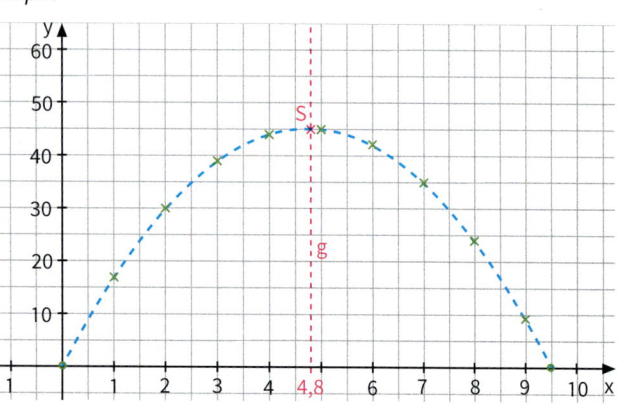

Der Graph hat einen höchsten Punkt. Der größte Funktionswert ist etwa 45, dieser wird etwa an der Stelle 4,8 angenommen.

Das bedeutet: Die Eckpfosten müssen im Abstand von etwa 4,8 m von der Wand, also im Abstand $19\,\text{m} - 2 \cdot 4{,}8\,\text{m} = 9{,}4\,\text{m}$ voneinander gesetzt werden. Der größtmögliche Flächeninhalt des Lagerplatzes beträgt etwa 45 m².

Aufgabe 2

Minimierungsproblem

Für eine Goldschmiede wird ein Firmen-Logo entwickelt, das aus einem Quadrat der Seitenlänge 3 cm besteht. In dieses ist gekippt ein kleineres Quadrat eingefügt, dessen Eckpunkte auf den Seiten des großen Quadrates liegen. Das kleine Quadrat soll mit Blattgold belegt werden. Für welche Lage des kleinen Quadrates ist dieses möglichst klein?

Lösung

Aus Symmetriegründen unterteilt jeder Eckpunkt des kleinen Quadrats die Seite des großen Quadrats in gleicher Weise. Wir bezeichnen die Länge des einen Abschnitts mit x (in cm) und die des anderen mit $3 - x$. Jedes dieser vier zueinander kongruenten rechtwinkligen Dreiecke hat den Flächeninhalt:

$\frac{1}{2} \cdot x(3-x)$

Damit haben wir zugleich den Flächeninhalt A des kleinen Quadrats (in cm²):

$A = 3^2 - 4 \cdot \frac{1}{2} x(3-x)$
$ = 9 - 2x(3-x)$
$ = 9 - 6x + 2x^2$
$ = 2x^2 - 6x + 9$

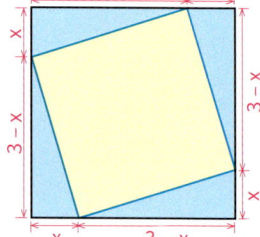

Dabei ist für die Länge x die einschränkende Bedingung $0 < x < 3$ zu beachten, da die Seite des großen Quadrates 3 cm lang ist. Um herauszufinden, für welchen Wert von x der Flächeninhalt des kleinen Quadrats minimal ist, zeichnen wir mithilfe einer Wertetabelle einen Graphen für den Flächeninhalt in Abhängigkeit von x.

3.1 Quadratische Funktionen – Definition

Wertetabelle:
Zum besseren Zeichnen nehmen wir die Randwerte x = 0 und x = 3 hinzu, obwohl sie für die Realität keine Bedeutung haben.

x	$2x^2 - 6x + 9$
0,5	6,5
1	5
1,5	4,5
2	5
2,5	6,5

Graph:

Der Graph ist symmetrisch: Die Funktionswerte an den Stellen 1 und 2 stimmen überein; entsprechendes gilt für die Funktionswerte an den Stellen 0,5 und 2,5 usw. Er hat einen tiefsten Punkt an der Stelle 1,5. Der zugehörige Funktionswert ist 4,5.
Das bedeutet: Für den Abschnitt 1,5 cm auf der Seite des großen Quadrats, also in der Mitte der großen Seiten, ist das kleine Quadrat so klein wie möglich, nämlich 4,5 cm².

Information

Zur Lösung der Probleme in den Aufgaben 1 und 2 haben wir Funktionen mit den Termen $19x - 2x^2$ und $2x^2 - 6x + 9$ betrachtet. In diesen Termen kommt das Quadrat der Variablen vor, daher bezeichnet man sie als quadratische Funktionen.

> Eine Funktion f mit einem Term der Form $f(x) = ax^2 + bx + c$ und $a \neq 0$ heißt **quadratische Funktion**. Die Graphen quadratischer Funktionen nennt man **Parabeln**.

Anmerkung: Die Definitionsmenge einer quadratischen Funktion ist die Menge aller Zahlen (falls nichts anderes vereinbart wird).

Übungsaufgaben

3. Aus einer Rolle mit 80 cm breitem Geschenkpapier soll ein Netz für eine quaderförmige Schachtel mit quadratischer Grundfläche ausgeschnitten werden – wie rechts abgebildet.
Welche dieser Schachteln hat die größtmögliche Oberfläche?

4. Ein Stadion hat die rechts abgebildete Form. Die innere Laufbahn soll 400 m lang sein. Für welche Abmessungen des Stadions ist das rechteckige Spielfeld in der Mitte möglichst groß? Beachte: Ein Kreis mit dem Durchmesser d hat ungefähr den Umfang 3,14 · d.

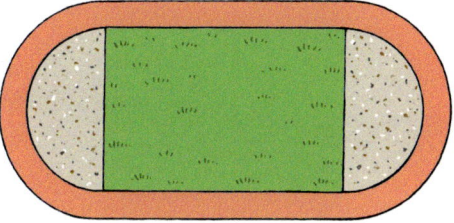

5. Aus 1 m Draht soll das Kantenmodell einer quaderförmigen Säule mit quadratischer Grundfläche hergestellt werden. Diese soll anschließend zur Dekoration mit Stoff bespannt werden. Bestimme die Abmessungen, für die möglichst wenig Stoff benötigt wird.

3.2 Quadratfunktion – Normalparabel – Gleichungen der Form $x^2 = r$

Einstieg

Nehmt Stellung zu den Ideen der beiden. Zeichnet dann selber den Graphen der Funktion und achtet auf korrektes Verbinden der Punkte.

Aufgabe 1

Normalparabel
Um Kurven wie auf Seite 57 beschreiben zu können, beginnen wir mit der einfachsten Funktion, die einen solchen Graphen liefert.

a) Rechts siehst du den Graphen der Funktion der Gleichung $y = x^2$, die *Normalparabel*. Beschreibe ihre Eigenschaften.

b) Bei proportionalen Funktionen gilt: Verdoppelt (verdreifacht, …) man den x-Wert, so verdoppelt (verdreifacht …) sich der zugeordnete y-Wert. Gibt es auch für die Quadratfunktion eine derartige Regelmäßigkeit?

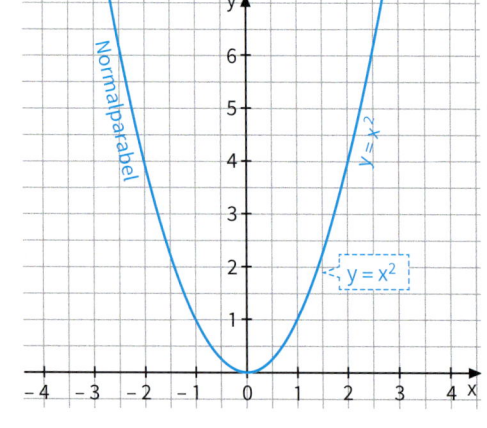

Lösung

a) Von links nach rechts fällt die Normalparabel im 2. Quadranten (geht bergab). An der Stelle 0 hat sie ihren tiefsten Punkt (Scheitelpunkt), in dem sie die x-Achse berührt. Danach steigt die Normalparabel im 1. Quadranten von links nach rechts an (geht bergauf). Der Graph ist symmetrisch zur y-Achse.

b) Wir erstellen eine Wertetabelle.

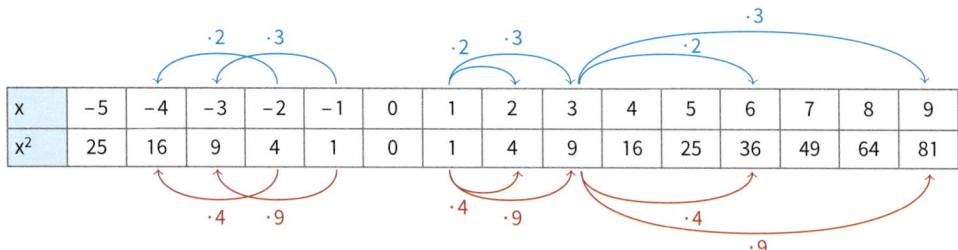

Die zugeordneten y-Werte sind nicht proportional zu den x-Werten. Aber es gilt z. B.:
- Verdoppelt man den x-Wert, so vervierfacht sich der zugeordnete Funktionswert.
- Verdreifacht man den x-Wert, so verneunfacht sich der zugeordnete Funktionswert.

3.2 Quadratfunktion – Normalparabel – Gleichungen der Form $x^2 = r$

Information

(1) Symmetrie der Normalparabel – Scheitelpunkt

Die Funktion mit der Gleichung $y = x^2$ heißt *Quadratfunktion*. Ihr Graph heißt *Normalparabel*.

Symmetrie zur y-Achse bedeutet, dass die Funktionswerte für jede Zahl mit der zugehörigen Gegenzahl übereinstimmen.

Für die Funktion f mit $f(x) = x^2$ gilt z. B.: $f(-2) = 4$ und auch $f(2) = 4$. Die entsprechenden Punkte $P'(-2|4)$ und $P(2|4)$ unterscheiden sich nur im Vorzeichen der x-Koordinate, die y-Koordinate ist die gleiche. Dies gilt für beliebiges x:
$f(-x) = (-x)^2 = x^2 = f(x)$

Das bedeutet: Die gesamte Normalparabel ist symmetrisch zur y-Achse. Der Ursprung des Koordinatensystems ist der tiefste Punkt. Er ist der einzige Punkt, der auf der Symmetrieachse liegt. Man nennt ihn auch den *Scheitelpunkt* (oder kurz *Scheitel*).

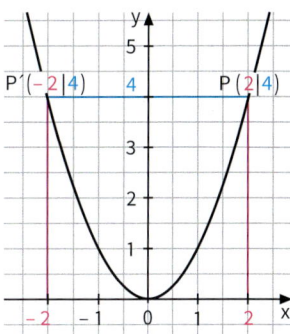

> Die Funktion f mit $f(x) = x^2$ hat folgende Eigenschaften:
> - Der Graph ist symmetrisch zur y-Achse.
> - Der Koordinatenursprung ist als Scheitelpunkt der tiefste Punkt des Graphen.
> - Der Graph fällt im 2. Quadranten und steigt im 1. Quadranten.

(2) Quadratisches Wachstum

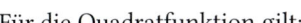

In Aufgabe 1 haben wir gesehen, dass eine Verdoppelung (Verdreifachung) eines x-Wertes bei der Quadratfunktion zu einer Vervierfachung (Verneunfachung) des zugeordneten y-Wertes führt.

> Für die Quadratfunktion gilt:
> Vervielfacht man einen x-Wert mit dem Faktor k, so wird der zugehörige y-Wert mit dem Quadrat des Vervielfachungsfaktors, also mit k^2 vervielfacht.

Begründung: Für den Vervielfachungsfaktor k und die Stelle x gilt für die Quadratfunktion f:
$f(k \, x) = (k \, x)^2 = k \, x \, k \, x = k^2 \, x^2 = k^2 \cdot f(x)$

Weiterführende Aufgabe

Grafisches Lösen einer quadratischen Gleichung der Form $x^2 = r$

2. Veranschauliche an der Normalparabel die Lösungsmenge der Gleichung
   (1) $x^2 = 6{,}25$ (2) $x^2 = 0$ (3) $x^2 = -1$

> **Grafisches Bestimmen der Lösungsmenge zu $x^2 = r$**
>
> Grafisch bedeutet das Bestimmen der Lösungsmenge der Gleichung $x^2 = r$ das Ermitteln der gemeinsamen Punkte des Graphen der Quadratfunktion zu $y = x^2$ mit der durch $y = r$ gegebenen Parallelen zur x-Achse.
> - Für $r > 0$ gibt es zwei Schnittpunkte, d. h. die Gleichung hat *zwei* Lösungen.
> - Für $r = 0$ trifft die Gerade die Normalparabel in ihrem Scheitelpunkt, d. h. die Gleichung hat *eine* Lösung.
> - Für $r < 0$ schneiden sich die Graphen nicht, d. h. die Gleichung $x^2 = r$ hat *keine* Lösung.

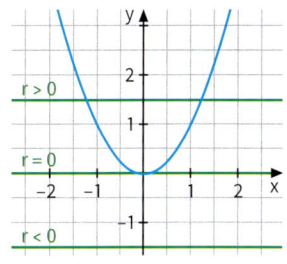

Übungsaufgaben

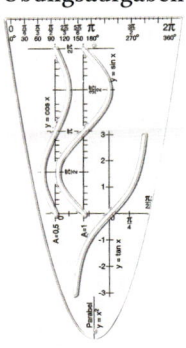
Parabelschablone

3. Fertige eine sorgfältige Zeichnung der Normalparabel für $-3 \leq x \leq 3$ an.
Lies folgende Werte ab: $0{,}6^2$; $1{,}4^2$; $2{,}5^2$; $(-0{,}3)^2$; $(-1{,}6)^2$; $(-2{,}8)^2$. Kontrolliere rechnerisch.

4. a) Zeichne mit einem Programm den Graphen der Funktion f mit $y = x^2$. Wähle auch Fenster, die den Verlauf in der Nähe des Ursprungs deutlich zeigen.
Beschreibe Eigenschaften des Graphen.
Versuche, Begründungen dafür anzugeben.
b) Lies am Graphen ab:
$f(0{,}7)$; $f(1{,}3)$; $f(2{,}6)$; $f(-0{,}4)$; $f(-1{,}7)$; $f(-2{,}1)$.
c) Kontrolliere die abgelesenen Werte durch Rechnung.

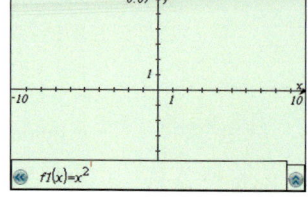

5. Ohne weitere Hilfsmittel kannst du eine Normalparabel mit wenigen Punkten zeichnen:
(1) Zeichne den Scheitelpunkt.
(2) Gehe von dort 1 nach rechts [links] und 1 nach oben.
(3) Gehe nun vom Scheitelpunkt 2 nach rechts [links] und 4 nach oben.
Führe das Verfahren fort und zeichne so eine Normalparabel.

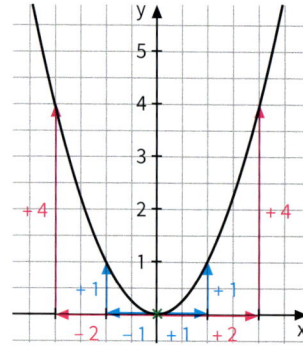

6. Die Punkte P_1, P_2, P_3, P_4, P_5, P_6 liegen auf einer Normalparabel. Bestimme jeweils die fehlende Koordinate.
$P_1(1{,}2\,|\,\blacksquare)$ $P_2(2{,}6\,|\,\blacksquare)$ $P_3(\blacksquare\,|\,2{,}25)$ $P_4(\blacksquare\,|\,0)$ $P_5(-1{,}4\,|\,\blacksquare)$ $P_6(\blacksquare\,|\,0{,}81)$

7. a) Bestimme, an welchen Stellen die Quadratfunktion den Wert
(1) 4; (2) $\frac{1}{4}$; (3) 12,25; (4) 0; (5) -4
annimmt.
b) Gib allgemein für eine Zahl r an, an welchen Stellen die Quadratfunktion den Wert r annimmt.

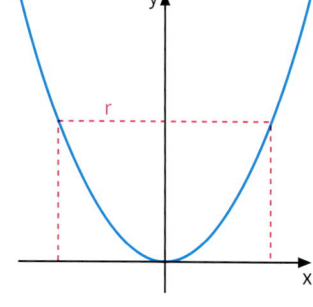

8. Lukas hat die Normalparabel rechts gezeichnet. Kontrolliere.

9. Die Quadratfunktion nimmt an der Stelle 0,5 den Funktionswert 0,25 an.
a) Der Wert für die Stelle wird mit (-2) multipliziert. Wie wirkt sich das auf den Funktionswert aus? Kontrolliere deine Behauptung auch an anderen Stellen.
b) Wie wirkt sich ein Multiplizieren mit (-3), (-4), … des Wertes für die Stelle auf die Funktionswerte aus? Formuliere eine allgemeine Behauptung und beweise diese.

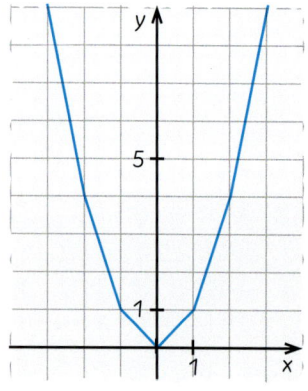

3.2 Quadratfunktion – Normalparabel – Gleichungen der Form $x^2 = r$

10. a) Die Seitenlänge eines Quadrats wird
   (1) verdoppelt;   **(2)** verdreifacht;   **(3)** vervierfacht.
   Wie ändert sich der Flächeninhalt?
   b) Wie müssen die Seitenlängen verändert werden, damit sich der Flächeninhalt verdoppelt?

11. Ein Baumarkt bietet 2,40 m lange Leisten mit quadratischem Querschnitt an. Leisten mit der Kantenlänge 2,5 cm kosten 7,98 €. Wie viel könnte eine Leiste mit der Kantenlänge 5 cm kosten? Begründe deine Antwort.

12. a) Bei der angegebenen linearen Funktion wird der x-Wert um 1 erhöht.
   Wie ändert sich der y-Wert? Untersuche das an mehreren x-Werten.
   (1) $y = 2x + 1$ **(2)** $y = -3x - 2$ **(3)** $y = -\frac{1}{4}x - 2$
   b) Formuliere deine Beobachtung aus Teilaufgabe a) allgemein für die lineare Funktion f mit dem Funktionsterm $f(x) = mx + b$.
   c) Untersuche nun die Quadratfunktion: Erhöhe an mehreren Stellen den x-Wert um 1. Wie ändert sich der zugehörige y-Wert? Formuliere eine Vermutung.
   d) Begründe deine Vermutungen aus Teilaufgabe c).

$(a+b)^2 = a^2 + 2ab + b^2$

13. Beschreibe, auf welche verschiedene Weisen du mithilfe eines CAS-Rechners eine Gleichung der Form $x^2 = r$ lösen kannst.

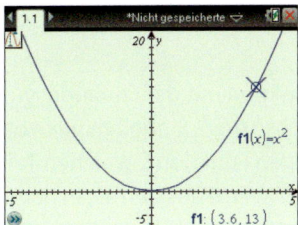 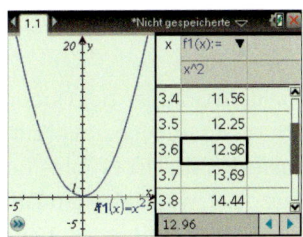 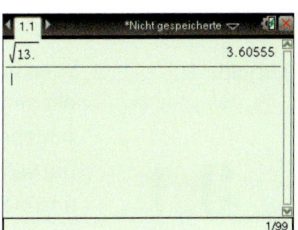

14. Gib anhand der Normalparabel die Lösungsmenge der Gleichung an.
   a) $x^2 = 1$ **b)** $x^2 = 6{,}25$ **c)** $x^2 = 2{,}25$ **d)** $x^2 = -4$ **e)** $x^2 = 0$

15. Bestimme die Lösungsmenge der Gleichung.
   a) $x^2 = 9$ **b)** $x^2 = 13$ **c)** $x^2 = -9$ **d)** $0 = x^2$ **e)** $5 = x^2$

16. Gib eine Gleichung an, die folgende Lösungsmenge hat. Erkläre, wie du vorgegangen bist.
   a) $\{-9;\ 9\}$ **b)** $\{-1{,}5;\ 1{,}5\}$ **c)** $\{-\sqrt{11};\ \sqrt{11}\}$ **d)** $\{-2\sqrt{3};\ 2\sqrt{3}\}$ **e)** $\{0\}$

17. Untersuche zeichnerisch, für welche Werte für x gilt: $x^2 < x$.

Das kann ich noch!

A) Frau Jordan geht mit ihren Töchtern Vanessa und Lea ins Kino. Für den Eintritt muss sie 22,00 € bezahlen. Frau und Herr Heinrich bezahlen für sich und ihre drei Kinder Marie, Alex und John 37,50 €.
Wie viel kostet der Eintritt für einen Erwachsenen bzw. ein Kind?

3.3 Verschieben der Normalparabel

Durch Verschieben der Normalparabel erhältst du weitere Parabeln. Du lernst hier, wie man Eigenschaften und Lage von Parabeln an ihren Termen erkennen und sie schnell zeichnen kann.

3.3.1 Verschieben der Normalparabel parallel zur y-Achse

Einstieg

Betrachtet statt der Quadratfunktion nun Funktionen mit einem Term der Form $f(x) = x^2 + e$ mit einer beliebigen Zahl e.
a) Jeder von euch wählt einen Wert für e aus, ohne diesen dem Partner zu verraten. Zeichnet den jeweils zugehörigen Graphen.
b) Zeigt euch gegenseitig eure Graphen. Könnt ihr anhand der Zeichnungen erkennen, welchen Wert für e euer Partner gewählt hat?
c) Beschreibt allgemein, wie man die Graphen aus der Normalparabel erhalten kann.
d) Jeder erstellt ein Memory, das er im Laufe dieser Lerneinheit immer weiter ergänzt. Du benötigst dafür ein Set von etwa 40 Karten (z.B. Karteikarten im Format DIN A7). Wähle nun zwei Funktionen aus. Notiere jeden Funktionsterm auf einer Karte und zeichne dazu den Graphen auf eine andere Karte.

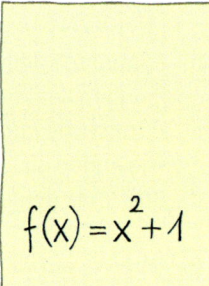
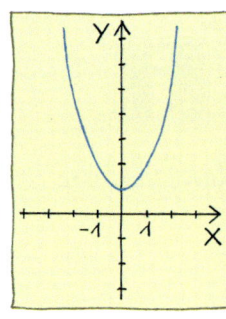

Aufgabe 1

Verschieben nach oben
Wir gehen von dem Graphen der Quadratfunktion mit der Funktionsgleichung $y = x^2$ aus. Verschiebe die Normalparabel parallel zur y-Achse um 2 Einheiten nach oben.
Die verschobene Parabel ist Graph einer neuen Funktion f. Welchen Term hat die neue Funktion? Überlege dazu, wie die neuen Funktionswerte aus den alten hervorgehen.
Wie wirkt sich die Verschiebung auf die Lage der Symmetrieachse des Graphen aus?
Welchen Scheitelpunkt hat der Graph von f?

Lösung

x	x²	f(x)
−2	4	6
−1	1	3
0	0	2
1	1	3
2	4	6

+2

Der Funktionswert f(x) ist an jeder Stelle x um 2 größer als x^2.
Das bedeutet: $f(x) = x^2 + 2$.
Durch die Verschiebung ändert sich die Lage der Symmetrieachse nicht.
Die y-Achse bleibt Symmetrieachse. Der Scheitelpunkt des Graphen von f ist der Punkt S(0|2).

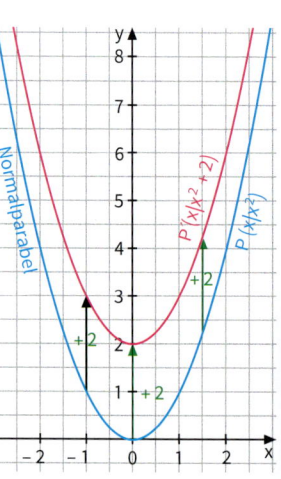

3.3 Verschieben der Normalparabel

Weiterführende Aufgaben

Verschieben nach unten

2. Zeichne die Normalparabel. Verschiebe diese so parallel zur y-Achse, dass der Punkt S(0|−3) Scheitelpunkt des neuen Graphen ist. Wie lautet der Term der neuen Funktion f?

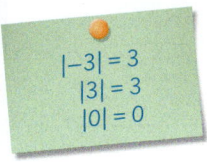

Satz
Den Graphen einer Funktion f mit $f(x) = x^2 + e$ erhält man durch Verschieben der Normalparabel um $|e|$ Einheiten parallel zur y-Achse, und zwar durch
- Verschieben nach oben, falls $e > 0$;
- Verschieben nach unten, falls $e < 0$.

Der Graph der Funktion f ist kongruent zur Normalparabel. Er hat die y-Achse als Symmetrieachse und den Scheitelpunkt S(0|e).

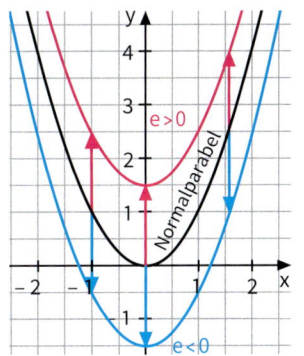

Bestimmen von Stellen zu vorgegebenen Funktionswerten – Nullstellen

3. a) Lies die Nullstellen der Funktionen zu
   (1) $f(x) = x^2 − 4$ (2) $g(x) = x^2 − 6$ (3) $h(x) = x^2 + 1$
   an Graphen ab. Kontrolliere rechnerisch.

   b) Bestimme grafisch, an welchen Stellen die Funktionen f, g und h den Wert 3 haben. Kontrolliere rechnerisch.

Information

(1) Wiederholung: Nullstellen
Die Funktion g zu $g(x) = x^2 − 6$ nimmt an den Stellen $-\sqrt{6}$ und $\sqrt{6}$ den Wert 0 an. Diese besonderen Stellen nennt man – wie bei den linearen Funktionen auch – *Nullstellen* der Funktion. Als Näherungswerte dieser Nullstellen kann man −2,45 und 2,45 angeben.
Die Nullstellen der Funktion g sind die Lösungen der Gleichung $g(x) = 0$.

Ein Schnittpunkt mit der x-Achse hat zwei Koordinaten, z.B. S(1,5|0). Die zugehörige Nullstelle ist eine Zahl.

Definition
Eine Stelle x, an der eine Funktion f den Wert 0 annimmt, heißt **Nullstelle** der Funktion.
Für eine Nullstelle x gilt: $f(x) = 0$.
Die Nullstellen einer Funktion sind die 1. Koordinaten der gemeinsamen Punkte von Graph und x-Achse.

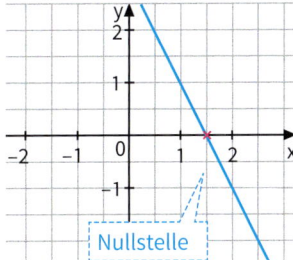
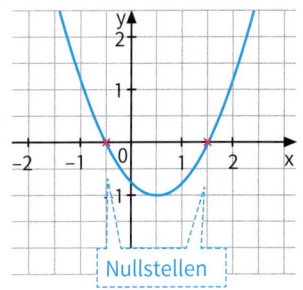

(2) Anzahl der Nullstellen der Funktion mit $f(x) = x^2 + e$
Ist der Graph der Funktion mit $f(x) = x^2 + e$
- nach oben verschoben ($e > 0$), so hat die Funktion f keine Nullstelle.
- nicht verschoben ($e = 0$), so hat die Funktion f eine Nullstelle.
- nach unten verschoben ($e < 0$), so hat die Funktion zwei Nullstellen.

CAS (3) **Bestimmen von Nullstellen mit einem CAS-Rechner**

Am Grafikbildschirm des Rechners kann man Nullstellen einer Funktion näherungsweise mithilfe des Befehls *Null* aus dem Menü *Graph analysieren* ermitteln. Dazu muss man ein Intervall angeben, in dem die zu bestimmende Nullstelle liegt:

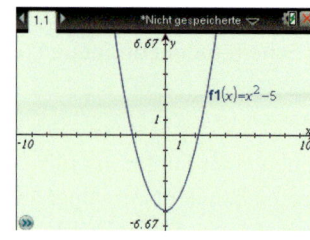 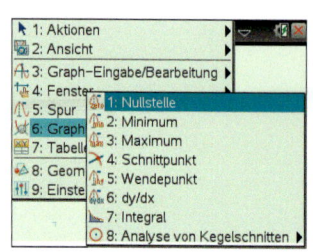

untere Schranke und *obere Schranke* dienen zur Eingabe der Intervallgrenzen.

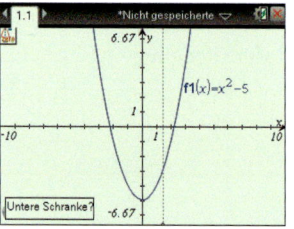 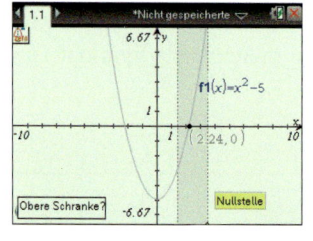 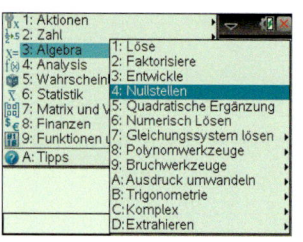

Der Befehl *Null* (englisch: *zeros*) ermittelt die Menge der Nullstellen einer Funktion.

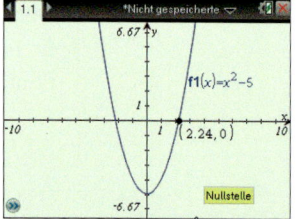 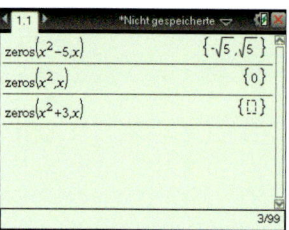

Übungsaufgaben

4. Skizziere mit einem Rechner den Graphen zur Funktion f mit $f(x) = x^2 + e$ für verschiedene Werte von e. Was fällt auf? Beschreibe, wie die Graphen aus der Normalparabel entstehen.

5. a) Zeichne den Graphen der Funktion. Gib die Lage des Scheitelpunktes an. Welche gemeinsamen Punkte hat der Graph mit den Koordinatenachsen?

   (1) $f(x) = x^2 - 6$ (2) $f(x) = x^2 + 3,5$ (3) $f(x) = x^2 - \frac{1}{4}$ (4) $g(s) = s^2 - 3$

   b) Woran kannst du bei der Funktion f mit $f(x) = x^2 + e$ erkennen, ob sie Nullstellen hat?

Ohne Schablone geht es auch:
Vom Scheitelpunkt
• 1 nach rechts [links]
und 1 nach oben,
• 2 nach rechts [links]
....

6. Verschiebe die Normalparabel so parallel zur y-Achse, dass der Punkt P auf der verschobenen Parabel liegt. Notiere den Funktionsterm und den Scheitelpunkt.
   a) P(0|8)   b) P(0|−4,41)   c) P(1|2)   d) P(−1|−5)

7. Verschiebe die Normalparabel so parallel zur y-Achse, dass die Schnittpunkte der neuen Parabel mit der x-Achse 5 Einheiten Abstand voneinander haben.
   Gib die Funktionsgleichung an.

8. Der Graph einer parallel zur y-Achse verschobenen Normalparabel soll folgende Eigenschaft haben. Gib die Funktionsgleichung an und kontrolliere mit dem Rechner.
   a) Der Scheitelpunkt liegt bei S(0|65,8).
   b) Die Schnittpunkte mit der x-Achse sind $S_1(−7|0)$ und $S_2(7|0)$.
   c) Der kleinste y-Wert ist −5.
   d) Denke dir weitere Aufgaben aus und tausche sie mit deinem Partner.

9. Bestimme grafisch die Stellen, an denen die Funktion f mit der Gleichung
   (1) $y = x^2 + 1$, (2) $y = x^2 - 3$, (3) $y = x^2 - 4$
   den Funktionswert -3 annimmt. Kontrolliere durch Rechnung.

10. Bestimme die Lösungsmenge der Gleichung.
    a) $x^2 - 9 = 0$
    b) $x^2 - 12{,}25 = 0$
    c) $x^2 - 10 = 0$
    d) $x^2 - 4 = 3$
    e) $x^2 + 5 = -2$
    f) $x^2 - 3 = -1$
    g) $x^2 - 1 = -5$
    h) $x^2 - 2 = -2$

3.3.2 Verschieben der Normalparabel parallel zur x-Achse – Gleichungen der Form $(x + d)^2 = r$

Einstieg

a) Jeder von euch erstellt drei Kartenpaare, indem er den Graphen der Funktion mit dem Term $f(x) = (x + d)^2$ für verschiedene Werte von d jeweils auf eine Karte zeichnet und auch die zugehörigen Funktionsterme auf Karten notiert.
b) Tauscht eure Karten gegenseitig. Findet zugehörige Kartenpaare mit Funktionsterm und Graph.
c) Mischt diese Kartenpaare mit den schon vorhandenen Karten des Einstiegs von Seite 66.

Aufgabe 1

Verschieben der Normalparabel nach rechts
Zeichne die Normalparabel und verschiebe sie parallel zur x-Achse um 3 Einheiten nach rechts. Die verschobene Parabel ist Graph einer neuen Funktion f.
a) Ermittle den Funktionsterm und zeige, dass es sich um eine quadratische Funktion handelt.
b) Welche Eigenschaften hat diese neue Funktion?

Lösung

a) Der Funktionswert der Quadratfunktion mit der Funktionsgleichung $y = x^2$ an einer beliebigen Stelle stimmt überein mit dem Funktionswert der neuen Funktion an einer Stelle, die um 3 Einheiten weiter rechts liegt. Das bedeutet:
Der Funktionswert der neuen Funktion f an der Stelle x stimmt überein mit dem Funktionswert der Quadratfunktion an der um drei Einheiten weiter links liegenden Stelle $x - 3$:
$f(x) = (x - 3)^2$
Mithilfe der 2. binomischen Formel kann man diesen Funktionsterm umformen zu:
$f(x) = x^2 - 6x + 9$
Somit hat f einen quadratischen Term der Form $x^2 + bx + c$.

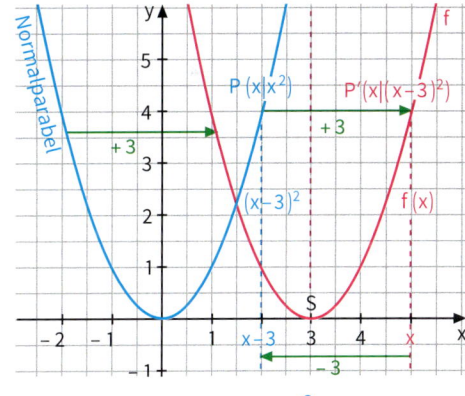

x	-1	0	1	2	3	4	5	6
x^2	1	0	1	4	9	16	25	36
f(x)	16	9	4	1	0	1	4	9

b) Bei der Verschiebung um 3 Einheiten nach rechts werden auch die Symmetrieachse und der Scheitelpunkt verschoben.
Das bedeutet: Der Graph von f hat die Gerade mit der Gleichung $x = 3$ als Symmetrieachse und den Scheitelpunkt $S(3|0)$. Links vom Scheitelpunkt S (für $x < 3$) fällt der Graph, rechts vom Scheitelpunkt S (für $x > 3$) steigt er an.

Weiterführende Aufgaben

Verschieben der Normalparabel nach links

2. Zeichne die Normalparabel. Verschiebe diese so, dass der Punkt S(−4|0) Scheitelpunkt des neuen Graphen ist.
   (1) Wie lautet der Term der zugehörigen neuen Funktion f? Gib auch ihren Definitionsbereich und ihren Wertebereich an.
   (2) Notiere die Gleichung der Symmetrieachse des Graphen von f.
   (3) In welchem Bereich für x fällt der Graph, in welchem Bereich steigt er?
   (4) Notiere den Funktionsterm auch in der Form $x^2 + px + q$.

Bestimmen der Verschiebung

3. Gib an, um wie viele Einheiten die Normalparabel nach rechts bzw. nach links verschoben werden muss, damit die verschobene Parabel Graph der Funktion f mit dem Funktionsterm $f(x) = x^2 - 4{,}8x + 5{,}76$ ist.

> $f(x) = x^2 + 7x + 12{,}25 = (x + 3{,}5)^2$
> Die Normalparabel muss um 3,5 Einheiten nach links verschoben werden, um den Graphen von f zu erhalten.

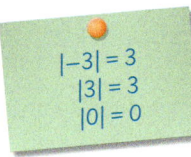

|−3| = 3
|3| = 3
|0| = 0

Satz

Den Graphen der Funktion f mit $f(x) = (x + d)^2$ erhält man durch Verschieben der Normalparabel um |d| Einheiten parallel zur x-Achse. Wenn d < 0, wird nach rechts verschoben; wenn d > 0, wird nach links verschoben.
Der Graph der Funktion f hat S(−d|0) als Scheitelpunkt.
Die Parallele zur y-Achse mit der Gleichung x = −d ist Symmetrieachse des Graphen von f.

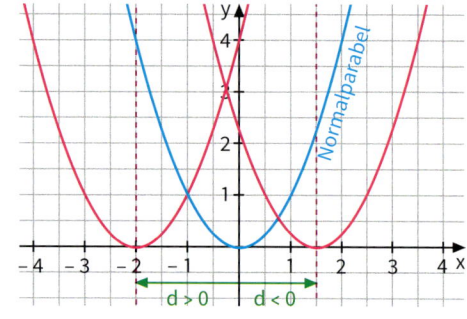

Beachte: Bei $f(x) = (x + 3)^2$ ist die Normalparabel *nach links* verschoben.
Bei $f(x) = (x − 3)^2$ ist die Normalparabel *nach rechts* verschoben.

$(x − 3)^2 = (x + (−3))^2$

Lösen einer quadratischen Gleichung der Form $(x + d)^2 = r$

4. a) Bestimme die Nullstellen der Funktion f mit der Funktionsgleichung $y = (x − 3)^2$ grafisch. Kontrolliere rechnerisch.
   b) Bestimme grafisch, an welchen Stellen die Funktion zu $y = (x + 3)^2$ den Wert 5 annimmt. Überprüfe durch Rechnung.
   c) Bestimme die Lösungsmenge der Gleichung.
      (1) $(x + 4)^2 = 5$ (2) $(x − 2)^2 = 9$ (3) $(x − 1)^2 = 0$ (4) $(x + 5)^2 = −2$

Lösen einer Gleichung der Form $(x + d)^2 = r$

Das Lösen einer Gleichung der Form $(x + d)^2 = r$ kann zurückgeführt werden auf das Lösen einer Gleichung der Form $x^2 = r$.
Ebenso wie diese hat die Gleichung $(x + d)^2 = r$
- zwei Lösungen, falls r > 0;
- eine Lösung, falls r = 0 und
- keine Lösung, falls r < 0.

Beispiel:
(x + 2) ergibt mit sich selbst multipliziert 9
$(x + 2)^2 = 9$
$x + 2 = 3$ *oder* $x + 2 = −3$
$x = 1$ *oder* $x = −5$
$L = \{−5; 1\}$

3.3 Verschieben der Normalparabel

Übungsaufgaben

5. Verschiebe die Normalparabel und gib den Funktionsterm in der Form $x^2 + px + q$ an.
  a) um 5 Einheiten nach rechts;
  b) um 2 Einheiten nach links.

6. Zeichne den Graphen. Gib den Scheitelpunkt und die Gleichung der Symmetrieachse an.
  a) $f(x) = (x - 2)^2$
  b) $f(x) = (x + 5)^2$
  c) $f(x) = (x - 1{,}2)^2$
  d) $f(x) = (x + 2{,}5)^2$
  e) $f(x) = (x + 1)^2$
  f) $f(x) = (x - 0{,}5)^2$
  g) $f(x) = \left(x + \frac{4}{5}\right)^2$
  h) $g(z) = (z - 3)^2$

7. Marina sollte Graphen zu den angegebenen Funktionsgleichungen zeichnen. Kontrolliere ihre Hausaufgabe.
  (1) $y = x^2$
  (2) $y = (x - 2)^2$
  (3) $y = (x + 4)^2$
  (4) $y = (x + 1)^2$

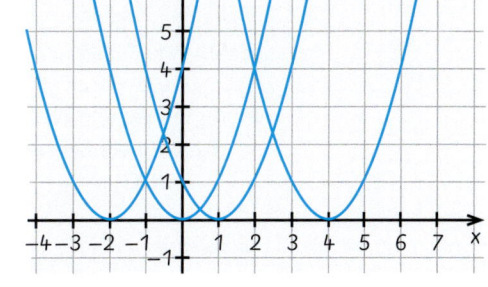

8. Der Graph einer parallel zur x-Achse verschobenen Normalparabel hat folgende Eigenschaft. Gib die Funktionsgleichung an und kontrolliere mit dem Rechner.
  (1) Der Graph ist fallend für $x < -87$ und steigend für $x > -87$.
  (2) Die Symmetrieachse besitzt die Gleichung $x = 37{,}5$.
  (3) Der Scheitelpunkt liegt bei $S(-250 \mid 0)$.
  (4) Der Graph ist nach links verschoben und schneidet die y-Achse in $P(0 \mid 100)$.

9. Für eine quadratische Funktion f mit $f(x) = (x + d)^2$ gilt $f(-2) = f(5)$.
Bestimme den Scheitelpunkt des Graphen. Erkläre, wie du vorgegangen bist.

10. Verschiebe die Normalparabel so parallel zur x-Achse, dass sie durch den Punkt $P(1 \mid 4)$ verläuft. Wie viele Lösungen gibt es? Notiere jeweils den Term der Funktion.

11. Eine Normalparabel wird so parallel zur x-Achse verschoben, dass sie durch den Punkt P verläuft. Gib – wenn möglich – den Funktionsterm und den Scheitelpunkt an.
  a) $P(0 \mid 4)$
  b) $P(0 \mid -4)$
  c) $P(1 \mid 16)$

12. Jede Spalte der folgenden Tabelle gehört zu einer Funktion. Ergänzt die Tabelle im Heft.

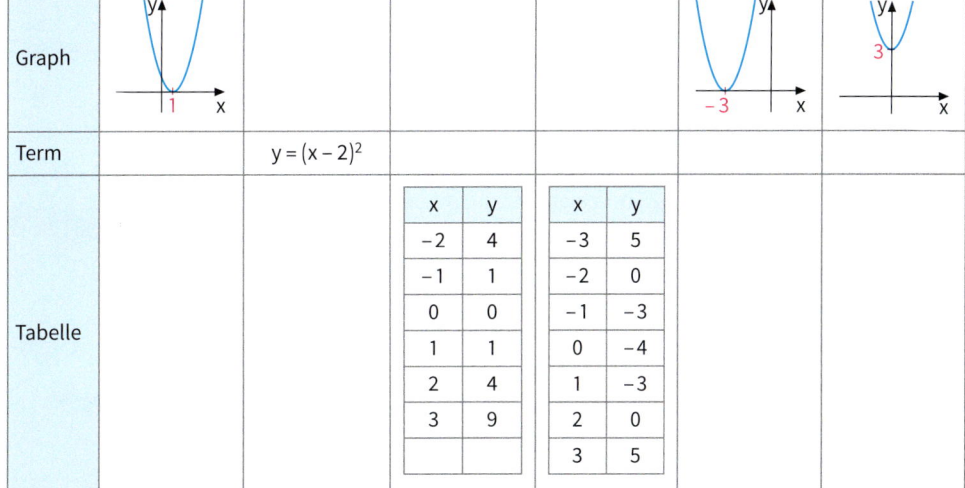

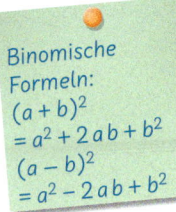

Binomische Formeln:
$(a+b)^2 = a^2 + 2ab + b^2$
$(a-b)^2 = a^2 - 2ab + b^2$

13. Gib an, um wie viele Einheiten die Normalparabel nach rechts bzw. nach links verschoben werden muss, damit die verschobene Parabel Graph der Funktion ist mit der Gleichung:

a) $y = x^2 - 9x + 20{,}25$
b) $y = x^2 + 11x + 30{,}25$
c) $y = x^2 - 0{,}2x + 0{,}01$
d) $y = x^2 - x + \frac{1}{4}$
e) $y = x^2 + \frac{1}{3}x + \frac{1}{36}$
f) $y = x^2 + \frac{12}{5}x + \frac{36}{25}$

14. Bestimme die Lösungsmenge. Mache – soweit möglich – die Probe.

a) $(x+2)^2 = 25$
b) $(x-3)^2 = 16$
c) $(x+7)^2 = 36$
d) $(x-4)^2 = 1$
e) $(x+2)^2 = 0$
f) $(x-5)^2 = 4$
g) $(x-5)^2 = -49$
h) $(x-0{,}6)^2 = 2{,}25$
i) $(x+1{,}2)^2 = 0{,}81$
j) $(z-2)^2 = \frac{16}{25}$
k) $(y+3)^2 = 2$
l) $(y-2)^2 = 12$

15. a) Für welche Werte von r hat die Lösungsmenge von $(x-3)^2 = r$ kein, ein, zwei Elemente?
b) Wie viele Elemente hat die Lösungsmenge von $(x+d)^2 = 3$ für die verschiedenen Werte von d?

16. Rechts siehst du, wie für die Funktion mit der Gleichung $y = x^2 + 6x + 9$ die Stellen bestimmt wurden, an denen sie den Wert 25 annimmt.
Erläutere das Vorgehen.

$x^2 + 6x + 9 = 25$
$(x+3)^2 = 25$
$x + 3 = \sqrt{25}$ oder $x + 3 = -\sqrt{25}$
$x + 3 = 5$ oder $x + 3 = -5$
$x = 2$ oder $x = -8$
$L = \{-8; 2\}$

17. a) Wendet eine binomische Formel an.
(1) $(x+4)^2$
(2) $(x-7)^2$
(3) $\left(x + \frac{5}{2}\right)^2$
(4) $\left(z - \frac{7}{4}\right)^2$

b) Schreibt mithilfe der 1. oder der 2. binomischen Formel als Quadrat.
(1) $x^2 + 12x + 36$
(2) $x^2 - 5x + 6{,}25$
(3) $y^2 - 7y + 12{,}25$
(4) $z^2 - \frac{4}{5}z + \frac{4}{25}$

c) Setzt im Heft für ■ eine passende Zahl ein, sodass ihr den entstandenen Term als Quadrat schreiben könnt.
(1) $x^2 + 6x + ■$
(2) $x^2 - 8x + ■$
(3) $y^2 + 3y + ■$
(4) $z^2 - \frac{2}{3}z + ■$

d) Stellt euch gegenseitig weitere Aufgaben wie in den Teilaufgaben a) bis c).

18. Bestimme die Lösungsmenge. Mache die Probe.

a) $x^2 - 6x + 9 = 36$
b) $x^2 + 8x + 16 = 49$
c) $x^2 - 8x + 16 = 0$
d) $x^2 - 1{,}8x + 0{,}81 = 0{,}25$
e) $x^2 + 5x + \frac{25}{4} = \frac{81}{4}$
f) $x^2 - x + 0{,}25 = 1{,}44$
g) $z^2 + 16z + 64 = 7$
h) $y^2 - 3y + 2{,}25 = 5$
i) $y^2 - 5y + 6{,}25 = 8$

19. a) Um die geforderte Mindestgröße von 625 m² zu erreichen, muss die Seitenlänge eines quadratischen Spielplatzes um 6 m verlängert werden.
Welche Seitenlänge hatte er vorher?
b) Erfinde eine ähnliche Sachaufgabe zu der Gleichung $x^2 - 8x + 16 = 225$ und löse sie.

3.3.3 Verschieben der Normalparabel in beliebiger Richtung – Scheitelpunktform – Quadratische Gleichungen der Form $x^2 + px + q = 0$

Einstieg

a) Bestimmt den Funktionsterm der gesuchten Funktion.
b) Jeder Partner zeichnet einen Funktionsgraphen, der durch Verschiebung aus der Normalparabel entstehen kann, auf eine Karte. Tauscht die Karten und erstellt die Karten mit den Funktionstermen.
c) Mischt diese Kartenpaare mit den schon vorhandenen Karten (Seite 66 und Seite 69).

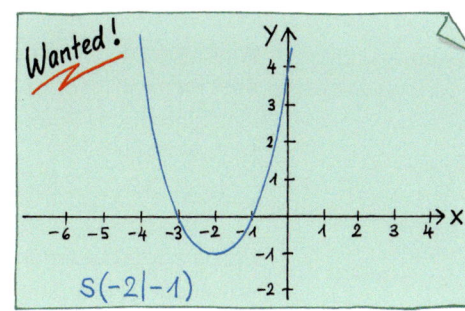

Aufgabe 1

Funktionsterm einer verschobenen Normalparabel

Verschiebe die Normalparabel um 3 Einheiten nach links und dann um 2 Einheiten nach oben. Wie lautet der Term der neuen Funktion f? Gib den Term auch in der Form $x^2 + px + q$ an. Gib den Scheitelpunkt des neuen Graphen an und notiere die Gleichung der Symmetrieachse.

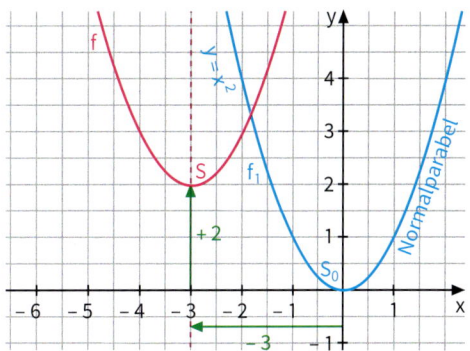

Lösung

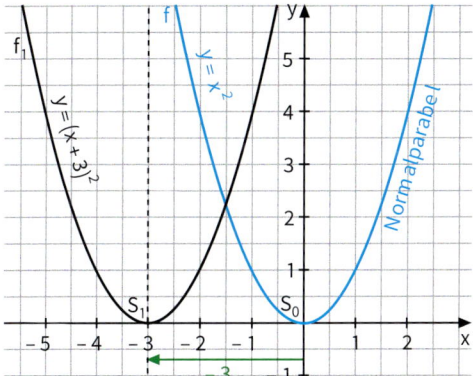
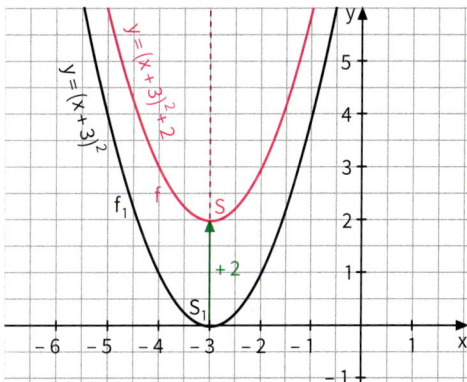

Durch die Verschiebung der Normalparabel um 3 Einheiten nach links erhält man zunächst einen Graphen, der zu der Funktion f_1 mit $f_1(x) = (x+3)^2$ gehört.

Die anschließende Verschiebung des Graphen von f_1 um 2 Einheiten nach oben führt zu dem Graphen von f mit $f(x) = (x+3)^2 + 2$.

Aus diesem Funktionsterm für f lassen sich die Koordinaten des Scheitelpunktes gut ablesen: $S(-3|2)$. Die Symmetrieachse hat somit die Gleichung $x = -3$.
Den Funktionsterm der Funktion f kann man mithilfe der 1. binomischen Formel umformen:
$f(x) = (x+3)^2 + 2 = x^2 + 6x + 11$.

Aufgabe 2

Erzeugen der Scheitelpunktform einer beliebig verschobenen Normalparabel

Eine Funktion f hat den Term $f(x) = x^2 - 4x + 3$. Kann man die Normalparabel so verschieben, dass die verschobene Parabel Graph der Funktion f ist?

Lösung

Wir formen den Funktionsterm so um, dass man wie im Beispiel von Aufgabe 1 eine binomische Formel anwenden kann.

$$f(x) = x^2 - 4x + 3$$
$$= x^2 - 4x + 2^2 - 2^2 + 3$$
$$= (x - 2)^2 - 1$$

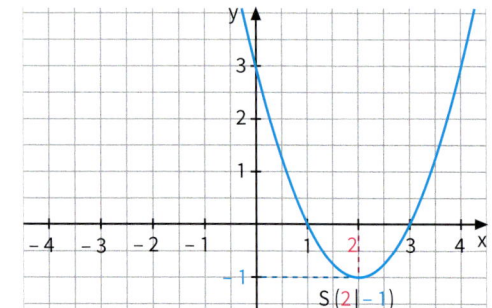

Die *quadratische Ergänzung* 2^2 ermöglicht die Anwendung einer binomischen Formel.
Aus dieser Form des Funktionsterms kann man die Art der Verschiebungen und daraus die Koordinaten des Scheitelpunktes ablesen:
Die Normalparabel wird um 2 Einheiten nach rechts und dann um 1 Einheit nach unten verschoben. S(2|–1) ist der neue Scheitelpunkt.

> Geschicktes Addieren von Null: $2^2 - 2^2 = 0$

Information

Erzeugen der Scheitelpunktform einer beliebig verschobenen Normalparabel

Ein beliebiger Term der Form $f(x) = x^2 + px + q$ lässt sich wie in Aufgabe 2 umformen:

$$f(x) = x^2 + px + q$$
$$= x^2 + px + \left(\frac{p}{2}\right)^2 - \left(\frac{p}{2}\right)^2 + q$$
$$= \left(x + \frac{p}{2}\right)^2 - \left(\frac{p}{2}\right)^2 + q$$

Der Term hat dann die Form $f(x) = (x + d)^2 + e$, wobei $d = \frac{p}{2}$ und $e = -\left(\frac{p}{2}\right)^2 + q = q - \left(\frac{p}{2}\right)^2$ ist.
S(–d|e) ist der Scheitelpunkt des Graphen von f.
Man nennt $(x + d)^2 + e$ die *Scheitelpunktform* des Funktionsterms. Aus dieser Form des Funktionsterms kann man sofort alle Eigenschaften des Graphen der Funktion ablesen:

Satz

Der Funktionsterm $f(x) = x^2 + px + q$ kann umgeformt werden in die **Scheitelpunktform**
$f(x) = (x + d)^2 + e$,
wobei $d = \frac{p}{2}$ und $e = q - \left(\frac{p}{2}\right)^2$ ist.

(1) Man erhält den Graphen von f durch Verschieben der Normalparabel um |d| Einheiten parallel zur x-Achse und um |e| Einheiten parallel zur y-Achse. Für $d < 0$ wird nach rechts, für $d > 0$ wird nach links verschoben. Für $e > 0$ wird nach oben, für $e < 0$ wird nach unten verschoben.

(2) Der Scheitelpunkt hat die Koordinaten S(–d|e). Die Symmetrieachse hat die Gleichung $x = -d$.

(3) Der Graph von f fällt für $x < -d$ und steigt für $x > -d$.

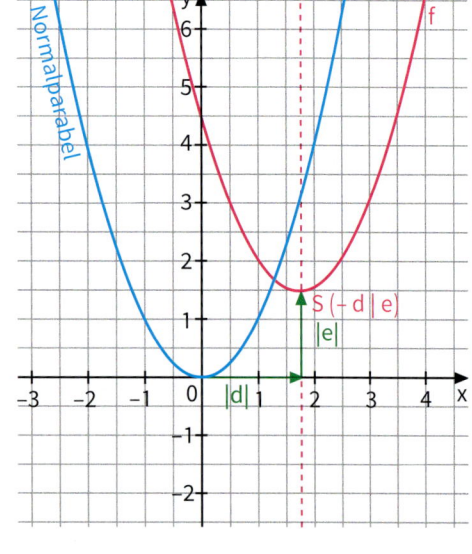

3.3 Verschieben der Normalparabel

Weiterführende Aufgaben

Vom Scheitelpunkt zum Funktionsterm $x^2 + px + q$

3. Die Normalparabel wurde so verschoben, dass   **a)** $S(3,2|-1,4)$,   **b)** $S(u|v)$
der neue Scheitelpunkt ist. Bestimme den Term der neuen Funktion in der Form $x^2 + px + q$.

Lösen einer Gleichung mithilfe quadratischer Ergänzung

4. Die Scheitelpunktform des Funktionstermes gestattet eine einfache Berechnung von Stellen zu vorgegebenen Funktionswerten.
   a) Erläutere folgende Beispiele.

   (1) Wo nimmt die Funktion f mit $f(x) = x^2 + 6x$ den Wert -5 an?

   $$\begin{aligned} f(x) &= -5 \\ x^2 + 6x &= -5 \quad |+3^2 \\ x^2 + 6x + 3^2 &= -5 + 3^2 \\ x^2 + 6x + 9 &= 4 \\ (x+3)^2 &= 4 \\ x + 3 = 2 \quad &\text{oder} \quad x + 3 = -2 \\ x = -1 \quad &\text{oder} \quad x = -5 \\ L &= \{-5; -1\} \end{aligned}$$

   (2) Wo nimmt die Funktion mit $g(x) = x^2 - 6x - 1$ den Wert 0 an?

   $$\begin{aligned} x^2 - 6x - 1 &= 0 \quad |+1 \\ x^2 - 6x &= 1 \quad |+3^2 \\ x^2 - 6x + 9 &= 10 \\ (x-3)^2 &= 10 \\ x - 3 = \sqrt{10} \quad &\text{oder} \quad x - 3 = -\sqrt{10} \\ x = 3 + \sqrt{10} \quad &\text{oder} \quad x = 3 - \sqrt{10} \\ L &= \{3 - \sqrt{10}; 3 + \sqrt{10}\} \end{aligned}$$

   b) Bestimme die Nullstellen der Funktionen h und k mit $h(x) = x^2 - 8x + 16$ und $k(x) = x^2 + 5x + 7$.

Lösen einer quadratischen Gleichung der Form $x^2 + px + q = 0$

Jede Gleichung der Form $x^2 + px + q = 0$ kann man auf eine Gleichung der Form $(x + d)^2 = r$ zurückführen.

Die Zahl $\left(\frac{p}{2}\right)^2$, die man zum Term $x^2 + px$ addiert, damit man den neuen Term mit einer binomischen Formel als Quadrat schreiben kann, heißt **quadratische Ergänzung**.

Beispiele:

$$\begin{aligned} x^2 + 6x - 16 &= 0 \quad |+16 \\ x^2 + 6x &= 16 \quad |+3^2 \\ (x+3)^2 &= 25 \\ x + 3 = 5 \quad &\text{oder} \quad x + 3 = -5 \\ x = 2 \quad &\text{oder} \quad x = -8 \end{aligned}$$

$$\begin{aligned} x^2 - 5x + 6 &= 0 \quad |-6 \\ x^2 - 5x &= -6 \quad |+2,5^2 \\ (x-2,5)^2 &= 0,25 \\ x - 2,5 = 0,5 \quad &\text{oder} \quad x - 2,5 = -0,5 \\ x = 3 \quad &\text{oder} \quad x = 2 \end{aligned}$$

Übungsaufgaben

5. Verschiebe die Normalparabel. Notiere den Funktionsterm auch in der Form $x^2 + px + q$.
   a) Verschiebung um 4 Einheiten nach rechts und um 3 Einheiten nach oben
   b) Verschiebung um 4 Einheiten nach links und um 3 Einheiten nach unten
   c) Verschiebung um 2,5 Einheiten nach rechts und um 1 Einheit nach unten
   d) Verschiebung um 1,5 Einheiten nach links und um 2 Einheiten nach oben

Ohne Schablone geht es auch:
Vom Scheitelpunkt
• 1 nach rechts [links]
und 1 nach oben,
• 2 nach rechts [links]
....

6. Zeichne den Graphen der Funktion mit der angegebenen Gleichung.
Gib auch den Scheitelpunkt der Parabel sowie die Gleichung der Symmetrieachse an.

   a) $y = (x - 3)^2 + 4$ c) $y = (x + 2,5)^2 - 4$ e) $y = \left(x - \frac{1}{2}\right)^2 - 3$ g) $y = \left(x - \frac{3}{5}\right)^2 - 2,4$

   b) $y = (x + 2)^2 - 1$ d) $y = (x + 1)^2 + 1$ f) $y = (x - 3,5)^2 + \frac{5}{2}$ h) $s = \left(t + \frac{11}{2}\right)^2 + \frac{1}{2}$

7. Untersuche, wie die Lage des Scheitelpunktes S einer Parabel mit $y = (x + d)^2 + e$ von den Werten für d und e abhängt.
   Wähle verschiedene Beispiele und zeichne die Graphen. Fasse anschließend deine Ergebnisse in einer Tabelle zusammen.

Lage von S	e > 0	e = 0	e < 0
d < 0	1. Quadrant		
d = 0			
d > 0			

8. a) Stelle fest, welche der folgenden Punkte auf der um 2 Einheiten nach rechts und um 1,4 Einheiten nach unten verschobenen Parabel liegen:
   $P_1(1|19,6)$; $P_2(4|2,6)$; $P_3(-2|4,6)$; $P_4(-3|23,6)$; $P_5(-1|7,6)$.
   b) An welchen Stellen nimmt die Funktion (1) den Wert 7,6; (2) den Wert 2,6 an?

9. Zeichne die verschobene Normalparabel mit der angegebenen Eigenschaft.
   Notiere den Term der zugehörigen Funktion.
   a) $S(-2|-1)$ ist der Scheitelpunkt.
   b) An den Stellen −2 und 4 wird die x-Achse von der Parabel geschnitten.
   c) Die Parabel geht durch den Ursprung und hat die Gerade x = 2 als Symmetrieachse.
   d) Der Scheitelpunkt hat −3 als y-Koordinate. Der Ursprung ist Punkt der Parabel.
   e) Die Parabel geht durch die Punkte $P_1(-1|7)$ und $P_2(3|7)$.

10. Denkt euch weitere Parabelrätsel wie in Übungsaufgabe 9 aus. Lasst jeweils den anderen zeichnen und den Term aufstellen. Kontrolliert euch gegenseitig.

11. a) Zeichne mit dem Rechner den Graphen der Funktion f mit $f(x) = x^2 + 6x + 7$.
    Überlege, ob man ihn durch Verschieben aus der Normalparabel erhalten kann.
    Begründe deine Behauptung durch Umformen des Funktionsterms.
    b) Untersucht eigene Beispiele für Funktionen mit einem Term der Form $x^2 + px + q$.

12. Kontrolliere die Hausaufgaben zur Bestimmung des Scheitelpunkts.

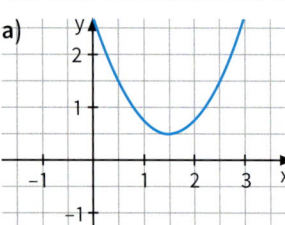

Abdul
$f(x) = x^2 - 3x - 2$
$= (x-1,5)^2 - 2,25 - 2$
$= (x-1,5)^2 - 4,25$
$S(-1,5|-4,25)$

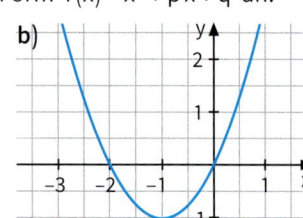

Bo
$g(x) = x^2 + 4x - 2$
$= (x+2)^2 - 2$
$S(-2|-2)$

13. Gib an, wie man den Graphen der Funktion schrittweise aus der Normalparabel erhalten kann. Notiere die Koordinaten des Scheitelpunktes. In welchem Bereich für x fällt der Graph, in welchem Bereich steigt er?
   a) $f(x) = x^2 - 4x - 5$ c) $f(x) = x^2 - 5x + 5$ e) $f(x) = x^2 - 2x$ g) $f(x) = x^2 - x - \frac{1}{2}$
   b) $f(x) = x^2 + 6x + 5$ d) $f(x) = x^2 + 8x + 7$ f) $f(x) = x^2 + 3x + 4$ h) $f(v) = v^2 - \frac{4}{3}v - \frac{5}{9}$

14. Gib den Funktionsterm in der Form $f(x) = x^2 + px + q$ an.

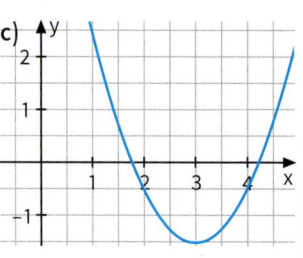

3.3 Verschieben der Normalparabel

15. Gib einen Funktionsterm in der Form $f(x) = x^2 + px + q$ an. Kontrolliere mit dem Rechner.
   a) Der Scheitelpunkt der Parabel ist $S(-100|34)$.
   b) Die Gleichung der Symmetrieachse ist $x = -34$. Der kleinste Funktionswert ist 15.
   c) Der Graph fällt für $x < 20$ und steigt für $x > 20$. Er schneidet die x-Achse zweimal.

16. Zeichne mit einem Rechner die Graphen zu:
   $f_1(x) = (x-3)^2 - 25$ $f_3(x) = (x-3)^2 - 5$ $f_5(x) = x^2 - 6x - 16$
   $f_2(x) = x^2 - 6x - 15$ $f_4(x) = x^2 - 6x$ $f_6(x) = (x-8)(x+2)$
   Was stellst du fest? Begründe auch durch Umformen des Funktionsterms.

17. Zeichne mit einem Rechner eine Parabel. Lasse deinen Nachbarn die Funktionsgleichung herausfinden. Zähle, wie viele Versuche er benötigt. Tauscht anschließend die Rollen.

18. Ergänze auf beiden Seiten der Gleichung dieselbe Zahl so, dass du die linke Seite als Quadrat schreiben kannst. Bestimme dann die Lösungsmenge. Mache die Probe.
   a) $x^2 + 4x + \square = 21 + \square$ c) $x^2 - 11x + \square = -10 + \square$ e) $y^2 - 5y + \square = 42{,}75 + \square$
   b) $x^2 - 8x + \square = 33 + \square$ d) $x^2 + 3x + \square = -2{,}25 + \square$ f) $z^2 + 7z + \square = 3{,}75 + \square$

19. Bestimme die Lösungsmenge.
   a) $z^2 - 8z = 0$ d) $x^2 + 8x - 9 = 0$ g) $x^2 + 5x + 4 = 0$ j) $y^2 + 6y - 16 = 0$
   b) $x^2 + 8x = 0$ e) $x^2 - 4x + 3 = 0$ h) $x^2 + 4x + 5 = 0$ k) $x^2 - 4x + 5 = 0$
   c) $y^2 + 6y - 7 = 0$ f) $z^2 - 4z - 5 = 0$ i) $x^2 - 8x - 20 = 0$ l) $x^2 + 4x - 5 = 0$

20. Kontrolliere Julias Hausaufgaben.

a) $x^2 - 3x = 16 \quad |+9$
$x^2 - 3x + 9 = 25$
$(x-3)^2 = 5$
$x - 3 = 5$ oder $x - 3 = -5$
$x = 8$ oder $x = -2$
$L = \{8; -2\}$

b) $4z^2 - 12z + 8 = 0 \quad |+1$
$4z^2 - 12z + 9 = 1$
$(2z-3)^2 = 1$
$2z - 3 = 1$ oder $2z - 3 = -1$
$2z = 4$ oder $2z = 2$
$z = 2$ oder $z = 1$
$L = \{1; -2\}$

c) $4x^2 - 8x = 0 \quad |+8x$
$4x^2 = 8x$
$x = 2$
$L = \{2\}$

21. Bestimme die Lösungsmenge. Mache die Probe.
   a) $x^2 + 20x + 36 = 0$ e) $x^2 - 7x + 6 = 0$ i) $x^2 + 21x + 20 = 0$
   b) $x^2 + 20x + 100 = 0$ f) $x^2 - 11x + 31 = 0$ j) $x^2 - 3x + 0{,}25 = 0$
   c) $x^2 + 20x + 125 = 0$ g) $x^2 - 11x - 5{,}75 = 0$ k) $x^2 + 8x = 20$
   d) $x^2 + 20x - 125 = 0$ h) $x^2 + 12x + 33 = 0$ l) $x^2 + 8x + 16 = 0$

22. Das rechts abgebildete Grundstück ist $567\,m^2$ groß. Berechnet seine Maße. Findet mehrere Möglichkeiten, eine passende quadratische Gleichung aufzustellen. Welche davon ist am günstigsten?

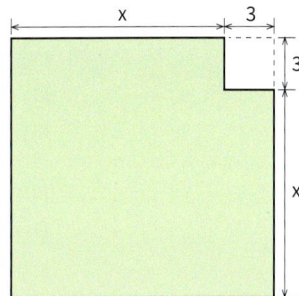

3.4 Strecken und Spiegeln der Normalparabel

Einstieg

a) Jeweils zwei Schüler bilden ein Team. Jedes Team bearbeitet einen Auftrag. Anschließend vergleicht ihr eure Ergebnisse mit denen der anderen Teams. Notiert dann gemeinsam eure Beobachtungen.

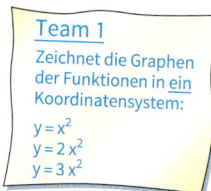
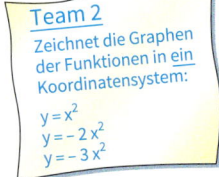
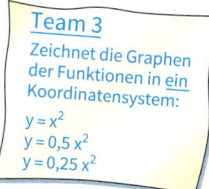
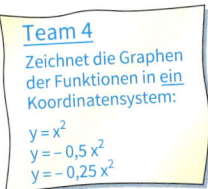

Team 1
Zeichnet die Graphen der Funktionen in ein Koordinatensystem:
$y = x^2$
$y = 2x^2$
$y = 3x^2$

Team 2
Zeichnet die Graphen der Funktionen in ein Koordinatensystem:
$y = x^2$
$y = -2x^2$
$y = -3x^2$

Team 3
Zeichnet die Graphen der Funktionen in ein Koordinatensystem:
$y = x^2$
$y = 0,5x^2$
$y = 0,25x^2$

Team 4
Zeichnet die Graphen der Funktionen in ein Koordinatensystem:
$y = x^2$
$y = -0,5x^2$
$y = -0,25x^2$

b) Stellt eine Vermutung auf, welche Bedeutung der Faktor a für den Graphen der Funktionsgleichung $y = ax^2$ hat.

c) Denkt euch drei Beispiele wie oben aus und ergänzt eure schon vorliegenden Memory-Karten (siehe Seiten 66, 69 und 73) um diese drei Paare.

Aufgabe 1

Positiver Streckfaktor

a) Die Größe der Bildfläche (in m²) auf der Leinwand wird nach folgender Faustregel berechnet:
Quadriere den Abstand (in m) des Projektors von der Leinwand, dividiere das Ergebnis durch 5.
Berechne mithilfe dieser Faustregel die Größe der Bildfläche für die Abstände 1 m; 1,5 m; 2 m; ...; 5,5 m; 6 m.
Notiere den Funktionsterm für die Zuordnung f:
Abstand (in m) → Größe der Bildfläche (in m²).
Zeichne den Graphen und vergleiche mit der Normalparabel für $x \geq 0$.

b) Gehe aus von dem Graphen der Quadratfunktion mit der Funktionsgleichung $y = x^2$.
Bei jedem Punkt P der Normalparabel soll die y-Koordinate mit dem Faktor 2 multipliziert werden. Die x-Koordinate wird beibehalten. Aus den jeweiligen Bildpunkten P' erhalten wir so einen neuen Graphen.
Zu welcher Funktion f gehört der neue Graph?
Vergleiche beide Graphen.

Lösung

a) *Wertetabelle:*

Abstand (in mm)	Bildgröße (in m²)
1	0,2
1,5	0,45
2	0,8
2,5	1,25
3	1,8

Abstand (in mm)	Bildgröße (in m²)
3,5	2,45
4	3,2
4,5	4,05
5	5
x	$\frac{1}{5}x^2$

Graph: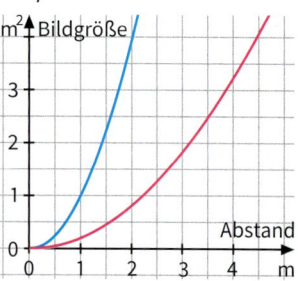

Funktionsterm: $f(x) = \frac{1}{5}x^2$

Der Graph ist flacher als die Normalparabel. Er entsteht daraus durch *Stauchen* parallel zur y-Achse. Dabei wird die x-Achse festgehalten.

3.4 Strecken und Spiegeln der Normalparabel

b)

x	x^2	f(x)
−2	4	8
−1	1	2
0	0	0
1	1	2
2	4	8

Man erhält jeweils den neuen Funktionswert f(x), indem man den alten Funktionswert x^2 mit 2 multipliziert:
$f(x) = 2 \cdot x^2$

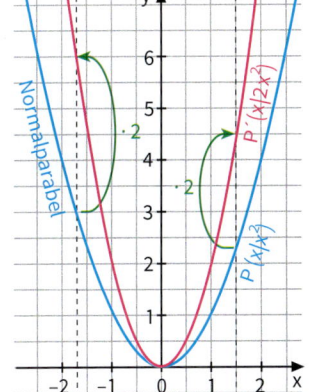

Durch das Multiplizieren der alten Funktionswerte x^2 mit dem Faktor 2 wird die Normalparabel zum Graphen von f parallel zur y-Achse *gestreckt*. Bei diesem *Strecken* bleibt die y-Achse als Symmetrieachse erhalten.

Aufgabe 2

Negativer Streckfaktor
a) Zeichne den Graphen der Funktion f mit $f(x) = -x^2$.
   Durch welche Abbildung erhält man den Graphen von f aus der Normalparabel?
b) Zeichne den Graphen der Funktion f mit $f(x) = -0,4 \cdot x^2$.
   Durch welche Abbildung erhält man den Graphen von f aus der Normalparabel?

Lösung

a) Der Term $-x^2$ geht aus dem Term x^2 durch Multiplizieren mit dem Faktor (−1) hervor:
$f(x) = (-1) \cdot x^2$

x	x^2	f(x)
−2	4	−4
−1	1	−1
0	0	0
1	1	−1
2	4	−4

Das Multiplizieren mit (−1) ändert nur das Vorzeichen der 2. Koordinate eines Punktes.
Das bedeutet:
Die Normalparabel wird an der x-Achse gespiegelt.

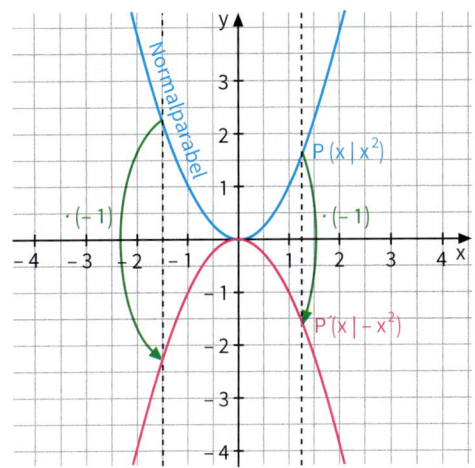

Man könnte auch zuerst spiegeln und dann strecken!

b) Der Term $-0,4 \cdot x^2$ geht aus dem Term x^2 durch Multiplizieren mit dem Faktor (−0,4) hervor:
$f(x) = (-0,4) \cdot x^2$

x	x^2	f(x)
−2	4	−1,6
−1	1	−0,4
0	0	0
1	1	−0,4
2	4	−1,6

Das bedeutet:
Die Normalparabel wird mit dem Faktor 0,4 parallel zur y-Achse gestreckt und an der x-Achse gespiegelt.

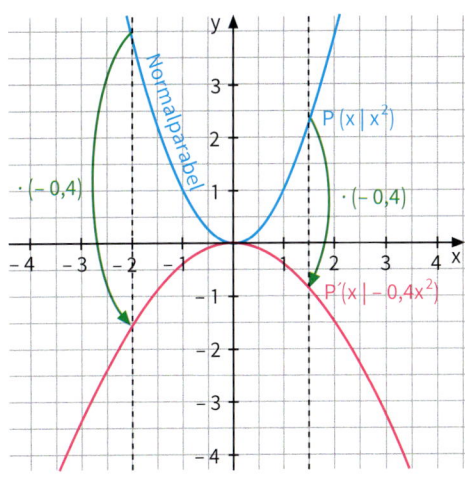

Information

Strecken der Normalparabel

Durch das Multiplizieren des Funktionsterms x^2 mit einem Faktor a (z.B. a = 3,6) wird die Parabel in Richtung der y-Koordinatenachse „gestreckt". Im Bild rechts wird ein Gummituch, auf dem eine Normalparabel gezeichnet ist, nach oben „gestreckt".

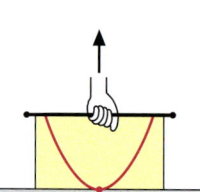
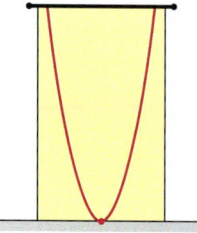

Streckfaktoren a mit |a| < 1 liefern Graphen, die gestaucht aussehen.

Definition

Das **Strecken parallel** zur **y-Achse** mit dem Faktor a (a ≠ 0) ist eine Abbildung mit folgenden Eigenschaften:
Die y-Koordinate eines jeden Punktes des Graphen wird mit dem Faktor a multipliziert. Die x-Koordinate wird jeweils beibehalten. Man nennt a den **Streckfaktor** der Abbildung.

Anmerkung: Der Streckfaktor a kann positiv oder negativ sein. Das Strecken mit einem negativen Faktor kann man als Nacheinanderausführen des Streckens mit dem Betrag (positiven Faktor) und des Spiegelns an der x-Achse auffassen.

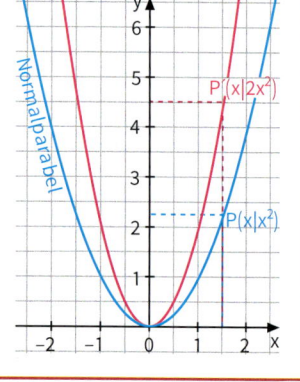

Weiterführende Aufgaben

Eigenschaften der gestreckten Normalparabel – Steilheit

3. Zeichne in das gleiche Koordinatensystem die Graphen der Funktionen mit
   $f_1(x) = 1{,}5x^2$; $f_2(x) = -1{,}5x^2$; $f_3(x) = 0{,}3x^2$; $f_4(x) = -0{,}3x^2$.
   Beschreibe die Eigenschaften der Graphen. Welche Graphen sind steiler, welche flacher als die Normalparabel bzw. die gespiegelte Normalparabel?

Der Graph $y = ax^2$ (a ≠ 0) entsteht durch Strecken der Normalparabel parallel zur y-Achse.
Für a > 0 gilt:
(1) Der Graph ist nach oben geöffnet, er fällt im 2. Quadranten und steigt im 1. Quadranten.
(2) Der Ursprung O(0|0) ist als Scheitelpunkt der tiefste Punkt des Graphen.
(3) Bei a > 1 ist der Graph steiler, bei a < 1 flacher als die Normalparabel.

Für a < 0 gilt:
(1) Der Graph ist nach unten geöffnet, er steigt im 3. Quadranten und fällt im 4. Quadranten.
(2) Der Ursprung O(0|0) ist als Scheitelpunkt der höchste Punkt des Graphen.
(3) Für a = −1 ergibt sich die an der x-Achse gespiegelte Normalparabel.
(4) Bei a < −1 ist der Graph steiler, bei a > −1 flacher als die gespiegelte Normalparabel.

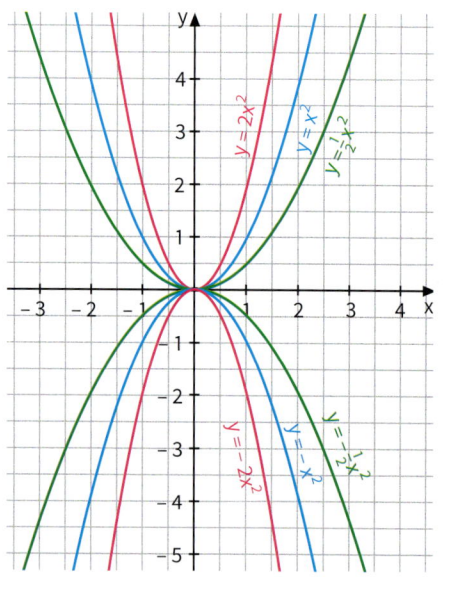

3.4 Strecken und Spiegeln der Normalparabel

Lösen einer Gleichung der Form $ax^2 = b$

4. Im Internet werden quadratische Steinfliesen zum Verkauf angeboten.
Welche Abmessungen haben die Fliesen?

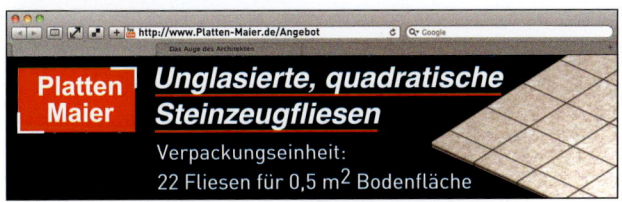

Übungsaufgaben

5. Lege eine Wertetabelle an und zeichne den Graphen der Funktion. Gib Eigenschaften des Graphen an.
   a) $f(x) = \frac{1}{2}x^2$ b) $f(x) = 1{,}2x^2$ c) $f(x) = 0{,}8x^2$ d) $f(x) = \frac{3}{2}x^2$ e) $f(x) = 0{,}3x^2$

6. Für das Zeichnen einer gestreckten Normalparabel hast du keine Schablone.
Dennoch kannst du den Graphen mithilfe weniger Punkte gut zeichnen.

   Zeichnen einer gestreckten Normalparabel
   Beispiel: $y = \frac{1}{4}x^2$
   - Gehe vom Scheitelpunkt aus 1 nach rechts [links] und $\frac{1}{4} \cdot 1$ nach oben.
   - Gehe vom Scheitelpunkt aus 2 nach rechts [links] und $\frac{1}{4} \cdot 4$ nach oben.
   - Gehe vom Scheitelpunkt aus 3 nach rechts [links] und $\frac{1}{4} \cdot 9$ nach oben.

   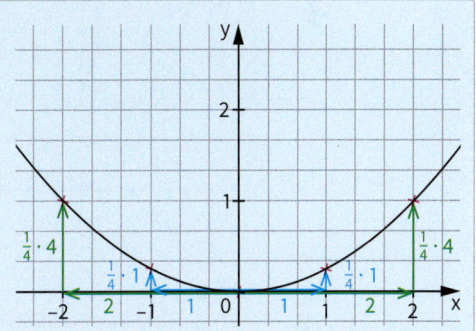

   a) Erläutere das obige Vorgehen und führe es durch.
   b) Zeichne ebenso die mit dem Faktor **(1)** 2; **(2)** $-\frac{1}{2}$; **(3)** -3 gestreckte Normalparabel.

7. Wie entsteht der Graph der Funktion aus der Normalparabel?
Notiere seine Eigenschaften.
   a) $f(x) = -2{,}5x^2$ b) $f(x) = 0{,}8x^2$ c) $f(x) = -0{,}7x^2$ d) $h(x) = 1{,}8x^2$

8. Die Funktion f hat den Term:
   a) $f(x) = 8x^2$ b) $f(x) = -\frac{1}{2}x^2$ c) $f(x) = -4{,}5x^2$ d) $f(x) = 0{,}72x^2$
   (1) Welche der Punkte $P_1(0|0)$, $P_2(2|-18)$, $P_3(0{,}25|0{,}5)$, $P_4(0{,}3|8)$, $P_5(4|-8)$ gehören zum Graphen von f?
   (2) Bestimme die Stellen, an denen die Funktion den Wert 2 [−2; 4,5; −4,5; 0] annimmt.

9. Die Funktion f hat die Gleichung $y = ax^2$. Bestimme den Wert des Faktors a so, dass der Graph von f durch den Punkt P geht.
   a) $P(-1{,}2|-1{,}44)$ b) $P(-0{,}8|3{,}2)$ c) $P(6|-2{,}4)$ d) $P(-4|-4)$

10. Finde zur Wertetabelle den Funktionsterm.

a)
x	x²
−2	6
−1	1,5
0	0
1	1,5
2	6

b)
x	x²
−2	−2
−1	−0,5
0	0
1	−0,5
2	−2

c)
x	x²
−2	3
0	0
2	3
4	12

d)
x	x²
−2	−4
−1	−1
0	0
1	−1
2	−4

11. Notiere die Funktionsgleichung. Erkläre an zwei Teilaufgaben, wie du dabei vorgehst.

a)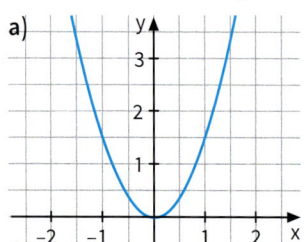
c)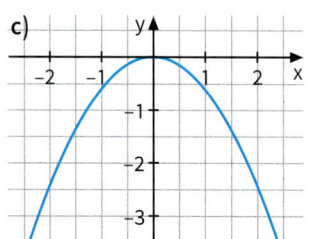
e)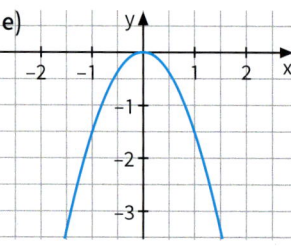
b)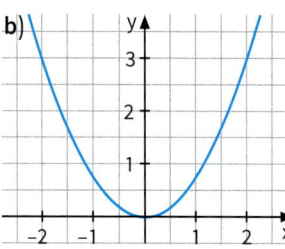
d)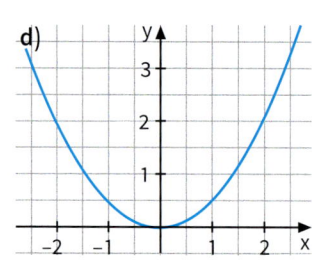
f)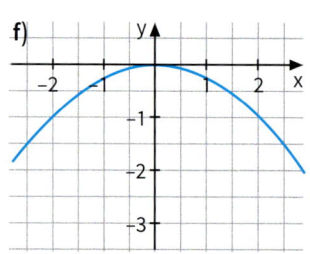

12. Finde den passenden Term zum Graph und begründe deine Zuordnung.

$f(x) = -0,3 x^2$
$g(x) = 2 x^2$
$h(x) = x^2$
$i(x) = \frac{1}{5} x^2$
$j(x) = -0,9 x^2$
$k(x) = -3,5 x^2$
$l(x) = \frac{2}{3} x^2$
$m(x) = 0,5 x^2$

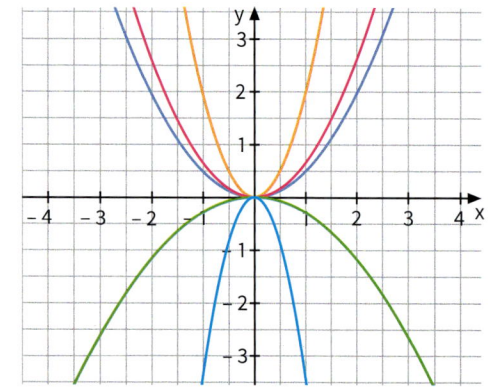

Das kann ich noch!

A) Familie Heinrich möchte einen Wochenendausflug machen und sich dazu ein Auto mieten. Herr Heinrich hat sich folgende Angebote eingeholt:
Firma *Rent a car*: Grundgebühr 45,00 € und 0,25 € pro gefahrenem Kilometer
Firma *Car4you*: Grundgebühr 37,50 € und 0,30 € pro gefahrenem Kilometer.

1) Stelle für die Funktion *Fahrstrecke (in km) → Preis (in €)* jeweils eine Funktionsgleichung auf.
2) Untersuche rechnerisch, welches Angebot bei 120 gefahrenen Kilometern günstiger ist.
3) Berechne, bei wie vielen gefahrenen Kilometern beide Anbieter gleich günstig sind.

3.4 Strecken und Spiegeln der Normalparabel

Körper erreichen beim freien Fall hohe Geschwindigkeiten.

13. Beim senkrechten Fall einer Kugel von einem hohen Gebäude gilt für die Funktion
    Fallzeit t (in s) → Fallweg s (in m) angenähert $s = 5\,t^2$.
    a) Welchen Fallweg legt die Kugel in 0,5 s; 1 s; 1,5 s; 2 s; 2,5 s; 3 s zurück?
    b) Das Bild zeigt hohe Bauwerke.
       Berechne die Fallzeit bei den angegebenen Höhen.

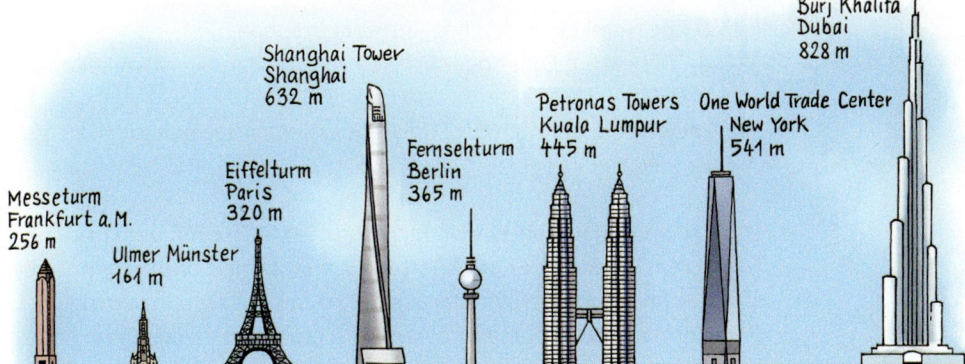

14. Die Müngstener Brücke über die Wupper ist eine der beeindruckendsten Eisenbahnbrücken. Zum 100-jährigen Jubiläum erschien sogar eine Briefmarke. Der untere Brückenbogen hat eine Spannweite von w = 160 m und eine Höhe von h = 69 m.
    Modelliere den unteren Brückenbogen mit einer Parabel; skizziere diese mit einem selbst gewählten Koordinatensystem in dein Heft. Erstelle eine Gleichung für die Parabel.

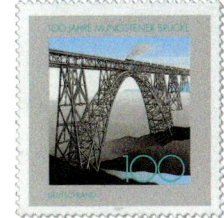

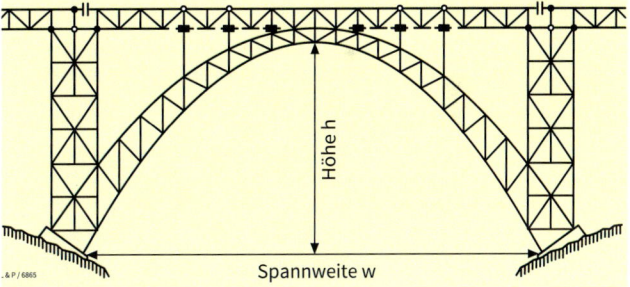

15. Die Schwingungsdauer eines Pendels ist die Zeitspanne, die das Pendel benötigt, um einmal hin und her zu schwingen. Die Länge ℓ des Pendels (in Metern) kann man näherungsweise aus der Schwingungsdauer T (in Sekunden) nach folgender Formel berechnen:
    $\ell = \frac{1}{4} \cdot T^2$.
    a) Wie lang muss man ein Pendel machen, damit seine Schwingungsdauer 1 s, 2 s, ..., 5 s beträgt? Zeichne einen Graphen für die Funktion
       Schwingungsdauer T (in s) → Pendellänge l (in m).
    b) Welche Schwingungsdauer T hat ein Pendel der Länge
       (1) 0,25 m;   (2) 0,75 m;   (3) 2,5 m;   (4) 6 m?
       Lies am Graphen ab. Rechne auch.

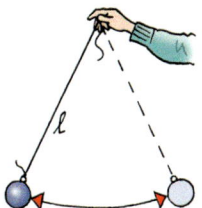

16. Gegeben sind Eigenschaften des Graphen einer Funktion mit einer Gleichung der Form $y = ax^2$. Gib eine Funktionsgleichung an. Dein Partner kontrolliert mit dem Rechner oder einem Programm.
    Tauscht die Rollen nach jeder Teilaufgabe.
    a) Die Parabel ist nach oben geöffnet und steiler als die Normalparabel.
    b) Die gestauchte Parabel ist steigend für $x < 0$ und fallend für $x > 0$.
    c) Der Punkt $P(4|3,2)$ liegt auf dem Graphen.
    d) Der größte Funktionswert ist $y = 0$. Die Parabel ist steiler als die Normalparabel.

17. Zeichne die Graphen der Funktionen mit den Termen $f(x) = x^2$, $g(x) = (-x)^2$ und $h(x) = -x^2$. Vergleiche.

18. Die Normalparabel wird in Richtung der x-Achse mit dem Faktor 2 gestreckt, indem man bei jedem Punkt die x-Koordinate mit 2 multipliziert und die y-Koordinate beibehält.
    Zeichne den Graphen. Lies aus der Zeichnung ab, wie man den neuen Graphen aus der Normalparabel durch Strecken in Richtung der y-Achse gewinnen kann.
    Welchen Term hat die Funktion, die zu dem neuen Graphen gehört?

19. Bestimme die Lösungsmenge.
    a) $\frac{1}{2}x^2 = \frac{25}{8}$
    b) $0{,}3z^2 = 0{,}012$
    c) $\frac{1}{4}x^2 = 25$
    d) $\frac{1}{4}y^2 = 0$
    e) $4x^2 - 9 = 0$
    f) $4x^2 + 1 = 0$
    g) $\frac{1}{4}x^2 - \frac{1}{6}x^2 + \frac{2}{8}x^2 = 30$
    h) $(x+4)^2 + (x-4)^2 = 34$
    i) $(z+5) \cdot (z-8) = -3(z+8)$

20. ## Fallschirmspringen
    ist eine Freizeit- und Wettkampfsportart, die zum Flugsport gerechnet wird.
    Die Entwicklung neuer Trainingsmethoden und besserer Ausrüstung hat zur Sicherheit und Freude an diesem Sport beigetragen. Heute springen Fallschirmspringer in der Regel aus einer Höhe von etwa 3 500 Metern ab. Erst bei 700 Meter Höhe wird der Fallschirm geöffnet.

    Beim Fall mit geschlossenem Fallschirm gilt für die zurückgelegte Strecke s (in m) in Abhängigkeit von der Fallzeit t (in s) näherungsweise: $s = 3t^2$.
    Berechne, nach welcher Fallzeit der Fallschirmspringer den Fallschirm öffnen muss.

3.5 Strecken und Verschieben der Normalparabel – Gleichungen der Form $ax^2 + bx + c = 0$

Einstieg

a) Zeichnet die Parabel, die sich Franziska ausgedacht hat. Notiert auch den zugehörigen Funktionsterm.
b) Stellt euch abwechselnd gegenseitig solche Parabelrätsel mithilfe von Graph bzw. Funktionsterm.
c) Ergänzt eure schon vorhandenen Memory-Karten (siehe Seite 66, 69, 73 und 78) jeweils um zwei weitere Paare.

> Ich verschiebe die Normalparabel um 1 Einheit nach links, strecke den neuen Graphen mit 0,5 und verschiebe dann um 1,2 Einheiten nach unten.

Aufgabe 1

Strecken und Verschieben der Normalparabel

Zeichne die Normalparabel. Führe hintereinander die folgenden Abbildungen aus:
(1) Verschieben um 2 Einheiten nach rechts;
(2) Strecken parallel zur y-Achse mit dem Faktor 2,5;
(3) Verschieben um 1,4 Einheiten nach oben.

Durch das Nacheinanderausführen der Abbildungen erhältst du schließlich den Graphen einer neuen Funktion f. Bestimme den Funktionsterm von f.
Welche Koordinaten hat der Scheitelpunkt des Graphen von f?
Gib den Funktionsterm auch in der Form $f(x) = ax^2 + bx + c$ an.

Lösung

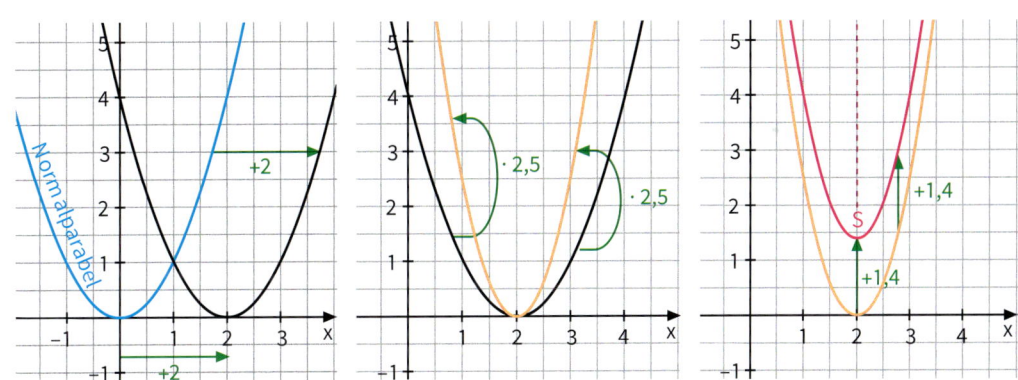

(1) Die nach rechts verschobene Normalparabel gehört zu einer Funktion f_1 mit dem Term: $f_1(x) = (x - 2)^2$
(2) Beim Strecken des Graphen von f_1 wird die y-Koordinate eines jeden Punktes mit dem Faktor 2,5 multipliziert. Der Funktionsterm lautet daher: $f_2(x) = 2,5 \cdot (x - 2)^2$
(3) Das Verschieben nach oben vergrößert jeden Funktionswert um 1,4. Die Funktion f hat daher den Funktionsterm: $f(x) = 2,5 \cdot (x - 2)^2 + 1,4$

Die Koordinaten des Scheitelpunktes S lassen sich aus dem Funktionsterm ablesen: S(2 | 1,4).
Durch Umformen erhält man:
$$f(x) = 2,5 \cdot (x - 2)^2 + 1,4$$
$$= 2,5 \cdot (x^2 - 4x + 4) + 1,4$$
$$= 2,5 x^2 - 10 x + 11,4$$

Information

Scheitelpunktform des Funktionsterms einer quadratischen Funktion

Der Graph zu $f(x) = a \cdot (x + d)^2 + e$ entsteht durch Strecken parallel zur y-Achse mit dem Faktor a und anschließendem Verschieben der Normalparabel um |d| Einheiten parallel zur x-Achse und nochmaligen Verschieben parallel zur y-Achse um |e| Einheiten.

$f(x) = a \cdot (x + d)^2 + e$ bezeichnet man als *Scheitelpunktform des Funktionsterms*. Aus ihr kann man die Koordinaten des Scheitelpunktes ablesen: $S(-d\,|\,e)$.

Durch Umformen erhält man, dass f eine quadratische Funktion ist:

$f(x) = a \cdot (x + d)^2 + e$
$ = a \cdot (x^2 + 2dx + d^2) + e$
$ = \underline{ax^2} + \underline{2adx} + \underline{ad^2 + e}$
$ = ax^2 + bx + c \qquad$ mit $b = 2ad$ und $c = ad^2 + e$

> Für d < 0 nach rechts, für d > 0 nach links.
> Für e > 0 nach oben, für e < 0 nach unten.

Satz

Man erhält den Graphen einer quadratischen Funktion f mit $f(x) = a(x + d)^2 + e$, indem man die Normalparabel nacheinander
- parallel zur y-Achse mit dem Faktor a streckt;
- um |d| Einheiten parallel zur x-Achse verschiebt; nach rechts für d < 0, nach links für d > 0.
- um |e| Einheiten parallel zur y-Achse verschiebt; nach oben für e > 0, nach unten für e < 0.

Der Scheitelpunkt des Graphen ist $S(-d\,|\,e)$.

Beispiele:

$f(x) = 2(x - 3)^2 - 1$ 	$f(x) = \frac{1}{2}(x + 1)^2 + 2$ 	$f(x) = -\frac{1}{2}(x - 2)^2 + 3$

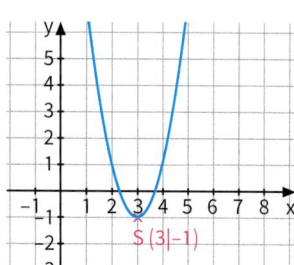 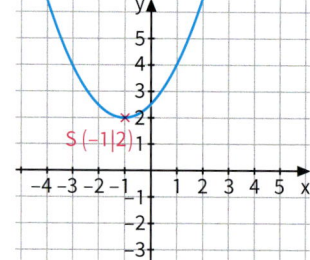 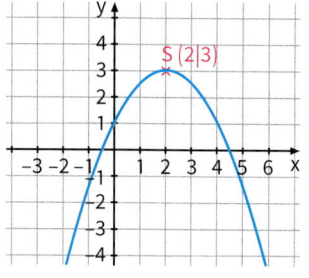

Weiterführende Aufgaben

Von der allgemeinen Form $ax^2 + bx + c$ zur Scheitelpunktform

2. Die quadratische Funktion hat den Term:
   a) $f(x) = 3x^2 - 6x + 6$
   b) $f(x) = -\frac{1}{4}x^2 + \frac{1}{4}x - 1$
   c) $f(x) = ax^2 + bx + c$ mit $a \neq 0$

   Forme den Funktionsterm wie im Beispiel rechts in die Scheitelpunktform um.
   Gib an, wie man den Graphen von f aus der Normalparabel erzeugen kann.
   Notiere die Koordinaten des Scheitelpunktes und die Gleichung der Symmetrieachse.

$f(x) = -2x^2 - 12x - 1$
$ = -2(x^2 + 6x) - 1$
$ = -2(x^2 + 6x + 3^2 - 3^2) - 1$
$ = -2(x^2 + 6x + 9) + 2 \cdot 9 - 1$
$ = -2(x + 3)^2 + 17$

Der Graph von f hat den Scheitelpunkt $S(-3\,|\,17)$.

Die Symmetrieachse hat die Gleichung $x = -3$.

3.5 Strecken und Verschieben der Normalparabel – Gleichungen der Form $ax^2 + bx + c = 0$

Öffnung des Graphen nach oben oder unten

3. **a)** Zeichne die Graphen der quadratischen Funktionen mit
   $f_1(x) = 0{,}6x^2 - 1{,}2x + 1;$ $\qquad$ $f_2(x) = -1{,}4x^2 + 5{,}6x - 3{,}6.$
   Bestimme die Koordinaten der Scheitelpunkte. Welche Parabel ist nach unten geöffnet?

   b) Die quadratische Funktion f hat den Term $f(x) = a \cdot (x+d)^2 + e$ mit $a \neq 0$.
   Untersuche, unter welcher Bedingung der Scheitelpunkt $S(-d|e)$ der höchste Punkt des Graphen ist und unter welcher Bedingung S der tiefste Punkt des Graphen ist.

> Der Graph einer jeden quadratischen Funktion f mit $f(x) = ax^2 + bx + c$ ($a \neq 0$) ist eine Parabel, deren Symmetrieachse die Parallele zur y-Achse durch den Scheitelpunkt ist.
> Der Graph von f ist nach oben geöffnet, falls $a > 0$, nach unten geöffnet, falls $a < 0$.

Allgemeine quadratische Gleichung – Normalform der quadratischen Gleichung

4. Führe wie im Beispiel die Gleichung $3x^2 - 15x - 42 = 0$
   zunächst auf die Form $x^2 + px + q = 0$ zurück.
   Löse dann mithilfe quadratischer Ergänzung.

   $\qquad$ $2x^2 - 10x + 8 = 0 \quad |:2$
   $\qquad$ $x^2 - 5x + 4 = 0$

> Zum Lösen einer *allgemeinen quadratischen Gleichung* $ax^2 + bx + c = 0$ mit beliebigem $a \neq 0$ führt man diese Gleichung erst auf die *Normalform* $x^2 + px + q = 0$ der quadratischen Gleichung zurück: $x^2 + \frac{b}{a}x + \frac{c}{a} = 0$ und führt das Verfahren der quadratischen Ergänzung durch.
> Eine quadratische Gleichung kann keine, eine oder zwei Lösungen haben.

Übungsaufgaben

5. Zeichne die Normalparabel. Führe hintereinander die angegebenen Abbildungen aus. Skizziere schrittweise die Graphen. Du erhältst schließlich den Graphen einer neuen Funktion f. Welche Koordinaten hat sein Scheitelpunkt? Notiere den Funktionsterm von f.

   a) (1) Verschieben um 4 Einheiten nach rechts;
   (2) Strecken in Richtung der y-Achse mit dem Faktor (-2);
   (3) Verschieben um 4,5 Einheiten nach unten.

   b) (1) Verschieben um 2,5 Einheiten nach links;
   (2) Strecken in Richtung der y-Achse mit dem Faktor 0,3;
   (3) Spiegeln an der x-Achse;
   (4) Verschieben um 5 Einheiten nach oben.

6. **a)** Die Normalparabel wird um 1 Einheit nach links verschoben, dann in Richtung der y-Achse mit dem Faktor $(-1{,}5)$ gestreckt, schließlich um 4 Einheiten nach oben verschoben. Zu welcher Funktion f gehört dieser Graph? Notiere den Term in der Form $f(x) = ax^2 + bx + c$. Gib den Scheitelpunkt des Graphen und die Gleichung der Symmetrieachse an.

   b) Ändere in Teilaufgabe a) die Reihenfolge der Abbildungen. Was fällt dir auf?
   (1) erst nach links verschieben, dann nach oben verschieben, zum Schluss strecken;
   (2) erst nach oben verschieben, dann nach links verschieben, zum Schluss strecken;
   (3) erst nach oben verschieben, dann strecken, zum Schluss nach links verschieben;
   (4) erst strecken, dann nach links verschieben, zum Schluss nach oben verschieben;
   (5) erst strecken, dann nach oben verschieben, zum Schluss nach links verschieben.

7. Geht von der Normalparabel aus.
   Führt mithilfe von Skizzen zwei der folgenden Abbildungen hintereinander aus:
   (1) Verschieben in Richtung der x-Achse um 3 Einheiten nach rechts;
   (2) Verschieben in Richtung der y-Achse um 2 Einheiten nach oben;
   (3) Spiegeln an der x-Achse;
   (4) Strecken in Richtung der y-Achse mit dem Faktor 2,5.
   Bei welchem Paar von Abbildungen erhaltet ihr beim Vertauschen der Reihenfolge am Schluss unterschiedliche Graphen?

8. Beschreibe, wie man den Graphen von f schrittweise aus der Normalparabel gewinnen kann. Gib an, ob die Parabel nach oben oder nach unten geöffnet ist. Skizziere die einzelnen Parabeln. Notiere den Funktionsterm in der Form $f(x) = ax^2 + bx + c$.
   a) $f(x) = 3 \cdot (x - 2,5)^2 - 4,5$ b) $f(x) = -0,2 \cdot (x + 3)^2 + 1$ c) $f(x) = -1,5x^2 - 2$

9. Die Scheitelpunktform des Funktionsterms gestattet eine schnelle Zeichnung des Graphen.
   a) Erläutere das Vorgehen rechts und führe es durch.
   b) Zeichne ebenso die Graphen zu:
      (1) $g(x) = 2(x + 1)^2 + 3$
      (2) $h(x) = -\frac{3}{2}(x + 4)^2 - 3$
      (3) $k(x) = -(x + 1)^2 - 2$
      (4) $l(x) = -\frac{1}{2}(x + 2)^2 + 1$

   > Zeichnen des Graphen zu $f(x) = \frac{1}{2}(x - 3)^2 - 1$:
   > • Zeichne den Scheitelpunkt $S(3|-1)$.
   > • Gehe von S aus 1 nach rechts [nach links] und $\frac{1}{2} \cdot 1$ nach oben.
   > • Gehe von S aus 2 nach rechts [nach links] und $\frac{1}{2} \cdot 4$ nach oben.

10. Der Graph der quadratischen Funktion f hat S als Scheitelpunkt und geht durch den Punkt P. Bestimme den Funktionsterm von f in der Form $f(x) = ax^2 + bx + c$.
    Ist der Scheitelpunkt der höchste oder der tiefste Punkt der Parabel?
    Hinweis: Stelle den Term zunächst in der Scheitelpunktform $a(x + d)^2 + e$ auf.
    a) $S(3|-1)$; $P(1|5)$ b) $S(-2,5|3)$; $P(0|-1)$ c) $S(1,5|0)$; $P(5,5|1)$

11. Forme den Funktionsterm um in die Scheitelpunktform $a(x + d)^2 + e$. Notiere dann die Koordinaten des Scheitelpunktes. Ist die Parabel nach oben oder nach unten geöffnet?
    a) $f(x) = \frac{1}{2}x^2 - 5x + 8$ d) $f(x) = -3x^2 - 6x + 9$ g) $f(x) = x^2 - 4x + 3,5$
    b) $f(x) = -2x^2 + 6x - 2,5$ e) $f(x) = -3x^2 + 6x + 5$ h) $f(x) = -x^2 + \frac{1}{3}x$
    c) $f(x) = \frac{3}{2}x^2 - 8x + \frac{5}{2}$ f) $f(x) = \frac{1}{2}x^2 + 5x$ i) $f(z) = -1,5z^2 - 6z - 7,5$

12. Kontrolliere die Hausaufgaben zur Scheitelpunkts-Bestimmung.

Anna	Ben	Carla	David
$f(x) = 2x^2 + 4x + 2$	$g(x) = 2x^2 - 8x - 2$	$h(x) = \frac{1}{2}x^2 - 3x + 1$	$i(x) = -3x^2 - 12x + 1$
$= 2(x+2)^2 - 4 + 2$	$= 2(x^2 - 4x - 1)$	$= \frac{1}{2}(x^2 - 6x + 2)$	$= -3(x^2 + 4x)$
$= 2(x+2)^2 - 2$	$= 2((x-2)^2 - 5)$	$= \frac{1}{2}((x-3)^2 - 7)$	$= -3(x+2)^2 + 12$
$S(-2|-2)$	$S(2|-5)$	$S(3|-3,5)$	$S(-2|12)$

3.5 Strecken und Verschieben der Normalparabel – Gleichungen der Form $ax^2 + bx + c = 0$

13. Bestimme die Koordinaten des Scheitelpunktes der quadratischen Funktion f:
    a) $f(x) = -x^2 + 2x + 1$
    b) $f(x) = \frac{1}{4}x^2 - x + 2$
    c) $f(x) = \frac{3}{2}x^2 + \frac{x}{2}$

    Welche der folgenden Punkte
    $P_1(0|1)$; $P_2(0|2)$; $P_3(1|2)$; $P_4(2|1)$; $P_5(-2|5)$; $P_6(0|0)$
    liegen auf dem Graphen?

14. Die quadratische Funktion f hat die Gleichung $y = (x + 2)^2$. Mit welchem Faktor muss man den Graphen von f in Richtung der y-Achse strecken, damit der Graph der neuen Funktion f_1 die y-Achse im Punkt P(0|1) schneidet? Notiere die Gleichung von f_1.

15. Notiere den Funktionsterm in der Scheitelpunktform und in der Form $ax^2 + bx + c$.

    a)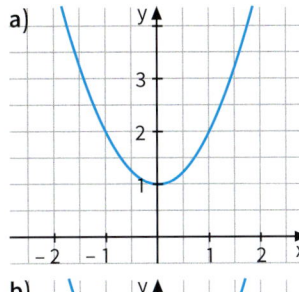

    c)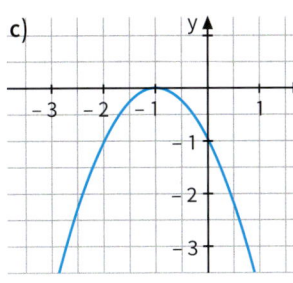

    e)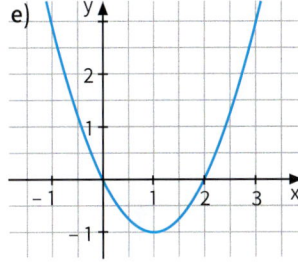

    b)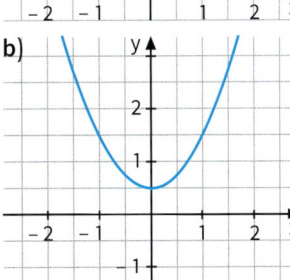

    d)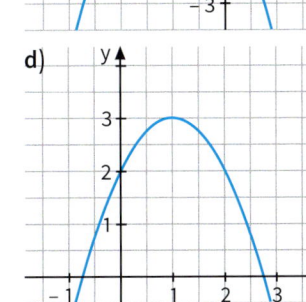

    f)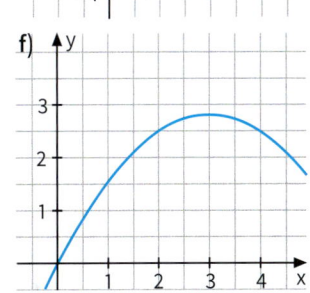

16. Gegeben sind Eigenschaften des Graphen einer Funktion mit dem Term $f(x) = ax^2 + bx + c$. Gib verschiedene Funktionsgleichungen an. Kontrolliere mit dem Rechner.
    a) Der Graph ist eine nach unten geöffnete und gestreckte Parabel. Der Scheitelpunkt liegt im 4. Quadranten.
    b) Die gestauchte Parabel fällt für $x < 12$ und steigt für $x > 12$. Der kleinste Funktionswert ist 8.
    c) Die Gleichung der Symmetrieachse ist $x = -9{,}8$.
    d) Der Scheitelpunkt liegt auf der x-Achse. Der Schnittpunkt mit der y-Achse bei $(0|16)$.

17. Die beiden Bögen einer Brücke sollen parabelförmig sein.
    Führe ein geeignetes Koordinatensystem ein und bestimme die Gleichungen der beiden Parabeln.

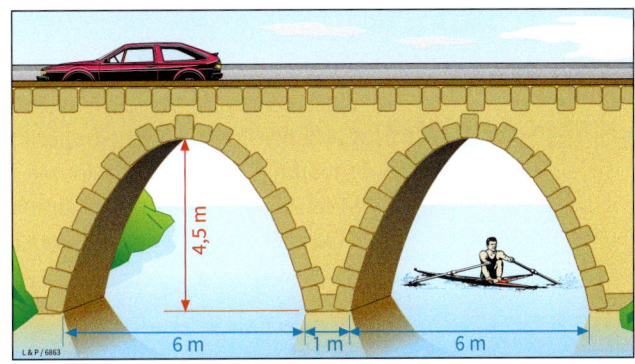

18. Der Graph der quadratischen Funktion geht durch die Punkte P(0|5), Q(3|2) und R(5|10). Bestimme die Funktionsgleichung.

19. Gestaltet gemeinsam ein Plakat zu Parabeln.

20. Bestimme die Lösungsmenge.

a) $3x^2 + 24x + 21 = 0$
b) $2x^2 + 2x - 12 = 0$
c) $\frac{1}{4}x^2 + 3x - 7 = 0$
d) $0{,}1y^2 + y + 2{,}4 = 0$
e) $9y^2 - 24y + 7 = 0$
f) $\frac{1}{3}z^2 - 5z + 18 = 0$

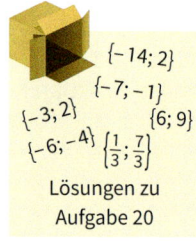

{−14; 2}
{−7; −1}
{−3; 2}   {6; 9}
{−6; −4} {$\frac{1}{3}$; $\frac{7}{3}$}

Lösungen zu Aufgabe 20

21.
a) $\frac{1}{2}x^2 - 7x + 12 = 0$
b) $5x^2 - 20x + 15 = 0$
c) $0{,}2z^2 + 3z - 20 = 0$
d) $2x^2 - 28x + 80 = 0$
e) $0{,}1y^2 + 1{,}5y - 3{,}4 = 0$
f) $5x^2 - 8x + 3 = 0$
g) $\frac{1}{2}x^2 + 4x + 10 = 0$
h) $140z + 98 + 50z^2 = 0$
i) $36 + 15y^2 - 51y = 0$

22. Für den Benzinverbrauch B (in l pro 100 km) in Abhängigkeit von der im 5. Gang gefahrenen Geschwindigkeit v (in $\frac{km}{h}$) gilt: $B = 0{,}001v^2 - 0{,}1v + 6{,}3$
a) Bei welcher Geschwindigkeit beträgt der Benzinverbrauch 7 l pro 100 km?
b) Wie stark muss man die Geschwindigkeit erniedrigen, damit der Benzinverbrauch um 1 l pro 100 km gesenkt wird?

23. Micha spritzt mit einem Wasserschlauch im Garten. Bei bestimmter Haltung und Wasserdruck bewegt sich das Wasser auf einer Parabel mit der Gleichung
$y = -\frac{1}{9}(x-3)^2 + 2$.
Zeichne die Bahn des Wasserstrahls. Wie weit reicht der Wasserstrahl?

24. Die quadratische Funktion f hat den Term:

a) $f(x) = x^2 - 4$
b) $f(x) = x^2 + 1$
c) $f(x) = x^2 - 4x$
d) $f(x) = x^2 - 2x$
e) $f(x) = -\frac{1}{2}x^2 + 2x$
f) $f(x) = 2x^2 + 4x$
g) $f(x) = \frac{1}{3}x^2 + 2x + \frac{5}{3}$
h) $f(x) = -\frac{3}{2}x^2 + 6x + 3$
i) $f(x) = 0{,}4x^2 + 0{,}6x - 0{,}4$

(1) Zeichne den Graphen von f und auch dessen Symmetrieachse.
(2) Lies aus der Zeichnung die gemeinsamen Punkte des Graphen mit der x-Achse ab. Wie liegen diese Punkte bezüglich der Symmetrieachse?
(3) Berechne die Nullstellen der Funktion und vergleiche das Ergebnis mit (2).

25. Berechne zunächst die Nullstellen der Funktion. Beantworte damit folgende Fragen:
(1) Welche Symmetrieachse besitzt der Graph?
(2) Welcher Punkt ist Scheitelpunkt des Graphen? Ist der Graph nach oben oder nach unten geöffnet? Ist der Scheitelpunkt höchster oder tiefster Punkt des Graphen?
(3) Welchen Punkt P_1 hat der Graph mit der y-Achse gemeinsam? Welcher Punkt P_2 des Graphen hat die gleiche y-Koordinate wie P_1?

a) $y = x^2 - 10x + 9$
b) $y = x^2 + 6x + 9$
c) $y = \frac{3}{4}x^2 + 6x + 9$
d) $y = -2x^2 + 6x - 2{,}5$
e) $y = x^2 - 2{,}4x - 0{,}81$
f) $s = \frac{1}{4}t^2 - t$

3.5 Strecken und Verschieben der Normalparabel – Gleichungen der Form $ax^2 + bx + c = 0$

26. Die quadratische Funktion f hat den Term $f(x) = x^2 + 8x + r$. Gib für r eine Zahl an, sodass f
   a) zwei Nullstellen,   b) genau eine Nullstelle,   c) keine Nullstelle hat.

27. In welchem Bereich steigt der Graph der quadratischen Funktion, in welchem Bereich fällt der Graph? In welchem Bereich liegen Punkte des Graphen oberhalb, in welchem Bereich unterhalb der x-Achse?
   a) $y = 2 \cdot [(x-1)^2 - 36]$
   b) $y = -(x + 2{,}5)^2 + 1$
   c) $y = -4x^2 - 80x - 375$
   d) $y = -\frac{1}{5}x^2 + 9x - 100$
   e) $y = -0{,}3x^2 - 1{,}2x + 0{,}3$
   f) $w = \frac{2}{5}v^2 - 4v + 14$

28. Gegeben sind Gleichungen quadratischer Funktionen der Form $y = ax^2 + bx + c$.
   a) Stelle die Graphen der Funktionen mit dem Rechner so dar, dass sie gut zu sehen sind.
   b) Skizziere die Graphen und gib den gewählten Zeichenbereich an.
   c) Gib Eigenschaften der Graphen (Scheitelpunkt, Schnittpunkte mit der x-Achse, Steigen und Fallen des Graphen, Gleichung der Symmetrieachse) und den Wertebereich der Funktion f an.
   (1) $y = 2x^2 + 13x - 23$
   (2) $y = 0{,}023x^2 + 3{,}2x - 12{,}2$
   (3) $y = -56x^2 + 6{,}4x + 0{,}56$
   (4) $y = 234x^2 - 28x + 107$

29. Wird aus einem Flugzeug in der Höhe h (in m) mit der Geschwindigkeit v (in $\frac{m}{s}$) ein Gegenstand abgeworfen, so bewegt er sich näherungsweise auf einer Parabel mit der Gleichung $y = -\frac{5}{v^2}x^2 + h$.
Dabei bezeichnet y die Höhe des Körpers und x die Entfernung von der Abwurfstelle.

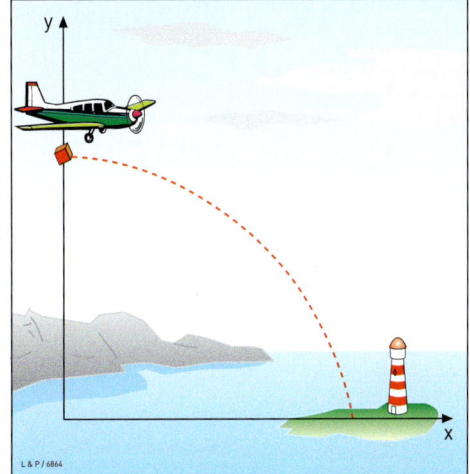

   a) Ein Flugzeug fliegt mit der Geschwindigkeit $6\frac{m}{s}$ und wirft in einer Höhe von 400 m ein Versorgungspaket ab. In welcher Entfernung von der Abwurfstelle landet das Paket?
   b) Löse Teilaufgabe a) für eine doppelt so große (1) Höhe; (2) Geschwindigkeit. Was stellst du fest?

TAB **30.** Erstelle ein Arbeitsblatt in deiner Tabellenkalkulation, in das man den Streckfaktor a, die Verschiebung in x-Richtung und die Verschiebung in y-Richtung eingeben kann. Erstelle eine Wertetabelle für die Funktion $f(x) = a(x + d)^2 + e$.
Achte beim Rückgriff auf die Parameter a, d und e auf direkte Adressierung. Zeichne ein (Punkt-)Diagramm.
Verändere den Streckfaktor sowie die Verschiebungen.
Hinweis: Es ist günstig, die Achsen *fest* zu skalieren.

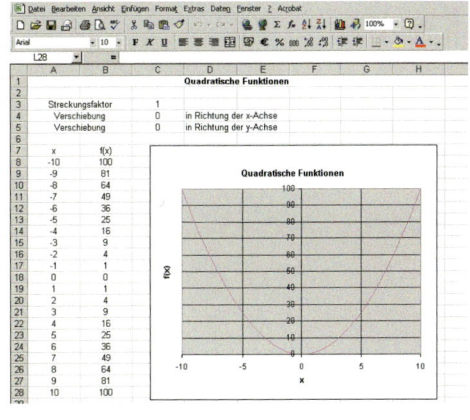

Im Blickpunkt

Bremsen und Anhalten von Fahrzeugen

Zu hohe Geschwindigkeit ist die Unfallursache Nr. 1

Stuttgart: Hohe Geschwindigkeit ist nach einem Bericht eines Automobilclubs die häufigste Unfallursache. Auf die Frage der Polizei, wie es zu dem Unfall kam, kommt häufig von dem am Unfall Beteiligten: „Ich hab' das andere Fahrzeug zu spät gesehen, konnte nicht mehr rechtzeitig bremsen."

Hier erfährst du mehr zum Thema Bremsen und Anhalten. In einem Lehrbuch für Fahrschulen ist eine einfache Faustformel für die Länge des Bremsweges eines Autos angegeben:

Vom Niedertreten des Bremspedals bis zum Stillstand des Fahrzeugs legt es einen bestimmten Weg zurück. Dieser Weg wird Bremsweg genannt. Für seine Länge gilt die Faustregel:

$$\text{Bremsweg (in m)} = \frac{\text{Geschwindigkeit} \left(\text{in } \frac{km}{h}\right)}{10} \cdot \frac{\text{Geschwindigkeit} \left(\text{in } \frac{km}{h}\right)}{10} : 2$$

In Wirklichkeit hängt der Bremsweg natürlich noch vom Fahrzeug und den Straßenverhältnissen ab.

Die Bremsweglänge s_B eines Fahrzeugs lässt sich nach der Formel rechts ungefähr berechnen. Die Variable a steht für den so genannten Verzögerungswert. Dieser hängt von der Fahrbahnbeschaffenheit und der Fahrzeugart ab.

$$s_B \text{ (in m)} = \frac{\left(v \text{ in } \frac{km}{h}\right)^2}{26 \cdot a}$$

Asphaltierte Fahrbahn	Verzögerungswert a für Pkw mit ABS
trocken	8
nass	6
schneebedeckt	3
vereist	2

Fahrzeugart mit ABS, trockener Asphalt	Verzögerungswert a (trockene Fahrbahn)
Pkw	8
Lkw	5
Motorrad	10
Fahrrad	3

1. a) Berechne für die Geschwindigkeiten 25 $\frac{km}{h}$, 50 $\frac{km}{h}$, 100 $\frac{km}{h}$ und 130 $\frac{km}{h}$ die Länge s_B des Bremsweges für verschiedene Fahrbahnoberflächen und (sinnvolle) Fahrzeuge. Verwende auch die Faustformel.
   Hinweis: Rechne ohne Einheiten.
   b) Untersuche, wie sich eine Verdoppelung der Geschwindigkeit auf die Länge des Bremsweges auswirkt.

Im Blickpunkt

2. Zeichne in ein Koordinatensystem die Graphen für die Funktion
   Geschwindigkeit → Länge des Bremsweges
   für Bremswege bei trockener, nasser, schneebedeckter und vereister Straßenoberfläche.
   Vergleiche die Bremsweglängen mit den nach der Faustformel berechneten.

3. Vom Erkennen einer Gefahr bis zum vollen Ansprechen der Bremse vergeht beim geübten aufmerksamen Fahrer etwa eine Sekunde, die so genannte Schrecksekunde.
   In dieser Zeit fährt das Auto ungebremst weiter; den dabei zurückgelegten Weg nennt man *Reaktionsweg*.
   a) Die Fahrschul-Faustformel für die Länge des Reaktionsweges s_R lautet:

   Der Reaktionsweg
   Vom Sehen eines Hindernisses bis zum Niedertreten des Bremspedals legt das Fahrzeug einen bestimmten Weg zurück. Dieser Weg wird Reaktionsweg genannt. Für seine Länge gilt die Faustformel:

   Reaktionsweg in m = $\left(\text{Geschwindigkeit in } \frac{km}{h} : 10\right) \cdot 3$

   Zeichne den Graphen der Funktion *Geschwindigkeit $\left(\text{in } \frac{km}{h}\right)$ → Reaktionsweg (in m)*.

   b) Berechne genau die Länge des Weges s_R, den ein Fahrzeug mit der Geschwindigkeit $v = 50 \frac{km}{h}$ in einer Sekunde zurücklegt.

   c) Zeige allgemein: Für die genaue Länge des Reaktionsweges gilt:

   $s_R \text{ (in m)} = \dfrac{v \text{ in } \frac{km}{h}}{3{,}6}$

   Überlege:
   Geschwindigkeit $\left(\text{in } \frac{km}{h}\right)$
   ↓ : 3,6
   Geschwindigkeit $\left(\text{in } \frac{m}{s}\right)$

   Zeichne zum Vergleich den Graphen zusätzlich in das Diagramm aus Teilaufgabe a) ein.

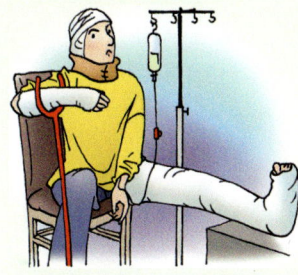

4. **Der Anhalteweg**
   Der Anhalteweg s_A ist der Weg vom Erkennen einer Gefahr bis zum Stillstand des Fahrzeugs:
   Länge des Anhalteweges = Länge des Reaktionsweges + Länge des Bremsweges

   a) Zeige: $s_A \text{ (in m)} = \dfrac{v \text{ in } \frac{km}{h}}{3{,}6} + b \cdot \left(v \text{ in } \frac{km}{h}\right)^2$ mit einem Faktor b, der vom Verzögerungswert a abhängt.

   b) Zeichne den Graphen der Funktion
   Geschwindigkeit $\left(\text{in } \frac{km}{h}\right)$ → Länge des Anhalteweges (in m) bei
   (1) trockener Straße, (2) bei nasser Straße.

   c) Lies aus dem Graphen die Länge der Anhaltewege für folgende Fahrzeuge ab:
   Fahrrad $\left(15 \frac{km}{h}\right)$, Motorrad $\left(25 \frac{km}{h}; 50 \frac{km}{h}\right)$, Pkw $\left(80 \frac{km}{h}, 100 \frac{km}{h}, 130 \frac{km}{h}\right)$.

   d) Vergleiche für die in Teilaufgabe c) angegebenen Geschwindigkeiten jeweils die Reaktionslänge mit der Bremsweglänge.

5. Du fährst mit einem **a)** Fahrrad $\left(v = 15 \frac{km}{h}\right)$; **b)** Motorrad $\left(v = 50 \frac{km}{h}\right)$.
   Überlege und berechne, welchen Sicherheitsabstand du zu einem vorausfahrenden Pkw, der die gleiche Geschwindigkeit wie du hat, einhalten solltest.

3.6 Strategien zum Lösen quadratischer Gleichungen

Einstieg

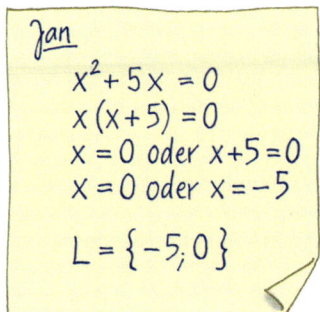

Jan:
$x^2 + 5x = 0$
$x(x+5) = 0$
$x = 0$ oder $x+5 = 0$
$x = 0$ oder $x = -5$
$L = \{-5; 0\}$

Felix:
$x^2 + 5x = 0 \quad |:x$
$x + 5 = 0$
$x = -5$
$L = \{-5\}$

Carina:
$x^2 + 5x = 0$
$x^2 + 5x + \left(\frac{5}{2}\right)^2 = \left(\frac{5}{2}\right)^2$
$\left(x + \frac{5}{2}\right)^2 = \frac{25}{4}$
$x + \frac{5}{2} = \frac{5}{2}$ oder $x + \frac{5}{2} = -\frac{5}{2}$
$x = 0 \quad$ oder $x = -5$
$L = \{-5; 0\}$

Vergleicht die Lösungswege und bewertet sie.

Aufgabe 1

a) $3x^2 - 75 = 0$
b) $4x^2 + 6x = 0$
c) $-4x^2 - 12x + 7 = 0$

Lösung

a) $3x^2 - 75 = 0 \quad |+75$
$ 3x^2 = 75 \quad |:3$
$ x^2 = 25$
$ x = 5$ oder $x = -5$
$ L = \{-5; 5\}$

b) $4x^2 + 6x = 0$
Durch Ausklammern von x erhalten wir eine Gleichung vom Typ $T_1 \cdot T_2 = 0$.
$x \cdot (4x + 6) = 0$
$x = 0$ oder $4x + 6 = 0$
$x = 0$ oder $4x = -6$
$x = 0$ oder $x = -1,5$
$L = \{-1,5; 0\}$

c) $-4x^2 - 12x + 7 = 0 \quad |:(-4)$
$ x^2 + 3x - \frac{7}{4} = 0 \quad |+\frac{7}{4}$
$ x^2 + 3x = \frac{7}{4} \quad |+\left(\frac{3}{2}\right)^2$

Nach quadratischem Ergänzen können wir die linke Seite der Gleichung als Quadrat schreiben:
$x^2 + 3x + \left(\frac{3}{2}\right)^2 = \frac{7}{4} + \left(\frac{3}{2}\right)^2$
$\left(x + \frac{3}{2}\right)^2 = \frac{7}{4} + \frac{9}{4} = \frac{16}{4} = 4$
$x + \frac{3}{2} = -2$ oder $x + \frac{3}{2} = 2$
$x = -\frac{7}{2}$ oder $x = \frac{1}{2}$
$L = \left\{-\frac{7}{2}; \frac{1}{2}\right\}$

Information

(1) Lösungsformel für quadratische Gleichungen
Rechts siehst du nochmal ein Beispiel für das Lösen einer quadratischen Gleichung mithilfe quadratischer Ergänzung. Dieses Lösen einer quadratischen Gleichung mithilfe einer quadratischen Ergänzung kann man allgemein durchführen:

$x^2 + px + q = 0 \quad |-q$
$x^2 + px = -q \quad \left|+\left(\frac{p}{2}\right)^2\right.$
$x^2 + px + \left(\frac{p}{2}\right)^2 = -q + \left(\frac{p}{2}\right)^2$
$\left(x + \frac{p}{2}\right)^2 = \left(\frac{p}{2}\right)^2 - q$
$x + \frac{p}{2} = \sqrt{\left(\frac{p}{2}\right)^2 - q}$ oder $x + \frac{p}{2} = -\sqrt{\left(\frac{p}{2}\right)^2 - q}$
$x = -\frac{p}{2} + \sqrt{\left(\frac{p}{2}\right)^2 - q}$ oder $x = -\frac{p}{2} - \sqrt{\left(\frac{p}{2}\right)^2 - q}$

$x^2 - 10x + 21 = 0 \quad |-21$
$x^2 - 10x = -21 \quad |+25$
$x^2 - 10x + 25 = -21 + 25 \,|$ binomische Formel
$(x - 5)^2 = 4$
$x - 5 = 2$ oder $x - 5 = -2$
$x = 7$ oder $x = 3$

Diese Umformung ist möglich, falls $\left(\frac{p}{2}\right)^2 - q \geq 0$; andernfalls hat die quadratische Gleichung keine Lösung.

3.6 Strategien zum Lösen quadratischer Gleichungen

> **Lösungsformel für quadratische Gleichungen in der Normalform**
>
> Die quadratische Gleichung $x^2 + px + q = 0$ hat die Lösungen
>
> $x_1 = -\frac{p}{2} + \sqrt{\left(\frac{p}{2}\right)^2 - q}$ und $x_2 = -\frac{p}{2} - \sqrt{\left(\frac{p}{2}\right)^2 - q}$, falls der Term unter der Wurzel positiv ist.

Für $\left(\frac{p}{2}\right)^2 - q = 0$ hat die quadratische Gleichung nur *eine* Lösung, nämlich $x = -\frac{p}{2}$.

Für $\left(\frac{p}{2}\right)^2 - q < 0$ hat die quadratische Gleichung *keine* Lösung,

discriminare (lat.) trennen, schneiden

Den Term $\left(\frac{p}{2}\right)^2 - q$ bezeichnet man auch als *Diskriminante D*, da er über die Anzahl der Lösungen entscheidet.

(2) Strategien zum Lösen quadratischer Gleichungen

Soll eine quadratische Gleichung ohne Verwendung von GTR oder CAS gelöst werden, kann man folgendermaßen vorgehen: Bei einer (allgemeinen) quadratischen Gleichung $ax^2 + bx + c = 0$ dividiert man zunächst durch den Vorfaktor a, um sie in die Form $x^2 + px + q = 0$ zu bringen. Dabei ist $p = \frac{b}{a}$ und $q = \frac{c}{a}$. Danach unterscheidet man drei Fälle:

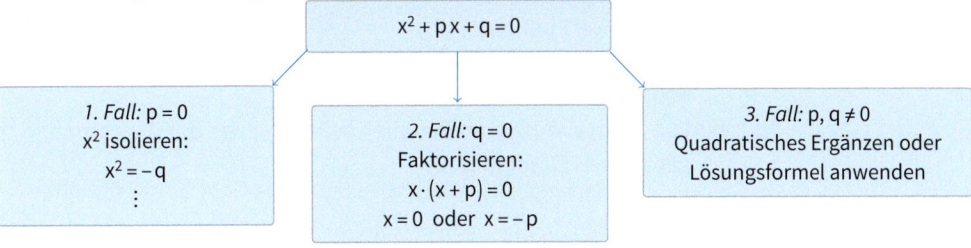

(3) Lösen quadratischer Gleichungen am Grafikbildschirm des Rechners

Zum Lösen einer quadratischen Gleichung wie z. B. $2x^2 + 4x = 9$ formt man diese so um, dass die rechte Seite Null ist:
$2x^2 + 4x - 9 = 0$
Die Lösungen dieser Gleichung sind dann die Nullstellen der quadratischen Funktion f mit
$f(x) = 2x^2 + 4x - 9$.

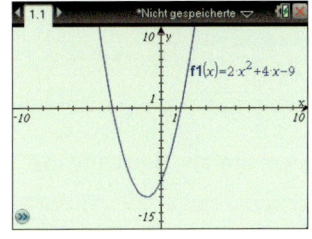
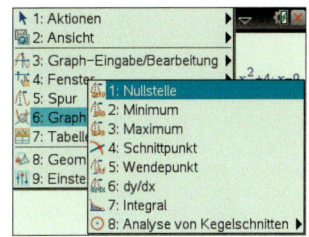

Am Grafikbildschirm des Rechners kann man die Nullstellen dieser Funktion näherungsweise mithilfe des Befehls *Null* aus dem Menü *Graph analysieren* ermitteln. Dazu muss man ein Intervall angeben, in dem die zu bestimmende Nullstelle liegt: *Untere Schranke* und *Obere Schranke* dienen zur Eingabe der Intervallgrenzen.

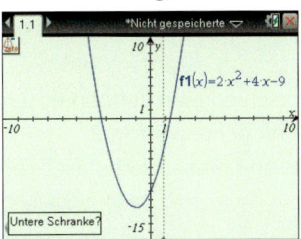
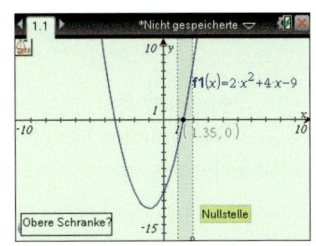
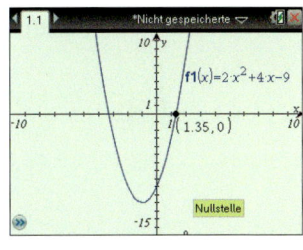

(4) Lösen quadratischer Gleichungen mit CAS

Rechner mit einem CAS ermitteln die Menge der Nullstellen einer Funktion mithilfe des Befehles **zeros**.

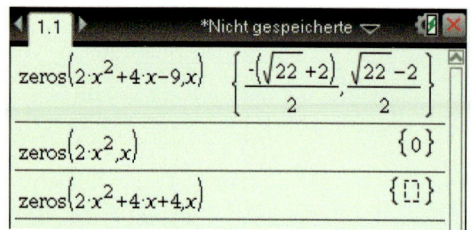

Beim Rechnen mit CAS kann man quadratische Gleichungen mithilfe der Nullstellen der zugehörigen quadratischen Funktion lösen **(zeros)** oder den **solve**-Befehl verwenden.

Übungsaufgaben

2. Bestimme die Lösungsmenge. Nutze dazu die quadratische Ergänzung oder den Satz: „Ein Produkt ist gleich null, wenn wenigstens einer der Faktoren null ist, sonst nicht."
   a) $x^2 - 6x + 8 = 0$
   b) $8x^2 + 4x = 4$
   c) $-x^2 + 6x - 7 = 0$
   d) $x^2 + 9x = 0$
   e) $x^2 - 14x = -49$
   f) $2x^2 - 12x + 20 = 0$

3. Erkläre sowohl an der Gleichung als auch an der Parabel:
   a) Für welche Werte von r hat die Lösungsmenge der Gleichung $x^2 = r$ kein, genau ein, genau zwei Elemente?
   b) Für welche Werte von r hat die Lösungsmenge der Gleichung $(x - 3)^2 = r$ kein, genau ein, genau zwei Elemente?
   c) Für welche Werte von r hat die Lösungsmenge der Gleichung $(x + d)^2 = r$ kein, genau ein, genau zwei Elemente?

4. Bestimme die Lösungsmenge mit einer Methode deiner Wahl.
   a) $x^2 - 6x - 187 = 0$
   b) $x^2 + 2{,}55x - 4{,}5 = 0$
   c) $x^2 - 16x + 64 = 0$
   d) $x^2 + 9x - 52 = 0$
   e) $x^2 + 4x = 0$
   f) $x^2 + 10{,}8x - 63 = 0$
   g) $x^2 - 7x + 12 = 0$
   h) $5x^2 + 25x - 10 = 0$
   i) $2x^2 - 3x - 104 = 0$
   j) $3y^2 - 4{,}4y - 9{,}6 = 0$
   k) $9x^2 + 66x + 137 = 0$
   l) $\frac{4}{9}z^2 - 2z + \frac{5}{2} = 0$
   m) $2a^2 + 14a = 0$
   n) $5y^2 + 14y = 0$
   o) $\frac{5}{6}z^2 - 4z + \frac{24}{5} = 0$

5. Kontrolliere Stefans Hausaufgabe.

   $x^2 - 4x = 1$
   $x(x - 4) = 1$
   $x = 1$ oder $x - 4 = 1$
   $L = \{1; -3\}$

6. Bestimme die Lösungsmenge.
   a) $12x^2 - 3 = 0$
   b) $9x^2 + 16x = 0$
   c) $x^2 - 17x + 30 = 0$
   d) $2x^2 + 15x + 28 = 0$
   e) $x^2 + 6x + 10 = 65$
   f) $-3x^2 + 12 = 0$
   g) $12x = 5x^2$
   h) $8 - 9x + x^2 = 0$
   i) $(2x - 5)^2 - (x - 6)^2 = 80$
   j) $(x - 6)(x - 5) + (x - 7)(x - 4) = 10$
   k) $(2x^2 - x - 10)(2x - 5) = 0$
   l) $(4x^2 - 28x + 49)(7x + 2) = 0$

7. Erstelle eine Zusammenfassung über die verschiedenen Verfahren zum Lösen von quadratischen Gleichungen. Vergleiche sie mit deinem Partner.
   Erstellt anschließend gemeinsam ein Plakat und präsentiert dieses vor der Klasse.

8. Kontrolliere Carolines Hausaufgaben.

a) $x^2 - 3x - 4 = 0$
$x_{1/2} = -\frac{3}{2} \pm \sqrt{\left(\frac{3}{2}\right)^2 - (-4)}$
$= -\frac{3}{2} \pm \sqrt{\frac{9}{4} + \frac{16}{4}}$
$= -\frac{3}{2} \pm \frac{5}{2}$
$L = \{1; -4\}$

b) $x^2 + 3x = -10$
$x_{1/2} = -\frac{3}{2} \pm \sqrt{\left(\frac{3}{2}\right)^2 - (-10)}$
$= -\frac{3}{2} \pm \sqrt{\frac{9}{4} + \frac{40}{4}}$
$= -\frac{3}{2} \pm \frac{7}{2}$
$L = \{-5; 2\}$

c) $z^2 + 7 + 10z = 0$
$z_{1/2} = -\frac{7}{2} \pm \sqrt{\left(\frac{7}{2}\right)^2 - 10}$
$= -\frac{7}{2} \pm \sqrt{\frac{49}{4} - \frac{40}{4}}$
$= -\frac{7}{2} \pm \frac{3}{2}$
$L = \{5; 2\}$

9. Für welche Zahlen gilt:
   a) Das Quadrat der Zahl vermindert um ihr Fünffaches beträgt 14.
   b) Das Produkt aus der Zahl und der um 6 vergrößerten Zahl beträgt 7 [–9; –10].
   c) Das Neunfache des Quadrats der Zahl ist das Quadrat der um 25 größeren Zahl.

10. Marvin behauptet: „Quadratische Gleichungen haben die Lösung $x_{1/2} = -\frac{p}{2} \pm \sqrt{\left(\frac{p}{2}\right)^2 - q}$."
    Welche Voraussetzungen muss er noch angeben?

11. Kontrolliere Pascals Hausaufgabe rechts.

a) $7x^2 = 2x \quad |:x$
$7x = 2 \quad |:7$
$x = \frac{2}{7}$
$L = \left\{\frac{2}{7}\right\}$

b) $2x^2 + 4x - 12 = 0$
$x_{1,2} = -\frac{4}{2} \pm \sqrt{\left(\frac{4}{2}\right)^2 - (-12)}$
$= -2 \pm \sqrt{16}$
$L = \{-6; 2\}$

Das kann ich noch!

A) Die Abbildungen zeigen Drahtmodelle von Körpern (Maße in cm). Bestimme x aus der Gesamtkantenlänge s des Körpers.

1)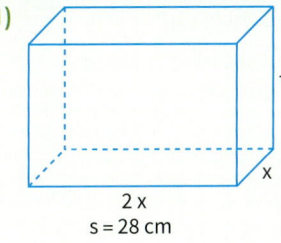
s = 28 cm

2)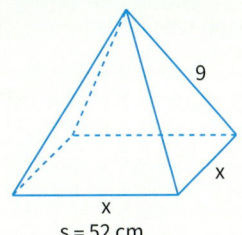
s = 52 cm

3)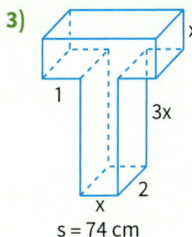
s = 74 cm

B) Die nebenstehende Abbildung zeigt das Netz eines Prismas.
   1) Stelle das Prisma im Schrägbild mit einem Verzerrungswinkel von 45° und dem Verkürzungsfaktor $q = \frac{1}{2}$ dar.
   2) Berechne den Oberflächeninhalt und das Volumen des Prismas.

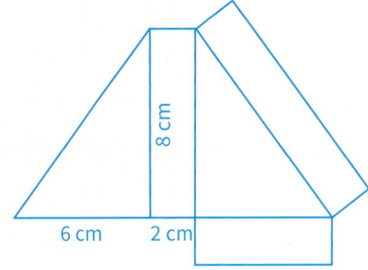

3.7 Linearfaktorzerlegung quadratischer Terme – Satz von Vieta

Einstieg

a) Rechts seht ihr die Graphen der Funktionen g und h mit $g(x) = x + 1$ und $h(x) = x - 3$. Zeichnet den Graphen der Funktion f mit $f(x) = g(x) \cdot h(x)$ und ermittelt ihren Funktionsterm.

b) Betrachtet Funktionen der Form $f(x) = (x - m) \cdot (x - n)$. Welcher Zusammenhang besteht zwischen den besonderen Punkten des Graphen und den Werten für m und n?

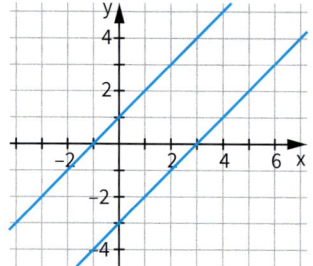

Aufgabe 1

Funktionen mit einem Term der Form $f(x) = (x - m) \cdot (x - n)$

a) Zeichne die Graphen der Funktionen. Untersuche, welcher Zusammenhang zwischen dem Funktionsterm und den Nullstellen besteht.

(1) $f_1(x) = (x - 1) \cdot (x - 3)$ (3) $f_3(x) = (x + 2) \cdot (x + 4)$ (5) $f_5(x) = x \cdot (x + 2)$
(2) $f_2(x) = (x - 2) \cdot (x + 1)$ (4) $f_4(x) = x \cdot (x - 3)$ (6) $f_6(x) = (x - 1) \cdot (x - 1)$

Forme anschließend die Funktionsterme um, indem du die Klammern ausmultiplizierst.

b) Zeichne die Graphen der Funktionen mit:

(1) $f_7(x) = x^2 - 5x - 6$ (2) $f_8(x) = x^2 + 7x + 10$ (3) $f_9(x) = x^2 + 4x + 5$

Prüfe, ob man diese Funktionsterme in die Form $f(x) = (x - m) \cdot (x - n)$ bringen kann.

Lösung

a)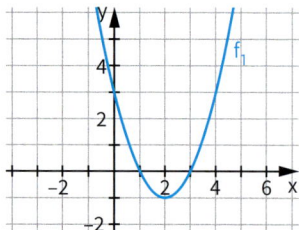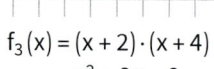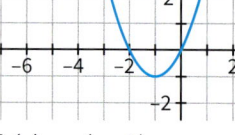

$f_1(x) = (x - 1) \cdot (x - 3)$
$= x^2 - 4x + 3$
Nullstellen: 1; 3

$f_3(x) = (x + 2) \cdot (x + 4)$
$= x^2 + 6x + 8$
Nullstellen: -4; -2

$f_5(x) = x \cdot (x + 2)$
$= x^2 + 2x$
Nullstellen: -2; 0

> Die Nullstellen erkennt man am Term in der Produktform.

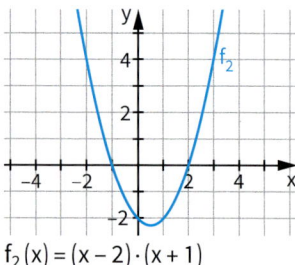 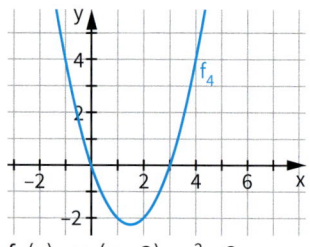 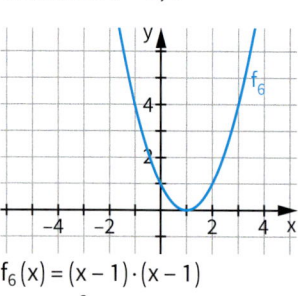

$f_2(x) = (x - 2) \cdot (x + 1)$
$= x^2 - x - 2$
Nullstellen: -1; 2

$f_4(x) = x \cdot (x - 3) = x^2 - 3x$
Nullstellen: 0; 3

$f_6(x) = (x - 1) \cdot (x - 1)$
$= x^2 + 2x + 1$
Nullstelle: 1

Alle Faktoren dieser Funktionsterme kann man als Differenz der Form $x - n$ beschreiben, denn $x - 1 = x - (+1)$ und $x = x - 0$. Zum Faktor $x - n$ gehört dann die Nullstelle n.

b)

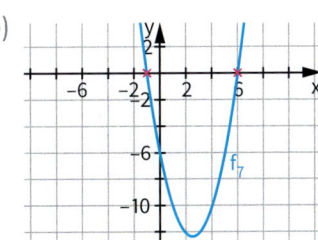 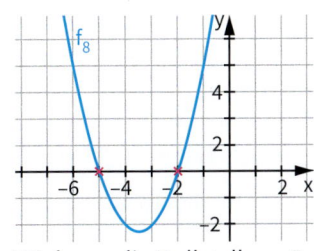 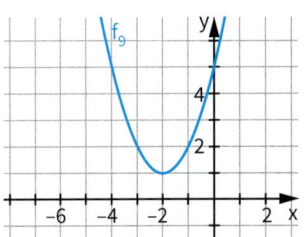

Wir lesen die Nullstellen 6 und −1 ab und bilden den Term $(x-6) \cdot (x+1)$
$= x^2 - 5x - 6$
$= f_7(x)$

Wir lesen die Nullstellen −5 und −2 ab und bilden den Term $(x+5) \cdot (x+2)$
$= x^2 + 7x + 10$
$= f_8(x)$

Die Funktion $f_9(x) = x^2 + 4x + 5$ hat keine Nullstellen. Daher können wir ihren Funktionsterm nicht in der Form $(x-m) \cdot (x-n)$ schreiben.

Information

(1) Linearfaktorzerlegung

In Aufgabe 1 wurden Terme quadratischer Funktionen in verschiedenen Formen betrachtet:
(a) in der Normalform: $f(x) = x^2 + px + q$
(b) als Produkt linearer Terme: $f(x) = (x-m) \cdot (x-n)$
Die Terme $(x-m)$ und $(x-n)$ bezeichnet man als **Linearfaktoren** des Funktionsterms, die Darstellung $f(x) = (x-m) \cdot (x-n)$ als **Linearfaktorzerlegung** des Funktionsterms.

Beispiele: Nullstelle 3:   Linearfaktor $x - 3$
                Nullstelle −4:   Linearfaktor $x - (-4) = x + 4$
                Nullstelle 0:   Linearfaktor $x - 0 = x$

Durch Ausmultiplizieren der Terme in Linearfaktorzerlegung erhält man
$f(x) = (x-m)(x-n) = x^2 - mx - nx + mn + = x^2 - (m+n) + mn$.

> Hat die quadratische Funktion mit $f(x) = x^2 + px + q$ die Nullstellen m und n, so gilt:
> $f(x) = (x-m)(x-n)$.
> Weiter ist $p = -(m+n)$ und $q = mn$.

Hat die quadratische Funktion f nur eine Nullstelle n, so gilt $f(x) = (x-n)^2$.
Hat die Funktion keine Nullstelle, so kann man ihren Funktionsterm nicht in Linearfaktorzerlegung angeben.

(2) Satz von Vieta

Formuliert man das obige Ergebnis nicht für Nullstellen einer quadratischen Funktion, sondern als Lösung einer zugehörigen quadratischen Gleichung, so erhält man den Satz von Vieta.

> **Satz von Vieta**
> Gegeben ist eine quadratische Gleichung in der Normalform: $x^2 + px + q = 0$.
> Wenn x_1 und x_2 Lösungen der Gleichung sind, dann gilt: $x_1 + x_2 = -p$ und $x_1 \cdot x_2 = q$.
> Wenn x_1 und x_2 übereinstimmen, d.h. die Gleichung nur eine Lösung hat, dann gilt:
> $2x_1 = -p$ und $x_1^2 = q$.

Weiterführende Aufgabe

Linearfaktorzerlegung quadratischer Funktionen der Form $f(x) = ax^2 + bx + c$

2. a) Zeichne den Graphen zur Funktion $f(x) = 2(x-1) \cdot (x-3)$. Multipliziere den Term aus.
   b) Forme den Funktionsterm $f(x) = -2x^2 + 4x + 6$ so um, dass man die Nullstellen aus Linearfaktoren ablesen kann.

Information

Funktionsterme quadratischer Funktionen
Den Funktionsterm einer quadratischen Funktion kann man in verschiedene Formen angeben.

(1) **Allgemeine Form** $f(x) = ax^2 + bx + c$
Aus ihr kann man unmittelbar den y-Achsenabschnitt c ablesen.

(2) **Scheitelpunktform** $f(x) = a(x+d)^2 + e$
Aus ihr kann man unmittelbar den Scheitelpunkt $S(-d|e)$ ablesen.

(3) **Linearfaktorzerlegung** $f(x) = a(x-m)(x-n)$
Aus ihr kann man unmittelbar die Nullstellen m und n ablesen.

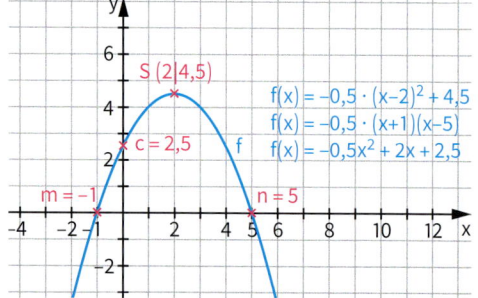

Übungsaufgaben

3. Skizziere den Graphen und forme den Funktionsterm in die Normalform um.
   a) $f(x) = (x-2)(x-5)$
   b) $f(x) = (x+3)(x-4)$
   c) $f(x) = (x+2)(x+3)$
   d) $f(x) = x(x+5)$
   e) $f(x) = (x-3)(x+7)$
   f) $f(x) = (x-2)^2$

4. Ermittle aus den Funktionsgleichungen in allgemeiner Form die Linearfaktorzerlegung
   a) $f(x) = x^2 - 5x - 14$
   b) $g(x) = x^2 + 12x + 35$
   c) $h(x) = x^2 - 10x + 25$
   d) $k(x) = x^2 - 8x$
   e) $f(t) = t^2 - 4t + 4$
   f) $g(t) = t^2 - 9t + 20$

5. Eine Parabel schneidet die x-Achse bei $A(-2|0)$ und $B(4|0)$, der Punkt $C(0|-4)$ liegt ebenfalls auf der Parabel. Bestimme eine mögliche Funktionsgleichung.

6. Gib zu den gegebenen Graphen einen Funktionsterm in Linearfaktorzerlegung, d. h. in der Form $f(x) = a(x-m)(x-n)$ an.

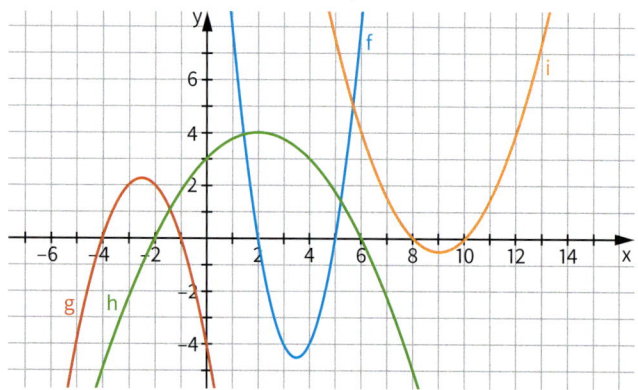

7. Skizziere die Graphen zu den angegebenen Funktionsgleichungen in Linearfaktorzerlegung ohne einen Taschenrechner zu verwenden.
   a) $f_1(x) = (x+1)(x-3)$
   b) $f_2(x) = -\frac{1}{4}(x+2)(x-2)$
   c) $f_3(x) = 0{,}1(x+2)(x-7)$
   d) $f_4(x) = 4(x+0{,}5)(x-2{,}5)$
   e) $f_5(x) = -x(x-3)$
   f) $f_6(x) = \frac{1}{2}(x-4)^2$

3.7 Linearfaktorzerlegung quadratischer Terme – Satz von Vieta

8. Louis sollte zu gegebenen Funktionsgraphen Funktionsgleichungen in Linearfaktorzerlegung angeben. Kontrolliere seine Hausaufgaben und berichtige gegebenenfalls die gemachten Fehler.

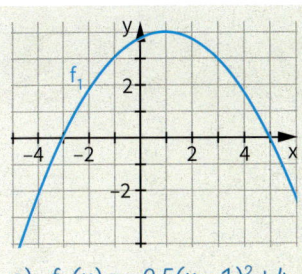
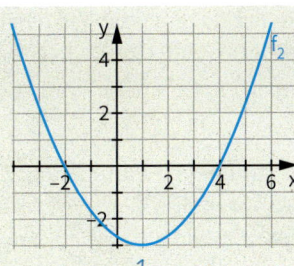
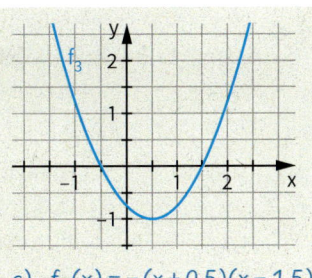

a) $f_1(x) = -0{,}5(x-1)^2 + 4$
b) $f_2(x) = \frac{1}{3}(x-2)(x+4)$
c) $f_3(x) = -(x+0{,}5)(x-1{,}5)$

9. Wandele die angegebenen Funktionsgleichungen in die Scheitelpunktform und in die allgemeine Form $ax^2 + bx + c$ um:
   a) $f(x) = 2(x-3)(x+1)$
   b) $g(x) = -0{,}5(x-2)(x-4)$
   c) $h(t) = \frac{1}{4}(t+8)(t-4)$
   d) $f(s) = \frac{3}{4}(s-5)(s+1)$
   e) $g(r) = -0{,}2(r+9)(r-4)$
   f) $h(a) = -1\frac{1}{4}\left(a - \frac{3}{10}\right)\left(a - \frac{1}{2}\right)$

10. Ermittle jeweils eine Funktionsgleichung zu den gegebenen Graphen. Erkläre, unter welchen Bedingungen sich mithilfe der Linearfaktorzerlegung bzw. mit der Scheitelpunktform die Funktionsgleichung bestimmen lässt.

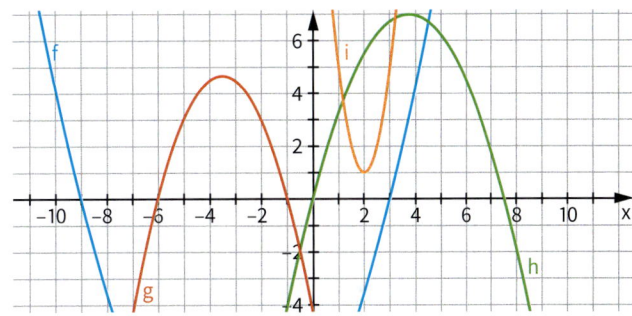

11. Prüfe die nachstehenden Aussagen auf ihre Richtigkeit und verbessere falls nötig.
    a) Jede Funktionsgleichung einer Parabel in Linearfaktorzerlegung lässt sich in die Scheitelpunktform und in die allgemeine Form $ax^2 + bx + c$ umformen.
    b) Jede Funktionsgleichung einer Parabel in allgemeiner Form lässt sich in ihre Scheitelpunktform und Linearfaktorzerlegung umformen.
    c) Zwei Parabeln, deren Nullstellen den gleichen Abstand haben und deren Scheitelpunkte gleich weit von der x-Achse entfernt sind, besitzen den gleichen Streckfaktor.
    d) Jede Parabel, in deren Funktionsgleichung ein negativer Streckfaktor auftritt und deren variablenfreier Summand positiv ist, kann in Linearfaktorzerlegung angegeben werden.
    e) Für Parabeln mit genau einer Nullstelle gilt bei der Linearfaktorzerlegung $f(x) = (x-m)(x-n)$ sogar $m = n$.

12. Forme die Scheitelpunktform in die Linearfaktorzerlegung um.
    a) (1) $f_1(x) = (x-2)^2 - 4$
       (2) $f_2(x) = -(x+1)^2 + 9$
       (3) $f_3(x) = -\frac{7}{9}(x-4)^2 - 7$
       (4) $f_4(x) = -1{,}5(x+0{,}5)^2 + 24$
    b) Beschreibe die Lage der Nullstellen bezüglich des x-Wertes des Scheitelpunktes.
    c) Zeige, dass der Scheitelpunkt jeder Parabel mit den Nullstellen m und n angegeben werden kann durch $S\left(\frac{m+n}{2} \mid -\frac{a}{4}(m-n)^2\right)$

3.8 Schnittpunkte von Parabeln und Geraden

Einstieg Zeichnet die Parabel $y = -x^2 - 4x$ sowie die Gerade mit der Gleichung $y = 4 + x$. Ermittelt die Schnittpunkte der beiden Graphen zeichnerisch und rechnerisch.
Ändert dann die Steigung der Geraden so, dass andere Anzahlen gemeinsamer Punkte von Parabel und Gerade entstehen. Beschreibt die möglichen Fälle.

Aufgabe 1 Gemeinsame Punkte von Parabel und Gerade
a) Zeichne die Parabel zu $f(x) = x^2 - 2x - 1$ sowie die Gerade zu $g(x) = 1 - x$.
   Lies die Koordinaten der gemeinsamen Punkte ab.
b) Berechne die Koordinaten der gemeinsamen Punkte zur Kontrolle.
c) Ändere den y-Achsenabschnitt der gegebenen Parabel. Welche anderen Anzahlen gemeinsamer Punkte von Parabel und Gerade sind möglich?

Lösung

a) Die Gerade zeichnen wir mithilfe von y-Achsenabschnitt und Steigung.
Zum Zeichnen der Parabel formen wir den Term in die Scheitelpunktform um:
$f(x) = x^2 - 2x - 1$
$ = (x - 1)^2 - 1 - 1$
$ = (x - 1)^2 - 2$
Die beiden Graphen schneiden sich (im Rahmen der Zeichengenauigkeit) in den beiden Punkten $S_1(-1 | 2)$ und $S_2(2 | -1)$.

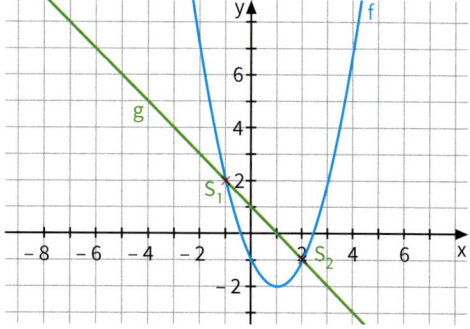

b) An den Stellen, an denen beide Graphen gemeinsame Punkte haben, stimmen die y-Werte beider Funktionen überein. Also muss dort gelten:
$x^2 - 2x - 1 = 1 - x$ $\qquad$ | $+1 + x$
$x^2 - x = 2$ $\qquad$ | quadratische Ergänzung
$(x - 0,5)^2 = 2 + 0,5^2 = 2,25$
$x - 0,5 = 1,5$ oder $x - 0,5 = -1,5$
$x = 2$ oder $x = -1$
Die y-Werte erhalten wir durch Einsetzen in einen der beiden Funktionsterme:
$g(2) = 1 - 2 = -1$ sowie $g(-1) = 1 - (-1) = 2$. Damit haben wir die zeichnerisch gefundenen Schnittpunkte rechnerisch bestätigt.

c) Verschieben wir die Gerade g nach unten, so rücken die Schnittpunkte immer näher zusammen. Schließlich berührt die Gerade die Parabel nur noch in einem Punkt. Der Zeichnung kann man entnehmen, dass dies für die Gerade mit der Gleichung $h(x) = -1,25 - x$ und den gemeinsamen Punkt $P(0,5 | -1,75)$ zutrifft. Verschiebt man die Gerade noch weiter nach unten, so hat sie keinen gemeinsamen Punkt mit der Parabel mehr. Dies trifft z. B. zu für die Gerade mit der Gleichung $i(x) = -2 - x$. Eine Parabel und eine Gerade können somit keinen, einen oder zwei gemeinsame Punkte haben.

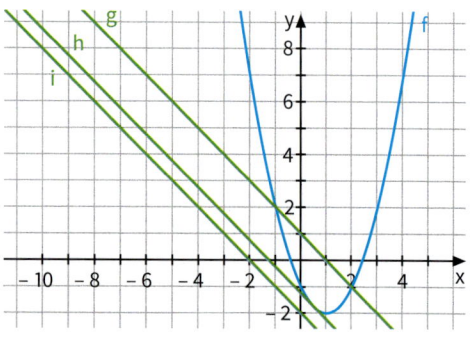

3.8 Schnittpunkte von Parabeln und Geraden

Weiterführende Aufgaben

Bestimmen der Schnittpunkte mit dem GTR

2. a) Wie bei Geraden kann man mit dem GTR auf verschiedene Weisen untersuchen, welche gemeinsamen Punkte eine Parabel und eine Gerade aufweisen. Untersuche am Beispiel von Aufgabe 1, wie du bei deinem Rechner vorgehen musst.

   (1) Mit dem Befehl *Spur* kannst du die Koordinaten einzelner Punkte der Graphen ablesen. Dabei kannst du mit den Cursortasten ▲ und ▼ zwischen den Graphen wechseln.

   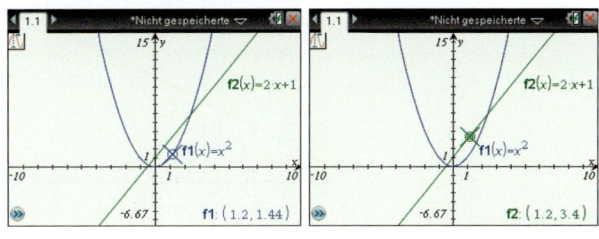

   (2) Du kannst auch im Menü *Tabelle* eine Wertetabelle anzeigen. In ihr kannst du dann die Koordinaten der Schnittpunkte näherungsweise ablesen.

   (3) Du kannst aber auch aus dem Menü *Graph analysieren* den Befehl *Schnittpunkt* verwenden, um die Koordinaten des Schnittpunktes automatisch bestimmen zu lassen.

   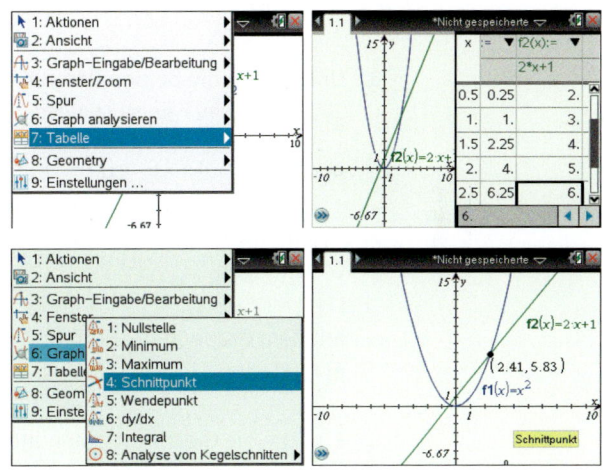

   b) Bestimme ebenso mit dem GTR die Lösungsmenge der quadratischen Gleichung.
   (1) $3 - x = x^2$
   (2) $x^2 + 3x - 2 = 0$
   (3) $x^2 = 4x - 4$
   (4) $x^2 + 2 = x$

Schnittpunkte von zwei Parabeln

3. a) Untersuche zeichnerisch und rechnerisch, ob die Parabeln zu $p(x) = x^2 + 2x - 8$ sowie $q(x) = -x^2 + 4$ gemeinsame Punkte aufweisen.
   b) Erläutere mithilfe von Skizzen, welche anderen Anzahlen an gemeinsamen Punkten bei zwei Parabeln möglich sind.

Information

> Sowohl Parabel und Gerade als auch Parabel und Parabel können sich
> - in zwei gemeinsamen Punkten schneiden oder
> - in einem gemeinsamen Punkt schneiden oder treffen
> - keine gemeinsamen Punkte haben.

Übungsaufgaben

4. Bestimme die gemeinsamen Punkte der beiden Funktionsgraphen zeichnerisch. Kontrolliere dann rechnerisch.
   a) $f(x) = x^2$, $g(x) = 1{,}5x + 1$
   b) $f(x) = 2x^2$, $g(x) = 1{,}8x - 1$
   c) $f(x) = 2x^2 + 2x + 2$, $g(x) = 3x$
   d) $f(x) = x^2 - 4x + 6$, $g(x) = -2x + 2$
   e) $f(x) = x^2 + 6x + 5$, $g(x) = -x - 4$
   f) $f(x) = x^2 - 6$, $g(x) = 2x + 2$

5. Gib eine Gleichung an, deren Lösungsmenge man aus dem Bild ablesen kann.
   Notiere die quadratische Gleichung in der Form $x^2 + px + q = 0$.

   a) 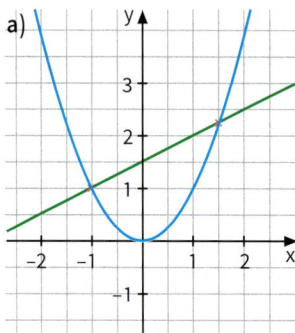 b) 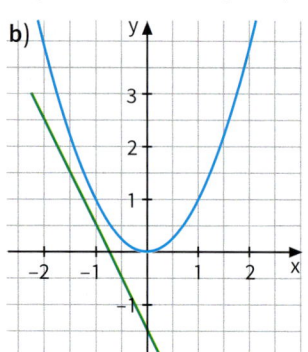 c)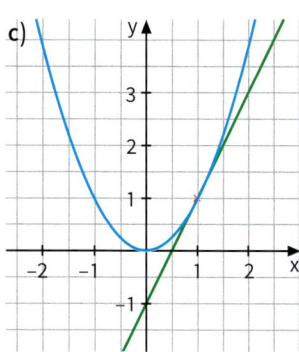

6. Untersuche die beiden Parabeln zeichnerisch und rechnerisch auf gemeinsame Punkte.
   a) $f(x) = x^2 - 4$, $g(x) = \frac{1}{2}x^2$
   b) $f(x) = x^2 + 4x + 6$, $g(x) = -x^2 + 4$
   c) $f(x) = x^2 + 4x$, $g(x) = \frac{1}{2}x^2 - 6$
   d) $f(x) = 2x^2 - 4x + 2$, $g(x) = x^2 + 2x + 2$

7. Bestimme die gemeinsamen Punkte des Graphen von f mit den Geraden zu den Gleichungen
   (1) $y = -2x - 3$;   (2) $y = -\frac{2}{3}x + 2$;   (3) $y = x - 3{,}25$
   mit dem Graphen der Funktion f mit folgendem Term:
   a) $f(x) = (x + 1)^2$;   b) $f(x) = x^2 - 6x + 9$.

8. Ermittle die Gleichung einer linearen Funktion g, die mit der Funktion f
   (1) genau zwei Punkte,   (2) genau einen Punkt,   (3) keinen Punkt
   gemeinsam hat.
   a) $f(x) = (x - 12)^2$ b) $f(x) = (x + 5)^2$ c) $f(x) = (x - 2)^2 - 3$ d) $f(x) = (x + 1)^2 - 2$

9. a) Ordne mit Begründung die folgenden Gleichungen den unten abgebildeten Graphen zu.
      Markiere auch jeweils die Schnittpunkte, die durch die Lösungen bestimmt werden.
      (1) $(x + 4)^2 = 4$ (3) $x^2 + 8x = -12$ (5) $x^2 + 8x + 12 = 0$
      (2) $x^2 = -8x - 12$ (4) $x^2 + 12 = -8x$ (6) $(x + 4)^2 - 3 = 1$
   b) Bestimme jeweils die Lösungsmenge. Was fällt dir auf?

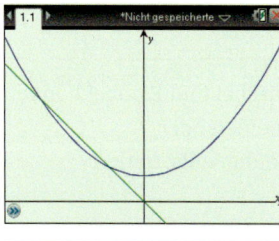 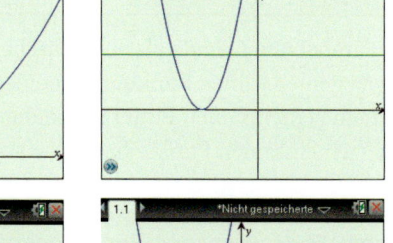 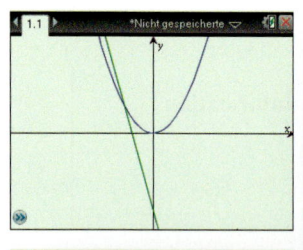

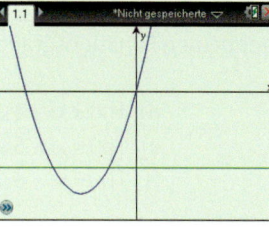 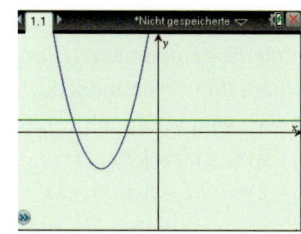 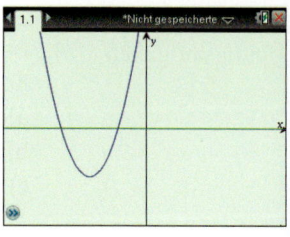

Im Blickpunkt

Goldener Schnitt

Betrachte das Bild vom Alten Rathaus in Leipzig. Der Turm befindet sich nicht in der Mitte des Gebäudes; er teilt es nicht in zwei genau gleich große Hälften, also nicht im Verhältnis 1:1.

Das Längenverhältnis der längeren zur kürzeren Seite beträgt etwa 3:2, allerdings nicht ganz genau. Aber auch das Verhältnis der Gesamtstrecke zur längeren Seite beträgt etwa 3:2. Prüfe beides durch Messen und Rechnen nach.

Diese Art der Teilung empfindet man als besonders ausgewogen und schön. Man nennt sie deshalb *harmonische Teilung* oder den *goldenen Schnitt*:
Die Gesamtstrecke verhält sich zur längeren Strecke wie die längere Strecke zur kürzeren Strecke.

1. a) Zeichne einen Turm mit Dach oder einen Baum. Kannst du in deiner Zeichnung den goldenen Schnitt entdecken?
   b) Suche weitere Beispiele (Gebäude, Möbel, Kunstbücher), bei denen etwas im goldenen Schnitt geteilt wurde.

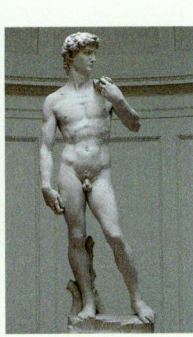

2. Der goldene Schnitt ist auch bei vielen Bauwerken und Statuen der Antike zu finden.
   a) Der Bauchnabel teilt oft die Statue im goldenen Schnitt. Prüfe das am Bild nach.
   b) Wie ist das bei deinem Körper?

3. Wie findet man nun aber den genauen Teilungspunkt z. B. für eine 90 m lange Strecke?
   Die Verhältnisgleichung lautet
   $90 : (90 - x) = (90 - x) : x$; also $\frac{90}{90-x} = \frac{90-x}{x}$
   Löse diese Gleichung.
   Kontrolliere am Foto des Alten Leipziger Rathauses.

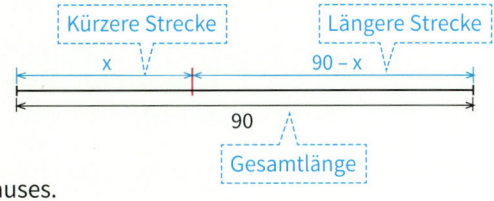

Im Blickpunkt

4. Wird eine Strecke $\overline{AB}$ der Länge s durch einen Punkt C so geteilt, dass sich die Gesamtstrecke zur längeren Teilstrecke so verhält wie die längere Teilstrecke zur kürzeren Teilstrecke, also s : x = x : y, so sagt man, dass der Punkt C die Strecke $\overline{AB}$ im *goldenen Schnitt* teilt.

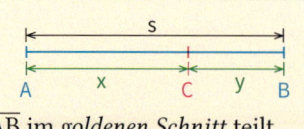

Phidias, griechischer Bildhauer (Φειδίας; 490–430 v. Chr.), hat Werke geschaffen, in denen das Verhältnis des goldenen Schnittes oft vorkommt.

a) Gegeben ist   (1) s = 10 cm;   (2) x = 8 cm;   (3) y = 3 cm.
Berechne x, y bzw. s.

b) Beweise allgemein:

> Wird eine Strecke im goldenen Schnitt geteilt, so gilt für das Verhältnis der Gesamtstrecke zur längeren Teilstrecke: $\frac{s}{x} = \frac{1+\sqrt{5}}{2}$
>
> Für die Zahl $\frac{1+\sqrt{5}}{2}$ schreibt man auch abkürzend den griechischen Großbuchstaben Φ.

c) Der griechische Staatsmann Perikles übertrug Phidias die oberste Leitung der Bauten auf der Akropolis in Athen. Dabei entstand in den Jahren 447–432 v. Chr. auch der Parthenon-Tempel. Miss im Bild nach, dass an dessen Säuleneingang mehrere Strecken im Verhältnis des goldenen Schnitts geteilt sind:

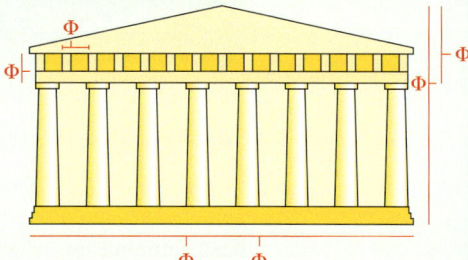

5. Für die Teilung einer Strecke $\overline{AB}$ im goldenen Schnitt ist folgende Konstruktion angegeben:
   (1) Konstruiere den Mittelpunkt M der Strecke $\overline{AB}$.
   (2) Konstruiere in B eine Orthogonale zur Strecke $\overline{AB}$.
   (3) Zeichne einen Kreis um B durch M. Sein Schnittpunkt mit der Orthogonalen ist H.

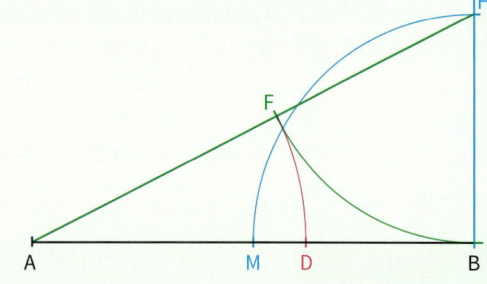

   (4) Verbinde die Punkte A und H.
   (5) Zeichne einen Kreis um H durch B. Sein Schnittpunkt mit der Strecke $\overline{AH}$ ist F.
   (6) Zeichne einen Kreis um A durch F. Sein Schnittpunkt mit der Strecke $\overline{AB}$ ist der Punkt D.
   D teilt die Strecke $\overline{AB}$ im goldenen Schnitt.

   Weise rechnerisch nach, dass der Punkt D die Strecke $\overline{AB}$ im Verhältnis des goldenen Schnittes teilt.

6. Untersucht, ob ihr an anderen Gebäuden oder Lebewesen Strecken finden könnt, die im goldenen Schnitt geteilt sind. Ihr könnt dazu auch im Internet recherchieren.

Zum Selbstlernen 3.9 Modellieren – Anwenden von quadratischen Gleichungen

3.9 Modellieren – Anwenden von quadratischen Gleichungen

Ziel

Du kannst schon Sachprobleme lösen, bei deren Modellierung eine lineare Gleichung oder ein Gleichungssystem entsteht. Hier bearbeitest du Probleme, die auf eine quadratische Gleichung führen.

Zum Erarbeiten

→ Ein schönes Urlaubsfoto wurde vergrößert auf 20 cm x 30 cm, es soll nun noch mit einem Passepartout umgeben und gerahmt aufgehängt werden.
Das Passepartout soll überall die gleiche Breite haben. Die Fläche des Passepartouts soll genau so groß sein wie die Fläche des Bildes.
Berechne die Breite des Passepartouts.

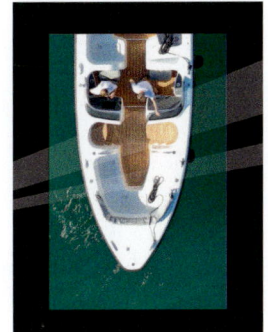

(1) Aufstellen der Gleichung für die Bedingung an das Passepartout:

Breite des Passepartouts (in cm): x
Flächeninhalt des Bildes (in cm²): 20 · 30
Um die Größe des Rahmens zu berechnen, benutzen wir folgende Idee: Er ist so groß wie das, was übrig bleibt, wenn man vom großen Rechteck die innere Bildfläche entfernt.
Flächeninhalt im Rahmen: (20 + 2 · x) · (30 + 2 · x)
Flächeninhalt des Passepartouts: (20 + 2 · x) · (30 + 2 · x) − 20 · 30
Gleichung: (20 + 2 · x) · (30 + 2 · x) − 20 · 30 = 20 · 30

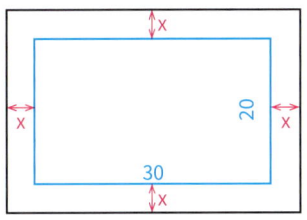

(2) Lösen der Gleichung:

$$
\begin{aligned}
(20 + 2 \cdot x) \cdot (30 + 2 \cdot x) - 20 \cdot 30 &= 20 \cdot 30 \\
600 + 60x + 40x + 4x^2 - 600 &= 600 \\
4x^2 + 100x &= 600 \quad |:4 \\
x^2 + 25x &= 150 \quad \left|+\left(\tfrac{25}{2}\right)^2\right. \\
\left(x + \tfrac{25}{2}\right)^2 &= 150 + 156{,}25 \\
x + 12{,}5 = 17{,}5 \;\; &\text{oder} \;\; x + 12{,}5 = -17{,}5 \\
x = 5 \;\; &\text{oder} \;\; x = -30
\end{aligned}
$$

Du kannst die Gleichung auch mit der Lösungsformel oder dem GTR lösen.

(3) Überprüfen einer einschränkenden Bedingungen und Interpretation der Lösungen:
Die Gleichung hat die beiden Lösungen x = 5 und x = −30. Da nur positive Werte für die Rahmenbreite zulässig sind, entfällt die Lösung −30 für den Sachverhalt des Passepartouts.

(4) Probe:
Flächeninhalt des Gesamtbildes (in cm²): (30 + 2 · 5) · (20 + 2 · 5) = 40 · 30 = 1200
Flächeninhalt des Fotos (in cm²): 30 · 20 = 600
Das Foto ist also halb so groß wie das Gesamtbild.

(5) Ergebnis:
Das Passepartout hat eine Breite von 5 cm. Das Gesamtbild (ohne Rahmen) ist 40 cm x 30 cm.

Zum Üben

1. Das Rechteck ABCD mit den Seitenlängen 2,0 cm und 1,8 cm soll wie im Bild zerlegt werden. Dabei soll der Flächeninhalt des roten Quadrats gleich dem Flächeninhalt des grünen Rechtecks sein. Zeichne die Figur.

2. Gegeben ist ein Vieleck, dessen Ecken alle auf einem Kreis liegen. Wie viele Seiten hat ein solches Vieleck, bei dem
   a) die Anzahl der Diagonalen
      (1) 44; (2) 35; (3) 135 beträgt;
   b) die Summe aus der Anzahl der Diagonalen und der Anzahl der Seiten 120 beträgt?

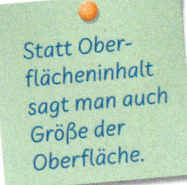

Statt Oberflächeninhalt sagt man auch Größe der Oberfläche.

3. Bestimme die ursprüngliche Seitenlänge.
   a) Wenn man bei einem Würfel die Seitenlängen um 1 cm vergrößert, so vergrößert sich sein Volumen um 127 cm³.
   b) Wenn man bei einem Würfel die Seitenlängen verdoppelt und noch um 1 cm vergrößert, so vergrößert sich der Oberflächeninhalt um 576 cm².

4. Gegeben ist ein Rechteck mit den Seitenlängen 6 cm und 5 cm.
   a) Verändere alle Seiten um jeweils dieselbe Länge, sodass der Flächeninhalt (1) $\frac{2}{3}$; (2) das 3-fache des ursprünglichen Inhalts beträgt. Bestimme die neuen Seitenlängen.
   b) Ändere die Seitenlängen so ab, dass bei gleichem Flächeninhalt der Umfang des Rechtecks (1) um 1 cm; (2) um $\frac{1}{3}$ cm vergrößert wird. Bestimme die neuen Seitenlängen.

5. Ein Prisma mit quadratischer Grundfläche hat eine Höhe von 5 cm. Berechne die Seitenlänge der quadratischen Grundfläche, falls gilt:
   a) Die Grundfläche ist
      (1) um 14 cm²; (2) um 24 cm²
      größer als eine Seitenfläche.
   b) Die gesamte Oberfläche hat eine Größe von
      (1) 48 cm²; (2) 288 cm²; (3) 112 cm².

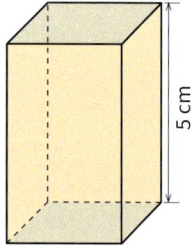

6. Bestimme die Längen der Seiten eines Rechtecks, von dem bekannt ist:
   a) Der Umfang des Rechtecks beträgt 23 cm, der Flächeninhalt beträgt 30 cm².
   b) Der Flächeninhalt des Rechtecks beträgt 17,28 cm², die Längen benachbarter Seiten unterscheiden sich um 1,2 cm.

7. Wenn man bei einem Quadrat die Länge verdoppelt und die Breite um 5 cm verringert, so erhält man ein Rechteck, dessen Fläche um 24 cm² größer ist als die Fläche des Quadrats. Welche Seitenlänge hat das Quadrat?

8. Nach einer Jugendfreizeit will sich jeder Teilnehmer von jedem anderen durch Abklatschen verabschieden. Lina sagt: „Dafür sind 325 Handklatscher nötig. Wie lange soll das denn dauern?" Berechne die Anzahl der Teilnehmer.

9. Das Rechteck mit den Seitenlängen 4 m und 3 m soll in ein Quadrat und drei Rechtecke wie im Bild zerlegt werden. Dabei soll der Flächeninhalt der roten Fläche aus Rechteck und Quadrat 7 m² sein.
   Wie lang kann die Quadratseite gewählt werden?
   Stelle eine Gleichung auf, formuliere eine einschränkende Bedingung. Überprüfe dein Ergebnis an einer Zeichnung.

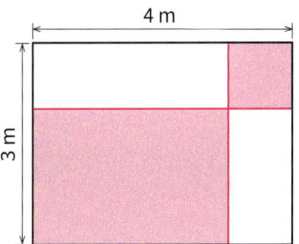

10. Die Quadratseite ist 5 cm lang. Die blaue Fläche hat den angegebenen Flächeninhalt. Berechne die Seitenlänge x.

a) $A = 17{,}62 \text{ cm}^2$

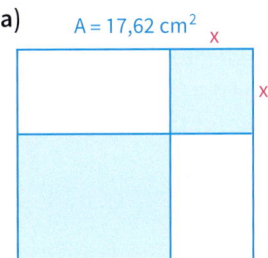

b) $A = 17{,}32 \text{ cm}^2$

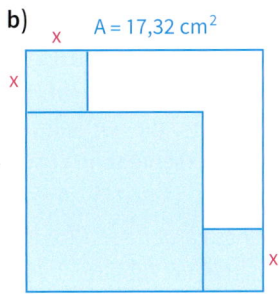

c) $A = 14{,}92 \text{ cm}^2$

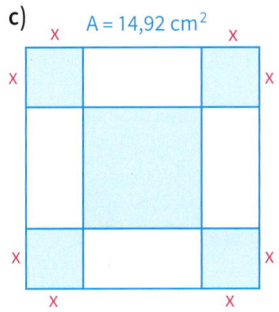

11. Auf einem Blatt sind n Geraden gezeichnet. Dabei schneidet jede Gerade jede andere. Es gibt 78 Schnittpunkte; durch keinen von ihnen gehen mehr als zwei der gezeichneten Geraden. Bestimme die Anzahl n der Geraden.

12. Einem Quadrat ABCD mit der Seitenlänge 10 cm ist ein Rechteck PQRS einbeschrieben.
    Wo muss der Punkt P auf der Seite $\overline{AB}$ gewählt werden, damit der Flächeninhalt des Rechtecks
    (1) die Hälfte   (2) ein Viertel
    von dem des Quadrats beträgt?

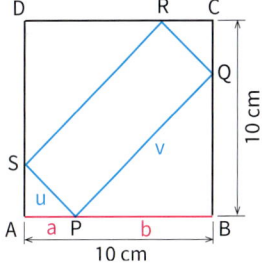

Leonhard Euler
*15.04.1707 in Basel
†07.09.1783 in Sankt Petersburg

13. Aus der 1768 erschienenen „Vollständigen Anleitung zur Algebra" von Leonhard Euler:

   a) Jemand kauft ein Pferd für einige Reichsthaler, verkauft es wieder für 119 Reichsthaler und gewinnt daraus so viel Prozent als das Pferd gekostet; nun ist die Frage, wie teuer ist dasselbe eingekauft worden.
   b) Einige Kaufleute bestellen einen Faktor und schicken ihn nach Archangelsk, um daselbst einen Handel abzuschliessen. Jeder von ihnen hat zehnmal so viel Reichsthaler eingelegt, wie es Personen sind. Nun gewinnt der Faktor an je 100 Reichsthaler zweimal so viele wie die Anzahl der Personen ist. Wenn man dann den 100. Teil des ganzen Gewinns mit $2\frac{2}{9}$ multipliziert, so kommt die Zahl der Gesellschafter heraus. Wie viele sind ihrer gewesen?

Erläuterungen: Ein Faktor bezeichnet hier den Leiter einer Handelsniederlassung (Faktorei). Archangelsk ist ein Hafen am Weißen Meer, über den vom 16. bis zum 18. Jahrhundert der englisch-holländische Warenverkehr mit dem Moskauer Reich erfolgte.

3.10 Optimierungsprobleme mit quadratischen Funktionen – Lösungsstrategien

Einstieg

Die Aufführungen eines Jugendtheaters haben bei einem Eintrittspreis von 8 € durchschnittlich 200 Besucher. Eine Umfrage ergibt, dass eine Preisermäßigung um 0,50 € (bzw. 1,00 €; 1,50 €; ...) die Anzahl der Zuschauer um 20 (bzw. um 40; 60; ...) ansteigen lassen würde.
Bestimme den Eintrittspreis, der die maximalen Einnahmen erwarten lässt.

Aufgabe 1

Strategien zum Lösen eines Optimierungsproblems
Der Tanzclub hat zur Zeit 62 Mitglieder. Eine Umfrage unter Jugendlichen hat ergeben, dass eine Senkung des monatlichen Beitrages um 1,00 € (2,00 €; 3,00 €; ...) die Mitgliederanzahl um 10 (20; 30; ...) ansteigen lassen würde. Bestimme die Preissenkung, die zur größtmöglichen Beitragseinnahme des Tanzclubs führt. Beschreibe verschiedene Lösungswege.

Lösung

(1) *Tabellarisches Vorgehen – Planmäßiges Probieren*
Wir berechnen in einer Tabelle für verschiedene Preissenkungen die zugehörige Beitragseinnahme. Eine Preissenkung um 2,00 € von 9,50 € auf 7,50 € Monatsbeitrag sollte maximale

Preissenkung (in €)	Beitrag (in €)	Mitgliederanzahl	Gesamteinnahmen (in €)
0	9,50	62	589,00
1,00	8,50	72	612,00
2,00	7,50	82	615,00
3,00	6,50	92	598,00

Gesamteinnahmen von 615,00 € ergeben. Fraglich ist aber noch, ob ein Zwischenwert wie eine Preissenkung um z. B. 1,50 € oder 2,50 € noch bessere Einnahmen ergeben würde.

(2) *Grafisches Vorgehen mithilfe einer Funktionsgleichung*
Um auch Zwischenwerte genau zu erfassen, erstellen wir eine Gleichung für die Funktion *Preissenkung (in €) → Gesamteinnahme (in €)*.
Preissenkung (in €): x
Neuer Beitrag (in €): $9{,}50 - x$
Neue Mitgliederanzahl: $62 + 10x$, da 10 neue Mitglieder pro € hinzu kommen
Gesamteinnahmen y (in €): $y = (9{,}50 - x) \cdot (62 + 10x)$
Die Funktion zu dieser Funktionsgleichung ist eine quadratische Funktion.

Da die Preissenkung nicht größer sein kann als der monatliche Beitrag, ist als einschränkende Bedingung $0 \leq x \leq 9{,}5$ zu beachten.
Der Graph ist ein Teil einer Parabel. Aus ihrem Scheitelpunkt können wir die gesuchte Preissenkung als x-Koordinate und die dazu gehörige Gesamteinnahme als y-Koordinate entnehmen.

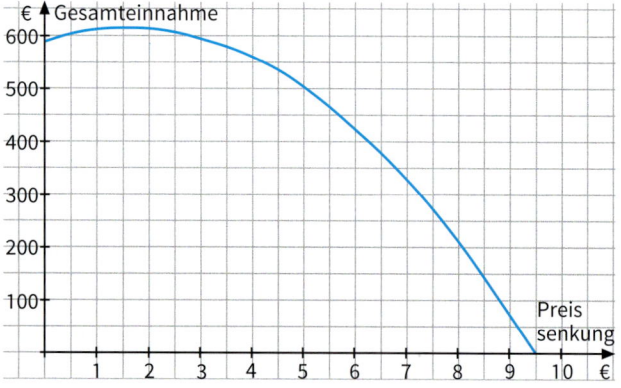

Die Grafik ergibt einen x-Wert von ca. 1,5 und einen y-Wert von ca. 615.

(3) Algebraische Bestimmung des Scheitelpunktes der Parabel

Die Koordinaten des Scheitelpunktes können wir auf zwei Weisen genau bestimmen:

a) *Umformen des Funktionsterms in die Scheitelpunktform*

$$y = (9{,}50 - x)(62 + 10x)$$
$$= -10x^2 + 33x + 589$$
$$= -10[x^2 - 3{,}3x - 58{,}9]$$
$$= -10[(x - 1{,}65)^2 - 2{,}7225 - 58{,}9]$$
$$= -10(x - 1{,}65)^2 + 616{,}225$$

Der Scheitelpunkt $S(1{,}65 \mid 616{,}225)$ ist der höchste Punkt der Parabel.

b) *Bestimmen des Scheitelpunkts mithilfe der Nullstellen*

Die Parabel hat eine Symmetrieachse, die parallel zur y-Achse durch den Scheitelpunkt verläuft. Dann liegen auch die gemeinsamen Punkte der Parabel mit der x-Achse symmetrisch zu dieser Symmetrieachse. Die Schnittpunkte der Parabel mit der x-Achse lassen sich gut aus der Linearfaktorzerlegung des Funktionstermes ermitteln:

$(9{,}50 - x) \cdot (62 + 10x) = 0$ — Nullstellen
$9{,}50 - x = 0$ *oder* $62 + 10x = 0$
$\quad x = 9{,}5$ *oder* $\quad x = -6{,}2$

Da die beiden Nullstellen symmetrisch zur Symmetrieachse der Parabel liegen, geht die Symmetrieachse durch die Mitte der beiden Nullstellen, also durch
$\frac{9{,}5 + (-6{,}2)}{2} = 1{,}65.$

An dieser Stelle hat die Funktion den Wert $(9{,}50 - 1{,}65) \cdot (62 + 10 \cdot 1{,}65) = 616{,}225$.

Für eine sinnvolle Angabe des Ergebnisses muss noch gerundet werden, da es nicht $62 + 10 \cdot 1{,}65 = 78{,}5$ Tanzclubmitglieder geben kann. Rundet man die Preissenkung auf $1{,}60\,€$, so ergeben sich 78 Mitglieder. Jeder zahlt einen Beitrag von $7{,}90\,€$, sodass die Gesamteinnahme des Tanzclubs $78 \cdot 7{,}90\,€ = 616{,}20\,€$ beträgt.

Information

(1) Maximum, Minimum, Extremwert

Hat eine quadratische Funktion als Graph eine nach oben geöffnete Parabel, so ist der Scheitelpunkt der tiefste Punkt des Graphen. Die y-Koordinate des Scheitelpunktes bezeichnet man auch als **Minimum** der Funktion. Entsprechend nennt man bei einer nach unten geöffneten Parabel die y-Koordinate des Scheitelpunkts **Maximum**, da dies der größtmögliche Funktionswert ist. Die Begriffe Minimum und Maximum fasst man zusammen in dem Oberbegriff **Extremwert**. Dies ist der kleinst- bzw. größtmögliche Funktionswert.

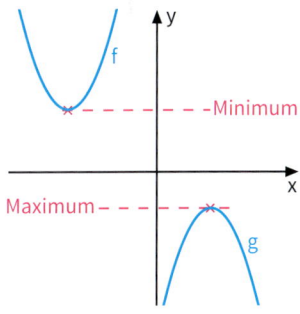

(2) Bestimmen des Extremwerts einer quadratischen Funktion

Den Extremwert einer quadratischen Funktion kann man auf verschiedene Weisen bestimmen.

a) *tabellarisch*
Durch Ablesen in einer Wertetabelle erhält man im Allgemeinen einen Näherungswert für den Extremwert. Verfeinert man die Schrittweite, mit der die Tabelle erstellt wurde, so kann man den Näherungswert verbessern.

b) *grafisch*
Am Graphen kann man den Extremwert als y-Koordinate des Scheitelpunktes ablesen; im Allgemeinen erhält man auch so nur einen Näherungswert.

c) *algebraisch*

Zum Berechnen der Koordinaten des Scheitelpunktes kann man so vorgehen:

Dieser Weg ist immer möglich.

1. Weg:
Man findet die Koordinaten des Scheitelpunktes, indem man den Funktionsterm in die Scheitelpunktform $a(x + d)^2 + e$ umformt.
$S(-d\,|\,e)$ sind dann die Koordinaten des Scheitelpunktes.

2. Weg:
Wenn die quadratische Funktion zwei Nullstellen hat, findet man die x-Koordinate des Scheitelpunktes des Graphen als Mitte zwischen den Nullstellen. Die y-Koordinate des Scheitelpunktes ist der zugehörige Funktionswert. Beim Berechnen erhält man den genauen Extremwert.

Weiterführende Aufgabe

Bestimmen des Extremwertes mithilfe des Rechners

2. Auch mit einem Rechner kannst du näherungsweise den kleinsten bzw. größten Funktionswert einer quadratischen Funktion bestimmen.

a) Betrachte das Beispiel und untersuche, wie du bei deinem Rechner vorgehen musst.

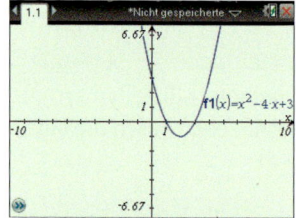
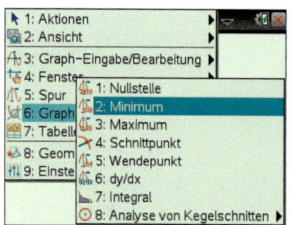
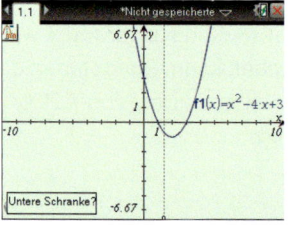
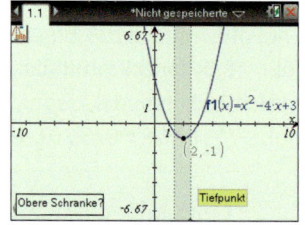
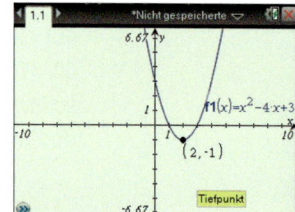

b) Ermittle entsprechend den kleinsten bzw. größten Funktionswert für:

(1) $f(x) = 2x^2 - 7x + 3$ (3) $h(x) = -\frac{2}{3}x^2 + 4x - 2$ (5) $j(x) = -x^2 - 6x + 2$

(2) $g(x) = -3x^2 + 8x - 5$ (4) $i(x) = x^2 + 5x - 1$ (6) $k(x) = \frac{3}{4}x^2 + \frac{2}{3}x - 3$

Übungsaufgaben

3. Ein Elektronik-Versand verkauft monatlich 600 Digitalmultimeter zu einem Stückpreis von 50 €. Die Marketingabteilung hat herausgefunden, dass eine Preissenkung zu einer dazu proportionalen Absatzerhöhung führen würde, und zwar je 1 € Preissenkung 20 mehr verkaufte Digitalmultimeter.
Bestimme den Preis, der die maximalen Einnahmen ergibt.

4. Ein Verlag gibt eine Fachzeitschrift heraus, die zu einem jährlichen Abonnementpreis von 60 € an 5 000 Bezieher geliefert wird. Dem Verlag entstehen jährlich auflagenunabhängige Kosten (z. B. für die Redaktion, …) in Höhe von 20 000 € und (auflagenabhängige) Kosten (z. B. für Herstellung, Vertrieb, …) in Höhe von 10 € pro Abonnement.
Durch eine Meinungsumfrage wird festgestellt, dass pro Senkung des Abonnementpreises um 1 € die Anzahl der Abonnenten um 200 ansteigen würde.
Bestimme den Abonnementpreis, der für den Verlag am günstigsten ist.

3.10 Optimierungsprobleme mit quadratischen Funktionen – Lösungsstrategien

5. Gib einen Funktionsterm an, bei dem die Bestimmung des Extremwertes mithilfe der Nullstellen der Funktion
   a) rechnerisch günstig ist;
   b) unmöglich ist.

6. Ein 18 cm langer Draht soll zu einem Rechteck gebogen werden. Für welche Seitenlänge x ist der Flächeninhalt
   a) genau 4,25 cm² groß;
   b) mindestens 11,25 cm² groß;
   c) am größten und wie groß dann?

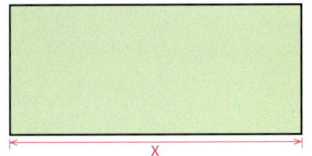

7. Für welche Zahl ist das Produkt aus der Zahl und dem Doppelten der Zahl vermindert um 1 am kleinsten?

8. Einem Rechteck mit den Seitenlängen 8 cm und 5 cm wird ein Parallelogramm P einbeschrieben, indem man von jedem Eckpunkt des Rechtecks aus im Uhrzeigersinn eine gleich lange Strecke abträgt. Bestimme das Parallelogramm mit dem kleinsten Flächeninhalt.
   Hinweis: Stelle einen Term für den Flächeninhalt des Parallelogramms auf, indem du von dem Flächeninhalt des Rechtecks die Flächeninhalte von vier Dreiecken subtrahierst.

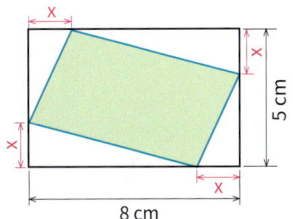

9. Einem Quadrat der Seitenlänge a wird ein neues Quadrat einbeschrieben, indem man wie im Bild rechts von jedem Eckpunkt des äußeren Quadrats aus im Uhrzeigersinn eine Strecke gleicher Länge abträgt. Bestimme das einbeschriebene Quadrat mit dem minimalen Flächeninhalt.

10. Für welchen Punkt P der Geraden g mit der Gleichung $y = -\frac{6}{5}x + 4$ hat das Rechteck mit O und P als Eckpunkten den größten Flächeninhalt?
    Anleitung: Fertige zunächst eine Zeichnung an.
    Nutze aus, dass die Koordinaten des Punktes P die Gleichung von g erfüllen müssen.

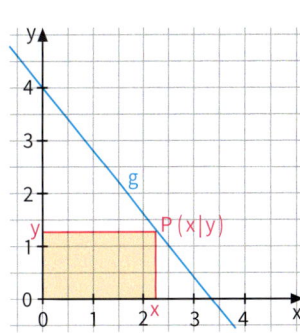

11. An welcher Stelle unterscheiden sich die Funktionswerte von $f_1(x) = 2x - 3$ und $f_2(x) = x^2 - 4x + 7$ am wenigsten voneinander? Fertige zunächst eine Zeichnung an.

12. Die Graphen der beiden Funktionen f_1 und f_2 mit $f_1(x) = -0{,}1x^2 + x$ und $f_2(x) = 0{,}5x$ begrenzen ein Flächenstück.
    Bestimme die Parallele zur y-Achse, die aus diesem Flächenstück die längste Strecke herausschneidet. Fertige zunächst eine Zeichnung an.

3.11 Bestimmen von Parabeln

Einstieg

Ropeskipping
ist eine Wettkampfsportart, die sich aus dem alt bekannten Seilspringen entwickelt hat. Dieses Kinderspiel war schon im 17. Jahrhundert in Holland verbreitet und kam mit Auswanderern nach Amerika. Ob alleine, zu zweit oder in Formation, das Springen zum Beat der Musik fördert Körper und Kopf.

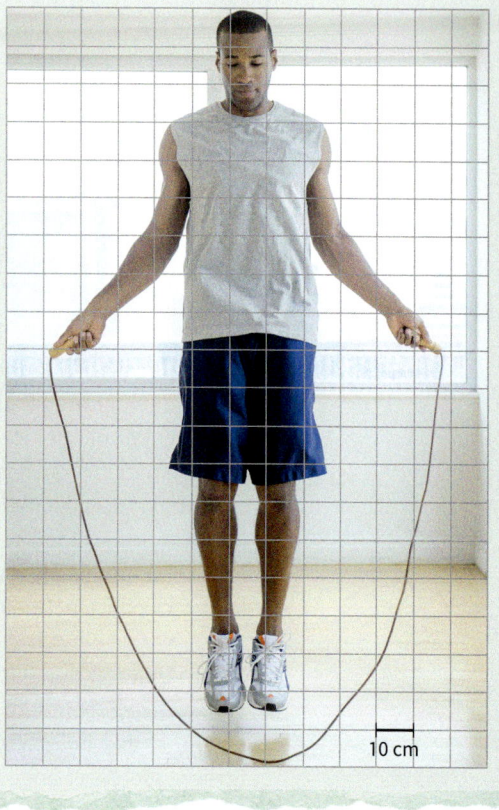

Untersucht, ob das Sprungseil auf dem Foto durch eine Parabel beschrieben werden kann.

Aufgabe 1

Bestimmen einer Ausgleichsparabel durch vorgegebene Punkte
Für einen Kugelstoßer wurde die Flugbahn der Kugel mit einer Kamera aufgezeichnet und damit die Höhe der Kugel in verschiedenen Entfernungen vom Abstoßpunkt ermittelt.

Entfernung (in m)	Höhe (in m)
0	1,92
2	2,73
4	3,12
6	3,08
8	2,69
10	1,88
12	0,71
12,72	0

Untersuche, ob die Wurfbahn der Kugel durch eine Parabel beschrieben werden kann, in dem versuchst, die Gleichung einer geeigneten Parabel zu ermitteln.

3.11 Bestimmen von Parabeln

Lösung

Wir zeichnen zunächst den Graphen der Funktion *Entfernung (in m)* → *Höhe (in m)*.

Die Punkte scheinen auf einer Parabel zu liegen, die die y-Achse bei 1,92 m schneidet, die x-Achse bei der Wurfweite 12,72 m.
Der Hochpunkt der Parabel liegt in der Nähe von 5 m Entfernung von der Abwurfstelle bei einer Höhe von ca. 3,15 m.

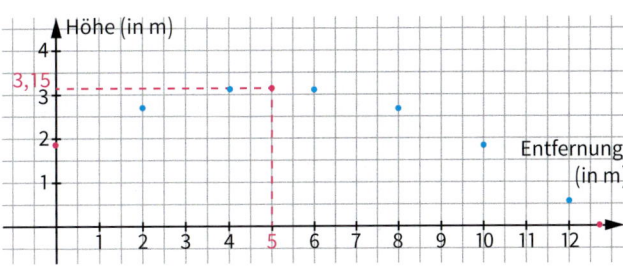

Wir machen daher für die Parabel einen Ansatz in der Scheitelpunktform
$f(x) = a(x-5)^2 + 3{,}15$.
Den noch unbekannten Streckfaktor a müssen wir so bestimmen, dass die Funktion f an der Stelle 12,72 eine Nullstelle hat, also: $f(12{,}72) = a(12{,}72-5)^2 + 3{,}15 = 0$

Durch Lösen dieser Gleichung ergibt sich
$a \cdot 7{,}72^2 + 3{,}15 = 0$, also $a = -\dfrac{3{,}15}{7{,}72^2} \approx -0{,}053$

Die Gleichung der gesuchten Parabel lautet somit:
$f(x) = -0{,}053(x-5)^2 + 3{,}15$
Sie beschreibt die gemessenen Datenpunkte gut.

Information

Bestimmen einer Ausgleichsparabel mithilfe quadratischer Regression
Die Bestimmung der Gleichung der Ausgleichsparabel kann man auch vom Rechner durchführen lassen.

Wie bei der linearen Regression geben wir zunächst die Messwerte über **Lists & Spreadsheet** in eine Tabelle ein und beschriften die Spalten mit Weite und Höhe. Wir wählen im Menü **Statistik** das Untermenü **Statistische Berechnung** und dort **Quadratische Regression**. Als Ergebnis erhalten wir die Werte der Parameter a, b und c für die quadratische Funktion $y = ax^2 + bx + c$.

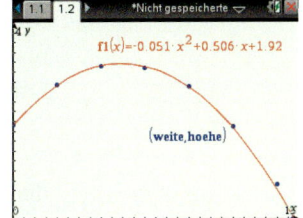

Weiterführende Aufgabe

Bestimmen einer Ausgleichsparabel mithilfe von Parametervariation

2. Das Foto zeigt eine Überlandleitung. Nach Angaben des Netzbetreibers haben die Masten einen Abstand von 120 m Abstand und sind 14 m hoch. Bei einer Temperatur von 5 °C hat eine Leitung mit einer Spannweite von 120 m einen Durchhang von 1,25 m.

Wähle ein geeignetes Koordinatensystem, einen Ansatz für einen Leitungsverlauf und ermittle eine Gleichung, indem du die Parameter in der Gleichung variierst. Besonders hilfreich ist dabei z. B. ein dynamisches Geometrie-System mit Schiebereglern.

Übungsaufgaben

3. Für einen Freiwurf beim Basketball wurde für die Höhe y (in m) in Abhängigkeit von der Entfernung x (in m) vom Abwurfort festgestellt:

x	0	0,5	1	1,5	2
y	2,00	2,75	3,20	3,60	3,90

x	2,5	3	3,5	4	4,5
y	4,05	4,10	3,90	3,75	3,35

Untersuche, ob die Flugbahn durch eine Parabel beschrieben werden kann.
Ermittle eine Gleichung dafür, wenn möglich.

4. Für einen Clear-Schlag beim Badminton wurde für die Höhe y (in m) in Abhängigkeit von der Entfernung x (in m) vom Abwurfort gemessen:

x	0	1	2	3	4	5	6	7	8	9	10	11	12	13
y	2,50	3,28	3,95	4,66	5,24	5,98	6,46	7,01	7,33	7,43	7,17	6,43	5,14	2,50

Untersuche, ob die Flugbahn durch eine Parabel beschrieben werden kann.
Ermittle eine Gleichung dafür, wenn möglich.

5. Beim Hochsprung bewegt sich der Körperschwerpunkt des Athleten auf einer Parabel. Ziel des Springers ist, dass der Scheitelpunkt der Parabel genau oberhalb der Latte liegt. Damit die Latte nicht gestreift wird, sind 5 cm Abstand erforderlich. Für einen stehenden Menschen beträgt die Höhe des Körperschwerpunktes 60 % der Körpergröße.

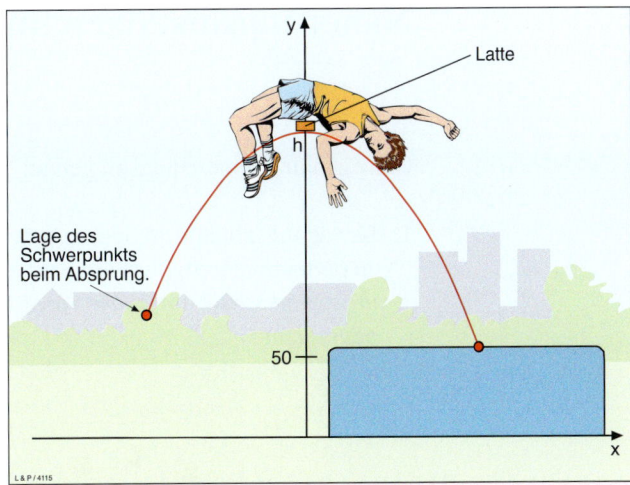

a) Den im März 2016 immer noch gültigen Weltrekord von 2,45 m stellte der Kubaner Javier Sotomayor am 27.7.1993 auf: er übersprang seine eigene Körpergröße (193 cm) um 52 cm. Bestimme die Gleichung der Parabel des Körperschwerpunktes unter der Annahme, dass Sotomayor 100 cm vor der Latte abgesprungen ist.

b) Hochspringer messen vor dem Sprung die Absprungstelle und den Anlauf genau aus. Untersuche, wie sich ein Verpassen der Absprungstelle um 20 cm nach vorne oder hinten auswirkt. Verschiebe dazu die Parabel aus Teilaufgabe a) entsprechend.

6. Untersuche, ob die Form des Regenbogens durch eine Parabel beschrieben werden kann. Wähle dazu ein geeignetes Koordinatensystem und schätze Größen.

7. Wird ein Glas Wasser schnell gedreht, senkt sich der Wasserspiegel, am Rand steigt er. Untersuche anhand der folgenden Daten, ob der Querschnitt der Wasseroberfläche durch eine Parabel beschrieben werden kann.

x (in cm)	−5	−3	−2	−1	0	1	2	3	4
y (in cm)	1,2	−0,6	−2,2	−3,1	−3,5	−3,2	−2,1	−0,7	1,1

Auf den Punkt gebracht

Näherungslösungen und exakte Lösungen

Ganz genau ist manchmal zu genau!

1. Bewegungsabläufe im Sport werden mit Videokameras aufgenommen, um sie im Training zu perfektionieren. Beim Freiwurf im Basketball entscheiden schon geringe Abweichungen im Abwurfwinkel und in der Abwurfgeschwindigkeit darüber, ob der Ball im Korb landet oder nicht.

Ein bestimmter Wurf wird in einem Koordinatensystem, dessen Ursprung beim Spieler an der Freiwurflinie direkt vor dem Korb liegt, durch die Gleichung $y = -0{,}25x^2 + 1{,}35x + 2$ beschrieben. Um zu entscheiden, ob der Ball im Korb landet, haben drei Schüler auf verschiedene Weise bestimmt, in welcher Entfernung der Ball eine Höhe von 3,05 m hat.
Vergleiche die Lösungswege und auch die Angabe des Ergebnisses.

In ungefähr 4,45 m Entfernung von der Freiwurflinie hat der Ball eine Höhe von ungefähr 3,06 m.
Der vordere Korbrand hat eine Entfernung von 5,80 m – 1,20 m – 0,45 m = 4,15 m von der Freiwurflinie, der hintere von 5,80 m – 1,20 m = 4,60 m. Der Ball landet im Korb.

Bei 4,46 m Entfernung ungefähr 3,05 m Höhe. Korbende 5,80 m – 1,20 m = 4,60 m, Korbdurchmesser 0,45 m. Der Ball trifft den Korb.

$-0{,}25x^2 + 1{,}35x + 2 = 0 \quad |\cdot(-4)$
$x^2 - 5{,}4x = 8$
$(x - 2{,}7)^2 = 8 + 2{,}7^2 = 15{,}29$
$x - 2{,}7 = \sqrt{15{,}29}$ oder $x - 2{,}7 = -\sqrt{15{,}29}$
$x = 2{,}7 + \sqrt{15{,}29}$ oder $x = 2{,}7 - \sqrt{15{,}29}$

In $2{,}7 - \sqrt{15{,}29}$ Meter und in $2{,}7 + \sqrt{15{,}29}$ Meter Abstand von der Freiwurflinie hat der Ball eine Höhe von 3,05 m.

Auf den Punkt gebracht

2. Ein Quadrat mit 1 dm Seitenlänge wird in 9 Quadrate unterteilt. In das mittlere Quadrat soll wie rechts gezeichnet ein Viereck mit möglichst kleinem Flächeninhalt gelegt werden.
   Welche Seitenlänge hat es?
   Vergleiche dazu die folgenden Schülerlösungen.

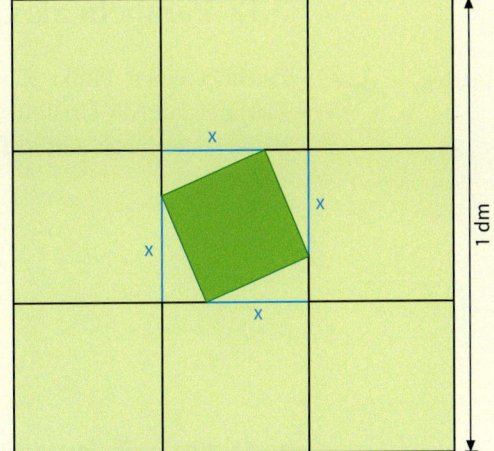

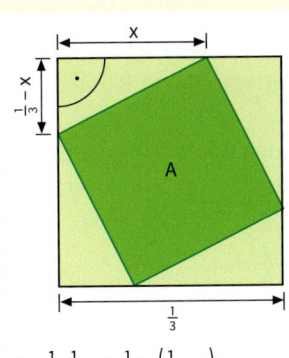

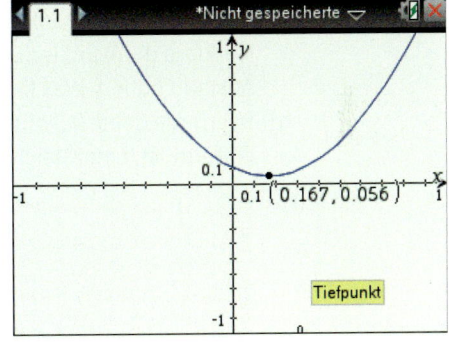

$A = \frac{1}{3} \cdot \frac{1}{3} - 4 \cdot \frac{1}{2} x \cdot \left(\frac{1}{3} - x\right)$

Die Strecke x muss ungefähr 0,167 dm lang sein.

Flächeninhalt der Restdreiecke: $\frac{1}{2} \cdot x \left(\frac{1}{3} - x\right)$

Flächeninhalt des kleinen Quadrats: $\left(\frac{1}{3}\right)^2 - 4 \cdot \frac{1}{2} x \left(\frac{1}{3} - x\right)$

$= \frac{1}{9} - 2x\left(\frac{1}{3} - x\right)$

$= \frac{1}{9} - \frac{2}{3}x + 2x^2$

$A(x) = 2x^2 - \frac{2}{3}x + \frac{1}{9}$

$= 2\left(x^2 - \frac{1}{3}x\right) + \frac{1}{9}$

$= 2\left(\left(x - \frac{1}{6}\right)^2 - \frac{1}{36}\right) + \frac{1}{9}$

$= 2\left(x - \frac{1}{6}\right)^2 - \frac{1}{18} + \frac{1}{9}$

$= 2\left(x - \frac{1}{6}\right)^2 + \frac{1}{18}$

Gesucht ist der Tiefpunkt der Funktion A. Dieser liegt bei $T\left(\frac{1}{6} \mid \frac{1}{18}\right)$.

3. Du hast schon viele Probleme mit quadratischen und linearen Funktionen gelöst.
   Finde selbst Beispiele, bei denen eine Näherungslösung sinnvoll ist und andere, bei denen eine exakte algebraische Lösung angemessen ist.

> Bei Realproblemen reicht in der Regel die Angabe dezimaler Näherungswerte für die Lösung. Diese können auch grafisch oder tabellarisch bestimmt werden.
> Für allgemeine Behauptungen ist dagegen eine algebraische Berechnung sinnvoll.

3.12 Parabeln als Ortslinien

Einstieg Zeichnet einen Punkt B und eine Gerade g. Zeichnet dann die Ortslinie aller Punkte, die von B und g gleichweit entfernt sind.

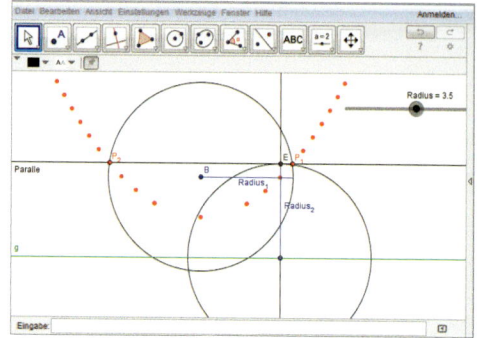

Aufgabe 1

a) Zeichne in ein Koordinatensystem mit der Einheit 1 cm den Punkt B(0|1) sowie die Gerade g mit der Gleichung y = –1.
Zeichne um den Punkt B konzentrische Kreise mit den Radien 1 cm; 1,5 cm; …; 5 cm.
Markiere dann auf jedem Kreis die Punkte, die vom Punkt B und der Geraden g denselben Abstand haben. Was fällt auf?

b) Begründe deine Vermutung, indem du für einen Punkt P(x|y), der von B und g gleich weit entfernt ist, eine Gleichung zwischen den Koordinaten x und y ermittelst.

Lösung

a)

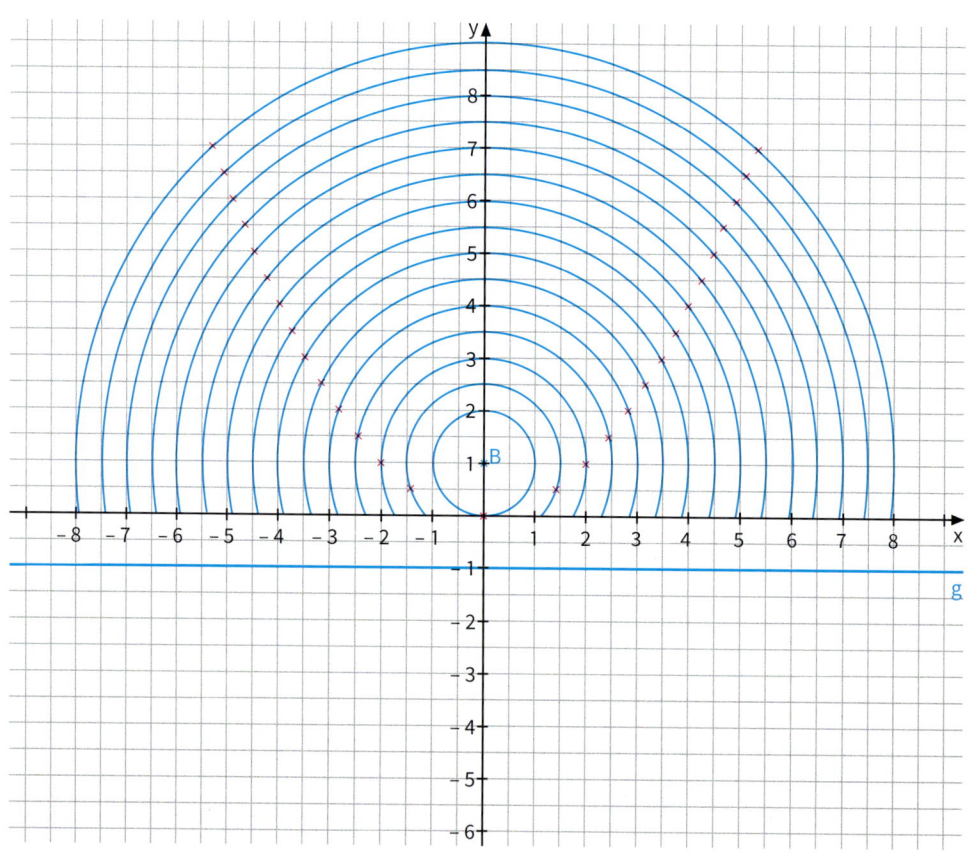

Die markierten Punkte scheinen auf einer nach oben geöffneten Parabel zu liegen, deren Scheitelpunkt sich im Ursprung befindet.

3.12 Parabeln als Ortslinien

b) Der Punkt P(x|y) hat von der Geraden g den Abstand y + 1.
Für seinen Abstand d von Punkt B gilt:
$d^2 = x^2 + (y-1)^2$, also: *(Satz des Pythagoras)*
$d = \sqrt{x^2 + (y-1)^2}$.
Wenn der Punkt P vom Punkt B und der Geraden g gleich weit entfernt ist, gilt also:

$\sqrt{x^2 + (y-1)^2} = y + 1$ | Quadrieren
$x^2 + (y-1)^2 = (y+1)^2$
$x^2 + y^2 - 2y + 1 = y^2 + 2y + 1$ | $-y^2 - 1$
$x^2 = 4y$
$y = \frac{1}{4}x^2$

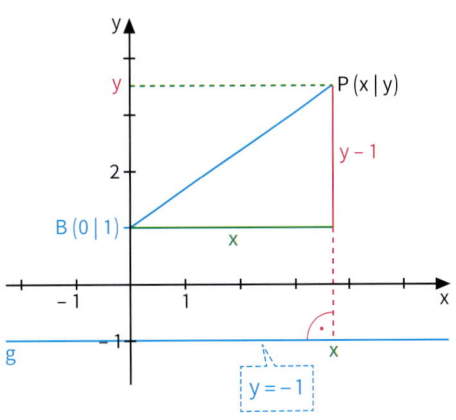

Der Punkt P(x|y) liegt also auf der Parabel mit der Gleichung $y = \frac{1}{4}x^2$.

Information

Satz: Parabel als Ortslinien
(1) Gegeben sind ein Punkt B (*Brennpunkt*) und eine Gerade g (*Leitlinie*), die nicht durch B geht. Alle Punkte, die vom Punkt B und der Geraden g denselben Abstand haben, bilden eine Parabel.
Für den Brennpunkt B(0|b) und die Leitlinie g zu $y = -b$ hat diese Parabel die Gleichung $y = \frac{1}{4b}x^2$.
(2) Umgekehrt lässt sich jede Parabel auf diese Weise erzeugen. Die Parabel mit $y = kx^2$ hat den Brennpunkt $B\left(0 \mid \frac{1}{4k}\right)$ und die Leitlinie mit der Gleichung $y = -\frac{1}{4k}$.

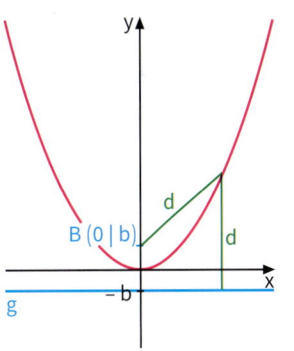

Beweis von (1):
Der Abstand des Punktes P(x|y) vom Punkt B(0|b) beträgt:
$\sqrt{x^2 + (y-b)^2}$ *(Satz des Pythagoras)*
Sein Abstand von der Geraden g beträgt: y + b
Die Bedingung, dass der Punkt P von B und von g gleich weit entfernt ist, liefert dann:

$y + b = \sqrt{x^2 + (y-b)^2}$ | Quadrieren
$y^2 + 2by + b^2 = x^2 + y^2 - 2by + b^2$
$4by = x^2$
$y = \frac{1}{4b}x^2$

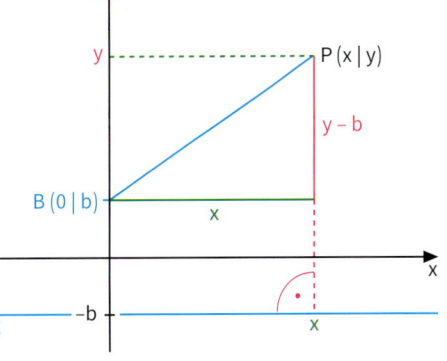

Dies ist die Gleichung einer zur y-Achse symmetrischen Parabel mit dem Scheitelpunkt O(0|0).

Beweis von (2):
Für die Parabel mit der Gleichung $y = kx^2$ setzen wir $b = \frac{1}{4k}$.
Die Kurve der Punkte, die von $B\left(0 \mid \frac{1}{4k}\right)$ und der Geraden g mit der Gleichung $y = -\frac{1}{4k}$ denselben Abstand haben, hat nach (1) dann die Gleichung $y = \frac{1}{4b}x^2 = \frac{1}{4 \cdot \frac{1}{4k}}x^2 = kx^2$.

Sie fällt demzufolge mit der gegebenen Parabel zusammen, die somit auch diese Abstandseigenschaft besitzt. Ferner sind damit deren Brennpunkt und Leitlinie bekannt.

Übungsaufgaben

2. Gegeben sind der Brennpunkt B und die Leitlinie g einer Parabel. Konstruiere Punkte der Parabel und gib deren Gleichung an:
   a) $B(0|0,5)$; g mit $y = -0,5$
   b) $B(0|2)$; g mit $y = -2$
   c) $B(0|3)$; g mit $y = -3$

3. Gib den Brennpunkt und die Leitlinie der Parabel an. Zeichne auch.
   a) $y = x^2$ b) $y = \frac{1}{6}x^2$ c) $y = 2x^2$ d) $y = -\frac{2}{3}x^2$

4. *Fadenkonstruktion der Parabel*
   Mithilfe eines Lineals, eines rechtwinkligen Zeichendreiecks und eines Fadens lässt sich eine Parabel konstruieren. Beschreibe, wie man vorgehen muss und begründe, warum sich eine Parabel ergibt.

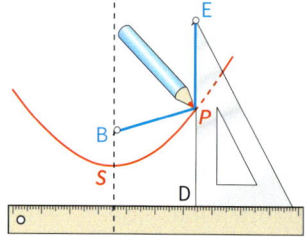

DGS 5. Zeichne ein Dreieck ABC und eine Parallele zur Seite AB durch den Punkt C.
   Zeichne ferner die Höhen durch die Eckpunkte B und C ein.
   a) Untersuche, auf welcher Ortslinie deren Schnittpunkt wandert, wenn man den Punkt C auf der Parallelen bewegt.
      Äußere eine Vermutung.
   b) Beweise deine Vermutung, indem du eine Gleichung für die Ortslinie ermittelst.

DGS 6. Gegeben seien zwei (bewegliche) Punkte B (auf der negativen y-Achse) und C (auf der positiven x-Achse).
   Konstruiere einen Punkt A auf der y-Achse so, dass das Dreieck ABC einen rechten Winkel bei Punkt C hat.
   a) Zeichne eine Orthogonale zur x-Achse durch C und eine Orthogonale zur y-Achse durch A. Der Schnittpunkt der Orthogonalen ist S.
      Zeichne ein Bild von S auf, während du an C ziehst.

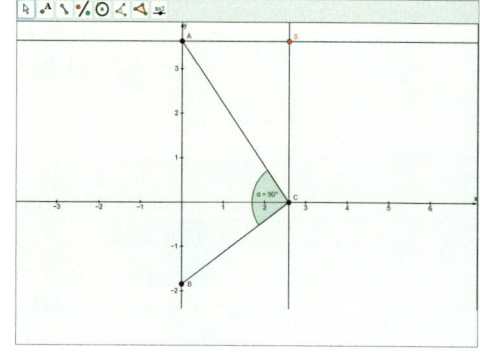

   b) Was passiert mit der aufgezeichneten Ortslinie, wenn du B variierst?
   c) Fixiere den Punkt B an den Punkt $B(0|-1)$. Betrachte nun die Koordinaten des Punktes S, während du an C ziehst.
      Schreibe deine Vermutung auf und begründe sie durch eine Rechnung.

7. *Faltkonstruktion der Parabel*
   Markiere auf einem rechteckigen Blatt Papier einen Punkt. Falte nun von einem Punkt auf dem unteren Papierrand das Papier so, dass das umgefaltete untere Papierrand durch den markierten Punkt verläuft. Falte das Papier wieder auf und erzeuge entsprechend viele weitere Faltlinien. Welchen Eindruck erwecken die Faltlinien auf dem aufgefalteten Blatt Papier. Begründe deine Beobachtung.

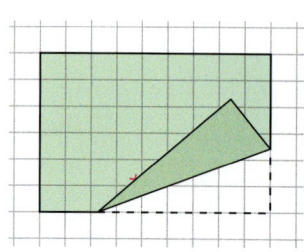

3.12 Parabeln als Ortslinien

DGS 8. Frans von Schootens (1615–1660) ersetzte die ungenaue Fadenkonstruktion der Parabel durch eine Gelenkkonstruktion. Er nutzte dafür zwei orthogonal zueinander verlaufende Schienen, eine Gelenkraute und einen Stab, der die Diagonale der Gelenkraute bildete.
Die Konstruktion wollen wir mit einem DGS simulieren:

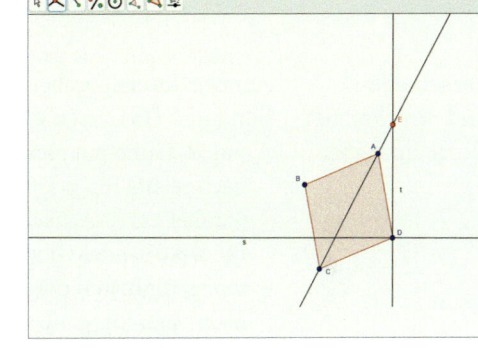

a) Zeichne eine Gerade s und einen Punkt D auf s. B ist ein Basispunkt, der nicht auf s liegt. Zeichne mithilfe zweier gleich großer Kreise um B und D eine Raute BADC. (Diese Raute diente van Schooten als Befestigung einer Schiene $\overline{CA}$, die mit einer zu s orthogonalen Schiene t durch D verbunden war. Im Schnittpunkt E der beiden Schienen s und t wurde der Zeichenstift befestigt.) Zeichne die Diagonalgerade CA und die Orthogonale t zu s durch D. Bezeichne den Schnittpunkt dieser beiden Geraden mit E.

b) Zeichne die Ortslinie von E, während du an D ziehst. Zeige, dass die Lage der Parabel verändert wird, wenn man die Lage des Punktes B verändert. Beschreibe die Veränderung.

c) Ist die Lage der Parabel abhängig von der Seitenlänge der Raute?

Das kann ich noch!

A) Ein Energieversorger bietet in seinem Tarif *Kombistrom* einen Mix aus verschiedenen Energiequellen an. Die Zusammensetzung ist in der Abbildung dargestellt.

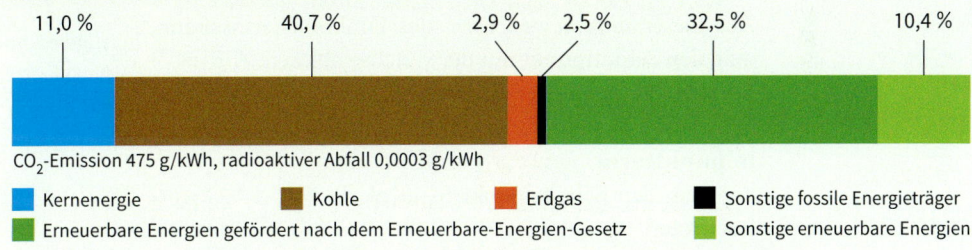

1) Stelle die Zusammensetzung des Stromes in einem Kreisdiagramm dar.
2) Familie Hennke hat einen Stromverbrauch von 4500 kWh pro Jahr. Welcher Anteil entfällt auf die einzelnen Energieträger? Berechne die Höhe der CO_2-Emission und die Menge an radioaktivem Abfall.
3) Wie hoch ist die Jahresrechnung von Familie Hennke, wenn im Tarif *Kombistrom* eine kWh 26,5 Cent kostet und der monatliche Grundpreis 6,50 € beträgt?
4) Familie Hennke überlegt, in den Tarif *greenenergy* eines anderen Anbieters zu wechseln, bei dem eine kWh 29 Cent kostet und eine jährliche Grundgebühr von 60 € verlangt wird. Beim Wechsel des Anbieters erhält der Neukunde zusätzlich einen einmaligen Bonus von 150 € im ersten Jahr.
Untersuche rechnerisch, ob Familie Hennke einen Anbieterwechsel vornehmen sollte.
5) Bestimme rechnerisch und grafisch, bei welchem jährlichen Stromverbrauch welcher Tarif günstiger ist. Begründe.

Das Wichtigste auf einen Blick

Quadratfunktion

Die Funktion f mit $f(x) = x^2$ heißt *Quadratfunktion*.
Ihr Graph heißt **Normalparabel**.
Sie hat folgende Eigenschaften:
- Der Graph ist symmetrisch zur y-Achse.
- Der Koordinatenursprung ist Scheitelpunkt des Graphen.
- Der Graph fällt im 2. Quadranten und steigt im 1. Quadranten.

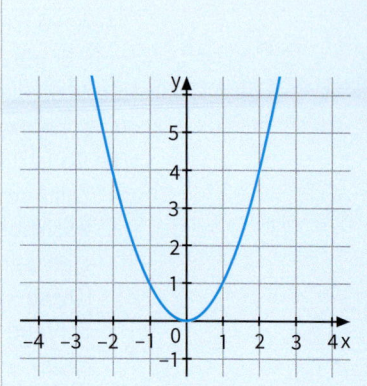

Verschieben und Strecken der Normalparabel

Aus der Normalparabel erhält man den Graphen der Funktion f mit $f(x) = a(x + d)^2 + e$, indem die Normalparabel
- um $|d|$ Einheiten parallel zur x-Achse verschoben wird, nach rechts für $d < 0$, nach links für $d > 0$;
- parallel zur y-Achse mit dem Faktor a gestreckt wird, für $a < 0$ ist der Graph dann an der x-Achse gespiegelt;
- um $|e|$ Einheiten parallel zur y-Achse verschoben wird, nach oben für $e > 0$, nach unten für $e < 0$

Der **Scheitelpunkt** des Graphen ist $S(-d | e)$.
Die Symmetrieachse hat die Gleichung $x = -d$.

Beispiel:

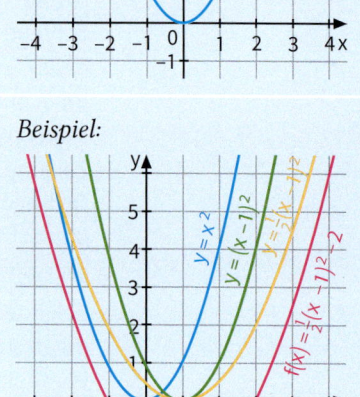

Quadratische Funktion

Eine Funktion f mit dem Term $f(x) = ax^2 + bx + c$ und $a \neq 0$ heißt *quadratische Funktion*.
Aus dieser *allgemeinen Form* des Funktionsterms kann man den Schnittpunkt mit der y-Achse ablesen: $A(0 | c)$.
Mithilfe quadratischer Ergänzung kann man diesen Term umformen in die **Scheitelpunktform** $f(x) = a(x + d)^2 + e$, aus der man den Scheitelpunkt $S(-d | e)$ ablesen kann.

Beispiel:
$f(x) = \frac{1}{2}x^2 - x - 1{,}5$

Allgemeine Formumwandlung in die Scheitelpunktform:
Der Graph schneidet die y-Achse im Punkt $A(0 | -1{,}5)$.

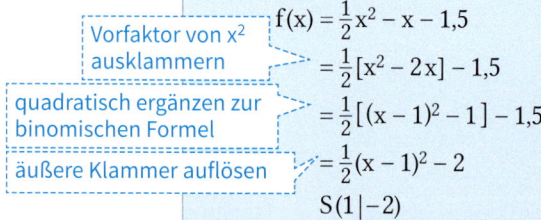

- Vorfaktor von x^2 ausklammern
- quadratisch ergänzen zur binomischen Formel
- äußere Klammer auflösen

$S(1 | -2)$

Hat f mindestens eine Nullstelle, so ist eine andere Darstellung des Funktionsterms die **Linearfaktorzerlegung** $f(x) = a(x - m)(x - n)$, aus der man die Nullstellen m und n ablesen kann.

Linearfaktorzerlegung:
$f(x) = \frac{1}{2}(x - 3)(x + 1)$
hat die Nullstellen -1 und 3
$g(x) = -0{,}25(x - 3)^2$ hat nur eine Nullstelle bei 3.

Das Wichtigste auf einen Blick

Lösen quadratischer Gleichungen

Quadratische Gleichungen der Form $x^2 + px + q = 0$ kann man

(1) mithilfe des Verfahrens der **quadratischen Ergänzung** lösen;
Dabei muss man den Term $x^2 + px$ mit $\left(\frac{p}{2}\right)^2$ ergänzen, sodass man den neuen Term nach der 1. oder 2. binomischen Formel als Quadrat schreiben kann.

(2) mithilfe der **Lösungsformel** lösen: $x_{1,2} = -\frac{p}{2} \pm \sqrt{\left(\frac{p}{2}\right)^2 - q}$

Spezielle quadratische Gleichungen der Form $ax^2 + bx = 0$ löst man durch Faktorisieren: $x \cdot (ax + b) = 0$

Beispiel:
$$x^2 - 4x + 3{,}2 = 0 \quad |-3{,}2$$
$$x^2 - 4x = -3{,}2 \quad |+2^2$$
$$x^2 - 2 \cdot 2x + 2^2 = -3{,}2 + 2^2 \quad |\text{bin. Formel}$$
$$(x-2)^2 = 0{,}8 \quad |\sqrt{}$$
$$x - 2 = \sqrt{0{,}8} \text{ oder } x - 2 = -\sqrt{0{,}8}$$
$$x = 2 + \sqrt{0{,}8} \text{ oder } x = 2 - \sqrt{0{,}8}$$

Beispiel:
$$4x^2 + 5x = 0$$
$$x(4x + 5) = 0$$
$$x = 0 \text{ oder } 4x + 5 = 0$$
$$x = 0 \text{ oder } x = -\frac{5}{4}$$

Satz von Vieta

Gegeben ist eine quadratische Gleichung in der Normalform: $x^2 + px + q = 0$.
Wenn x_1 und x_2 Lösungen der Gleichung sind, dann gilt:
$x_1 + x_2 = -p$ und $x_1 \cdot x_2 = q$.

Beispiel:
Die quadratische Gleichung
$$x^2 + 3x - 10 = 0$$
hat die Lösungen
$$x_1 = -5, \; x_2 = 2$$
Es gilt:
$$x_1 + x_2 = -5 + 2 = -3 = -p$$
$$x_1 \cdot x_2 = -5 \cdot 2 = -10 = q$$

Parabel als Ortslinie

Gegeben sind ein Punkt B *(Brennpunkt)* und eine Gerade g *(Leitlinie)*, die nicht durch B geht. Alle Punkte, die vom Punkt B und der Geraden g denselben Abstand haben, bilden eine Parabel. Für den Brennpunkt $B(0|b)$ und die Leitlinie g zu $y = -b$ hat diese Parabel die Gleichung $y = \frac{1}{4b}x^2$.
Umgekehrt lässt sich jede Parabel auf diese Weise erzeugen.
Die Parabel mit $y = kx^2$ hat den Brennpunkt $B\left(0\left|\frac{1}{4k}\right.\right)$ und die Leitlinie mit der Gleichung $y = -\frac{1}{4k}$.

Beispiel:
$B(0|2)$, $y = -2$
Parabel: $y = \frac{1}{4 \cdot 2}x^2 = \frac{1}{8}x^2$

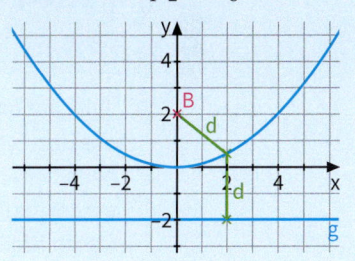

Bist du fit?

1. Zeichne den Graphen von f, ohne einen Rechner zu verwenden.
   a) $f(x) = (x+1)^2$
   b) $f(x) = x^2 - 2$
   c) $f(x) = (x+1)^2 - 4$
   d) $f(x) = (x-2)^2$
   e) $f(x) = (x-2)^2 + 3$
   f) $f(x) = -[(x+1)^2 - 4]$
   g) $f(x) = 2[(x+1)^2 - 2]$
   h) $f(x) = -\frac{1}{2}[(x-2)^2 - 6]$
   i) $f(x) = 4x - x^2$

2. Welcher Funktionsterm gehört zu dem Graphen?

a)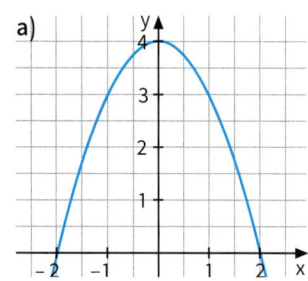
b)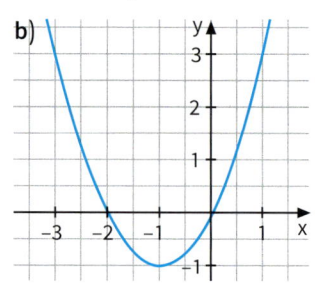
c)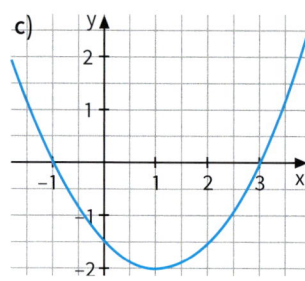

3. In welchem Bereich fällt der Graph, in welchem Bereich steigt er?

   a) $y = x^2 - 18x + 80$
   b) $y = -3x^2 - 12x + 180$
   c) $y = -\frac{1}{2}x^2 + 7x - 20$

4. Bestimme die Lösungsmenge.
   a) $x^2 + 12x + 11 = 0$
   b) $-8z + 16 + z^2 = 0$
   c) $4y^2 - 0{,}5 = y$
   d) $y^2 - 0{,}5y + 1{,}5 = 0$
   e) $6z^2 + 23z = 18$
   f) $0{,}5x^2 - x = 12$

5. Gegeben ist die quadratische Funktion mit:
   a) $f(x) = x^2 + 2x - 8$
   b) $f(x) = -x^2 - 10x - 21$
   c) $f(x) = -4x^2 + 20x - 25$

   (1) Bestimme die Nullstellen der Funktion.
   (2) Bestimme den Scheitelpunkt der Parabel und stelle fest, ob der Scheitelpunkt der höchste oder der tiefste Punkt der Parabel ist.
   (3) Welcher Punkt Q_1 der betreffenden Parabel liegt auf der y-Achse? Welcher Parabelpunkt Q_2 hat die gleiche y-Koordinate wie Q_1?
   (4) An welchen Stellen x wird der Funktionswert 4 angenommen?

6. Der Flächeninhalt eines Rechtecks beträgt 300 cm², eine Seite ist 5 cm länger als die andere Seite. Wie lang sind die Seiten?

7. Julia hat ein Bild mit den Seitenlängen 20 cm und 30 cm gemalt, das noch von einem Passepartout umgeben werden soll, das auf allen Seiten gleich breit ist. Die Kunstlehrerin empfiehlt für eine gute Wirkung, das Passepartout so groß zu wählen, dass es 40 % der Gesamtfläche einnimmt.
   Wie groß muss das Passepartout gewählt werden?

8. Zu jeder Seitenlänge a eines Würfels gehört ein bestimmter Oberflächeninhalt O. Ermittle die Gleichung für die Funktion *Seitenlänge → Oberflächeninhalt* und zeichne deren Graph.

9. Eine Landwirtin will an einem Bach mit 300 m Zaun ein rechteckiges Weidestück für junge Ponys abgrenzen.
   Bei welchen Abmessungen erhält sie die größtmögliche Weide?

Bleib fit im ...
Umgang mit Baumdiagrammen und Pfadregeln

Zum Aufwärmen

1. Eine Euro-Münze wird dreimal nacheinander geworfen.
   a) Vervollständige das Baumdiagramm im Heft.
   b) Wie groß ist die Wahrscheinlichkeit, zweimal nacheinander Kopf zu werfen?
   c) Wie groß ist die Wahrscheinlichkeit, zweimal nacheinander das gleiche Symbol zu werfen?

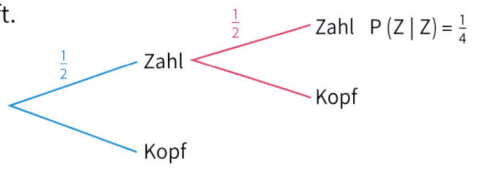

2. In einer Tüte befinden sich sieben Bonbons, vier sind blau, die restlichen drei sind rot. Ein Kind darf ohne Zurücklegen nacheinander zwei Bonbons ziehen.
   a) Ist die Wahrscheinlichkeit, dass alle zwei Bonbons blau sind, größer oder kleiner als 30 %? Begründe deine Meinung.
   b) Wie hoch ist die Wahrscheinlichkeit, dass das Kind genau ein rotes Bonbon zieht?

Zum Erinnern

(1) Mehrstufige Zufallsexperimente

Zufallsexperimente, die in mehreren Schritten nacheinander durchgeführt werden, lassen sich gut in einem Baumdiagramm darstellen.
Zu jedem Ergebnis des Zufallsexperimentes gehört ein Pfad.
Der unterste Pfad in dem Baumdiagramm rechts z.B. zeigt das Ergebnis, erst eine blaue und dann eine grüne Kugel zu ziehen. Man notiert es kurz als Paar: (B|G).

Beispiel:
Aus einem Gefäß mit 3 roten, 2 grünen und 1 blauen Kugel werden nacheinander 2 Kugeln gezogen, ohne sie wieder zurückzulegen.

(2) Pfadmultiplikationsregel

Die Wahrscheinlichkeit eines Pfades ist gleich dem Produkt der Wahrscheinlichkeiten längs des Pfades, z.B.

$P(B|G) = \frac{1}{6} \cdot \frac{2}{5} = \frac{1}{15}$

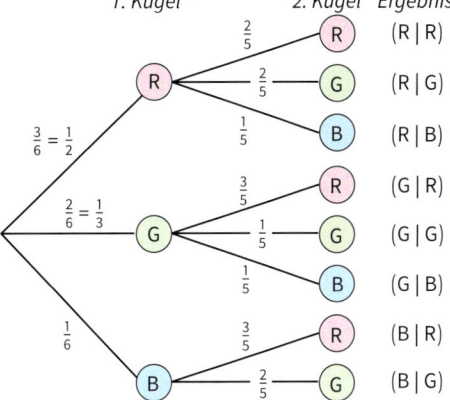

(3) Pfadadditionsregel

Gehören zu einem Ereignis mehrere Pfade in einem Baumdiagramm, dann erhält man die Wahrscheinlichkeit des Ereignisses, indem man die Pfadwahrscheinlichkeiten der einzelnen zu dem Ereignis gehörenden Ergebnisse addiert.
Z.B. beträgt die Wahrscheinlichkeit dafür, die blaue Kugel beim Ziehen zu erhalten:

$P(\text{blaue Kugel}) = P(R|B) + P(G|B) + P(B|R) + P(B|G)$

$= \frac{1}{2} \cdot \frac{1}{5} + \frac{1}{3} \cdot \frac{1}{5} + \frac{1}{6} \cdot \frac{3}{5} + \frac{1}{6} \cdot \frac{2}{5} = \frac{1}{10} + \frac{1}{15} + \frac{1}{10} + \frac{1}{15} = \frac{1}{3}$

Zum Üben

3. Eine Firma produziert Ziegelsteine an zwei Standorten: 70 % in Ahausen und 30 % in Bedorf. Bei der Produktion in Ahausen sind 99 % aller Steine fehlerfrei, bei der Produktion in Bedorf sind es nur 98 %.
   a) Zeichne ein Baumdiagramm.
   b) Berechne die Wahrscheinlichkeit dafür, dass ein von dieser Firma hergestellter Ziegelstein fehlerfrei ist.

4. In einer Schüssel befinden sich fünf gelbe, drei rote und zwei grüne Riesengummibären. Max zieht – ohne hinzuschauen – davon drei nacheinander. Zeichne ein Baumdiagramm. Berechne dann die Wahrscheinlichkeit folgender Ereignisse:
   a) Drei rote Gummibären werden gezogen.
   b) Erst wird ein roter, dann ein gelber und dann ein grüner Gummibär gezogen.
   c) Beide grüne Bären werden gezogen.
   d) Man zieht von jeder Farbe einen Bären.

5. In einer Urne befinden sich 14 gleichartige Kugeln, davon 5 blaue, 4 gelbe, 3 rote und zwei schwarze. Zwei Kugeln werden nacheinander gezogen.
   a) Nach dem ersten Ziehen wird die Kugel wieder zurück in die Urne gelegt. Wie groß ist die Wahrscheinlichkeit, die beiden schwarzen Kugeln zu ziehen?
   b) Nach dem ersten Ziehen wird die Kugel nicht wieder zurückgelegt. Wie groß ist nun die Wahrscheinlichkeit, beide schwarze Kugeln zu ziehen?

6. Das abgebildete Glücksrad wird zweimal gedreht. Bestimme die Wahrscheinlichkeit für das Ereignis.
   a) Zweimal die Zahl 5
   b) Zwei unterschiedliche Zahlen
   c) Zweimal die gleiche Farbe
   d) Erst Gelb dann Rot

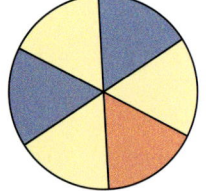

7. Welches Spiel würdest du eher gewinnen?
   (1) Ein Würfel wird zweimal geworfen. Um zu gewinnen, müssen beide Augenzahlen übereinstimmen.
   (2) Das nebenstehende Glücksrad wird zweimal gedreht. Um zu gewinnen, muss beide Male Rot erscheinen.

8. Zwei Tennisspielerinnen spielen mehrfach gegeneinander. Die bessere von beiden hat in der Vergangenheit 60 % der Spiele gegen die andere gewonnen. Wir nehmen an, dass für sie auch in den bevorstehenden Spielen die Gewinnwahrscheinlichkeit 60 % beträgt.
   a) Beide vereinbaren drei Spiele. Diejenige, die die Mehrzahl dieser Spiele gewinnt, wird von der anderen zu einem Essen eingeladen. Wie groß ist die Wahrscheinlichkeit, dass die bessere der beiden Spielerinnen eingeladen wird?
   b) Ändert sich diese Wahrscheinlichkeit, wenn nicht 3, sondern 5 Spiele vereinbart werden? Schätze zunächst, rechne dann zur Kontrolle.

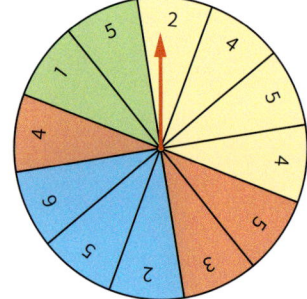

4. Baumdiagramme und Vierfeldertafeln

Nach einer Wahl werden viele Daten zu Wahlergebnissen und zum Wählerverhalten veröffentlich.

Landtagswahl in Niedersachsen 2013
SPD in den Großstädten vorn

Während die CDU bei der letzten Landtagswahl in Niedersachsen 2013 mit 36 % insgesamt die stärkste Partei wurde, hatte in den Großstädten die SPD mit 34,1 % die Nase vorn. In den Ballungsräumen holte die CDU nur 27,8 %. Anders im restlichen Niedersachsen, wo die CDU auf 37,8 % kam.

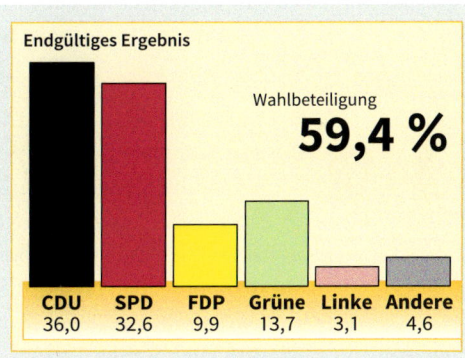

→ Nenne Daten, die du direkt dem Zeitungsartikel entnehmen kannst.

→ Welche weiteren Daten kann man erschließen?

In diesem Kapitel ...
lernst du umfassendes Auswerten von statistischen Daten.
Diese Daten werden oft nur unvollständig veröffentlicht.
Du lernst, wie du dir fehlende Daten erschließen kannst.

Lernfeld: Vor und zurück in Bäumen und Feldern

Schülerzeitung

Benjamin und Emma aus der Klasse 9a wollen für die Schülerzeitung einen Artikel über Tanzkurse schreiben. Sie entscheiden sich, eine Umfrage unter den Schülerinnen und Schülern ihres Jahrgangs durchzuführen. Hierzu benutzen sie den rechts abgebildeten Fragebogen. Sie haben 150 ausgefüllte Fragebogen zurückbekommen. Um eine Übersicht über die Ergebnisse zu bekommen, sortieren sie diese in vier Stapel.
Anschließend zählen Benjamin und Emma die einzelnen Stapel aus. Die Ergebnisse übertragen sie in eine Tabelle.

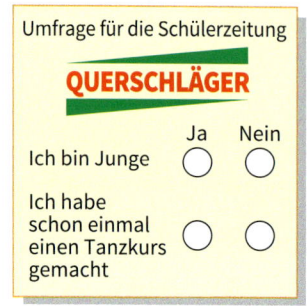

Junge hat Tanzkurs gemacht	Junge hat keinen Tanzkurs gemacht
30	40
Mädchen hat Tanzkurs gemacht	Mädchen hat keinen Tanzkurs gemacht
60	20

→ Fasst die Ergebnisse in einem kurzen Zeitungsartikel zusammen. Weist in eurem Text auf Ergebnisse hin, die ihr für bemerkenswert haltet. Überlegt euch auch verschiedene und interessante Überschriften. Vergleicht sie.

Schuldig oder unschuldig?

Ein Mord ist geschehen! Am Tatort wurden Haare gefunden, die nur vom Täter stammen können. Die Polizei ermittelt die Namen von 10 Personen, die genau diese Haarfarbe aufweisen und zur fraglichen Zeit am Tatort gesehen wurden. Nur einen von diesen 10 konnte man fassen, die anderen sind nicht auffindbar. Sind die vorgefundenen Haare von dem Festgenommenen?
Ein chemischer Test ergibt Übereinstimmungen zwischen den Haaren am Tatort und denen des Festgenommenen. Die Polizei hält diesen Beweis für ausreichend und übergibt den Fall dem Staatsanwalt zur Vorbereitung der Anklage. Der Staatsanwalt fragt nach: „Ist der Test zuverlässig?"
Ein Experte erklärt: „Ziemlich. Sollten die Haare tatsächlich von der getesteten Person stammen, so zeigt der Test das mit 100-prozentiger Sicherheit. Wenn die Haare nicht vom Getesteten stammen sollten, dann kann es ab und zu passieren, dass der Test irrtümlich eine Übereinstimmung anzeigt."
Der Staatsanwalt hakt nach: „Wie häufig kann das passieren?" Die Antwort des Experten lautet: „In etwa ein Drittel der Fälle." Jetzt will der Staatsanwalt es aber genauer wissen: „Wie wahrscheinlich ist es denn jetzt, dass die Haare vom Tatort tatsächlich vom Festgenommenen stammen?"

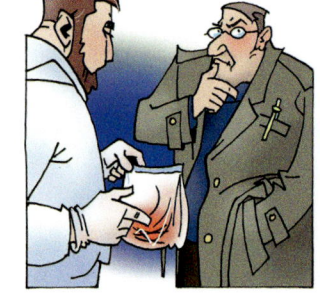

→ Stellt euch vor, ihr seid die Experten. Wie lautet eure Antwort?

4.1 Darstellung von Daten in Vierfeldertafeln

Einstieg Welche weiteren Angaben lassen sich aus dem Zeitungsartikel rechts erschließen?
Stellt die Daten übersichtlich zusammen, z. B. in einer Tabelle.

Raser unterwegs
Bei der gestrigen Geschwindigkeitskontrolle wurde festgestellt, dass 14 der 101 überprüften Männer die Geschwindigkeit überschritten, bei den Frauen waren es 3 von 36.

Aufgabe 1 Vierfeldertafel mit absoluten Häufigkeiten

Haben Schüler ohne deutsche Staatsbürgerschaft faire Chancen?
Hannover. Obwohl knapp ein Zwanzigstel der niedersächsischen Schüler ab Klasse 5 nicht die deutsche Staatsbürgerschaft hat (26 275 von 545 507 Schülern), ist deren Anteil an Gymnasien erheblich geringer: 218 976 Schüler an niedersächsischen Gymnasien haben eine deutsche Staatsbürgerschaft und nur 6 402 Schüler haben eine andere Staatsbürgerschaft.

Lege eine Tabelle mit drei Spalten für die Schulform Gymnasium, andere Schulform, Gesamtzahl und drei Zeilen für deutsche Staatsbürgerschaft, andere Staatsbürgerschaft, Gesamtzahl an. Notiere in ihr die Angaben aus dem Zeitungsartikel und berechne anschließend weitere Zahlenangaben um die Tabelle zu vervollständigen. Erläutere das Ergebnis.

Lösung Im 1. Schritt entnehmen wir aus dem Zeitungstext die folgenden Daten:

Niedersachsen		besuchte Schulform		gesamt
		Gymnasium	andere Schulform	
Staatsbürgerschaft	deutsch	218 976		
	andere	6 402		26 275
gesamt				545 507

In einem 2. Schritt können wir weitere Zahlen in die Tabelle eintragen:
Gesamtzahl der Schüler an Gymnasien: 218 976 + 6 402 = 225 378
Gesamtzahl der Schüler mit deutscher Staatsbürgerschaft: 545 507 − 26 275 = 519 232
Wir können nun auch die Zahlen für die anderen Schulformen bestimmen:
Gesamtzahl der Schüler an einer anderen Schulform: 545 507 − 225 378 = 320 129
Anzahl der deutschen Schüler an einer anderen Schulform: 519 232 − 218 976 = 300 256
Anzahl der nicht deutschen Schüler an einer anderen Schulform: 320 129 − 300 256 = 19 873
Wir ergänzen dann die Tabelle um die berechneten Werte:

Niedersachsen		besuchte Schulform		gesamt
		Gymnasium	andere Schulform	
Staatsbürgerschaft	deutsch	218 976	300 256	519 232
	andere	6 402	19 873	26 275
gesamt		225 378	320 129	545 507

Der vollständig ausgefüllten Tabelle kann man entnehmen: Der Anteil der Schüler mit nichtdeutscher Staatsangehörigkeit beträgt an den Gymnasien nur $\frac{6\,402}{225\,378} \approx 0{,}03 = 3 = \frac{1}{35}$.

Information

Vierfeldertafel

In Aufgabe 1 haben wir statistische Daten über zwei Merkmale mit je zwei Möglichkeiten betrachtet.

Merkmal A:	besuchte Schulform
Möglichkeit a_1:	Gymnasium
Möglichkeit a_2:	andere Schulform

Merkmal B:	Staatsbürgerschaft
Möglichkeit b_1:	deutsch
Möglichkeit b_2:	andere Staatsbürgerschaft

Häufigkeiten zu solchen Daten kann man in einer Tabelle mit *vier inneren Feldern*, einer so genannten **Vierfeldertafel** notieren. In die inneren Felder der Vierfeldertafel wird eingetragen, wie oft bestimmte Kombinationen von Möglichkeiten vorkommen.

Für die einzelnen Möglichkeiten des Merkmals kann man Summen bilden, die in die *Randfelder* eingetragen werden. Schließlich wird in das Randfeld unten rechts die Gesamtzahl notiert.

		Merkmal B		gesamt
		b_1	b_2	
Merkmal A	a_1	r	s	r + s ····· Gesamtzahl bei Möglichkeit a_1
	a_2	t	u	t + u ····· Gesamtzahl bei Möglichkeit a_2
gesamt		r + t	s + u	r + s + t + u ····· Gesamtzahl

Gesamtzahl bei Möglichkeit b_1 Gesamtzahl bei Möglichkeit b_2

Durch die Angaben in den inneren Feldern ist eine Vierfeldertafel eindeutig festgelegt, d.h. alle anderen Felder (also: die Randfelder) lassen sich hieraus eindeutig berechnen.

Weiterführende Aufgabe

Vierfeldertafel mit relativen Häufigkeiten

2. Statt der absoluten Häufigkeiten kann man in einer Vierfeldertafel auch relative Häufigkeiten notieren. Bestimme eine solche Tabelle für die Daten aus Aufgabe 1.

Niedersachsen		Schulform		gesamt
		Gymnasium	andere	
Staatsbürgerschaft	deutsch			
	andere			
gesamt				100 %

Übungsaufgaben

3. Zu Schuljahresbeginn werden in einer Schule statistische Daten erhoben. Von den 333 Mädchen wohnen 167 im Schulort, von den 378 Jungen wohnen 159 im Schulort.
Welche weiteren Angaben lassen sich erschließen?
Stelle die Daten in Form einer Vierfeldertafel zusammen.

4. Eine Firma stellt Isolierglasscheiben sowohl mit einer Silberbeschichtung als auch mit einer Goldbeschichtung her. Diese Metallbeschichtung erhöht die Wärmereflexion und führt somit zu einer besseren Isolation.
Im Rahmen einer Qualitätskontrolle wurde festgestellt, dass 15 von 232 Glasscheiben mit Silberbeschichtung nicht in Ordnung waren. Bei den 167 mit Gold beschichteten Scheiben waren 9 fehlerhaft.
Erstelle mit diesen Daten eine Vierfeldertafel.

5. Für eine Schülerzeitung wurde eine Umfrage unter den 1180 Schülerinnen und Schülern einer Schule durchgeführt.

Ernährungsverhalten		vegetarisch		gesamt
		ja	nein	
Geschlecht	männlich	1,1 %	50,9 %	52,0 %
	weiblich	2,9 %	45,1 %	48,0 %
gesamt		4,0 %	96,0 %	100 %

a) Bestimme die zugehörige Vierfeldertafel mit absoluten Häufigkeiten.
b) Stellt euch abwechselnd gegenseitig Fragen zu Wahrscheinlichkeiten, die der Partner jeweils beantwortet.
c) Führt an eurer Schule eine ähnliche Umfrage durch. Wertet sie aus und vergleicht mit den obenstehenden Daten.

6. Die folgenden Vierfeldertafeln enthalten Informationen zur Zusammensetzung der Abteilungen eines Sportvereins nach Geschlecht (**m**ännlich, **w**eiblich) und Altersgruppe (**J**ugendliche, **E**rwachsene). Vervollständige die Vierfeldertafel, sofern möglich.

(1)
Schwimmen	m	w	gesamt
J		12	
E			34
gesamt	17		63

(3)
Tennis	m	w	gesamt
J		0,12	0,38
E			
gesamt	0,24		1

(2)
Rudern	m	w	gesamt
J		14	45
E		21	
gesamt	38		

(4)
Fußball	m	w	gesamt
J	55 %		63 %
E			37 %
gesamt			100 %

7. Wie viele Angaben sind in den mit einem Fragezeichen gekennzeichneten Feldern mindestens notwendig, um die Daten in der Vierfeldertafel vervollständigen zu können?

a)
		Merkmal B		gesamt
		b₁	b₂	
Merkmal A	a₁	?	?	
	a₂	?	?	
gesamt				145

b)
		Merkmal B		gesamt
		b₁	b₂	
Merkmal A	a₁	25 %		?
	a₂			?
gesamt		?	?	?

8. Erschließe aus dem Zeitungstext die Vierfeldertafel mit absoluten Häufigkeiten.
   a) Im Jahre 2011 waren 13,6 % der 7 916 913 Einwohner Niedersachsens unter 15 Jahre alt. Die Jungen unter 15 Jahren hatten damals einen Anteil von 14,1 % unter allen männlichen Einwohnern Niedersachsens, die Mädchen einen Anteil von 13,0 % unter den weiblichen Einwohnern.
   b) Im Jahre 2011 besaßen von den 7 916 913 Einwohnern Niedersachsens 7,1 % eine ausländische Staatsangehörigkeit. 49,3 % aller Einwohner waren Männer.
   Unter den Frauen hatten 93,3 % deutsche Staatsangehörigkeit.

4.2 Vierfeldertafeln und Zufallsexperimente

Einstieg

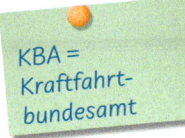
KBA = Kraftfahrt-bundesamt

Im zentralen Fahreignungsregister (FAER) des Kraftfahrt-Bundesamtes (KBA) in Flensburg werden Ordnungswidrigkeiten im Straßenverkehr in Form von „Punkten" festgehalten. Die Tabelle enthält Angaben über die Eintragungen des Jahres 2014.

Geschwindigkeitsüberschreitungen in geschlossenen Ortschaften			
Überschreitung	Bußgeld	Punkte	Fahrverbot
21-25 km/h	80 €	1	nein
26-30 km/h	100 €	1	u. U.
31-40 km/h	160 €	2	ja
41-50 km/h	200 €	2	ja
51-60 km/h	280 €	2	ja
61-70 km/h	480 €	2	ja
> 70 km/h	680 €	2	ja

Punkte in Flensburg				
		männlich	weiblich	gesamt
Alter	bis 24	7,0 %	2,4 %	9,4 %
	ab 25	70,2 %	20,4 %	90,6 %
gesamt		77,2 %	22,8 %	100 %

Eine im letzten Jahr im zentralen Fahreignungsregister eingetragene Person wird zufällig ausgewählt. Die Vierfeldertafel liefert Wahrscheinlichkeiten für zwei zweistufige Zufallsexperimente:
(1) Zunächst wird das Alter bestimmt und dann das Geschlecht.
(2) Zunächst wird das Geschlecht bestimmt und dann das Alter.
Zeichnet für beide Zufallsexperimente das zugehörige Baumdiagramm. Gebt die darin enthaltenen Informationen mit Worten wieder.

Aufgabe 1

Mathematische Kompetenz nicht nur an Gymnasien
Unter den 15-jährigen Schülern in Deutschland, die kein Gymnasium besuchen, sind mehr leistungsstarke Mathematiker als erwartet. Dieses Ergebnis weist die 2009 durchgeführte PISA-Studie aus.

15-jährige Schüler, die an der Erhebung zu PISA 2009 teilnahmen	an Gymnasien	an anderen Schulformen	insgesamt
eher leistungsschwach in Mathematik (PISA-Kompetenzstufen I - III)	424	2 413	2 837
eher leistungsstark in Mathematik (PISA-Kompetenzstufen IV - VI)	1 470	672	2 142
gesamt	1 894	3 085	4 979

a) Aus den Daten der PISA-Studie soll auf andere 15-jährige Schüler geschlossen werden.
   Es wird dazu ein 15-jähriger Schüler zufällig ausgewählt.
   Gib eine Prognose, mit welcher Wahrscheinlichkeit der ausgewählte Schüler
   (1) eine andere Schulform als das Gymnasium besucht,
   (2) eher leistungsstark ist,
   (3) eher leistungsschwach ist und ein Gymnasium besucht.
b) Betrachtet man einen zufällig ausgewählten Schüler, so kann man z. B. zuerst feststellen, ob er ein Gymnasium besucht, und dann, wie leistungsstark er im Fach Mathematik ist. Man kann aber auch in der anderen Reihenfolge vorgehen und erst feststellen, wie leistungsstark er im Fach Mathematik ist, und dann, ob er ein Gymnasium besucht.
Die Daten aus der Vierfeldertafel mit relativen Häufigkeiten lassen sich daher auf zwei Arten in Form von Baumdiagrammen darstellen. Zeichne beide Baumdiagramme einschließlich aller Wahrscheinlichkeiten.

Lösung

a) Mithilfe der Laplace-Regel bestimmen wir den Anteil der Schüler mit der interessierenden Eigenschaft:
(1) Da der Anteil der 15-jährigen Schüler bei der PISA-Studie, die kein Gymnasium besuchen, $\frac{3085}{4979} \approx 62{,}0\,\%$ beträgt, stellen wir die Prognose auf, dass ein zufällig ausgewählter 15-jähriger Schüler mit einer Wahrscheinlichkeit von 62,0 % kein Gymnasium besucht.
(2) Analog zu (1) ergibt sich als Wahrscheinlichkeit dafür, dass ein zufällig ausgewählter 15-jähriger Schüler eher leistungsstark ist, ein Wert von $\frac{2142}{4979} \approx 43{,}0\,\%$.
(3) Die Wahrscheinlichkeit dafür, dass ein zufällig ausgewählter 15-jähriger Schüler eher leistungsschwach in Mathematik ist und ein Gymnasium besucht, beträgt $\frac{424}{4979} \approx 8{,}5\,\%$.

b)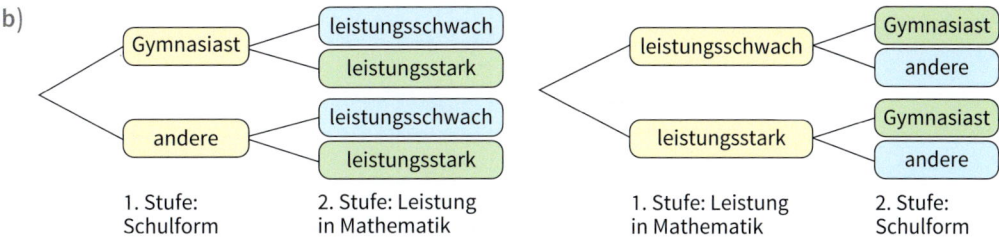

Die Tabelle enthält Informationen zu den Merkmalen *Schulform* (Gymnasiast oder andere) und *Mathematikleistung* (leistungsschwach oder leistungsstark). Man kann erst das eine, dann das andere Merkmal auf den beiden Stufen des Baumdiagramms betrachten.
Die *Pfadwahrscheinlichkeiten* kann man unmittelbar den inneren Feldern der Tabelle entnehmen, z. B.:
P(Gymnasiast und leistungsschwach) = 8,5 % = 0,085.
Die Wahrscheinlichkeit *längs* der Pfade lesen wir für die 1. Stufe in den Randfeldern der Tabelle ab, z. B. für das Baumdiagramm oben:
P(Gymnasiast) = 38,0 %.
Für die Wahrscheinlichkeiten der 2. Stufe des Baumdiagramms, müssen wir beachten, dass sich durch die 1. Stufe eine neue Grundgesamtheit ergibt.
Wählt man als Ergebnis auf der 1. Stufe, dass ein Schüler ein Gymnasium besucht, so muss z. B. auf der 2. Stufe die Wahrscheinlichkeit dafür berechnet werden, dass ein solcher Schüler leistungsschwach ist. Dafür gibt es zwei Wege:
1. Weg: Berechnung mit den absoluten Häufigkeiten
424 von 1 894 Gymnasialschülern sind leistungsschwach. Ihr Anteil beträgt $\frac{424}{1894} \approx 22{,}4\,\%$.
2. Weg: Berechnung mit den relativen Häufigkeiten
38,0 % der betrachteten Schüler besuchen ein Gymnasium; 8,5 % besuchen ein Gymnasium und waren eher leistungsschwach in Mathematik. Dies entspricht einem Anteil von $\frac{8{,}5\,\%}{38{,}0\,\%} \approx 0{,}224$.

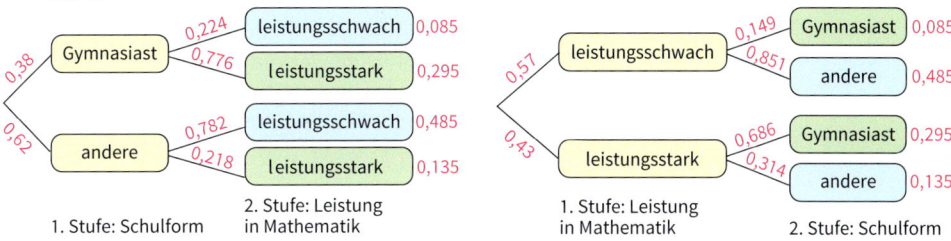

Entsprechend erhält man die übrigen Wahrscheinlichkeiten der 2. Stufe in beiden Baumdiagrammen. Wir verwenden dabei die direkt aus den absoluten Häufigkeiten berechneten Werte, da diese in der Regel nicht gerundet, also genauer sind.

Information

Vierfeldertafeln und Baumdiagramme

In Vierfeldertafeln werden statistische Daten über zwei Merkmale mit je zwei Ausprägungen festgehalten. Die Anteile, die sich aus diesen Daten ergeben, liefern Wahrscheinlichkeiten für Prognosen bezüglich der zufälligen Auswahl eines Merkmalsträgers aus der Gesamtheit.
Zu jeder Vierfeldertafel kann man zwei zweistufige Zufallsexperimente angeben.
Auf der 1. Stufe untersuchen wir, mit welcher Wahrscheinlichkeit die eine bzw. die andere Möglichkeit des zuerst betrachteten Merkmals auftreten wird.
Auf der 2. Stufe wird dann dargestellt, mit welchen Wahrscheinlichkeiten die Möglichkeiten des anderen Merkmals auftreten.

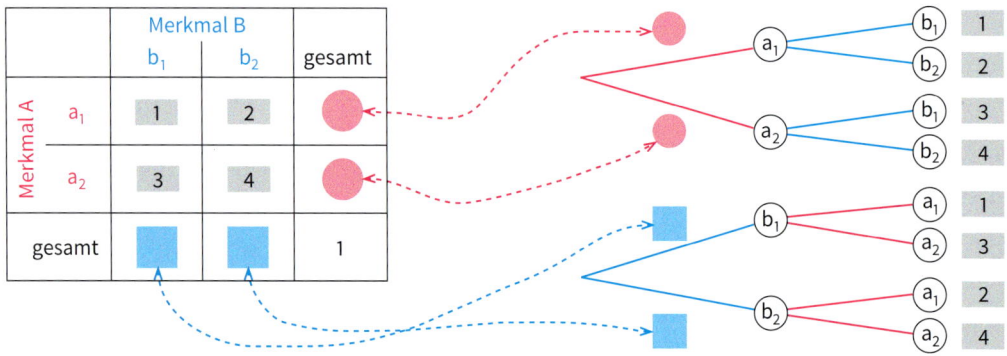

Die Pfadwahrscheinlichkeiten kann man den inneren Feldern der Vierfeldertafel mit relativen Häufigkeiten entnehmen. Nach der Pfadmultiplikationsregel ergeben sie sich auch als Produkt der Wahrscheinlichkeiten längs eines Pfades.

Übungsaufgaben

2. a) Zeichne die beiden Baumdiagramme, die zu der Vierfeldertafel gehören.

b) Entnimm den Baumdiagrammen Aussagen, die du zu einem Zeitungsartikel zusammenstellst.

Teilzeit im Vormarsch

Immer mehr Berufstätige in Deutschland haben einen Teilzeitjob. Ein Blick in die Statistik zeigt, dass Teilzeitarbeit nach wie vor eine Frauendomäne ist.

		weiblich	männlich	gesamt
Beschäftigung	Vollzeit	21,9 %	44,0 %	65,9 %
	Teilzeit	23,4 %	10,7 %	34,1 %
gesamt		45,3 %	54,7 %	100,0 %

3. Im Baumdiagramm unten ist die Aufteilung der Lehrerschaft nach dem Geschlecht (**m**ännlich, **w**eiblich) und nach dem Alter (unter 55 Jahren; mindestens 55 Jahre) angegeben. Erstelle die zugehörige Vierfeldertafel.

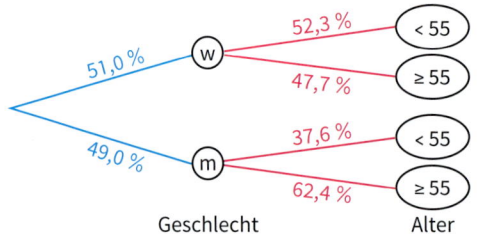

Immer mehr Lehrerinnen am Gymnasium

Der Anteil der Frauen im Lehrpersonal der Gymnasien hat kontinuierlich zugenommen. Mittlerweile sind auch in der Schulform Gymnasium mehr Frauen als Männer tätig.

4.2 Vierfeldertafeln und Zufallsexperimente

4. Bei Kontrollen der Polizei an 64 Fahrrädern in der Dietrich-Thurau-Schule hat man Folgendes festgestellt:

	Bremsleistung in Ordnung	Bremsleistung eingeschränkt	Gesamt
Licht funktioniert	42	8	50
Licht funktioniert nicht	10	4	14
Gesamt	52	12	64

a) Um Wahrscheinlichkeiten für das Auftreten solcher Mängel schätzen zu können, ist es meist günstiger, die relativen Häufigkeiten anzugeben. Stelle eine Vierfeldertafel mit den relativen Häufigkeiten auf.
b) Die Fahrrad-AG möchte sich selbst ein Bild machen. Die Mitglieder wählen zufällig ein Fahrrad aus dem Fahrradständer. Bestimme die Wahrscheinlichkeit, mit der
   (1) die Bremsleistung in Ordnung ist;
   (2) das Licht nicht funktioniert;
   (3) sowohl das Licht nicht funktioniert als auch die Bremsleistung eingeschränkt ist.
c) Die Fahrrad-AG kontrolliert zuerst die Bremse und stellt eine eingeschränkte Bremsleistung fest. Bestimme die Wahrscheinlichkeit dafür, dass bei diesem Fahrrad auch noch das Licht nicht funktioniert. Erstelle das Baumdiagramm.

Neue Bundesländer seit 1989
Mecklenburg-Vorpommern
Brandenburg
Sachsen
Sachsen-Anhalt
Thüringen
Ost-Berlin

5. ## Zusammenleben ohne Trauschein
Die Anzahl der nichtehelichen Lebensgemeinschaften hat sich in den letzten 10 Jahren in Westdeutschland verdoppelt. Dieses Ergebnis weist eine kürzlich durchgeführte Studie aus.

Nichteheliche Lebensgemeinschaften	mit Kindern	ohne Kinder	gesamt
früheres Bundesgebiet (ohne Berlin)	484 000	1 367 000	1 851 000
Neue Länder (einschließlich Berlin)	306 000	351 000	657 000
gesamt	790 000	1 718 000	2 508 000

a) Im Zeitungsartikel oben sind in der Tabelle absolute Häufigkeiten angegeben. Vergleiche mit anderen Jahren sind einfacher, wenn man relative Häufigkeiten betrachtet. Erstelle eine Tabelle mit den relativen Häufigkeiten.
b) Für eine weitere Studie sollen nichteheliche Lebensgemeinschaften zufällig ausgewählt werden. Wir betrachten *eine* solche zufällig ausgewählte Lebensgemeinschaft. Gib eine Prognose, mit welcher Wahrscheinlichkeit die ausgewählte Lebensgemeinschaft
   (1) in den Neuen Bundesländern einschließlich Berlin lebt,
   (2) eine solche mit Kindern ist,
   (3) eine solche ohne Kinder aus dem früheren Bundesgebiet ohne Berlin ist.
c) Betrachtet man eine zufällig ausgesuchte nichteheliche Lebensgemeinschaft, so kann man z. B. zuerst feststellen, ob sie Kinder hat, und dann, woher sie kommt. Man kann aber auch in der anderen Reihenfolge vorgehen und erst feststellen, woher sie kommt, und dann, ob sie Kinder hat.
Die Daten aus der Tabelle mit relativen Häufigkeiten lassen sich daher auf zwei Arten in Form von Baumdiagrammen darstellen. Zeichne beide einschließlich aller Wahrscheinlichkeiten.

6. Das Kraftfahrt-Bundesamt veröffentlicht regelmäßig Daten über die Kraftfahrzeuge in Deutschland.
Berechne die Wahrscheinlichkeit dafür, dass von den neu zugelassenen Kraftfahrzeugen

Kfz-Neuzulassungen im Jahr 2015	Euro 5	Euro 6
Benzin-Motor	384 720	1 223 877
Diesel-Motor	445 414	1 091 096
Gesamt	830 134	2 314 973

a) ein zufällig ausgewähltes einen Benzin-Motor mit Euro-6-Norm hat;
b) ein zufällig ausgewähltes einen Benzin-Motor hat;
c) ein zufällig aus den Fahrzeugen mit Benzin-Motor ausgewähltes der Euro-6-Norm genügt;
d) ein zufällig aus den Euro-6-Fahrzeugen ausgewähltes einen Benzin-Motor hat.

7. Zeige, dass die beiden Artikel auf denselben statistischen Daten beruhen. Beachte, dass durch Runden kleinere Abweichungen entstehen können. Auf welche Veränderungen wollten die Autoren der beiden Artikel besonders aufmerksam machen?

Abiturientenzahlen steigen

32 % der jungen Erwachsenen, die ihre Schulzeit beendet haben, erreichen heutzutage die allgemeine Hochschulreife. Bei 45 % dieser Jugendlichen hatte auch mindestens ein Elternteil diesen Schulabschluss. Unter den übrigen Jugendlichen hatten 10 % mindestens ein Elternteil, das das Abitur geschafft hatte.

Unterschiedliche Bildungschancen

67 % der Kinder, bei denen mindestens ein Elternteil die allgemeine Hochschulreife erreicht hatte, schaffen selbst das Abitur. 78 % der Kinder, deren Eltern ohne diesen höchsten schulischen Abschluss waren, erreichten diesen ebenfalls nicht. Die Abiturientenquote in der Elterngeneration betrug 21 %.

8. Lies die beiden Zeitungsartikel zur theoretischen Führerscheinprüfung.
Zeige dann, dass beide Zeitungsartikel auf Daten beruhen, die zur selben Vierfeldertafel gehören. Durch Runden können kleinere Abweichungen entstehen.

Anmeldung zur theoretischen Führerscheinprüfung

75 % der Anmeldungen zur theoretischen Führerscheinprüfung erfolgen als Erstmeldungen. Von diesen Prüfungen gehen 73 % erfolgreich aus, während 43 % der Kandidaten, die zur Wiederholungsprüfung antreten, auch bei dieser Prüfung durchfallen.

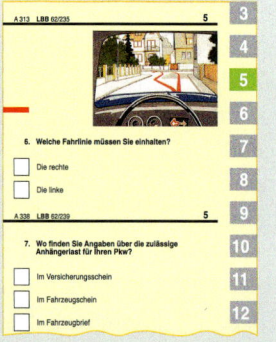

31 % der Prüflinge fallen durch die theoretische Führerscheinprüfung

31 % der Prüflinge bestehen die theoretische Führerscheinprüfung nicht; von diesen hatten es 34 % schon vorher mindestens einmal vergeblich versucht. Unter den erfolgreichen Kandidaten sind immerhin 20 %, die vorher schon einmal durchgefallen waren.

4.3 Umkehren von Baumdiagrammen

Einstieg

Tuberkulose

Tuberkulose (kurz TBC) ist weltweit immer noch eine der gefährlichsten Infektionskrankheiten. Bis in die 90er-Jahre wurden in Deutschland Röntgen-Reihenuntersuchungen durchgeführt.
Dabei wurde festgestellt, ob Schatten auf der Lunge zu sehen waren. Als der Anteil der Erkrankten aber auf unter 0,2 % gesunken war und die Gefährdung durch zu häufige Belastung des Körpers durch Röntgenstrahlungen in den Blick geriet, wurde die flächendeckende Reihenuntersuchung eingestellt.
Ein weiterer Gesichtspunkt war in diesem Zusammenhang der sehr hohe Anteil von 30 % falsch-negativer Befunde und der nicht zu übersehende Anteil von 2 % falsch-positiver Befunde.

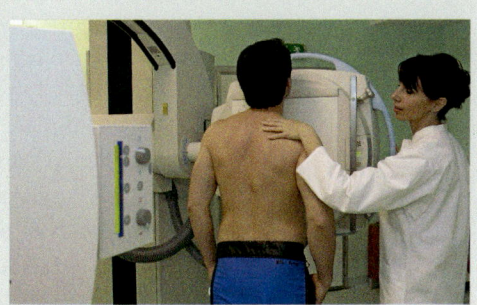

a) Erläutert, was mit „falsch-negativen" und „falsch-positiven" Befunden gemeint ist.
b) Stellt für einen Anteil von 0,2 % Tuberkulose-Kranken unter den Testteilnehmern die Informationen in einem Baumdiagramm dar.
c) Welche Informationen kann man dem umgekehrten Baumdiagramm entnehmen?

Aufgabe 1

Sicherheit eines medizinischen Tests

Diabetes (mellitus), umgangssprachlich Zuckerkrankheit, ist eine chronische Stoffwechselkrankheit, bei der zu wenig Insulin in der Bauchspeicheldrüse produziert wird. Dies führt zu einer Störung des Kohlehydrat-, aber auch des Fett- und Eiweißstoffwechsels. Zur Untersuchung, ob jemand an Diabetes erkrankt ist, wird ein so genannter Glukosetoleranztest durchgeführt.
Der Arzt gibt dem Patienten eine genau bemessene Zuckerwassermenge zu trinken und prüft damit nach einer kurzen Wartezeit die Blutzuckerwerte.

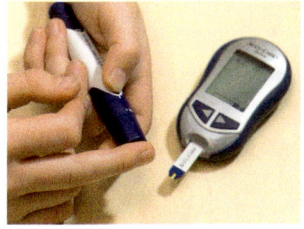

Aufgrund von umfangreichen Untersuchungen hat man folgende Erfahrungswerte gefunden:
- Bei Personen, die an Diabetes erkrankt sind, reagiert der Test in 72 % der Fälle („positiv").
- Bei Personen, die nicht an Diabetes erkrankt sind, zeigt sich in 73 % der Fälle keine Reaktion („negativ").
- Eine Person, die schon weiß, dass sie an Diabetes erkrankt ist, wird den Glukosetoleranztest nicht durchführen. Betrachtet man nur die Personen, die nicht wissen, ob sie an Diabetes erkrankt sind oder nicht, so schätzt man, dass darunter 1 % Diabetiker sind.

Was bedeutet es, wenn bei einer Vorsorgeuntersuchung ein „positiver" Befund festgestellt wird? Mit welcher Wahrscheinlichkeit ist diese Person tatsächlich an Diabetes erkrankt? Warum erscheint das Ergebnis unserer Rechnung paradox? Wie brauchbar ist der Glukosetoleranztest?

Lösung

Das Vorliegen der Erkrankung an Diabetes und das Durchführen des Glukose-Toleranztests können wir als zweistufiges Zufallsexperiment auffassen.

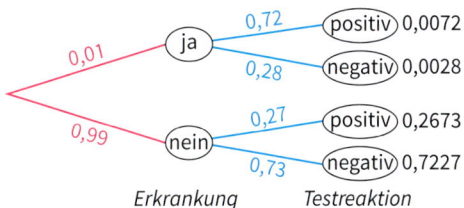

Wir stellen uns vor, dass der Schnelltest beispielsweise an 10 000 (nichts ahnenden) Patienten durchgeführt wird, und übertragen die Informationen aus der Aufgabenstellung in eine Tabelle:

1 % von 10 000 Personen, also 100, leiden an Diabetes. Bei 72 % dieser Diabetiker, also bei 72 Personen, reagiert der Test positiv.
Bei 73 % der 9 900 Personen, die nicht an Diabetes leiden, also bei 7 227 Personen, reagiert der Test negativ. Die übrigen Daten ergänzen wir durch Summen- und Differenzbildung.

	Diabetiker		gesamt
	ja	nein	
Test positiv	72	2 673	2 745
Test negativ	28	7 227	7 255
gesamt	100	9 900	10 000

Wir lesen an der Tabelle ab:
Bei 10 000 Patienten wird der Test ungefähr 2 745-mal positiv ausgehen; von diesen sind aber tatsächlich nur ca. 72 krank – das sind gerade einmal $\frac{72}{2745} \approx 0{,}026 = 2{,}6\,\%$.
Andererseits sind ungefähr 7 227 von 7 255 Patienten mit negativem Testergebnis nicht an Diabetes erkrankt – das sind immerhin $\frac{7227}{7255} \approx 0{,}996 = 99{,}6\,\%$.
Der Glukose-Toleranztest ist also in einer Hinsicht brauchbar: Wenn das Testergebnis negativ ist, kann man fast sicher davon ausgehen, dass die Person nicht an Diabetes erkrankt ist.
Die berechnete Wahrscheinlichkeit von 2,6 % steht nur im scheinbarem Widerspruch zur „Sicherheit" des Testverfahrens. Die große Anzahl von falschen Testergebnissen (2 673 von 10 000) bei einer großen Anzahl von nichterkrankten Personen (9 900 von 10 000) führt zu diesem paradox erscheinenden Ergebnis, weil die Anzahl der erkrankten Personen (glücklicherweise) vergleichsweise klein ist: nur 100 von 10 000.

Information

(1) Abschätzen von Chancen und Risiken bei Rückschlüssen
In Aufgabe 1 war über ein medizinisches Testverfahren bekannt, mit welcher Wahrscheinlichkeit bei einer erkrankten Person ein positives Testergebnis zu erwarten ist. Um zu erfahren, wie brauchbar das Testverfahren ist, benötigen wir aber eine Information darüber, mit welcher Wahrscheinlichkeit eine getestete Person tatsächlich krank ist, wenn das Testverfahren ein positives Ergebnis liefert bzw. mit welcher Wahrscheinlichkeit eine getestete Person tatsächlich nicht krank ist, wenn das Testverfahren eine negative Testreaktion gezeigt hat.

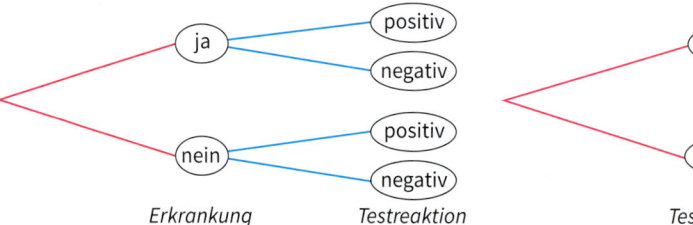

Die Teilnahme am Test ist ein zweistufiges Zufallsexperiment, bei dem auf der 1. Stufe das Vorliegen der Erkrankung betrachtet wird und dann abhängig davon auf der 2. Stufe die Testreaktion.

Beim Folgern aus einem Testergebnis ist es umgekehrt: Die Testreaktion erfolgt auf der 1. Stufe dieses Zufallsexperiments und abhängig davon die Folgerung auf das Vorliegen einer Erkrankung dann auf der 2. Stufe.

Die Wahrscheinlichkeiten für das zweite Baumdiagramm können wir am einfachsten bestimmen, wenn wir die absoluten Häufigkeiten in großen Grundgesamtheiten schätzen und diese übersichtlich in einer Vierfeldertafel notieren. Aus dieser Vierfeldertafel kann man dann auf die interessierenden Wahrscheinlichkeiten „zurück"-schließen, um so die Chancen und Risiken des Testverfahrens abschätzen zu können.

(2) Umkehren von Baumdiagrammen

Die Wahrscheinlichkeit für das Vorliegen einer Erkrankung bei einem positiven Testergebnis kann man auch direkt aus bekannten Wahrscheinlichkeiten berechnen, ohne Schätzwerte für absolute Häufigkeiten zu verwenden.

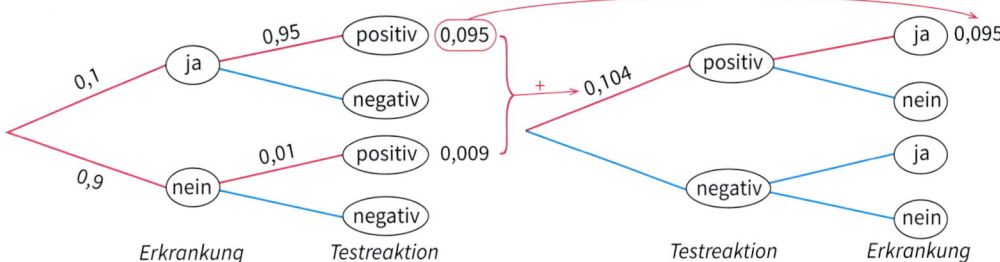

Aus dem linken Baumdiagramm kann man die Wahrscheinlichkeit berechnen, dass ein Testteilnehmer ein positives Testergebnis erhält, indem man die Wahrscheinlichkeiten der beiden Pfade zu diesem Ergebnis addiert. Diese Wahrscheinlichkeit erscheint im rechten Diagramm auf der 1. Stufe.

Die Wahrscheinlichkeit des Pfades (positiv|ja) stimmt mit der Wahrscheinlichkeit des Pfades (ja|positiv) im linken Baumdiagramm überein.

Daher kann man die gesuchte Wahrscheinlichkeit als Quotient ermitteln.

$$p(\text{Erkrankung, falls Test positiv}) = \frac{p(\text{ja}|\text{positiv})}{p(\text{positive Testreaktion})}$$

Im Beispiel oben gilt:

$$p(\text{Erkrankung, falls Test positiv}) = \frac{0{,}095}{0{,}104} \approx 0{,}913 = 91{,}3\,\%$$

Weiterführende Aufgabe

Gefahr der Verwechslung von Wahrscheinlichkeiten

2. Bei einer Wahl wurde Partei A vor allem von jüngeren Wählern gewählt. Eine repräsentative Befragung am Wahltag ergab die folgenden Daten.

		Wähler von		gesamt
		Partei A	sonstige Parteien	
Altersgruppe	unter 30 Jahre	4,5 %	13,5 %	18,0 %
	30 Jahre und älter	7,5 %	74,5 %	82,0 %
gesamt		12,0 %	88,0 %	100,0 %

Welche Schlagzeile für eine Zeitungsmeldung ist richtig?

(1) Jeder vierte Wähler der Partei A ist unter 30.

(2) Jeder vierte Wähler unter 30 entscheidet sich für Partei A.

Information

Bei der Angabe von Wahrscheinlichkeiten muss man genau angeben, ob sie sich auf die ganze Grundgesamtheit oder nur auf eine Teilmenge davon beziehen.

Übungsaufgaben

3. Diagnose Scharlach - hat der Test immer Recht?

Scharlach ist eine hoch ansteckende Krankheit, die durch Streptokokken ausgelöst wird. Sie tritt häufig bei Kindern zwischen 4 bis 7 Jahren auf. Typische Symptome sind Fieber, Rachenentzündung und oft auch ein tiefroter Ausschlag. Behandelt wird Scharlach auch wegen möglicher Spätkomplikationen mit Antibiotika. Um möglichst schnell mit der Behandlung beginnen zu können, werden zur Diagnose Schnelltests eingesetzt. Aber wie sicher ist das? Nach Herstellerangaben zeigt solch ein Test bei einer tatsächlich vorhandenen Streptokokkeninfektion diese in 98 % der Fälle auch an. Was aber ist mit den Patienten, die einfach nur eine Erkältung haben? Leider zeigt der Test auch bei Patienten ohne Streptokokkeninfektion in 3 % der Fälle fälschlicherweise eine solche Infektion an.

Nehmen wir an, dass 0,5 % der Kinder zwischen 4 und 7 Jahren in einer Stadt sich tatsächlich mit Scharlach infiziert hätten. In der Stadt gibt es 16 000 Kinder des fraglichen Alters.
a) Bei einem Kind mit Verdacht auf Scharlach wird der Test durchgeführt und er diagnostiziert Scharlach (positives Testergebnis). Wie groß ist die Wahrscheinlichkeit einer tatsächlichen Streptokokkeninfektion bei positivem Testergebnis?
b) Bei einem anderen Kind zeigt der Test keine Streptokokkeninfektion an (negatives Testergebnis). Wie groß ist die Wahrscheinlichkeit, dass das Kind trotzdem erkrankt ist?
c) Untersuche, wie sich die Wahrscheinlichkeiten verändern, wenn man davon ausgeht, dass nur Kinder mit Fieber und Halsschmerzen den Test machen. 98 % aller Kinder der Stadt sind völlig gesund, zeigen keinerlei Symptome und gehen deshalb auch gar nicht zum Arzt.

4. Herzinfarkt-Schnelltest

BERLIN Jeder Arzt, der gelegentlich Notdienst macht, kennt es: Er wird zu einem Patienten gerufen, der über Brustschmerzen klagt. Die Diagnose „Herzinfarkt" zu stellen ist vor Ort oft schwierig. Ein EKG ist nicht immer verfügbar oder ist bei der Auswertung nicht eindeutig. Eine Diagnose wäre aber hilfreich, um schneller lebensrettende Maßnahmen einzuleiten. Ein Arzt möchte aber auch unnötige Krankenhauseinweisungen vermeiden - schließlich ist bekannt, dass lediglich bei jedem fünften Verdachtsfall ein Herzinfarkt vorliegt.

Sensitivität (lat.)
(Über-)Empfindlichkeit

Spezifität
Eigentümlichkeit, Besonderheit

Der Hersteller eines Herzinfarkt-Schnelltests, der innerhalb von 20 Minuten eine Diagnose liefert, gibt an, dass ein Herzinfarkt in 96 % der Fälle erkannt wird. (Der Wert wird als „Sensitivität" des Tests bezeichnet.) Falls kein Herzinfarkt vorliegt, wird dies in 98 % der Fälle richtig erkannt. (Dieser Wert wird als „Spezifität" des Tests bezeichnet).
a) Stelle die Daten in einem Baumdiagramm dar und bestimme die Vierfeldertafel.
b) Mit welcher Wahrscheinlichkeit kann der Arzt bei einem positiven Test davon ausgehen, dass beim Patienten ein Infarkt vorliegt?
c) Mit welcher Wahrscheinlichkeit kann der Arzt bei einem negativen Test davon ausgehen, dass beim Patienten kein Infarkt vorliegt?

5. In einer Studie wurde mit schwangeren und nichtschwangeren Frauen ein Schwangerschafts-Schnelltest durchgeführt. Als Wahrscheinlichkeit für eine vorliegende Schwangerschaft wurde 2 % angenommen. Der Test hatte eine Sensitivität von 100 % und eine Spezifität von 99,5 %.
a) Stelle die Daten in einem Baumdiagramm dar.
b) Wie groß ist bei einem positiven Testergebnis die Wahrscheinlichkeit, schwanger zu sein?

4.3 Umkehren von Baumdiagrammen

Übungsaufgaben

6. Die Testverfahren zum Nachweis der HIV-Infektion haben mittlerweile eine hohe Sicherheit: Bei 99,9 % der tatsächlich Infizierten erfolgt eine positive Testreaktion (d. h. nur bei 0,1 % der Infizierten versagt der Test). Allerdings zeigt der Test auch irrtümlich eine positive Reaktion bei 0,2 % der Nichtinfizierten.
   a) Man schätzt, dass 0,1 % der Testteilnehmer in Deutschland HIV-infiziert sind. Berechne die Wahrscheinlichkeit für das Vorliegen einer Infektion, wenn der Test bei einer Person positiv ausgeht.
   Wie sicher können sich Personen mit negativem Testergebnis fühlen?
   Überlege, welche Folgerungen sich ergeben würden, wenn man dieses Testverfahren bei einer Million zufällig ausgewählter Personen anwenden würde.
   b) Wenn ein HIV-Test positiv verlaufen ist, wird der Test bei der betreffenden Person noch einmal durchgeführt. Was bedeutet es nun, wenn zweimal hintereinander eine positive Testreaktion erfolgte (Ereignis „pp")? Vervollständige das nebenstehende Baumdiagramm.
   Gib das Rechenergebnis in Worten wieder.

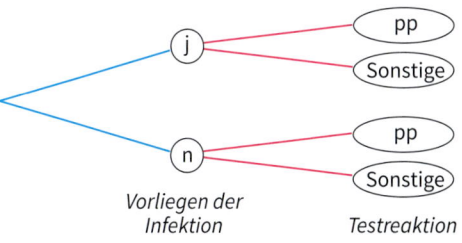

7. Herr Gärtner ist empört: Sein Zaun wurde gestern Nacht umgefahren. Er hat genau gesehen, dass es sich um ein Kurierfahrzeug gehandelt hat und er ist der Meinung, es sei weiß gewesen. Nach den Ermittlungen der Polizei kommen nur zwei Kurierdienste in Frage: „Der weiße Blitz" mit weißen Fahrzeugen und „Der graue Express" mit grauen Fahrzeugen. Die Leute vom „Weißen Blitz" behaupten, es müsse das Konkurrenzunternehmen gewesen sein, denn in der Dunkelheit könne man die Fahrzeuge leicht verwechseln. Und tatsächlich ermittelt ein Gutachter, dass Herr Gärtner nur in 80 % aller Fälle die Fahrzeugfarbe korrekt erkennt.
   a) Kommissar Zugriff meint, 80 % seien genug, es müsse wohl jemand vom „Weißen Blitz" gewesen sein. Was meinst du dazu?
   b) Kriminalassistent Vorsicht ermittelt, dass der „Weiße Blitz" nur 10 Fahrzeuge besitzt, die Konkurrenz allerdings 50. Ermittle, welche Wahrscheinlichkeit nun für den „Weißen Blitz" spricht.
   c) Erkläre den scheinbaren Widerspruch.

8. Bei der Warenausgabe einer Fabrik, die Elektronikbauteile fertigt, werden Kontrollmessungen durchgeführt. Bauteile, die nicht vollständig funktionstüchtig sind, werden zu 95 % als solche erkannt. Allerdings kommt es auch in 2 % der Fälle vor, dass wegen eines Messfehlers funktionstüchtige Bauteile irrtümlich als nicht funktionstüchtig angezeigt werden. Erfahrungsgemäß sind 90 % der produzierten Bauteile in Ordnung.
   a) (1) Ein zufällig herausgegriffenes Bauteil wird als fehlerhaft angezeigt.
       Mit welcher Wahrscheinlichkeit ist es tatsächlich nicht zu gebrauchen?
   (2) Ein zufällig herausgegriffenes Bauteil wird als funktionstüchtig angezeigt.
       Mit welcher Wahrscheinlichkeit ist es tatsächlich zu gebrauchen?
   b) Um die Fehlerquote zu senken, wird die Kontrollmessung von einer unabhängig arbeitenden Person wiederholt. Mit welcher Wahrscheinlichkeit ist ein zweifach als fehlerhaft angezeigtes Bauteil auch tatsächlich nicht funktionstüchtig bzw. ist ein zweifach als funktionstüchtig angezeigtes Bauteil tatsächlich in Ordnung?

9. a) **Dopingkontrollen in Verruf**

Nachdem in den letzten Jahren des Öfteren Sportler aus verschiedenen sportlichen Disziplinen nach Dopingkontrollen irrtümlich des Dopings verdächtigt worden sind, ist eine heftige Diskussion um die herkömmlichen Testverfahren entbrannt. Bei einer Dopingkontrolle muss ein Sportler einen Becher Urin abgeben, der daraufhin auf verbotene Substanzen getestet wird. Es gibt verschiedene Testverfahren mit unterschiedlicher Spezifität und Sensitivität. Für ein Testverfahren gilt beispielsweise: Bei 96 % der tatsächlich gedopten Sportler zeigt der Test dies auch an, man spricht von einem positiven Befund. Allerdings zeigt der Test auch irrtümlich einen positiven Befund bei 2 % der Sportler an, die sich korrekt verhalten haben.

Der Anteil an Sportlern, die unerlaubte Mittel zur Leistungssteigerung einnehmen, hängt auch von der Sportart ab. Angenommen, innerhalb des Jahres müssen sich 5 000 Sportler einer bestimmten Sportart der Dopingkontrolle unterziehen und 0,5 % davon haben gedopt.

(1) Über wie viele Sportler wird ein Fehlurteil abgegeben? Berechne auch die Wahrscheinlichkeit dafür.

(2) Wie groß ist die Wahrscheinlichkeit, dass ein Sportler zu Unrecht des Dopings bezichtigt wird? Erläutere, wieso die Wahrscheinlichkeit so hoch ist.

(3) Wie groß ist die Wahrscheinlichkeit, dass ein nicht gedopter Sportler auch ein negatives Testergebnis erhält?

b) Aufgrund der oben beschriebenen Testungenauigkeiten geben Sportler und Sportlerinnen bei einer Dopingkontrolle immer eine A- und eine B-Probe ab. Ist die A-Probe positiv, wurde somit eine verbotene Dopingsubstanz nachgewiesen, wird im Anschluss daran der betroffene Sportverband benachrichtigt, der mit dem Labor und dem betroffenen Sportler einen Termin für die Analyse der B-Probe vereinbart. Ist die B-Probe auch positiv, gilt der Sportler als gedopt, ansonsten ist er in der Regel von den Dopingvorwürfen entlastet. Die beiden Proben finden somit unabhängig voneinander statt.

(1) Erkläre und ergänze das Baumdiagramm rechts.

(2) Wie groß ist die Wahrscheinlichkeit, dass ein gedopter Sportler tatsächlich des Dopings überführt wird und dabei bei beiden Proben kein Fehler gemacht wird?

(3) Stelle deinem Sitznachbarn weitere Fragen zur Aufgabe.

Das kann ich noch!

A) Berechne den Flächeninhalt der Figuren.

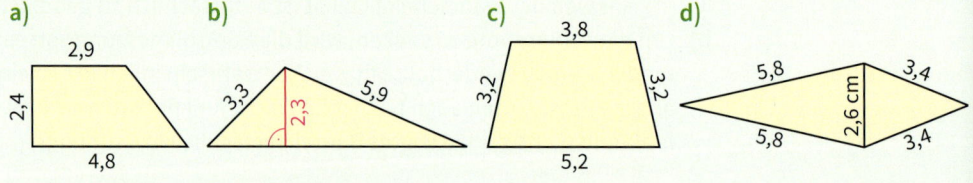

Im Blickpunkt

Paradox erscheinende Wahrscheinlichkeiten

Fernsehshows – eine Frage von Wahrscheinlichkeit!

1. Die amerikanische Fernsehshow „Let's make a deal" steuert ihrem Höhepunkt entgegen. Gelingt es dem Kanidaten, das Luxusauto zu gewinnen? Der Showmaster zeigt auf drei Türen. Welche Tür soll der Kandidat auswählen: Hinter einer der Türen steht ein Luxuswagen, hinter zwei Türen steht jeweils eine Ziege als Zeichen für die verlorene Wette. Der Kandidat zeigt auf eine der Türen. Der Showmaster reagiert zunächst nicht, öffnet dann aber plötzlich eine der beiden anderen Türen. Hinter dieser geöffneten Tür steht natürlich nicht das Auto, sondern eine meckernde Ziege. Hat es der Kandidat jetzt leichter? Hat sich seine Gewinnwahrscheinlichkeit erhöht? Soll er sich neu entscheiden oder bei seinem ersten Tipp bleiben?

In der Kolumne „Ask Marilyn" der amerikanischen Zeitschrift *Parade* erklärte die Journalistin *Marilyn vos Savant*, dass es für den Kandidaten günstiger sei, auf die Tür zu wechseln, auf die er am Anfang nicht gezeigt hatte. Dann würden sich seine Gewinnchancen verdoppeln. Die Journalistin erhielt wegen ihres Hinweises 10 000 Leserbriefe; die meisten widersprachen ihr.
Kann es wirklich sein, dass sich durch das Öffnen einer Tür die Gewinnchancen des Kandidaten verändern?

a) Überprüfe dies mithilfe einer Simulation mit deinem Nachbarn. Einer übernimmt die Rolle des Showmasters, der andere die des Kandidaten. Eine Runde des Spiels besteht aus fünf Schritten:
 - Der Showmaster notiert verdeckt die Nummer der Tür, hinter der er das Auto versteckt.
 - Der Kandidat tippt die Nummer einer Tür und nennt sie dem Showmaster.
 - Der Showmaster verrät eine „Tür" bzw. Nummer, die der Kandidat nicht getippt hat und hinter der sich kein Auto versteckt.
 - Der Kandidat entscheidet, ob er bei seiner Wahl bleibt oder wechselt.
 - Der letzte Tipp des Kandidaten und die vom Showmaster notierte Nummer werden verglichen.

Spielnummer	1	2	3
Wechsel?			
Gewinn?			

Spielt mehrere Runden durch und notiert die Ergebnisse in einer Tabelle:
Wertet die Simulation aus, indem ihr zählt, wie oft mit Wechsel gewonnen wurde und wie oft ohne.

b) Plant eine Simulation mit einem Spielwürfel. Begründet, dass man dabei der Einfachheit halber ruhig immer vom selben Gewinnertor ausgehen kann. Beschreibt, wie man mit dem Würfel die Auswahl zwischen drei und wie zwischen zwei Toren treffen kann.

c) Betrachte das nebenstehende Baumdiagramm und trage die fehlenden Wahrscheinlichkeiten ein. Z bedeutet: Es wird eine Tür mit Ziege gewählt, A bedeutet: Es wird die Tür mit dem Auto gewählt. Zeige mithilfe eines Baumdiagramms, dass es sich für den Kandidaten lohnt, seine ursprüngliche Wahl zu verändern.

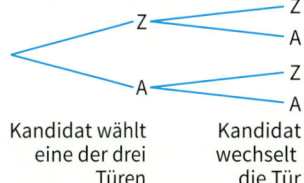

Kandidat wählt eine der drei Türen   Kandidat wechselt die Tür

Im Blickpunkt

2. Auf der Rätselseite einer Zeitschrift erschien die folgende Variante des Ziegenproblems: Es gibt vier Türen: zwei mit einem Auto dahinter und zwei mit einer Ziege. Der Kandidat wählt in der ersten Runde eine Tür. Dann öffnet der Moderator zwei Türen von denen, die der Kandidat nicht gewählt hat. Anschließend bietet er dem Kandidaten an zu wechseln.
Untersuche, ob es sich auch in dieser Variante lohnt, das Tor zu wechseln.

Wer wird Millionär?

3. Bei dieser Quizshow werden zu einer Frage jeweils vier Antworten zur Auswahl angeboten, von denen nur eine richtig ist. Einmal im Verlauf des Spieles kann ein Kandidat den 50:50-Joker setzen. Dann werden 2 falsche Antworten aus dem Angebot gestrichen. Der Kandidat bekommt folgende Aufgabe und hat von dem Werk noch nie etwas gehört:

Frage: Wie heißt das 13.Wort in Theodor Storms Schimmelreiter?
a) Senator
b) im
c) Urgroßmutter
d) meiner

Er tippt zuerst ganz unverbindlich auf a) und wählt dann aber doch den 50:50-Joker. Es bleiben a) und b) als Antworten übrig.

  a) Beurteile die Gewinnchancen, wenn er bei a) bleibt, beziehungsweise wenn er zu b) wechselt. Zeichne dazu ein geeignetes Baumdiagramm.
  b) Untersuche mithilfe eines geeigneten Baumdiagramms die Auswirkungen eines 50:50-Jokers bei einem Angebot von 6 Antworten. Gibt es dort eine beste Strategie?
  c) Jetzt werden 5 Antworten vorgegeben und mit einem anderen Joker lassen sich 3 falsche Antworten streichen. Es bleiben also wiederum eine falsche und die richtige Antwort stehen. Wie wirkt sich das auf die Gewinnchancen beim Wechseln beziehungsweise beim Nicht-Wechseln aus, wenn der erste Tipp wieder bei den verbliebenen Antworten ist?

Das Wichtigste auf einen Blick

Vierfeldertafel

Daten, bei denen zwei **Merkmale** mit jeweils zwei Möglichkeiten betrachtet werden, können auch in **Vierfeldertafeln** übersichtlich dargestellt werden.

Beispiel: Mitglieder eines Schwimmvereins

	männlich	weiblich	gesamt
Jugendliche	17	12	29
Erwachsene	0	34	34
gesamt	17	46	63

Vierfeldertafeln und Baumdiagramme

Zu jeder **Vierfeldertafel** kann man zwei zweistufige Zufallsexperimente angeben, die sich durch die Reihenfolge der betrachteten Merkmale auf den beiden Stufen unterscheiden.
Auf der 1. Stufe wird untersucht, mit welcher Wahrscheinlichkeit die eine bzw. die andere Möglichkeit des zuerst betrachteten Merkmals auftreten wird.
Auf der 2. Stufe wird dann dargestellt, mit welcher Wahrscheinlichkeit die Möglichkeiten des anderen Merkmals auftreten.

Man kann zu dem Beispiel der Vierfeldertafel zuerst fragen, mit welcher Wahrscheinlichkeit ein zufällig ausgewähltes Mitglied des Sportvereins männlich bzw. weiblich ist, und anschließend nach der Altersgruppe fragen:

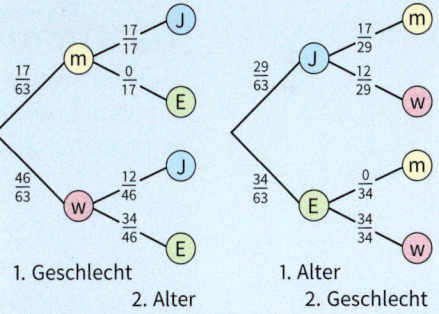

1. Geschlecht   1. Alter
2. Alter   2. Geschlecht

Umkehren von Baumdiagrammen

Der Übergang von einem gegebenen Baumdiagramm zu einem Baumdiagramm mit vertauschten Stufen wird als Umkehren von Baumdiagrammen bezeichnet. Hilfreich hierfür ist das Aufstellen einer Vierfeldertafel, aus der man dann die benötigten Wahrscheinlichkeiten für das umgekehrte Baumdiagramm bestimmen kann.

Beispiel:
Güte eines medizinischen Tests
Erkrankungswahrscheinlichkeit: 1 %
Wahrscheinlichkeit, dass ein Erkrankter ein positives Testergebnis erhält: 98 %
Wahrscheinlichkeit, dass ein Gesunder ein negatives Testergebnis erhält: 3 %

	krank	gesund	gesamt
Test pos.	0,0098	0,0297	0,0395
Test neg.	0,0002	0,9603	0,9605
gesamt	0,01	0,99	1

Wahrscheinlichkeit, dass eine Person mit einem positiven Testergebnis tatsächlich krank ist: $\frac{0,0098}{0,0395} \approx 0,25 = 25\% = \frac{1}{4}$

Bist du fit?

1. Ein Marktforschungsinstitut hat die Verbreitung von Handys bei Jugendlichen untersucht. Rechts siehst du die Ergebnisse der Befragung dargestellt.

   Gesamt 1000 → Jungen 437 → Smartphone 68 / kein Smartphone 369
   Gesamt 1000 → Mädchen 563 → Smartphone 60 / kein Smartphone 503

   a) Stelle die Daten in einer geeigneten Vierfeldertafel zusammen.
   b) Einer der befragten Jugendlicher wird zufällig ausgewählt.
      Schätze mithilfe der Daten die Wahrscheinlichkeit, dass
      (1) ein Jugendlicher ein Smartphone besitzt;
      (2) ein Mädchen kein Smartphone besitzt;
      (3) ein jugendlicher Smartphonebesitzer ein Mädchen ist;
      (4) ein Jugendlicher, der kein Smartphone besitzt, ein Junge ist.

2. ### Gastmannschaften im Nachteil
   Fußballstatistiker haben festgestellt: In der Fußball-Bundesliga fallen 43,7 % der Tore in der 1. Halbzeit, von denen 58,7 % durch die Heimmannschaft erzielt werden. Auch bei den Toren in der 2. Halbzeit haben die Gastgeber einen Vorsprung: 61,8 % gehen auf deren Konto.

   Stelle die in der Zeitungsmeldung enthaltenen Daten in einem Baumdiagramm zusammen. Bestimme die zugehörige Vierfeldertafel und das zweite Baumdiagramm. Schreibe einen Zeitungsartikel zu diesem Baumdiagramm.

3. Ein Schnelltest-Verfahren zur Früherkennung einer Infektionskrankheit hat eine Sensitivität von 75 % (d. h. bei 75 % der tatsächlich Erkrankten ergibt sich ein positives Testergebnis) und eine Spezifität von 80 % (d. h. auch bei 20 % der Nichterkrankten ist das Testergebnis positiv). 5 % der Bevölkerung leiden unter der Krankheit.
   Welche Informationen lassen sich aus diesen Angaben gewinnen?

4. Das Einsteingymnasium hat wegen der vielen Einbrüche im Stadtviertel eine Alarmanlage. Der Hersteller gibt an, dass Einbrüche mit einer Wahrscheinlichkeit von 98 % von dieser Anlage gemeldet werden. Über die letzten drei Jahre hat es in der Schule 5 Einbrüche gegeben. Aber auch an den anderen Tagen kam es durch Fehlfunktion oder Fehlbedienung der Anlage dazu, dass der Alarm ausgelöst wurde. Das geschieht etwa an 3 von 100 Tagen.
   a) Stelle die Informationen aus dem Text in einem Baumdiagramm und in einer Vierfeldertafel dar.
   b) Die Sicherheitsfirma beschwert sich, dass sie zu oft vergeblich ausrückt. Bestimme die Wahrscheinlichkeit dafür, dass trotz eines Alarms gar kein Einbruch stattgefunden hat.
   c) Um Abhilfe zu schaffen, sollen durch Schulung des Kollegiums und Überprüfung der elektrischen Anlage, die Fehlalarme auf drei im Jahr reduziert werden. Überprüfe, wie sich die Wahrscheinlichkeit dafür, dass dann bei einem Alarm auch tatsächlich eingebrochen wurde, erhöhen würde.
   d) Beschreibe, wie sich die Situation dadurch ändern würde, dass die Zuverlässigkeit der Anlage einen Einbruch zu melden, auf 99 % erhöht würde.

5. Ähnlichkeit

Häufig werden Gegenstände verkleinert oder vergrößert dargestellt.
Die Form bleibt dabei unverändert.

→ Schätze, wie stark die Erde für den Globus verkleinert bzw. die Zelle für das Modell vergrößert wurde.

→ Recherchiere die Größe der Zelle und die Größe der Erde. Überprüfe mit diesen Werten deine Schätzung.

In diesem Kapitel …
lernst du mehr über maßstäblich vergrößerte
oder verkleinerte Figuren und Körper.

Lernfeld: Gleiche Form – andere Größe

In einer Ausstellung in Hamburg sind verschiedene Gegenden Deutschlands und der Welt im Maßstab 1:87 nachgebildet. Ein Bereich der Ausstellung zeigt den Hamburger Containerhafen mit zwei verschiedenen Containertypen, den 20-Fuß- und den 40-Fuß-Containern.

→ Ermittelt aus den Angaben in der Tabelle die Maße der Modellcontainer.

Typ	Außenmaße L/B/H	Innenmaße L/B/H	Volumen	Leergewicht	maximale Zuladung	maximales Gesamtgewicht
20 Fuß	6,058 m / 2,438 m / 2,591 m	5,910 m / 2,438 m / 2,385 m	33,0 m³	2 250 kg	21 750 kg	2 400 kg
40 Fuß	12,192 m / 2,438 m / 2,591 m	12,040 m / 2,438 m / 2,385 m	67,0 m³	3 780 kg	26 700 kg	30 480 kg

→ Recherchiert, warum ausgerechnet im Maßstab 1:87 gebaut wurde.

→ Den Hamburger Hafen laufen sehr große Containerschiffe an. Ein Beispiel für ein solches Schiff ist die CSCL Jupiter. Sie ist 365,5 m lang, 51,2 m breit, hat einen Tiefgang von 15,5 m und eine Ladekapazität von 14 074 TEU.
Ein TEU (Twenty-foot Equivalent Unit) entspricht einem 20-Fuß-Container. Das Schiff hat also Platz für 14 074 solcher 20-Fuß-Container.
Die CSCL Jupiter soll für die Ausstellung hergestellt werden.
Wie groß muss das Schiff werden?

→ Hamburg nimmt in der Ausstellung eine Fläche von etwa 200 m² ein. Kann hier die gesamte Stadt dargestellt sein?

5.1 Ähnliche Vielecke

Einstieg Statuen, Puppen und Gemälde von Menschen zeigen ein bestimmtes Schönheitsideal. Sind diese Darstellungen einem Menschen ähnlich? Vergleicht dazu die Längen von Körperteilen in der Abbildung mit den entsprechenden Längen an euren Mitschülerinnen und Mitschülern.

Aufgabe 1

Maßstäbliches Verkleinern und Vergrößern
Jakob hat im Urlaub Fotos gemacht. Die Bilder sind in der Größe 1 536 × 2 048 aufgenommen. Sie lassen sich also zum Beispiel im Format 15,36 cm × 20,48 cm drucken.

a) Jakob möchte die Bilder kleiner ausdrucken. Sein Drucker bietet ihm hierfür verschiedene Größen an. Er überlegt nun, ob bei den Formaten 6 cm × 8 cm und 10 cm × 15 cm Teile des Bildes verloren gehen.
b) Im Fotogeschäft sieht er, dass Bilder im Format 20 cm × 25 cm gerade günstig angeboten werden. Jakob ist sich nicht sicher, ob dieses Format zu seinen Bildern passt.

Lösung

a) In beiden Fällen ist das Bild kleiner als 15,36 cm × 20,48 cm. Da die Bilder nicht verzerrt sein sollen, muss es sich um eine maßstabsgetreue Verkleinerung handeln. Dazu muss sowohl die Länge der Seite $\overline{AB}$ als auch die Länge der Seite $\overline{BC}$ mit *demselben* Faktor k verkleinert werden.
Folglich muss gelten:
$|A'B'| = k \cdot |AB|$ *und* $|B'C'| = k \cdot |BC|$,
also: $k = \frac{|A'B'|}{|AB|}$ *und* $k = \frac{|B'C'|}{|BC|}$
Um zu prüfen, ob sich das Bild der Größe 1 536 × 2 048 im Format 6 cm × 8 cm drucken lässt, berechnen wir die Verkleinerungsfaktoren der beiden Seiten:

Für das Format 6 cm × 8 cm ergeben sich die Verkleinerungsfaktoren:
$k_1 = \frac{6}{15{,}36} \approx 0{,}39$, $k_2 = \frac{8}{20{,}48} \approx 0{,}39$
Die Näherungswerte stimmen überein.
Rechnet man mit Brüchen, so erkennt man, dass dies sogar exakt gilt:
$k_1 = \frac{600}{1536} = \frac{100}{256} = \frac{25}{64}$, $k_2 = \frac{800}{2048} = \frac{100}{256} = \frac{25}{64}$
Die beiden Werte stimmen überein, es gehen also keine Bildteile verloren.
Für das Format 10 cm × 15 cm ergeben sich die Verkleinerungsfaktoren:
$k_1 = \frac{10}{15{,}36} \approx 0{,}65$, $k_2 = \frac{15}{20{,}48} \approx 0{,}73$
Diese beiden Verkleinerungsfaktoren stimmen nicht überein.
Verkleinert man mit dem Faktor 0,73, so muss an der kürzeren Seite etwas vom Bild abgeschnitten werden.

b) Jakob muss prüfen, ob es sich um eine maßstabsgetreue Vergrößerung handelt.
Dazu berechnet er jeweils für beide Seiten getrennt den Vergrößerungsfaktor:
$k_1 = \frac{20}{15{,}36} \approx 1{,}30$, $k_2 = \frac{25}{20{,}48} \approx 1{,}22$
Dieses Format passt nicht zu Jakobs Bildern. Es würden Teile der Bilder verloren gehen.

Information

Maßstäbliche Vergrößerungen und Verkleinerungen – Zueinander ähnliche Vielecke

Mit einem Fotokopiergerät kann man vergrößern, aber auch verkleinern. Das maßstäbliche Vergrößern bzw. Verkleinern (ohne Verzerren) bedeutet:
- Die Größen einander entsprechender Winkel bleiben erhalten.
- Die Längen aller Strecken werden mit *demselben* positiven Faktor multipliziert.

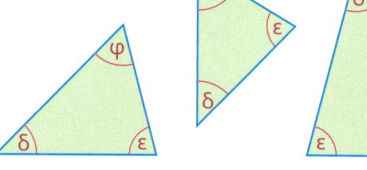

Beim maßstäblichen Vergrößern ist der Faktor k größer als 1, beim maßstäblichen Verkleinern liegt der Faktor zwischen 0 und 1.

Definition

Zwei Vielecke F und G heißen **ähnlich** zueinander, wenn sich ihre Eckpunkte so einander zuordnen lassen, dass gilt:
(1) Entsprechende Winkel sind gleich groß.
(2) Alle Seiten des Vielecks G sind k-mal so lang wie die entsprechenden Seiten des Vielecks F (mit *derselben* Zahl k).

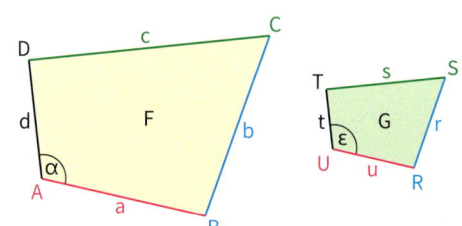

Beispiel: $k = \frac{1}{2}$; $\alpha = \varepsilon$; $u = \frac{1}{2}a$; ...

Sind die Vielecke F und G ähnlich zueinander, so schreibt man kurz:
F ~ G, gelesen: F ist ähnlich zu G.
Der Faktor k heißt **Ähnlichkeitsfaktor**.

Beachte: Zueinander kongruente Figuren können durch Achsenspiegelung entstehen, also einen verschiedenen Umlaufsinn haben. Auch bei der obigen Definition des Begriffs „ähnlich" ist der Fall eingeschlossen, dass beide Figuren verschiedenen Umlaufsinn haben.

5.1 Ähnliche Vielecke

Weiterführende Aufgabe

2. Längenverhältnisse der Seiten eines Vielecks
In der Lösung der Aufgabe 1 wurden Verkleinerungsfaktoren für die einzelnen Seiten bestimmt und verglichen.
Löse diese Aufgabe auch auf andere Weise folgendermaßen:
Beim Bild im Format 10 cm × 15 cm ist die lange Seite offensichtlich 1,5-mal so lang wie die kurze.
Vergleiche diesen Wert mit dem entsprechenden bei den Bildern im Format 6 cm × 8 cm und 20 cm × 25 cm.

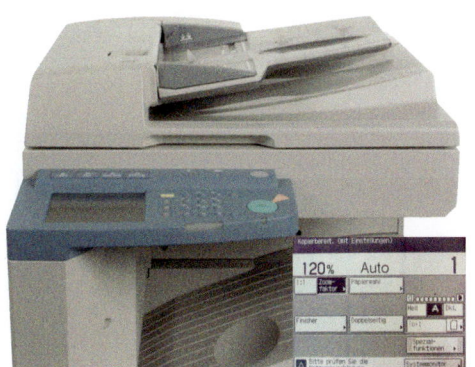

Information

(1) Längenverhältnis
Bei der Lösung der Aufgabe 1 und auch bei der Weiterführenden Aufgabe 2 haben wir Längen miteinander verglichen, indem wir Quotienten von Seitenlängen gebildet haben. Wir haben also das Verhältnis zweier Längen a und b gebildet. Ein solches Vorgehen kennst du auch schon für andere Größen.

> **Definition**
> Beim Vergleich zweier Längen a und b bezeichnet man den Bruch $\frac{a}{b}$ bzw. den Quotienten a : b auch als **Längenverhältnis** oder kurz als *Verhältnis*.
> Den Bruch $\frac{a}{b}$ bzw. den Quotienten a : b liest man dann auch: *a zu b*.
> *Beispiel:* Gegeben: |AB| = 0,9 cm und |CD| = 1,5 cm.
> Dann gilt:
> $\frac{|AB|}{|CD|} = \frac{0{,}9\,\text{cm}}{1{,}5\,\text{cm}} = \frac{9}{15} = \frac{3}{5} = 0{,}6$ bzw. |AB| : |CD| = 0,9 : 1,5 = 9 : 15 = 3 : 5 = 0,6
> Eine Gleichung wie |AB| : |CD| = 3 : 5 liest man auch: *|AB| verhält sich zu |CD| wie 3 zu 5*.
> Eine solche Gleichung nennt man *Verhältnisgleichung* oder auch *Proportion*.
>
> *Beachte:* Das Verhältnis zweier Längen ist eine Zahl.

Proportion (lat.)
entsprechendes Verhältnis

(2) Längenverhältnis zweier Seiten derselben Figur
Die Lösung der Weiterführenden Aufgabe 2 führt auf folgenden Satz.

> **Satz**
> Zwei Vielecke F und G sind zueinander ähnlich, wenn
> (1) das Längenverhältnis je zweier Seiten des Vielecks F und das Längenverhältnis der entsprechenden Seiten des Vielecks G übereinstimmen und
> (2) entsprechende Winkel gleich groß sind, sonst nicht.
>
> z. B.: $\frac{b}{a} = \frac{s}{r}$; $\frac{a}{c} = \frac{r}{t}$; $\frac{c}{b} = \frac{t}{s}$;
> $\alpha = \alpha'$

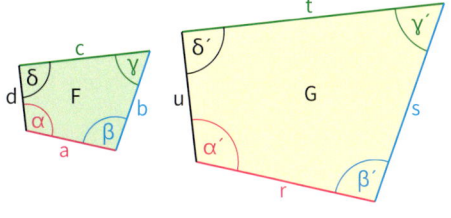

Übungsaufgaben

3. a) Vergrößere die Figur maßstäblich mit dem Faktor 2.

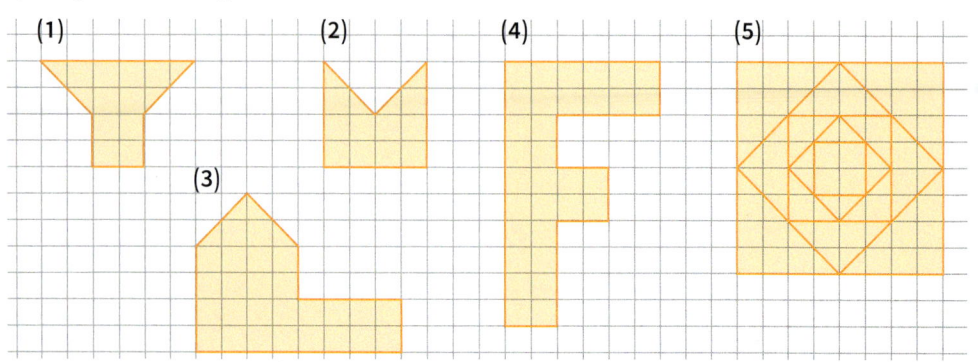

b) Wähle eine Figur aus Teilaufgabe a). Verkleinere sie maßstäblich mit dem Faktor $\frac{1}{2}$.

4. Auf dem Foto seht ihr eine Mutter mit ihrer Tochter. Man sagt: Beide sehen sich ähnlich. Vergleicht diesen Begriff „ähnlich" mit dem aus der Mathematik.

5. Prüfe, ob die beiden Vielecke ähnlich zueinander sind.
Gib gegebenenfalls auch den Ähnlichkeitsfaktor an.

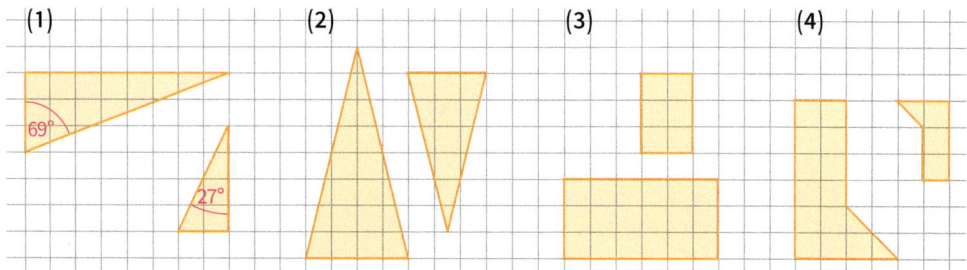

6. Ein Partner zeichnet mehrere Trapeze, der andere mehrere Rauten. Jeder kennzeichnet eine Figur als Ausgangsfigur und achtet darauf, dass von den übrigen Figuren einige zu dieser Ausgangsfigur ähnlich sind und andere nicht.
Tauscht eure Zeichnungen aus und findet alle Figuren, die nicht ähnlich zu der Ausgangsfigur sind. Begründet eure Entscheidung.

7. Suche aus den Figuren unten zwei zueinander ähnliche heraus.
Zeichne die beiden Figuren ins Heft und markiere jeweils einander entsprechende Punkte, entsprechende Winkel und Seiten in derselben Farbe.
Begründe dann die Ähnlichkeit. Bestimme auch den Ähnlichkeitsfaktor.
Suche weitere Paare von Figuren heraus und verfahre entsprechend.

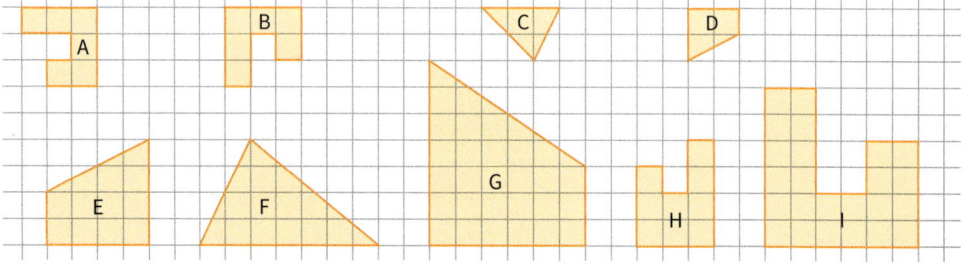

5.1 Ähnliche Vielecke

8. a) Entscheide, ob die Aussage wahr oder falsch ist.
   (1) Alle Quadrate sind ähnlich zueinander.
   (2) Alle Rechtecke sind ähnlich zueinander.
   (3) Alle gleichseitigen Dreiecke sind zueinander ähnlich.

   b) Formuliert weitere Aussagen und lasst sie vom Partner prüfen.

9. Begründe: Wenn zwei Vielecke kongruent zueinander sind, dann sind sie auch ähnlich zueinander. Gib auch den Ähnlichkeitsfaktor an.

10. Entnimm der Zeichnung das Längenverhältnis $\frac{|PQ|}{|UV|}$, ohne mit dem Lineal zu messen.

11. Jeder zeichnet zwei Strecken |AB| und |CD| mit dem angegebenen Längenverhältnis. Tauscht eure Zeichnungen aus und kontrolliert euch gegenseitig.
   a) $|AB|:|CD| = 3:4$
   b) $|AB|:|CD| = 5:2$
   c) $\frac{|AB|}{|CD|} = \frac{3}{2}$
   d) $\frac{|AB|}{|CD|} = 0{,}4$

12. a) Bestimme das Längenverhältnis der Strecke |AB| zur Strecke |CD|.
   (1) $|AB| = \frac{5}{2} \cdot |CD|$ (2) $2 \cdot |CD| = 5 \cdot |AB|$ (3) $|AB| = |CD|$ (4) $7 \cdot |AB| = |CD|$
   b) Gegeben ist das Längenverhältnis zweier Strecken:
   (1) $a:b = 2:3;$ (2) $a:b = 1:\sqrt{2}$
   Schreibe sowohl a als Vielfaches von b als auch b als Vielfaches von a.

13. Das Längenverhältnis $|UV|:|XY|$ zweier Strecken beträgt (1) $4:5$ (2) $1:\sqrt{3}$.
    Berechne die fehlende Länge für: a) $|UV| = 1{,}2\,\text{m}$ b) $|XY| = 16\,\text{cm}$

14. Der Kölner Dom ist 157 m hoch, der Eiffelturm in Paris ist 320 m hoch.
    Welchen Maßstab musst du wählen, damit du diese Gebäude in dein Heft (DIN A4) zeichnen kannst?

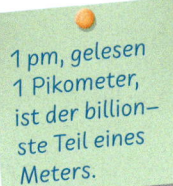
1 pm, gelesen 1 Pikometer, ist der billionste Teil eines Meters.

15. Ein Eisenatom hat einen Radius von 125 pm. Mit welchem Faktor muss es vergrößert werden, damit es so groß ist wie
   (1) ein Stecknadelkopf mit $r = 1\,\text{mm}$;
   (2) ein Ball mit $r = 8\,\text{cm}$?

16. Beweise den Satz von Seite 153.

Das kann ich noch!

A) Zeichne den Graphen der Funktion. Bestimme ihre Nullstelle grafisch und rechnerisch.
   1) $y = 3x + 1$
   2) $y = -2x + 4$
   3) $y = \frac{2}{3}x - 2$
   4) $y = -\frac{1}{4}x + 3$

B) Der Graph einer linearen Funktion verläuft durch die Punkte $A(-1|3)$ und $B(4|-2)$. Zeichne den Funktionsgraphen. Bestimme eine Gleichung für diese lineare Funktion. Berechne den y-Achsenabschnitt und die Nullstelle.

17. Modelleisenbahnen

Die Maßstäbe der Modelleisenbahnen werden mit Buchstaben und Zahlen abgekürzt. Diese werden vom Verband der Modelleisenbahner und Eisenbahnfreunde Europas in der Normentabelle NEM (Normen Europäischer Modellbahnen) festgelegt.

Nenngröße	Maßstab	Spurweite
H0	1 : 87	16,5 mm
N	1 : 160	9,0 mm
Z	1 : 220	6,5 mm

ICE-Bord-Restaurant-Wagen Spur H0

a) Wie lang ist der ICE-Bord-Restaurant-Wagen in der Wirklichkeit?
b) Berechne die Länge des ICE-Wagens für die Spur N [Spur Z].
c) Eine Tür des ICE-Wagens ist 1 050 mm breit. Berechne das Maß für Spur N [H0; Z].
d) Das Modell des Endwagens eines ICE 3 hat in der Spur H0 die Länge 295 mm. Berechne die Länge eines entsprechenden Modells in der Spur N [Spur Z].

18. Die beiden Dreiecke sind zueinander ähnlich. Schreibe gleiche Längenverhältnisse auf.

a) 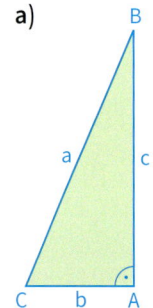   b) 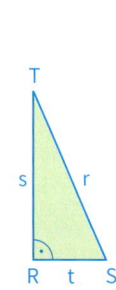 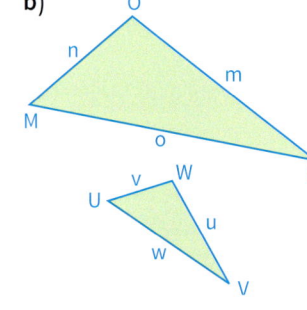   c)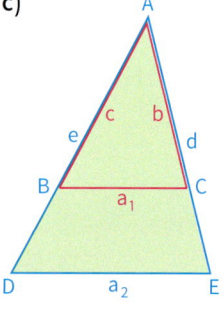

19. Berechne die fehlenden Seitenlängen der zueinander ähnlichen Dreiecke ABC und A'B'C'.

a) $a = 3$ cm
$b = 4$ cm
$c = 6$ cm
$a' = 9$ cm

b) $a = 4$ cm
$b = 6$ cm
$c = 8$ cm
$c' = 2$ cm

c) $a = 5$ cm
$b = 7$ cm
$c = 9$ cm
$a' = 7,5$ cm

d) $a = 60$ mm
$a' = 45$ mm
$b' = 90$ mm
$c' = 90$ mm

20. Kontrolliere Hannas Aufgabe zu zwei zueinander ähnlichen Dreiecken ABC und DEF.

 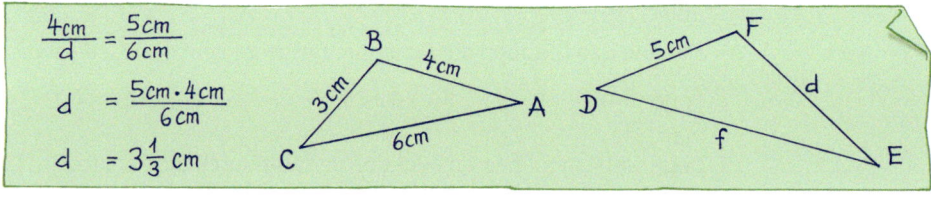

21. Gegeben ist ein Rechteck mit den Seitenlängen 4 cm und 6 cm. Zeichne ein dazu ähnliches Rechteck, dessen eine Seite (1) 9 cm; (2) 5 cm lang ist.

5.2 Flächeninhalt bei zueinander ähnlichen Vielecken

Ziel Du kennst bereits Gesetzmäßigkeiten der Seitenlängen zueinander ähnlicher Vielecke. Hier lernst du nun, in welchem Zusammenhang die Flächeninhalte zueinander ähnlicher Vielecke stehen.

Zum Erarbeiten

 Die Stromerzeugung durch Fotovoltaikanlagen in Deutschland war 2015 fast viermal so hoch wie im Jahr 2012. Ein Grafiker hat diese Entwicklung durch nebenstehende Grafik veranschaulicht. Was meinst du dazu?

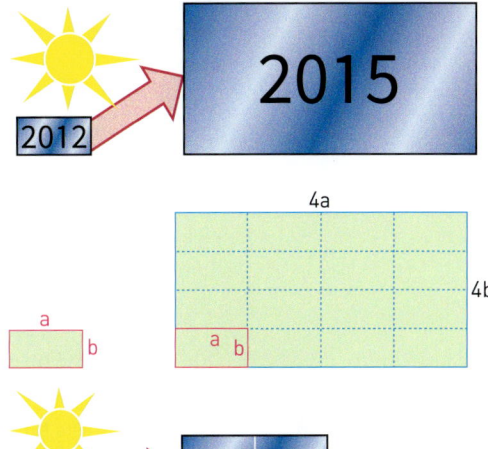

→ Das große Rechteck ist viermal so lang und viermal so breit wie das kleine Rechteck. Folglich passen 16 von den kleinen Rechtecken in das große Rechteck.
Die für das Jahr 2015 abgebildete Fotovoltaikanlage ist also nicht viermal, sondern 16-mal so groß wie die für das Jahr 2012. Somit vermittelt die Grafik einen übertriebenen Eindruck vom Anstieg der Fotovoltaikanlagen.
Zeichnet der Grafiker hingegen ein Rechteck mit doppelt so langen Seiten, so ist der Flächeninhalt des großen Rechtecks viermal so groß wie der des kleinen. Diese Darstellung vermittelt einen angemessenen Eindruck.

 Der Grafiker möchte wissen, wie sich die Veränderung der Seitenlänge auf den Flächeninhalt auswirkt. Die Seitenlängen eines Rechteckes werden mit dem Faktor k vergrößert. Mit welchem Faktor verändert sich der Flächeninhalt?

→ Das Rechteck mit den Seitenlängen a und b hat den Flächeninhalt $A = a \cdot b$. Wird es mit dem Faktor k vergrößert, so hat das neue Rechteck die Seitenlängen $k \cdot a$ und $k \cdot b$. Dessen Flächeninhalt A* ergibt sich daraus:
$A^* = (k \cdot a) \cdot (k \cdot b) = k^2 \cdot a \cdot b = k^2 \cdot A$
Der Flächeninhalt des Rechtecks wird also mit den Faktor k^2 vergrößert.
Entsprechendes gilt für die Verkleinerung mit den Faktor k.

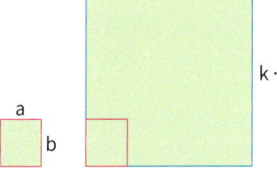

 Der Grafiker möchte nun wissen, ob dieser Zusammenhang auch für andere Figuren gilt. Begründe, dass dieser Zusammenhang auch für rechtwinklige Dreiecke, beliebige Dreiecke und beliebige Vielecke gilt.

→ Jedes rechtwinklige Dreieck kann man zu einem doppelt so großen Rechteck ergänzen. Vergrößert man also die Seitenlängen eines rechtwinkligen Dreiecks mit den Faktor k, so vergrößert sich dessen Flächeninhalt ebenso wie der des Rechtecks um den Faktor k^2.

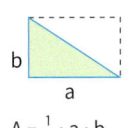

$A = \frac{1}{2} \cdot a \cdot b$ $A^* = \frac{1}{2} \cdot k \cdot a \cdot k \cdot b$
$ = k^2 \cdot \frac{1}{2} \cdot a \cdot b = k^2 \cdot A$

Ein beliebiges Dreieck kann durch eine geeignete Höhe in zwei rechtwinklige Teildreiecke zerlegt werden. Somit führt auch bei beliebigen Dreiecken eine Ver-k-fachung der Seitenlängen zu einer Ver-k^2-fachung des Flächeninhalts.

Entsprechend gilt dieser Zusammenhang auch für allgemeine Vielecke, da sich jedes Vieleck aus Dreiecken zusammensetzen lässt.

Längenverhältnis: k
Flächenverhältnis:
$\frac{A_W}{A_V} = k^2$

Satz
Ist das Vieleck W ähnlich zum Vieleck V und entsteht W aus V durch maßstäbliches Vergrößern bzw. Verkleinern mit dem Ähnlichkeitsfaktor k, so ist der Flächeninhalt des Vielecks W genau k^2-mal so groß wie der Flächeninhalt des Vielecks V: $A_W = k^2 \cdot A_V$

$A_W = 9 \cdot A_V$

Zum Üben

1. a) Von einem Foto soll ein Poster hergestellt werden. Ein Fotolabor hat nebenstehendes Angebot. Ist der Preis für das größere Poster gegenüber dem kleineren Poster durch den erhöhten Materialverbrauch gerechtfertigt?
   b) Für die beiden Poster soll ein Rahmen hergestellt werden. Vergleiche die Gesamtlänge der Leiste für das größere Poster mit der Länge der Leiste für das kleinere Poster.
   c) Begründe: Sind zwei Rechtecke ähnlich zueinander mit dem Ähnlichkeitsfaktor k, so ist das Verhältnis der Umfänge beider Rechtecke ebenfalls k.
   d) Verallgemeinere den Satz in Teilaufgabe c) auf Vielecke und begründe ihn.

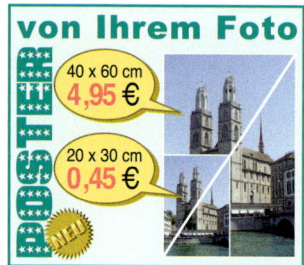

2. Die Größe von Monitoren wird üblicherweise als Bildschirmdiagonale in der Längeneinheit Zoll (") angegeben: 1" ≈ 2,54 cm.
   In einem Überwachungszentrum wurde ein 12"-Monitor gegen einen 24"-Monitor ausgetauscht.
   Bestimme den Faktor, mit dem dabei
   a) die Seitenlänge
   b) die Größe der Bildfläche vervielfacht wird.

3. Im Jahr 2014 verunglückten in Deutschland innerorts im Straßenverkehr 181 Pkw-Insassen, 166 motorisierte Zweiradfahrer, 230 Radfahrer und 368 Fußgänger. Die Anzahl der tödlich verunglückten Pkw-Insassen ist also gerundet nur $\frac{1}{4}$ so groß wie die der übrigen Verkehrsteilnehmer zusammen. Rechts hat ein Grafiker daher für die übrigen Verkehrsteilnehmer ein gleichseitiges Dreieck mit viermal so großer Seitenlänge wie für die Pkw gezeichnet. Bestimme mit einer Skizze oder einer Rechnung, in welchem Verhältnis die Flächeninhalte zueinander stehen.

 **Im Blickpunkt**

Volumen bei zueinander ähnlichen Quadern

Auch Körper kann man maßstäblich vergrößern und verkleinern. Wir wollen bei Quadern untersuchen, wie sich hierdurch Volumen und Oberflächeninhalt verändern.

1. a) Zeichne das Schrägbild eines Quaders mit den Kantenlängen 5 cm, 6 cm und 8 cm und bestimme sein Volumen.
   b) Verdopple nun die Kantenlängen des Quaders. Zeichne das Schrägbild.
   c) Halbiere die Kantenlängen des Quaders. Zeichne das Schrägbild.
   d) Vergleiche das Volumen des Quaders, den du in Teilaufgabe a) dargestellt hast, mit dem Volumen in den Teilaufgaben b) und c).

2. Betrachte nochmals die Quader aus Aufgabe 1. Zeichne den Ausgangsquader achtmal in den vergrößerten Quader. Vergleiche mit deinen Ergebnissen aus Aufgabe 1.

3. Max: „Wenn ich die Kantenlängen verdreifache, dann verdreifacht sich auch das Volumen des Quaders". Lena: „Das stimmt nicht! Das Volumen wird neunmal so groß."
   Nimm Stellung und begründe deine Antwort.

4. Begründe:

   Wenn zwei Quader Q und Q′ ähnlich zueinander mit dem Ähnlichkeitsfaktor k sind, dann gilt:
   Der Quader Q′ hat das k^3-fache Volumen des Quaders Q:
   $V_{Q'} = k^3 \cdot V_Q$

   Längenverhältnis k
   jedoch Volumenverhältnis k^3

   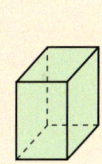 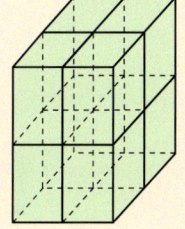

5. Wie verändert sich der Oberflächeninhalt des Quaders und die gesamte Kantenlänge aus Aufgabe 1 durch maßstäbliches Vergrößern und Verkleinern? Zeichne dazu Netze der Quader.

6. Eine Firma hat den Absatz eines Waschmittels in einem Jahr verdoppelt. Sie stellt dieses Wachstum im Werbeprospekt wie im Bild dar.
   a) Wird der Absatzzuwachs durch die Größenverhältnisse im Bild richtig wiedergegeben? Zeichne die Quader gegebenenfalls im richtigen Verhältnis.
   b) Für ein anderes Waschmittel wurde eine Absatzsteigerung von 64 % erzielt. Erstelle eine Grafik, die die Steigerung richtig wiedergibt.

   2013   2014

   c) Sucht nach grafischen Darstellungen in Zeitungen oder Prospekten, in denen Größenverhältnisse durch zueinander ähnliche Körper dargestellt werden. Überprüft, ob die Größenverhältnisse „richtig" sind.

Auf den Punkt gebracht

Arbeit im Team organisieren

 Was Gruppenarbeit ist, kennt ihr: Man arbeitet gemeinsam an einer Aufgabe und präsentiert das Ergebnis. Dabei kann es vorkommen, dass man in der vorgegebenen Zeit nicht fertig wird oder man sich in endlosen Diskussionen verzettelt. Vielleicht habt ihr es auch erlebt, dass jeder nur für sich arbeitet und sich kaum mit seinen Teammitgliedern austauscht.

Damit die Arbeit im Team effektiv ist, müssen gewisse Regeln eingehalten werden. Wohl die wichtigsten sind:

- **Jeder muss die Arbeitsaufträge verstanden haben.**
  Bevor ihr anfangt, die Aufgabenstellungen zu bearbeiten, beseitigt in der Gruppe eventuelle Unklarheiten. Fragt gegebenenfalls eure Lehrerin oder euren Lehrer.

- **Sorgt für eine gute Arbeitsatmosphäre.**
  Jeder darf ausreden. Jeder darf Fragen stellen. Jeder arbeitet mit. Sachliche Diskussionen sind erwünscht; vermeidet aber persönlichen Streit.

- **Verteilt die Aufgaben.**
  In vielen Fällen muss nicht jeder von euch die ganze Aufgabe bearbeiten. Effektiver ist es dann, wenn ihr euch die Arbeit aufteilt. Bei Dingen, die nur einmal für die Gruppe angefertigt werden müssen (z. B. ein Protokoll, eine Folie, …), muss rechtzeitig geklärt werden, wer dafür zuständig ist.

- **Achtet auf die Zeit.**
  Euch steht nur eine beschränkte Arbeitszeit zur Verfügung. Habt also die Uhr im Blick und denkt frühzeitig daran, dass eure Ergebnisse noch schriftlich festgehalten werden müssen.

- **Jeder muss die Gruppenergebnisse präsentieren können.**
  Erklärt einander in der Gruppe, wie ihr die Aufgaben bearbeitet habt. Dann kann auch jeder die Gruppe bei der Vorstellung der Ergebnisse gut vertreten.

Auf den Punkt gebracht

Ihr könnt nun die Regeln von Seite 160 gleich in die Tat umsetzen, und zwar an der folgenden kurzen Aufgabe.
Vielleicht reichen euch 30 Minuten für die Bearbeitung in der Gruppe, danach erfolgt die Präsentation der Ergebnisse. Wenn die beendet ist, versucht innerhalb der Gruppe eure Zusammenarbeit zu beurteilen.

Arbeitsaufträge

Papierformate sind genormt. Ihr kennt zum Beispiel die Formate DIN A4 (großes Schulheft) oder DIN A5 (kleines Schulheft).
Für DIN-A-Formate gelten folgende Bedingungen:
- Alle Rechtecke sind ähnlich zueinander.
- Man erhält das nächstkleinere DIN-A-Format, indem man ein Rechteck „zur Hälfte faltet".
- Ein Rechteck des Formates A0 ist 1 m² groß.

a) Ermittelt die Maße der Formate DIN A0 bis DIN A6.
b) Begründet, dass bei diesen Maßen die drei genannten Bedingungen erfüllt sind.

Wie hat in eurer Gruppe die Zusammenarbeit geklappt? Besprecht dazu gemeinsam die folgenden Fragen:
- Habt ihr die Zeit im Blick gehabt?
- Hat sich jeder gleichermaßen an der Aufgabenbearbeitung beteiligt?
- Hätte jeder von euch die Präsentation erfolgreich übernehmen können?
- Wie war die Arbeitsatmosphäre?
- Die nächste Gruppenarbeitsphase kommt bestimmt: Auf welchen Aspekt wollt ihr beim nächsten Mal besonders achten?

Das könnt ihr zum Beispiel tun, indem ihr in eurer Gruppe jetzt den folgenden Arbeitsauftrag bearbeitet:

Arbeitsaufträge

Mit Fotokopierern kann man auch vergrößern und verkleinern.
a) Auf Fotokopierern sind zur Vergrößerung bzw. zu Verkleinerung von Bildvorlagen häufig die Faktoren 141 % und 71 % voreingestellt. Warum wohl?
b) Wie verändert sich ein Rechteck des Formats DIN A4, wenn es mit dem Faktor 200 % fotokopiert wird? Gehört die Kopie auch zu den DIN-A-Formaten?
c) Welcher Faktor ist zu wählen, wenn man von A3 auf A6 verkleinern möchte?

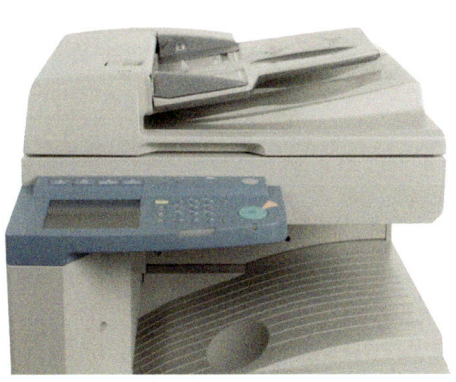

5.3. Zentrische Streckung

Einstieg

Das rechts abgebildete Ölgemälde des Künstlers Kurt Armbrust trägt den Titel „Zentrische Streckung". Es zeigt, wie aus einem Dreieck zwei dazu ähnliche erzeugt worden sind.
Erforscht anhand des Gemäldes, wie man zentrische Streckungen definieren müsste. Streckt selbst ein Dreieck ausgehend von einem Streckzentrum Z so, dass eines mit 1,3-mal so langen Seiten entsteht.

Aufgabe 1

Vergrößern mithilfe einer zentrischen Streckung
Mithilfe einer Spiegelung, einer Drehung oder einer Verschiebung können wir zu einer Figur eine dazu kongruente erzeugen.
Rechts siehst du, wie man mithilfe eines Gummibandes eine Figur maßstäblich vergrößern kann. Das Gummiband muss dabei stets straff gespannt sein und der Knoten K muss auf dem Umriss der Figur liegen, die vergrößert werden soll.
Entwickle daraus die Konstruktionsvorschrift zur Vergrößerung eines Dreiecks mit dem Ähnlichkeitsfaktor 4 ausgehend von einem Streckzentrum Z.

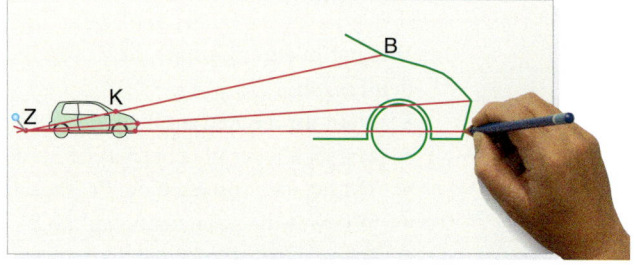

Lösung

Aus der Abbildung erkennst du:
(1) Die Nadel Z, der Knoten K und der Bleistift B liegen alle auf dem straff gespannten Gummiband.
(2) Das Längenverhältnis der Strecken $\overline{ZB}$ und $\overline{ZK}$ ist immer das gleiche, da sich das ganze Gummiband gleichmäßig dehnt.
Hier gilt zum Beispiel $|ZB|:|ZK| = 4$, da der Knoten auf einem Viertel der Strecke $\overline{ZB}$ liegt.
Diese Beschreibung lässt sich auch in eine geometrische Konstruktionsvorschrift übersetzen:

Konstruktionsbeschreibung:
(1) Zeichne die Halbgerade $\overline{ZA}$ und markiere auf dieser Halbgeraden den Punkt A' so, dass die Strecke $\overline{ZA'}$ genau 4-mal so lang ist wie die Strecke $\overline{ZA}$.
(2) Konstruiere entsprechend die Punkte B' und C'.
(3) Verbinde die Punkte A' und B', B' und C' sowie A' und C'.
A'B'C' ist das gesuchte Dreieck.

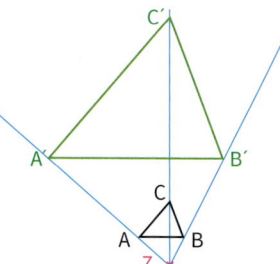

5.3. Zentrische Streckung

Information

Bei einer Spiegelung, einer Drehung oder einer Verschiebung entsteht aus einer Figur eine dazu kongruente Bildfigur. Aufgabe 1 zeigt eine Abbildung, mit der man zu einer Figur eine dazu ähnliche Bildfigur erhält.

Definition
Eine **zentrische Streckung** wird festgelegt durch das **Streckzentrum Z** und den positiven **Streckfaktor k**. Zu einem Punkt konstruierst du den Bildpunkt wie folgt:
(1) Wenn der Punkt P nicht mit dem Zentrum Z zusammen-
    fällt, erhältst du den Bildpunkt P′ wie folgt:
  (a) Zeichne die Halbgerade $\overrightarrow{ZP}$.
  (b) Zeichne den Punkt P′ auf der Halbgeraden $\overrightarrow{ZP}$ so, dass
      gilt: $|ZP'| = k \cdot |ZP|$
(2) Der Bildpunkt Z′ von Z fällt mit Z zusammen: Z′ = Z

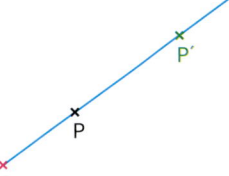

Weiterführende Aufgabe

Eigenschaften der zentrischen Streckung

2. Zeichne das Dreieck ABC mit A(2|0), B(4|0) und C(2|3). Strecke es mit dem Faktor 2,5 am Punkt Z(−1|0). Vergleiche das Dreieck und das Bilddreieck hinsichtlich der Lage und Länge der Seiten, der Größe der Winkel sowie des Flächeninhaltes.

Information

Satz
Für jede *zentrische Streckung* mit positivem Streckfaktor k gilt:
- Gerade und Bildgerade sind parallel zueinander.
- Eine Bildstrecke ist k-mal so lang wie die Originalstrecke.
- Winkel und Bildwinkel sind gleich groß.
- Vieleck und Bildvieleck sind ähnlich zueinander.
- Der Flächeninhalt eines Bildvielecks ist k^2-mal so groß wie der des Originalvielecks.

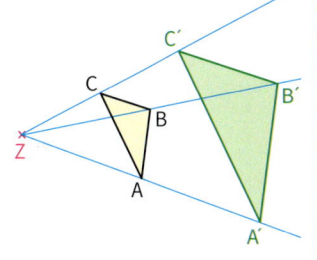

Übungsaufgaben

3. Gegeben sind das Viereck ABCD und der Punkt Z.
   a) Konstruiere das Bild des Vierecks ABCD bei der zentrischen Streckung mit dem Streckzentrum Z und dem Streckfaktor $\frac{3}{2}$.
   b) Wähle weitere Punkte innerhalb und außerhalb des Vierecks ABCD und konstruiere auch ihre Bildpunkte bei der zentrischen Streckung aus Teilaufgabe a).
   c) Wähle als Zentrum Z einen Punkt
      (1) innerhalb des Vierecks;   (2) auf der Seite $\overline{AB}$;   (3) einen Eckpunkt.
      Strecke das Viereck ABCD an Z mit dem Streckfaktor 3.

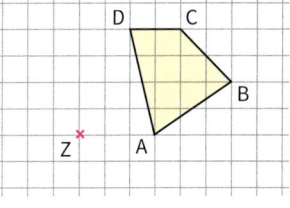

4. Zeichne in einem Koordinatensystem mit der Einheit 1 cm das Viereck ABCD mit A(−2|0), B(4|0), C(4|2) und D(0|4). Ferner ist der Punkt Z(0|−2) gegeben. Konstruiere dann das Bild von ABCD bei der zentrischen Streckung mit dem angegebenen Zentrum und k als Streckfaktor.
   a) k = 2, Streckzentrum A   b) k = $\frac{1}{2}$, Streckzentrum Z   c) k = 2,5, Streckzentrum C

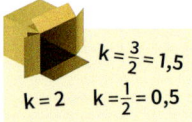

5. Der Punkt P′ ist das Bild des Punktes P bei der zentrischen Streckung mit Streckzentrum Z. Bestimme den Streckfaktor k.
 a) P(4|6), P′(6|9), Z(0|0) b) P(1|3), P′(0|5), Z(2|1) c) P(−7|2), P′(−2|−1), Z(3|−4)

6. Die Punkte P′ und Q′ sind die Bilder von P bzw. Q.
Bestimme das Streckzentrum Z sowie den Streckfaktor k.
 a) P(4|−1);   P′(8|1)   b) P(2|0);   P′(5|−6)   c) P(2|0);   P′(−1|2)
    Q(1|−1);   Q′(−1|1)   Q(0|0);   Q′(−3|−6)   Q(0|−8); Q′(−2|−2)

7. Untersuche, ob das Dreieck PQR das Bilddreieck des Dreiecks ABC bei einer zentrischen Streckung ist. Falls ja, gib Streckzentrum und Streckfaktor an.
 a) A(−6|0)   P(5|−3)   b) A(0|0)   P(2|1)   c) A(−2|−2) P(−4|0)
    B(6|0)   Q(0|1)   B(8|0)   Q(4|5)   B(6|0)   Q(10|4)
    C(−2|8)   R(−2|−3)   C(4|8)   R(6|1)   C(0|0)   R(0|4)

8. Q ist der Bildpunkt von P bei der zentrischen Streckung mit dem Streckzentrum Z und dem Streckfaktor k.
 a) Was kannst du über den Streckfaktor k aussagen?

 (1)    (2)    (3)

 b) Wie ändert sich k, wenn der Punkt Q
  (1) auf P zuwandert;   (2) von P wegwandert?
 c) Welche zentrische Streckung mit dem Zentrum Z bildet umgekehrt Q auf P ab?

DGS 9. Zeichne mit einem dynamischen Geometrie-System ein Viereck und ein Streckzentrum Z.
Probiere, wie du mit deinem DGS eine zentrische Streckung durchführen kannst. Verändere den Streckfaktor.
Wie verändert sich das Bildviereck und seine Lage?

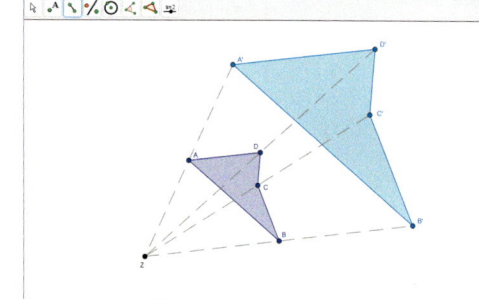

Eigenschaften der zentrischen Streckung

10. Entscheide, ob die grüne Figur das Bild der schwarzen Figur bei einer zentrischen Streckung sein kann.
Gib gegebenenfalls das Streckzentrum und den Streckfaktor an. Begründe deine Aussage.

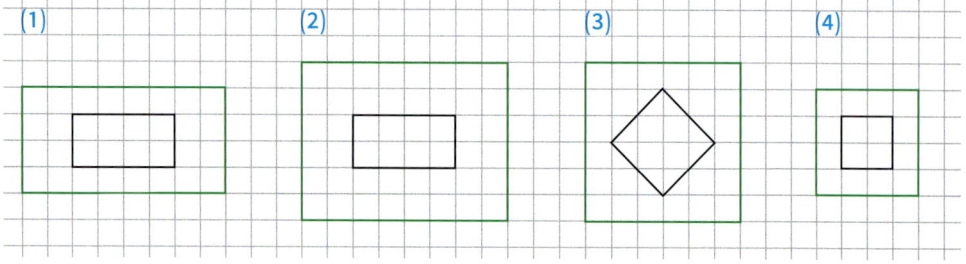

11. Entscheide, ob die grüne Figur die Bildfigur der schwarzen Figur bei einer zentrischen Streckung sein kann. Begründe.

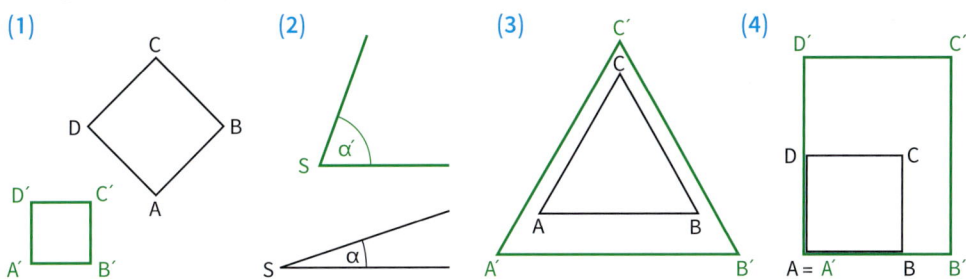

12. Durch die Punkte A(−5|0) und A′(−8|−9) sowie B(1|3) und B′(4|−3) im Koordinatensystem ist eine zentrische Streckung festgelegt. Konstruiere das Bild von C(−2|5).

13. Konstruiere ein Parallelogramm ABCD aus a = 5 cm, d = 2,5 cm und γ = 50°.
Strecke dann ABCD am Schnittpunkt seiner Diagonalen mit dem Faktor 2,5.
Überlege, wie du geschickt vorgehen kannst, wenn du Eigenschaften der zentrischen Streckung verwendest.

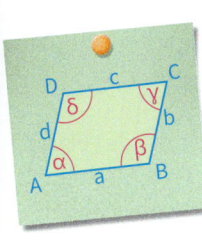

14. Das Dreieck ABC wird durch eine zentrische Streckung mit dem Streckfaktor k auf das Dreieck A′B′C′ abgebildet.
a) Gibt es eine zentrische Streckung, die das Dreieck A′B′C′ auf das Dreieck ABC abbildet? Begründe.
b) Gibt es eine zentrische Streckung, die das Dreieck ABC auf sich abbildet? Begründe.

15. Bei jeder zentrischen Streckung wird das Streckzentrum auf sich selbst abgebildet; man nennt es daher auch *Fixpunkt*.
Untersuche, ob es Geraden gibt, die auf sich selbst abgebildet werden (*Fixgeraden*).

16. Stell dir ein Rechteck mit den Kantenlängen a = 2 cm und b = 3 cm vor.
Dieses Rechteck soll mit unterschiedlichen Streckfaktoren zentrisch gestreckt werden.
a) Erstelle eine Wertetabelle für die Länge der Bildseite a′ in Abhängigkeit von der Länge der Seite b bei unterschiedlichen Streckfaktoren. Zeichne den Funktionsgraphen.
b) Erstelle eine Wertetabelle für den Flächeninhalt des Bildrechtecks in Abhängigkeit von der Länge der Seite b. Zeichne den Funktionsgraphen.
c) Vergleiche die Graphen aus den Teilaufgaben a) und b).

Das kann ich noch!

A) Berechne das Volumen des Prismas.

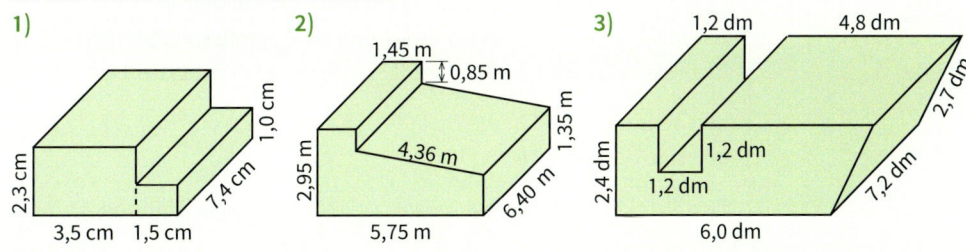

5.4 Ähnlichkeit bei beliebigen Figuren

Einstieg

Zeichnet die beiden Viertelkreise ABC um B und A'B'C' um B' mit A(1|5), B(3|5), C(3|7), A'(8|4), B'(4|4), C'(4|0). Findet Abbildungen, mit denen man den Viertelkreis ABC in zwei Schritten auf den Viertelkreis A'B'C' abbilden kann.

Aufgabe 1

Zueinander ähnliche Figuren - Finden einer Abbildung
Vergleiche die beiden Figuren ABCDE und A*B*C*D*E*. Finde Abbildungen, mit denen man die Figur ABCDE in zwei Schritten auf die Figur A*B*C*D*E* abbilden kann.

Lösung

Die Figur A*B*C*D*E* ist offensichtlich eine maßstäbliche Vergrößerung der Figur ABCDE, denn:
- Jede Seite der Figur A*B*C*D*E* ist doppelt so lang wie die entsprechende Seite der Figur ABCDE, z.B. |A*B*| = 2 · |AB|. Der Radius des Viertelkreises in der Figur A*B*C*D*E* ist doppelt so groß wie der des Viertelkreises in ABCDE.
- Die Innenwinkel an den Eckpunkten A*, D*, E* sind genau so groß wie die entsprechenden an den Eckpunkten A, D, E.

Man kann daher ABCDE z.B. in folgenden zwei Schritten auf A*B*C*D*E* abbilden:
(1) Man streckt die Figur ABCDE mit dem Streckfaktor 2 am Streckzentrum E und erhält die Figur A'B'C'D'E'. Diese ist offensichtlich kongruent zur Figur A*B*C*D*E*.
(2) Spiegelt man nun die Figur A'B'C'D'E' an der Spiegelachse a, so ergibt sich als Bild die Figur A*B*C*D*E*.

Information

(1) Definition der Ähnlichkeit bei beliebigen Figuren
Den Begriff Ähnlichkeit haben wir bislang nur für Vielecke festgelegt, nicht aber für andere Figuren wie z.B. die Figur ABCDE in Aufgabe 1, die auch von einem Viertelkreisbogen begrenzt wird. Die Lösung der Aufgabe 1 zeigt, wie bei solchen Figuren der Begriff Ähnlichkeit definiert werden kann.

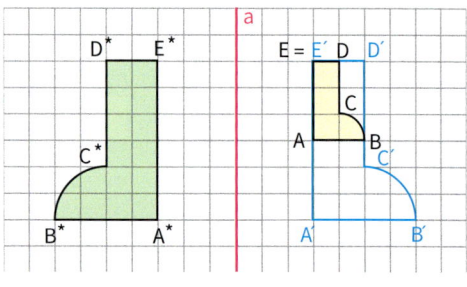

> **Definition**
> Eine Figur F heißt **ähnlich** zu einer Figur G, wenn man die Figur F mithilfe einer zentrischen Streckung so vergrößern oder verkleinern kann, dass die Bildfigur F' zu der Figur G kongruent ist.
>
> Wir schreiben F ~ G,
> gelesen: *F ist ähnlich zu G.*
>
> Der Streckfaktor k heißt *Ähnlichkeitsfaktor* oder auch *Maßstab*.

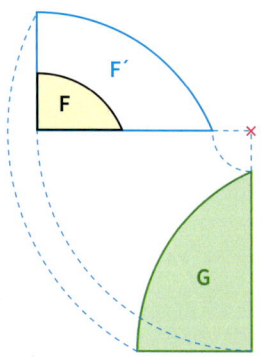

5.4 Ähnlichkeit bei beliebigen Figuren

Wir wissen, dass bei jeder zentrischen Streckung das Bildvieleck zum Vieleck ähnlich ist (siehe Seite 163). Um nachzuweisen, dass die obige Definition der Ähnlichkeit die für Vielecke (siehe Seite 152) einschließt, müssten wir umgekehrt zeigen:
Sind zwei Vielecke F und G ähnlich zueinander, so kann man stets eine zentrische Streckung finden, sodass das Bild F′ von F kongruent zu G ist. Wir verzichten auf diesen Beweis.

(2) Ähnlichkeitsabbildung
Führt man eine zentrische Streckung und eine Kongruenzabbildung hintereinander aus, so sind Figur und Bildfigur ähnlich zueinander.
Man nennt daher die Hintereinanderausführung einer zentrischen Streckung und einer Kongruenzabbildung eine **Ähnlichkeitsabbildung**.
Mit Spiegeln kann man im Alltag verzerrte, aber nicht ähnliche Bilder herstellen.

Weiterführende Aufgabe

Kongruenz als Sonderfall der Ähnlichkeit

2. Begründe aufgrund der Definition:
   Auch zueinander kongruente Figuren sind zueinander ähnlich.

Übungsaufgaben

3. Ob zwei Vielecke ähnlich zueinander sind, kannst du leicht prüfen.
   Die weißen Rochen in der Grafik haben alle dieselbe Form, sind jedoch verschieden groß; sie sehen sich ähnlich.
   Wie könnte man das hier prüfen?

M. C. Escher's „Circle Limit I" © 2016
The M. C. Escher Company – Holland
All rights reserved (www.mcescher.com)

4. Zeichne die beiden Figuren in dein Heft ab und prüfe, ob sie ähnlich zueinander sind.

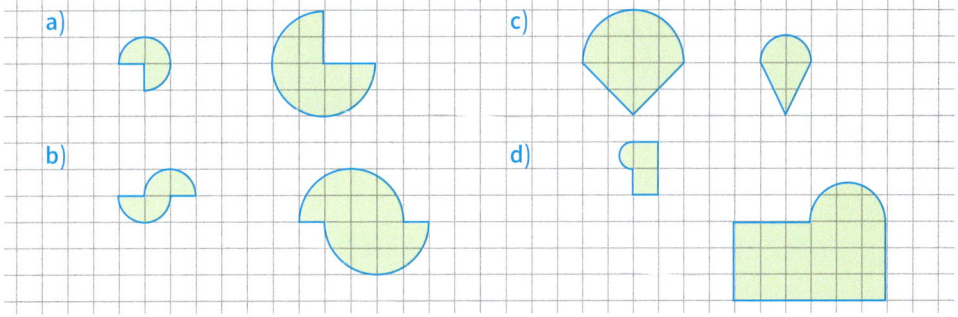

5.5 Ähnlichkeitssatz für Dreiecke

Will man die Ähnlichkeit zweier Dreiecke ABC und A′B′C′ mithilfe der Definition auf Seite 152 nachweisen, so muss man sechs Bedingungen nachprüfen.
(1) Entsprechende Winkel sind gleich groß: $\alpha = \alpha'$, $\beta = \beta'$, $\gamma = \gamma'$.
(2) Die Längenverhältnisse entsprechender Seiten sind gleich: $\frac{|A'B'|}{|AB|} = \frac{|A'C'|}{|AC|} = \frac{|B'C'|}{|BC|}$.

Wir wollen nun untersuchen, ob man wie bei der Kongruenz von Dreiecken mit weniger Bedingungen auskommt.

Einstieg Beide Partner zeichnen Dreiecke zu den unten auf den Zetteln notierten Angaben. Kennzeichnet die gegebenen Stücke farbig und tragt die angegebenen Maße in die Dreiecke ein. Schneidet dann alle Dreiecke aus und vergleicht miteinander. Was fällt euch auf?

Partner A:
(1) $\alpha = 40°$, $\beta = 60°$
(2) $a = 7\,cm$, $\beta = 50°$
(3) $a = 6\,cm$, $b = 4\,cm$
(4) $\alpha = 20°$, $\beta = 90°$

Partner B:
(1) $\alpha = 60°$, $\beta = 40°$
(2) $a = 7\,cm$, $\gamma = 50°$
(3) $b = 6\,cm$, $c = 4\,cm$
(4) $\alpha = 70°$, $\beta = 20°$

Aufgabe 1

Gegeben sind die beiden Dreiecke ABC und A′B′C′, die in der Größe entsprechender Winkel übereinstimmen:
$\alpha = \alpha'$, $\beta = \beta'$ und $\gamma = \gamma'$.
Beweise:
Dreieck ABC ist ähnlich zu Dreieck A′B′C′.

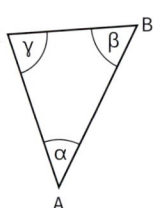
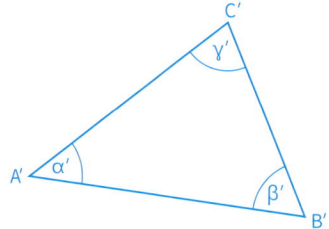

Lösung

Zunächst verkleinern oder vergrößern wir das Dreieck A′B′C′ mit dem Ähnlichkeitsfaktor $k = \frac{c}{c'}$. Wir erhalten das Dreieck A″B″C″ mit: $\alpha'' = \alpha' = \alpha$

A″B″C″ ~ A′B′C′   nach Voraussetzung

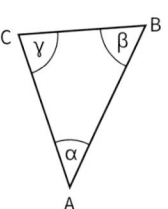
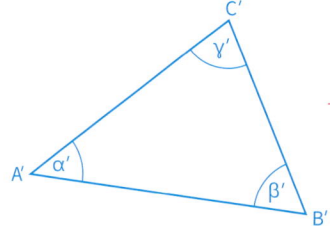
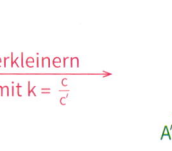
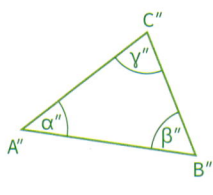

verkleinern mit $k = \frac{c}{c'}$

Entsprechend erhält man: $\beta'' = \beta' = \beta$ und $\gamma'' = \gamma' = \gamma$
Weiter ist: $c'' = k \cdot c' = \frac{c}{c'} \cdot c' = c$
Nach dem Kongruenzsatz wsw sind Dreieck A″B″C″ und Dreieck ABC kongruent zueinander. Da Dreieck A″B″C″ auch ähnlich zum Dreieck A′B′C′ ist, ist auch Dreieck A′B′C′ ähnlich zum Dreieck ABC.

5.5 Ähnlichkeitssatz für Dreiecke

Information

Nach dem Winkelsummensatz stimmen dann auch die dritten Winkel in der Größe überein.

Ähnlichkeitssatz für Dreiecke
Wenn Dreiecke in der Größe von zwei Winkeln übereinstimmen, dann sind sie ähnlich zueinander.

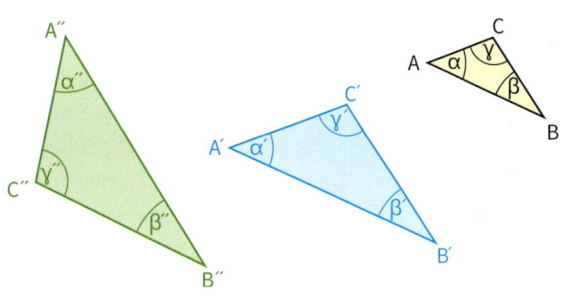

Übungsaufgaben

2. Gegeben sind zwei Dreiecke ABC und A'B'C'. Entscheide aufgrund der angegebenen Winkelgrößen, ob die Dreiecke zueinander ähnlich sind. Falls das zutrifft, stelle die Gleichungen für die Längenverhältnisse entsprechender Seiten auf.
   a) $\alpha = 48°$; $\beta = 35°$; $\alpha' = 48°$; $\gamma' = 97°$
   b) $\alpha = 37°$; $\beta = 110°$; $\alpha' = 110°$; $\beta' = 33°$
   c) $\alpha = 65°$; $\gamma = 39°$; $\beta' = 41°$; $\gamma' = 74°$
   d) $\alpha = 19°$; $\beta = 107°$; $\beta' = 54°$; $\gamma' = 107°$
   e) $\alpha = 91°$; $\gamma = 44°$; $\alpha' = 91°$; $\beta' = 46°$
   f) $\beta = 103°$; $\gamma = 29°$; $\alpha' = 29°$; $\gamma' = 48°$

3. Begründe, dass die beiden Dreiecke ähnlich zueinander sind.

   AB∥DE

   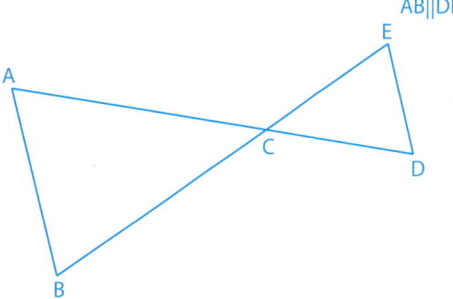

4. Gegeben ist ein Dreieck ABC mit $\alpha = 35°$, $\beta = 50°$ und $c = 4,8$ cm.
   Konstruiere ein dazu ähnliches Dreieck A'B'C' mit **(1)** $c' = 3,6$ cm; **(2)** $c' = 7,2$ cm.
   Bestimme auch den Maßstab.

5. Für das Dreieck ABC in der Figur rechts soll DF ∥ BC und DE ∥ AC sein.
   Welche Dreiecke in der Figur sind ähnlich zueinander?
   Begründe.

   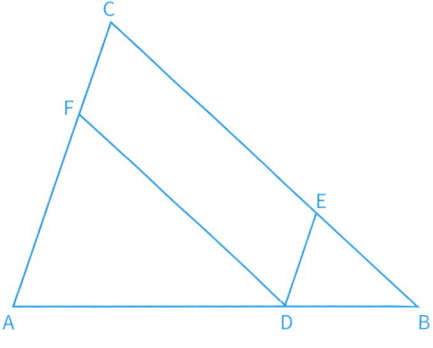

6. Max überlegt einen Ähnlichkeitssatz für Vierecke:
   „Wenn Vierecke in der Größe von drei Winkeln übereinstimmen, dann sind sie ähnlich zueinander."
   Prüfe, ob dieser Satz wahr ist.

7. Gib für die angegebenen besonderen Dreiecke einen Ähnlichkeitssatz an und begründe ihn.
   a) gleichschenklige Dreiecke
   b) rechtwinklige Dreiecke
   c) gleichseitige Dreiecke
   d) rechtwinklig-gleichschenklige Dreiecke

5.6 Beweisen mithilfe des Ähnlichkeitssatzes

Einstieg

In einem Dreieck ABC ist durch den Mittelpunkt M der Seite $\overline{AC}$ die Parallele zur Seite $\overline{AB}$ gezeichnet. Diese Parallele schneidet die Seite $\overline{BC}$ im Punkt N.
- Zeichnet mehrere Dreiecke und vergleicht die Längen der Strecken $\overline{MN}$ und $\overline{AB}$. Formuliert eine Vermutung.
- Die Schnipsel unten bilden in richtiger Reihenfolge einen Beweis für eure Vermutung.

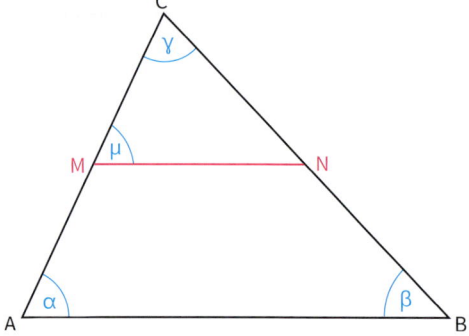

Notiert die Schnipsel in der richtigen Reihenfolge.
Zur Kontrolle: Die Buchstaben ergeben dann den Namen einer italienischen Stadt.

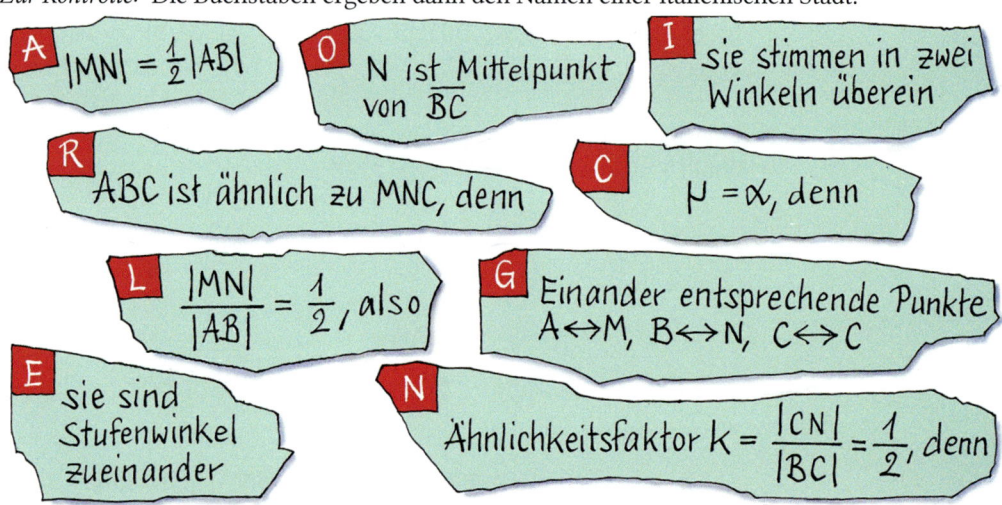

Aufgabe 1

a) Zeichne Trapeze ABCD, bei denen die Seite $\overline{CD}$ parallel zur Seite $\overline{AB}$ und halb so lang wie diese ist. Zeichne auch die Diagonalen ein. Miss dann die Abschnitte auf den Diagonalen. Formuliere eine Vermutung.

b) Beweise deine Vermutung mithilfe zueinander ähnlicher Dreiecke in der Figur.

Lösung

a) (1)   (2)

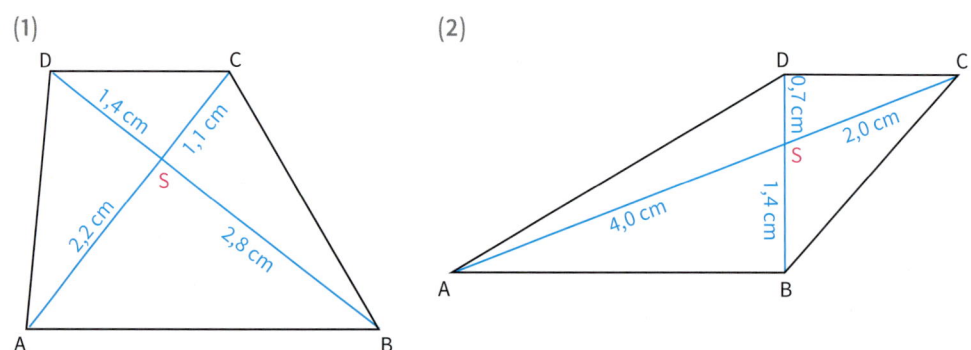

Vermutung: Der Diagonalenschnittpunkt teilt die Diagonalen im Verhältnis 2:1.

5.6 Beweisen mithilfe des Ähnlichkeitssatzes

b) Die Diagonalenabschnitte sind Seiten der Dreiecke ABS und CDS.
Diese beiden Dreiecke sind nach dem Ähnlichkeits-satz für Dreiecke ähnlich zueinander, denn sie stimmen in zwei Winkeln überein:

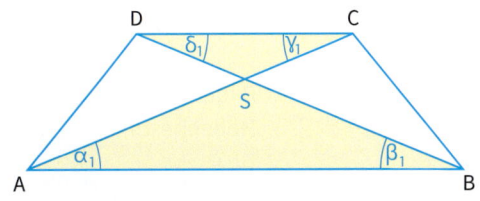

$\alpha_1 = \gamma_1$ (Wechselwinkel an den Parallelen AB und CD)
$\beta_1 = \delta_1$ (ebenfalls als Wechselwinkel)

Wir können die Eckpunkte der beiden Dreiecke einander zuordnen. Der Ähnlichkeitsfaktor der beiden Dreiecke lässt sich aus den Seiten $\overline{AB}$ und $\overline{CD}$ berechnen:

$\frac{|CD|}{|AB|} = \frac{1}{2}$, da $\overline{CD}$ halb so lang wie $\overline{AB}$ ist.

ABS ~ CDS
A ↔ C
B ↔ D
S ↔ S

Damit sind alle Seiten des Dreiecks CDS halb so lang wie die entsprechenden Seiten des Dreiecks ABC, also z. B. $|SC| = \frac{1}{2}|AS|$ sowie $|SD| = \frac{1}{2}|SB|$.

Folglich teilt S die Diagonalen $\overline{AC}$ und $\overline{BD}$ im Verhältnis 2 : 1.

Information

Strategie beim Beweisen mithilfe des Ähnlichkeitssatzes für Dreiecke
Zum Beweis einer Aussage über Längen von Strecken suche zunächst zueinander ähnliche Dreiecke in der Figur, in der diese Strecken vorkommen. Gegebenenfalls muss dazu die Figur durch Hilfslinien zerlegt oder ergänzt werden.
Die Ähnlichkeit der Dreiecke wird dann mithilfe der Winkel bewiesen. Anschließend werden einander entsprechende Eckpunkte der Dreiecke zugeordnet und der Ähnlichkeitsfaktor ermittelt.

Übungsaufgaben

2. Beweise die Ähnlichkeit der Dreiecke SAB und SCD rechts. Mache Aussagen über die Längenverhältnisse entsprechender Seiten.

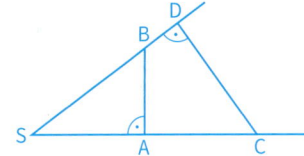

3. Das Dreieck ABC im Bild links soll gleichschenklig mit der Basis $\overline{AB}$ sein.
Der Punkt D ist der Schnittpunkt des Kreises um A mit dem Radius $\overline{AB}$.
Welche Dreiecke in der Figur links sind ähnlich zueinander? Beweise deine Behauptung.

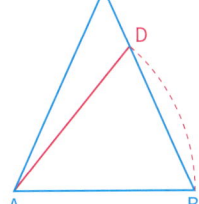

4. Zeichne ein Trapez ABCD, bei dem die Seite $\overline{CD}$ parallel zur Seite $\overline{AB}$ ist und nur ein Viertel so lang wie diese.
Formuliere eine Behauptung über den Diagonalenschnittpunkt und beweise diese.

5. Gegeben ist ein Dreieck ABC.
Zeichne zur Seite $\overline{AB}$ eine Parallele, die die beiden anderen Seiten in E bzw. F schneidet.
   a) Welche Dreiecke sind ähnlich zueinander? Beweise.
   b) Die Parallele EF zerlegt das Dreieck ABC in das Dreieck EFC und das Trapez ABFE.
   In welchem Verhältnis muss EF die Strecke $\overline{AC}$ teilen, damit der Flächeninhalt von Dreieck EFC sich zu dem Flächeninhalt von Viereck ABFE wie 4 : 9 verhält?

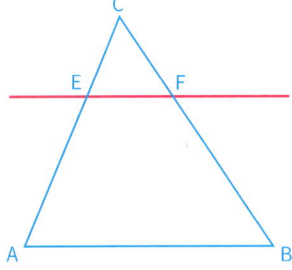

5.7 Strategien zum Berechnen von Streckenlängen

Einstieg

Bildet Vierergruppen, in denen jeweils zwei Schüler(innen) zusammen ein Verfahren zur Höhenbestimmung von Bäumen bearbeiten.

Verfahren 1:

Tim steht unter einer freistehenden, hohen Tanne, deren Schatten 12,50 m lang ist. Tim weiß, er ist 1,55 m groß. Ferner hat er ausgemessen, dass bei diesem Sonnenstand sein Schatten 2,50 m lang ist.

Verfahren 2:

Anne will die Höhe einer Buche bestimmen. Sie stellt wie im Bild einen 1,80 m hohen Stab so auf, dass sich die Schatten der Spitzen vom Stab und Baum decken. Der Baum wirft einen 9,60 m, der Stab einen 2,45 m langen Schatten.

a) Bestimmt die Höhe des Baumes zunächst zeichnerisch, dann rechnerisch.
b) Stellt das von euch bearbeitete Verfahren und eure Messergebnisse in der Vierergruppe vor. Vergleicht anschließend die beiden Verfahren.
c) Versucht mit dem von euch bearbeiteten Verfahren, die Höhe von Bäumen, Fahnenmasten oder Gebäuden in der Umgebung zu bestimmen.

Aufgabe 1

Längenberechnung bei ineinander liegenden Dreiecken

Zwischen zwei Balken auf einem Dachboden soll ein Ablagebrett an der Stelle A_1 im Abstand von 1,50 m von der Spitze S waagerecht angebracht werden. Es steht aber keine Wasserwaage zur Verfügung.
Löse rechnerisch:
a) An welcher Stelle des rechten Balkens muss das Brett befestigt werden?
b) Wie lang muss das Brett sein?

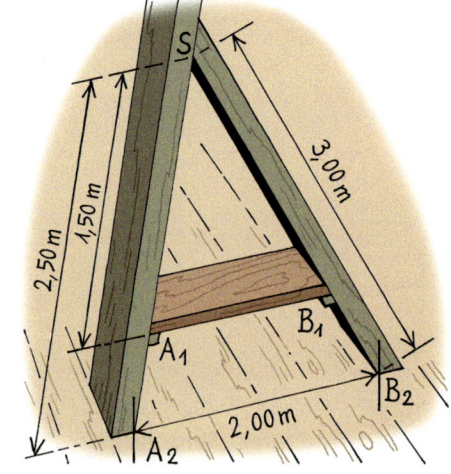

Lösung

Wir betrachten die beiden Dreiecke A_1B_1S und A_2B_2S. Ihre Seiten $\overline{A_1B_1}$ und $\overline{A_2B_2}$ sind parallel zueinander. Aufgrund des Stufenwinkelsatzes sind die Winkel bei A_1 und A_2 gleich groß und entsprechend die bei B_1 und B_2. Die beiden Dreiecke stimmen also in der Größe zweier Winkel überein. Nach dem Ähnlichkeitssatz für Dreiecke sind sie also ähnlich zueinander. Somit stimmen die Längenverhältnisse einander entsprechender Seiten der beiden Dreiecke überein.

5.7 Strategien zum Berechnen von Streckenlängen

a) Wegen der Ähnlichkeit der beiden Dreiecke gilt:
$\frac{|SA_1|}{|SA_2|} = \frac{|SB_1|}{|SB_2|}$, also $|SB_1| = \frac{|SA_1| \cdot |SB_2|}{|SA_2|}$

Eingesetzt: $|SB_1| = \frac{1{,}50\,\text{m} \cdot 3{,}00\,\text{m}}{2{,}50\,\text{m}} = 1{,}80\,\text{m}$

Ergebnis: Der Befestigungspunkt auf dem rechten Balken ist 1,80 m von S entfernt.

b) Wegen der Ähnlichkeit der beiden Dreiecke gilt auch:
$\frac{|SA_1|}{|SA_2|} = \frac{|A_1B_1|}{|A_2B_2|}$, also $|A_1B_1| = \frac{|SA_1| \cdot |A_2B_2|}{|SA_2|}$

Eingesetzt: $|A_1B_1| = \frac{1{,}50\,\text{m} \cdot 2{,}00\,\text{m}}{2{,}50\,\text{m}} = 1{,}20\,\text{m}$

Ergebnis: Das Brett muss 1,20 m lang sein.

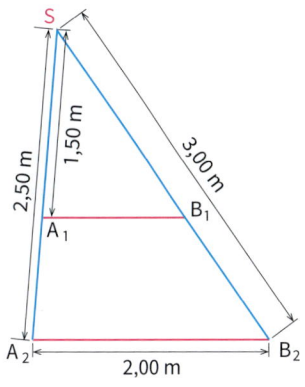

Information

Strategie zum Berechnen von Streckenlängen mithilfe von Ähnlichkeit
(1) Suche zueinander ähnliche Dreiecke und achte dabei auf Stufen- und Wechselwinkel.
(2) Notiere gleich große Längenverhältnisse, die auch die gesuchte Streckenlänge enthalten.
(3) Löse die so entstandene Gleichung nach der gesuchten Streckenlänge auf.

Weiterführende Aufgabe

Längenberechnung bei gegenüberliegenden ähnlichen Dreiecken

2. a) Um die Breite x eines Flusses zu bestimmen, werden bei A, B, C, D und E Fluchtstäbe gesteckt und folgende Strecken gemessen: $|BC| = 39\,\text{m}$; $|AB| = 56\,\text{m}$; $|CD| = 27\,\text{m}$. Bestimme die Breite x.
   b) Warum ist es günstig, die Fluchtstäbe so zu stecken, dass z. B. $|BC|:|CD| = 1:1$ oder $|BC|:|CD| = 1:2$ gilt?

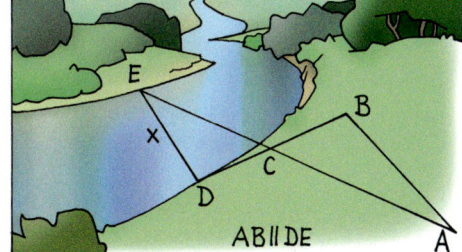

Information

(1) Besondere Lage der zueinander ähnlichen Dreiecke
Bei Längenberechnungen in ebenen und räumlichen Figuren mithilfe der Ähnlichkeit findet man häufig folgende Grundfiguren oder man zeichnet sie ein:

(a) 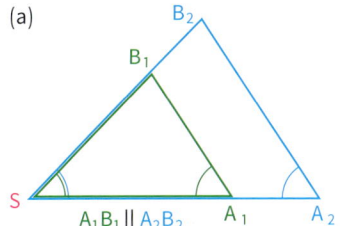 (b)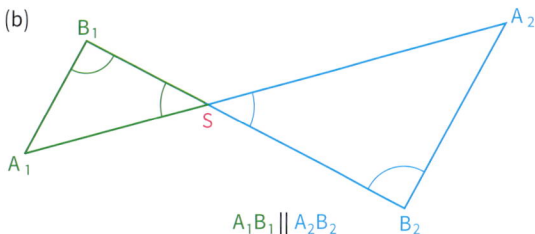

In beiden Figuren sind die Dreiecke SA_1B_1 und SA_2B_2 ähnlich zueinander, denn:
(a) In dieser Figur stimmen beide Dreiecke in dem Winkel bei S sowie wegen des Stufenwinkelsatzes ($A_1B_1 \parallel A_2B_2$) in den einander entsprechenden Winkeln bei A_1 und A_2 überein.
(b) In dieser Figur stimmen beide Dreiecke wegen des Scheitelwinkelsatzes in den Winkeln bei S und wegen des Wechselwinkelsatzes ($A_1B_1 \parallel A_2B_2$) in den Winkeln bei B_1 und B_2 überein.

Dreiecke, die wie in der Figur (a) oder Figur (b) liegen und zueinander parallele Seiten aufweisen, sind stets ähnlich zueinander.

(2) Strahlensätze

Berechnet man für die Dreiecke aus Information (1) den Ähnlichkeitsfaktor einerseits aus den Streckenlängen $|SA_1|$ und $|SA_2|$ sowie andererseits aus zwei anderen einander entsprechenden Seitenlängen, wie z. B. $|SB_1|$ und $|SB_2|$, so erhält man die Strahlensätze.

Strahlensätze

Gegeben sind zwei Geraden a und b, die sich im Punkt S schneiden, sowie zwei Geraden g und h, die a und b in den vier Punkten A_1 und A_2 bzw. B_1 und B_2 schneiden.

Erster Strahlensatz

Wenn die Geraden g und h zueinander parallel sind, dann gilt:

$$\frac{|SA_1|}{|SA_2|} = \frac{|SB_1|}{|SB_2|}$$

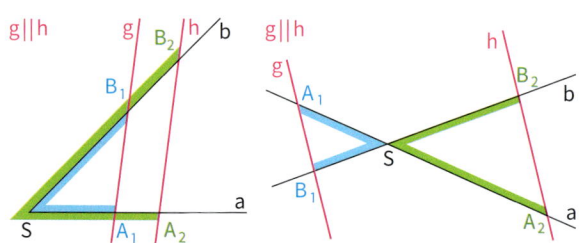

Das Längenverhältnis der beiden von S zu den Parallelen führenden Strecken auf der einen Geraden ist gleich dem Längenverhältnis der entsprechenden Strecken auf der anderen Geraden.

Zweiter Strahlensatz

Wenn die Geraden g und h zueinander parallel sind, dann gilt:

$$\frac{|SA_1|}{|SA_2|} = \frac{|A_1B_1|}{|A_2B_2|}$$

und

$$\frac{|SB_1|}{|SB_2|} = \frac{|A_1B_1|}{|A_2B_2|}$$

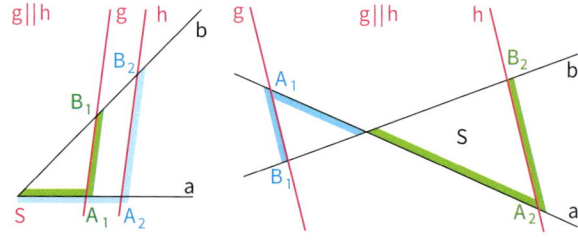

Das Längenverhältnis der beiden von S zu den Parallelen führenden Strecken auf den Geraden ist jeweils gleich dem Längenverhältnis der beiden Strecken auf den zueinander parallelen Geraden.

Weiterführende Aufgabe

Erweiterter erster Strahlensatz

3. Die Länge der Strecke $\overline{SA_1}$ kann wegen des Sees nicht direkt gemessen werden. Daher werden im Gelände messbare Strecken so festgelegt, dass $\overline{A_1B_1}$ parallel zu $\overline{A_2B_2}$ ist.
Berechne die Länge der Strecke $\overline{SA_1}$.
Was fällt auf?

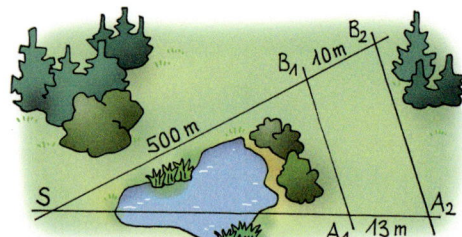

5.7 Strategien zum Berechnen von Streckenlängen

Information

Erweiterter erster Strahlensatz
Gegeben sind zwei Halbgeraden a und b mit gemeinsamem Anfangspunkt S, ferner zwei Geraden g und h, die die Halbgeraden a und b in vier Punkten A_1, A_2, B_1 und B_2 schneiden. Wenn die Geraden g und h parallel zueinander sind, dann gilt:

$$\frac{|A_1A_2|}{|SA_1|} = \frac{|B_1B_2|}{|SB_1|} \quad \text{und} \quad \frac{|A_1A_2|}{|SA_2|} = \frac{|B_1B_2|}{|SB_2|}$$

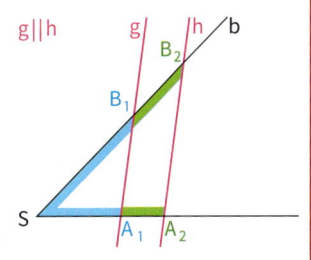

Beweis des erweiterten ersten Strahlensatzes
Wir berechnen die beiden Längenverhältnisse der ersten Verhältnisgleichung:

$$\frac{|A_1A_2|}{|SA_1|} = \frac{|SA_2| - |SA_1|}{|SA_1|} = \frac{|SA_2|}{|SA_1|} - \frac{|SA_1|}{|SA_1|} = \frac{|SA_2|}{|SA_1|} - 1$$

$$\frac{|B_1B_2|}{|SB_1|} = \frac{|SB_2| - |SB_1|}{|SB_1|} = \frac{|SB_2|}{|SB_1|} - \frac{|SB_1|}{|SB_1|} = \frac{|SB_2|}{|SB_1|} - 1$$

Nach dem ersten Strahlensatz gilt aber $\frac{|SA_2|}{|SA_1|} = \frac{|SB_2|}{|SB_1|}$; also folgt daraus $\frac{|A_1A_2|}{|SA_1|} = \frac{|B_1B_2|}{|SB_1|}$.
Die zweite Verhältnisgleichung beweist man entsprechend.

Übungsaufgaben

4. Ein 1,80 m großer Mann wirft einen 1,35 m langen Schatten.
Zu gleicher Zeit wirft ein Baum einen 5,40 m langen Schatten.
Berechne die Höhe des Baumes.

5. Berechne die unbekannten Längen (Maße in cm).

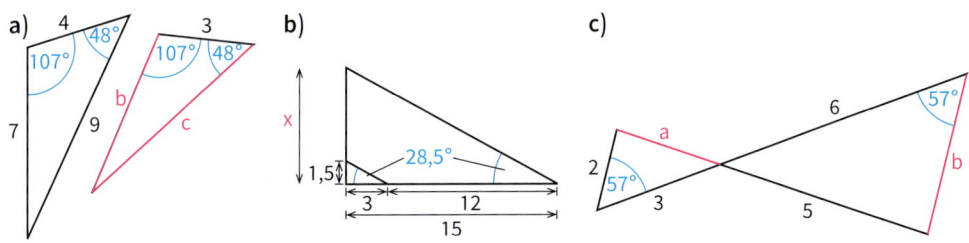

6. Finn und Lina haben die Länge x auf unterschiedlichen Wegen berechnet. Welchen Weg findest du am geschicktesten?

Finn: $\frac{x}{9} = \frac{4}{3}$
$x = \frac{4 \cdot 9}{3}$
$x = 12$

Lina: $\frac{9}{x} = \frac{3}{4}$
$\frac{3}{4}x = 9$
$x = 9 : \frac{3}{4}$
$x = 12$

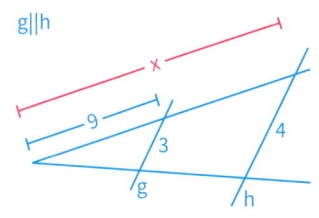

7. Kontrolliere Lennarts Hausaufgabe.

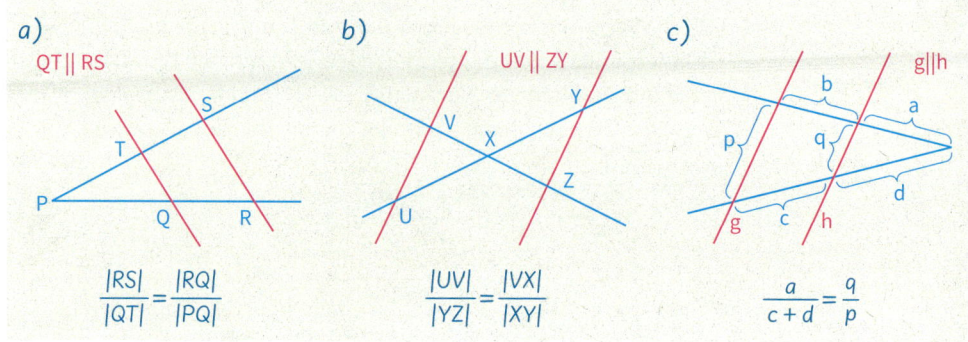

a) $\dfrac{|RS|}{|QT|} = \dfrac{|RQ|}{|PQ|}$

b) $\dfrac{|UV|}{|YZ|} = \dfrac{|VX|}{|XY|}$

c) $\dfrac{a}{c+d} = \dfrac{q}{p}$

Gleichung mit x im Zähler lässt sich leichter lösen.

8. Berechne x (Maße in cm).

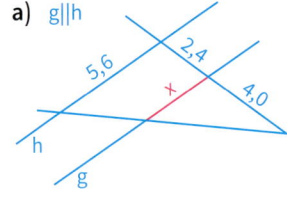

9. An den Stellen A und B eines Sees befinden sich Anlegestellen für Tretboote. Um die Entfernung von A und B zu bestimmen, wurden die Längen |PE| = 96 m, |EA| = 58 m und |EF| = 66 m gemessen.
Berechne die Entfernung der Anlegestellen A und B.

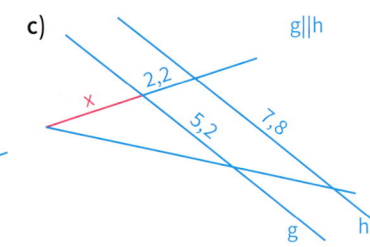

AB ∥ EF

10. Rechts siehst du, wie mithilfe eines Stabes und eines Maßbandes die Höhe eines Turmes bestimmt wurde. Gemessen wurde s = 2,2 m; b = 3,7 m; d = 28,0 m.
Erläutere das Vorgehen und berechne die Höhe h des Turmes.

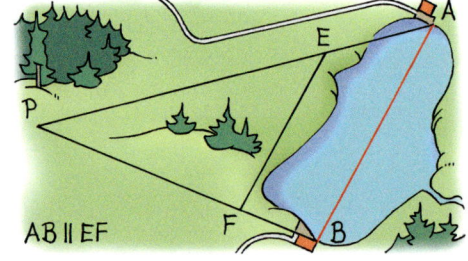

Tipp: Beginne die Gleichung mit der gesuchten Länge.

11. Berechne die nicht gegebenen Längen.

a) $s_1 = 7{,}2$ cm
$t_1 = 6{,}8$ cm
$t_2 = 10{,}2$ cm
$p_1 = 5{,}4$ cm

b) $s_1 = 4{,}8$ cm
$t_2 = 11{,}0$ cm
$p_1 = 5{,}4$ cm
$p_2 = 9{,}9$ cm

c) $s_2 = 6{,}0$ cm
$t_2 = 7{,}2$ cm
$p_1 = 4{,}9$ cm
$p_2 = 8{,}4$ cm

d) $s_1 = 27$ mm
$s_2 = 4{,}5$ cm
$t_1 = 3{,}3$ cm
$p_2 = 40$ mm

e) $t_1 = 4{,}2$ m
$t_2 = 6{,}4$ m
$p_2 = 4{,}8$ m
$s_1 = 6{,}3$ m

f) $t_2 = 5{,}4$ km
$s_1 = 3{,}2$ km
$s_2 = 4{,}8$ km
$p_1 = 3{,}9$ km

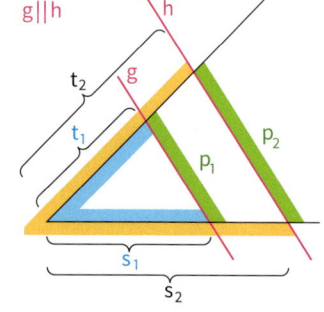

12. Jules Verne schreibt in seinem Roman „Die geheimnisvolle Insel", wie eine Gruppe von Männern, die auf eine einsame Insel verschlagen wurde, die Höhe einer senkrechten Granitwand bestimmt:

Die geheimnisvolle Insel
Cyrus Smith hatte eine Stange von 4 m Länge vorbereitet, wobei er an seiner eigenen Körpergröße provisorisch Maß genommen hatte. Harbert machte währenddessen ein Senkblei zurecht, das heißt, er band einen Stein an eine Pflanzenfaserschnur. Die Stange rammte der Ingenieur 20 Schritte vom Ufer weg in den Sand und stellte sie mithilfe des Lots senkrecht zum Horizont. Dann legte er sich soweit von der Stange entfernt in den Sand, dass er die Stange sich mit dem Grat der Granitmauer decken sah, und trieb dort einen Pflock in den Boden …
Die Stange, die 1 m tief im Sand steckte, wurde wieder herausgezogen und mit ihr der Abstand von dem Pflock zu dem Loch, in den die Stange gesteckt war, und die Entfernung vom Pflock zur Wand gemessen. Vom Pflock zur Stange waren es 5 m, vom Pflock zur Granitwand 160 m.

13. Berechne die nicht gegebenen Längen.
   a) $s_1 = 4$ cm
      $t_1 = 6$ cm
      $p_1 = 5$ cm
      $t_2 = 9$ cm
   b) $s_1 = 3$ cm
      $s_2 = 5$ cm
      $t_2 = 7$ cm
      $p_1 = 6$ cm
   c) $s_1 = 8$ m
      $t_1 = 6$ m
      $p_1 = 8$ m
      $p_2 = 10$ m

14. a) Ergänze aufgrund des 1. Strahlensatzes.

   (1) $\dfrac{|SB|}{|SA|} = \dfrac{\blacksquare}{\blacksquare}$ (4) $\dfrac{\blacksquare}{|SQ|} = \dfrac{|SC|}{\blacksquare}$ (7) $\dfrac{|SP|}{|PQ|} = \dfrac{\blacksquare}{\blacksquare}$

   (2) $\dfrac{|SP|}{|SR|} = \dfrac{\blacksquare}{\blacksquare}$ (5) $\dfrac{\blacksquare}{\blacksquare} = \dfrac{|SC|}{|SB|}$ (8) $\dfrac{|SQ|}{\blacksquare} = \dfrac{\blacksquare}{|BC|}$

   (3) $\dfrac{|SC|}{\blacksquare} = \dfrac{\blacksquare}{|SP|}$ (6) $\dfrac{\blacksquare}{\blacksquare} = \dfrac{|SQ|}{|SP|}$ (9) $\dfrac{|AC|}{\blacksquare} = \dfrac{\blacksquare}{|SQ|}$

   b) Ergänze aufgrund des 2. Strahlensatzes.

   (1) $\dfrac{|AP|}{|BQ|} = \dfrac{\blacksquare}{\blacksquare}$ (3) $\dfrac{|AP|}{\blacksquare} = \dfrac{\blacksquare}{|SC|}$ (5) $\dfrac{\blacksquare}{|SB|} = \dfrac{|AP|}{\blacksquare}$ (7) $\dfrac{|SC|}{\blacksquare} = \dfrac{\blacksquare}{|BQ|}$

   (2) $\dfrac{|BQ|}{|CR|} = \dfrac{\blacksquare}{\blacksquare}$ (4) $\dfrac{|SP|}{\blacksquare} = \dfrac{\blacksquare}{|RC|}$ (6) $\dfrac{|SB|}{\blacksquare} = \dfrac{\blacksquare}{|RC|}$ (8) $\dfrac{\blacksquare}{|BQ|} = \dfrac{|SP|}{\blacksquare}$

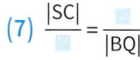

15. Formuliere die Verhältnisgleichungen für die Strahlensätze mit den Bezeichnungen der Figuren.

a)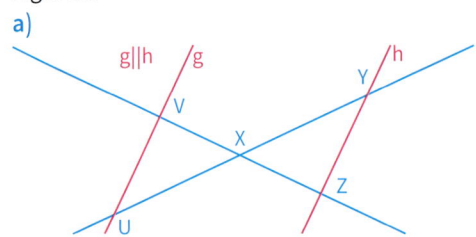

b)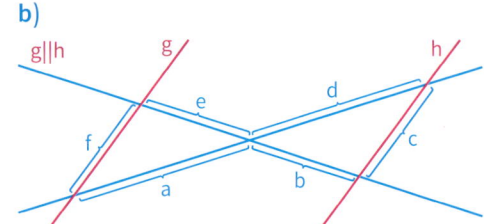

16. Eine einfache Lochkamera kann man sich aus einem Karton herstellen, bei dem auf der einen Seite in der Mitte ein kleines Loch gemacht wird und die gegenüberliegende Seite durch Pergamentpapier, den „Schirm", ersetzt wird. Du kannst dann auf dem Pergamentpapier ein Bild von Gegenständen erzeugen.

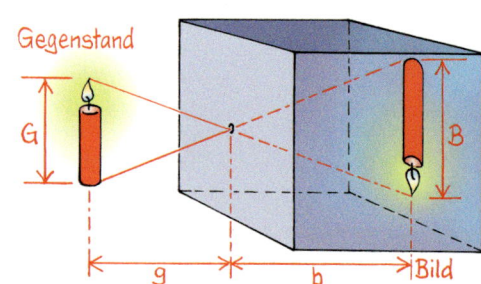

Es sollen G und B die Gegenstands- bzw. Bildgröße sowie g und b die Gegenstands- bzw. Bildweite sein.

a) Stelle eine Verhältnisgleichung für die Größen g, b, G und B auf.
b) Ein Baum, der von der Lochkamera 30 m entfernt steht wird 4 cm hoch auf dem Schirm der Kamera abgebildet. Die Kamera ist 12 cm tief. Wie hoch ist der Baum?
c) Ein genauso hoher Baum erscheint anderthalb mal so groß auf dem Schirm. Wie weit ist er entfernt?
d) Wie weit darf ein Gegenstand höchstens von der Kamera entfernt sein, damit sein Abbild noch vergrößert wird?

 17. a) Haltet ein Auge geschlossen und messt, welche Strecke euer Daumen bei ausgestrecktem Arm auf einem Lineal an der Tafel verdeckt. Ändert den Abstand von der Tafel systematisch: 1,00 m, 2,00 m, 3,00 m, … und haltet eure Ergebnisse in einer Tabelle fest.

Abstand (in m)	Verdeckte Strecke (in cm)

b) Formuliert eine Vermutung, die sich aus den Messwerten ergibt.
c) Fertigt eine Skizze zu den Sachverhalten an und begründet damit die Vermutung.
d) Mithilfe der Gesetzmäßigkeit kann man Entfernungen bestimmten. Erläutert das.

18. Finjas Daumen ist 2 cm breit. Schließt sie ein Auge und hält sie den Daumen 45 cm vom anderen Auge entfernt, so ist gerade ein 7,32 m breites Fußballtor verdeckt.
Wie weit ist Finja vom Tor entfernt? Zeichne auch.

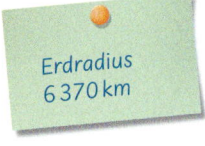

19. Der Mond ist 60 Erdradien von der Erde entfernt. Hält man einen 7 mm dicken Bleistift im Abstand von etwa 78 cm vor das Auge, so ist der Mond gerade verdeckt.
Welchen Durchmesser hat der Mond etwa? Fertige eine Skizze an.

Erdradius 6 370 km

5.7 Strategien zum Berechnen von Streckenlängen

20. Strecke einen Arm aus und visiere den Daumen zunächst mit dem linken Auge, dann mit dem rechten Auge an. Du bemerkst, dass der Daumen einen „Sprung" macht. Diese Tatsache benutzt man, um Entfernungen in der Landschaft zu schätzen *(Daumensprungmethode)*. Verwende in den folgenden Aufgaben als Armlänge a = 64 cm und als Pupillenabstand p = 6 cm.

a) Ein Wanderer sieht ein altes Schloss. Er weiß, das Schloss ist 65 m breit. Der Daumen springt gerade von einer zur anderen Seite.
Wie weit ist er vom Schloss entfernt?

b) Eine Wanderin sieht in der Ferne zwei Burgen. Sie ist von der einen Burg 15 km entfernt. Der Daumen springt gerade von der einen zur anderen Burg.
Wie weit liegen beide Burgen auseinander?

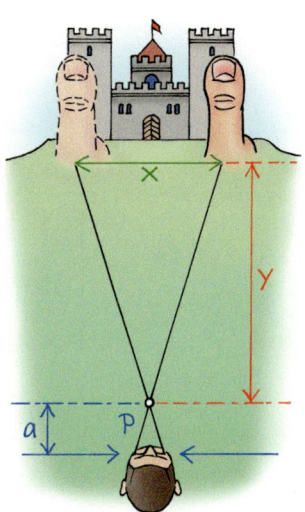

21. a) Beweise für die Figur rechts mithilfe der Strahlensätze:
(1) $\dfrac{|AB|}{|BC|} = \dfrac{|DE|}{|EF|}$ (2) $\dfrac{|AB|}{|AC|} = \dfrac{|DE|}{|DF|}$

b) Es sollen |SA| = 3 cm, |SD| = 4,5 cm, |SB| = 2,4 cm, |BC| = 2 cm, |DE| = 1,8 cm und |SF| = 3,9 cm sein. Berechne die Längen |AB|, |SE|, |EF|, |SC| in einer möglichst günstigen Reihenfolge.

AC ∥ DF

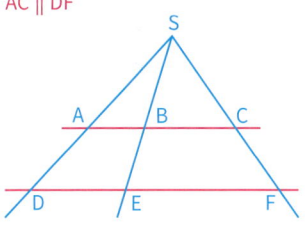

22. Ergänze mithilfe des erweiterten ersten Strahlensatzes im Heft.

a) $\dfrac{|PU|}{|UV|} = \dfrac{\Box}{\Box}$ c) $\dfrac{|UV|}{|PV|} = \dfrac{\Box}{\Box}$ e) $\dfrac{\Box}{|PR|} = \dfrac{|UV|}{\Box}$

b) $\dfrac{|QR|}{|PQ|} = \dfrac{\Box}{\Box}$ d) $\dfrac{|PV|}{\Box} = \dfrac{\Box}{|QR|}$ f) $\dfrac{|PQ|}{\Box} = \dfrac{|PU|}{\Box}$

QU ∥ RV

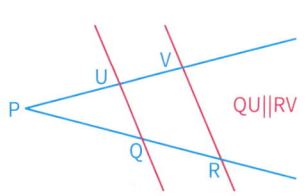

23. Berechne x (Maße in cm).

a) g ∥ h   b) g ∥ h   c) g ∥ h   d) g ∥ h

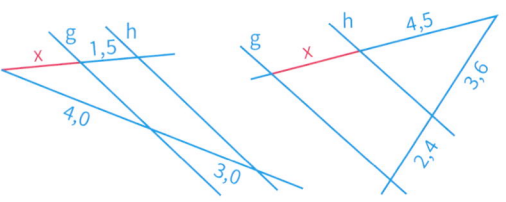
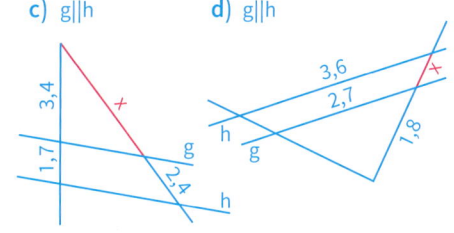

24. In der Zeichnung soll $A_1A_2 \parallel B_1B_2$ sowie $A_2A_3 \parallel B_2B_3$ gelten. Beweise:

a) $\dfrac{|B_1B_2|}{|A_1A_2|} = \dfrac{|B_2B_3|}{|A_2A_3|}$ b) $\dfrac{|SB_1|}{|SA_1|} = \dfrac{|SB_3|}{|SA_3|}$

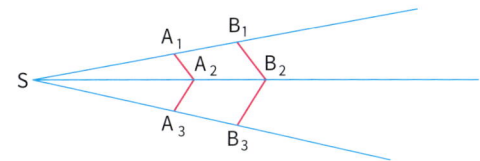

Mess- und Zeichengeräte selbst gebaut

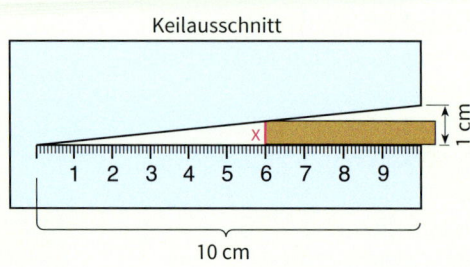

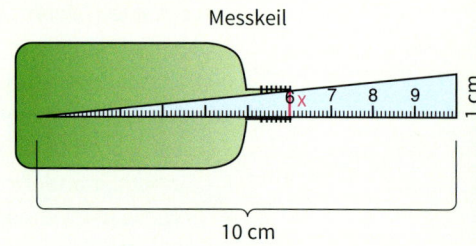

1. Die Abbildungen oben zeigen einen Keilausschnitt und einen Messkeil.
   a) Überlegt euch, wozu man die beiden Messinstrumente einsetzen kann. Welche Vorteile bieten sie gegenüber einem gewöhnlichen Maßband?
   b) Fertigt euch selbst einen Keilausschnitt und einen Messkeil an. Worauf müsst ihr bei der Materialauswahl achten, damit eure Messergebnisse möglichst genau werden?
   c) Messt verschiedene Gegenstände und vergleicht eure Ergebnisse gegebenenfalls mit den Herstellerangaben.
   d) Keilausschnitt und Messkeil in der Abbildung oben haben eine Länge von 10 cm und eine Breite von 1 cm.
   Welche Auswirkungen hat es, wenn man von diesen Maßen abweicht? Probiert es aus.

2. a) Erläutere die Arbeitsweise der Messzange. Wozu kann man sie verwenden?
   b) Mit welchem Faktor vergrößert die abgebildete Zange die abgegriffenen Größen?
   c) Baut selbst eine solche Messzange und führt Messungen mit ihr durch.

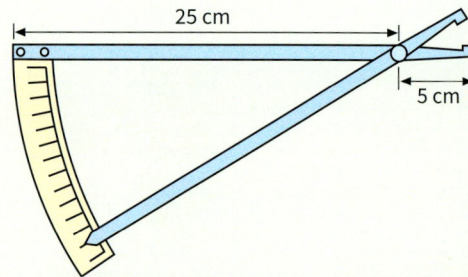

3. Ein Jakobsstab besteht aus zwei Latten, von denen die eine auf der anderen verschoben werden kann.
   Zum Bestimmen der Höhe eines Gebäudes verschiebt man den beweglichen vertikalen Querstab so weit, dass das Gebäude genau verdeckt wird.
   Baut ein solches Gerät.
   Erklärt, wie man damit messen kann und probiert es aus.

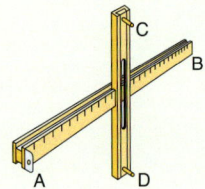

Im Blickpunkt

4. Die Abbildung zeigt einen Proportionalzirkel. Er wird zum Verkleinern oder Vergrößern einer Strecke verwendet. Erläutere seine Wirkungsweise. Stelle auch selbst aus Pappe einen Proportionalzirkel her.

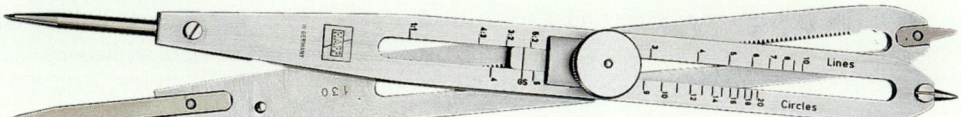

5. Das Bild rechts zeigt einen Stab zur Messung der Höhe von Bäumen, der im 18. Jahrhundert verwendet wurde. Der Stab ist 80 cm lang, die Markierung befindet sich 8 cm vom unteren Ende entfernt. Baut ein solches Gerät und erläutert, wie man damit Höhen bestimmen kann.

6. Ein Storchenschnabel (Pantograph) ist ein Zeichengerät, mit dem sich beliebige Figuren vergrößern bzw. verkleinern lassen.
Das Bild rechts zeigt den prinzipiellen Aufbau eines Storchenschnabels. Die beiden Latten $\overline{ZA'}$ und $\overline{A'P'}$ sind gleich lang. Beim Zusammenbau muss weiter darauf geachtet werden, dass gilt: $|AP| = |A'B| = |AZ|$ sowie $|AA'| = |PB|$.

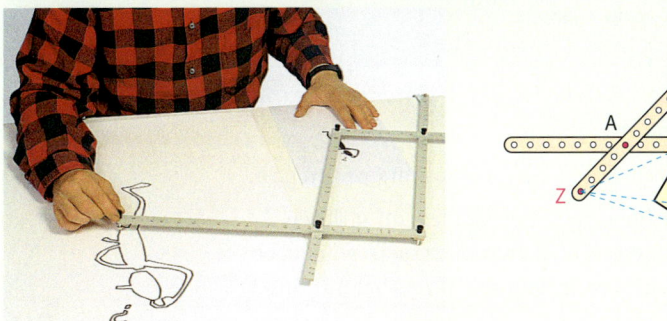

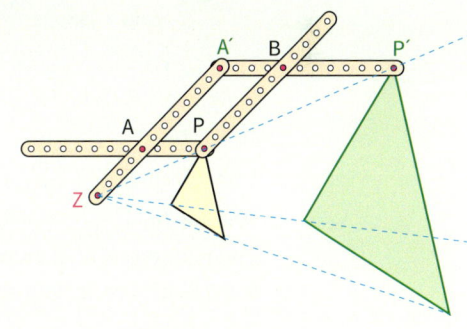

a) Begründet mithilfe der Dreiecke ZPA und ZP'A':
Der Bildpunkt P' liegt auf der Geraden ZP.
b) Beweist, dass in jeder Stellung des Storchenschnabels $|ZP'| = k \cdot |ZP|$ gilt.
Bestimme den Streckfaktor der in der Abbildung dargestellten Einstellung.
c) Verbindet die Latten an anderen Stellen. Welche Vergrößerungsfaktoren sind möglich?
d) Wie kann man mit diesem Gerät Verkleinerungen herstellen?
e) Ihr könnt euch einen Storchenschnabel aus Pappe oder Holz selbst bauen.
Überlegt euch zunächst, worauf ihr beim Bau achten müsst. Probiert euer Gerät aus.
Durch Umstecken der Teile könnt ihr die Seitenlänge des Parallelogramms verändern.
Prüft, welche Auswirkungen dies hat.

5.8 Umkehren des 1. Strahlensatzes für Halbgeraden

Einstieg

Prüft mit einem dynamischen Geometrieprogramm, ob die Umkehrungen der Strahlensätze wahre Sätze sind: Kann man also von gleichen Längenverhältnissen auf die Parallelität der beiden Geraden, die die Halbgeraden (Strahlen) schneiden, schließen?

a) Konstruiert zwei Strahlen $\overrightarrow{SA_2}$ und $\overrightarrow{SB_2}$ mit gemeinsamen Anfangspunkt S. Konstruiert dann einen Punkt A_1 auf der Strecke $\overline{SA_2}$ und einen Punkt B_1 auf der Strecke $\overline{SB_2}$.
Zeichnet die Geraden A_1B_1 und A_2B_2. Lasst die Längenverhältnisse $|SA_1|:|SA_2|$ und $|SB_1|:|SB_2|$ auf den beiden Strahlen berechnen und anzeigen. Positioniert die Punkte A_1 und B_1 an verschiedenen Stellen so, dass $|SA_1|:|SA_2| = |SB_1|:|SB_2|$ ist. Prüft jedes Mal, ob dann die Geraden A_1B_1 und A_2B_2 parallel zueinander sind.

b) Untersucht entsprechend, ob die Umkehrung des zweiten Strahlensatzes wahr ist.

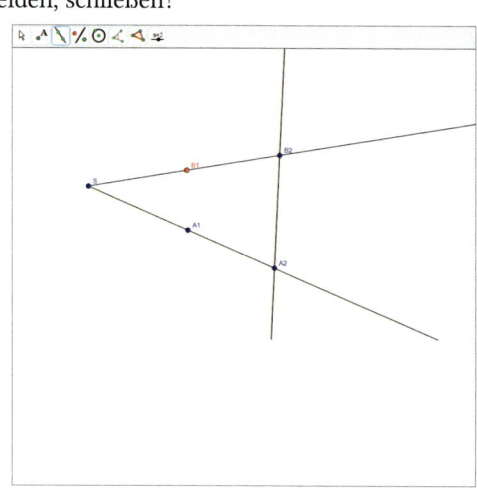

Einführung

(1) Zur Umkehrung des 1. Strahlensatzes

Versuche vier Punkte A_1, A_2, B_1, B_2 so zu zeichnen, dass $\frac{|SA_1|}{|SA_2|} = \frac{|SB_1|}{|SB_2|}$, aber $A_1B_1 \nparallel A_2B_2$ gilt.
Das gelingt dir offenbar nicht. Wir vermuten daher die Gültigkeit des folgenden Kehrsatzes:

Wenn $\frac{|SA_1|}{|SA_2|} = \frac{|SB_1|}{|SB_2|}$, dann $g \parallel h$.

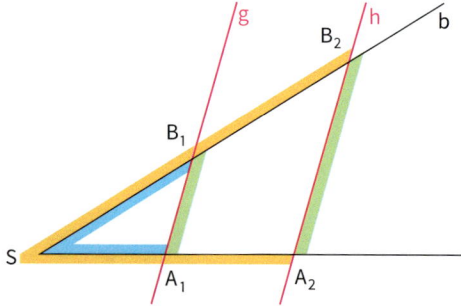

Beweis des Kehrsatzes des 1. Strahlensatzes für Halbgeraden:

Wir setzen $\frac{|SA_1|}{|SA_2|} = \frac{|SB_1|}{|SB_2|}$ voraus und zeigen $g \parallel h$.
Wir zeichnen nun die Parallele zu g durch A_2 und nennen sie h*, da wir noch nicht wissen, ob sie mit h überein stimmt. Ihren Schnittpunkt mit b nennen wir B_2^*. Wegen $g \parallel h^*$ können wir den 1. Strahlensatz anwenden.
Wir erhalten $\frac{|SA_1|}{|SA_2|} = \frac{|SB_1|}{|SB_2^*|}$.

Andererseits hatten wir $\frac{|SA_1|}{|SA_2|} = \frac{|SB_1|}{|SB_2|}$ vorausgesetzt.

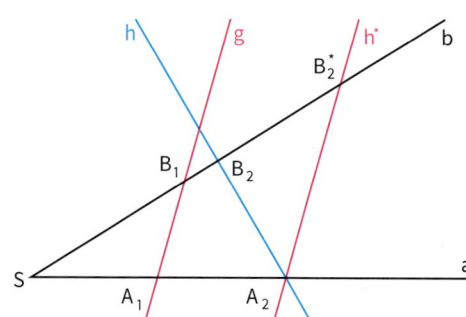

Also gilt $\frac{|SB_1|}{|SB_2^*|} = \frac{|SB_1|}{|SB_2|}$.

Daraus folgt $B_2^* = B_2$, da beide auf derselben Halbgeraden mit Anfangspunkt S liegen.
Das bedeutet aber, dass h mit der Parallelen h* zu g übereinstimmt. Somit ist dann h parallel zu g.

5.8 Umkehren des 1. Strahlensatzes für Halbgeraden

(2) Zur Umkehrung des 2. Strahlensatzes

In dem Beispiel rechts ist g* ∥ h, also gilt nach dem
2. Strahlensatz: $\frac{|A_1B_1^*|}{|A_2B_2|} = \frac{|SA_1|}{|SA_2|}$

Wegen $|A_1B_1| = |A_1B_1^*|$ gilt auch $\frac{|A_1B_1|}{|A_2B_2|} = \frac{|SA_1|}{|SA_2|}$.

Es gilt aber g ∦ h.

Ergebnis: Die Umkehrung des 2. Strahlensatzes ist falsch.

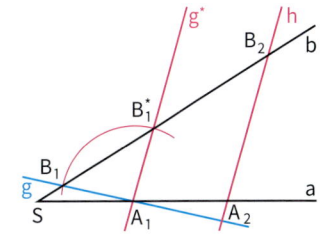

Information

> **Ein Kehrsatz des 1. Strahlensatzes für Halbgeraden**
>
> Gegeben sind zwei Halbgeraden a und b mit gemeinsamem Anfangspunkt S, ferner zwei Geraden g und h, welche die Halbgeraden a und b in den Punkten A_1 und B_1 bzw. A_2 und B_2 schneiden. Dann gilt:
>
> Wenn $\frac{|SA_1|}{|SA_2|} = \frac{|SB_1|}{|SB_2|}$ gilt, dann folgt daraus g ∥ h.

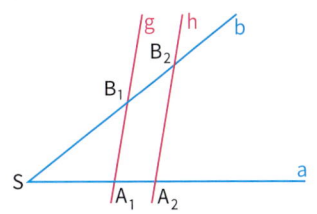

Weiterführende Aufgaben

Eine falsche Umkehrung des erweiterten 1. Strahlensatzes

1. Nach dem erweiterten 1. Strahlensatz gilt auch: Wenn g ∥ h, dann gilt: $\frac{|SA_1|}{|A_1A_2|} = \frac{|SB_1|}{|B_1B_2|}$.

    Gib die Umkehrung dieses Satzes an und widerlege sie.

Schwerpunktsatz für Dreiecke

2. In dem Dreieck ABC sind M_a und M_b die Mittelpunkte der Seiten $\overline{BC}$ und $\overline{AC}$.

    a) Beweise: (1) $M_aM_b \parallel AB$ (2) $|M_aM_b| = \frac{1}{2}|AB|$

    b) Beweise damit folgenden Satz.

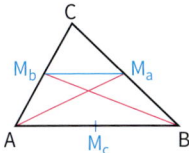

> **Schwerpunktsatz für Dreiecke**
>
> In jedem Dreieck schneiden sich die drei Seitenhalbierenden in *einem* Punkt S, dem **Schwerpunkt** des Dreiecks.
> Der Schwerpunkt S teilt jede Seitenhalbierende in zwei Teilstrecken. Die am Eckpunkt liegende Teilstrecke ist doppelt so lang wie die andere.

Übungsaufgaben

3. In der Figur sind die Längen der vier Strecken $\overline{SA}$, $\overline{SB}$, $\overline{SP}$ und $\overline{SQ}$ bekannt. Entscheide, ob AP ∥ BQ gilt.

    a) |SA| = 4,5 cm   b) |SA| = 4,0 cm   c) |SA| = 4,9 cm
        |SB| = 7,2 cm |SB| = 7,2 cm |SB| = 8,4 cm
        |SP| = 5,4 cm |SP| = 5,5 cm |SP| = 3,5 cm
        |SQ| = 8,1 cm |SQ| = 9,9 cm |SQ| = 6,0 cm

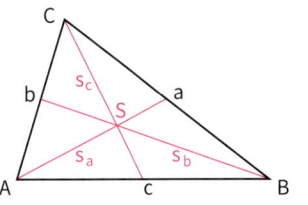

4. Konstruiere eine Figur wie in Aufgabe 3 mit den Maßen: |SB| = 6,0 cm, |SQ| = 7,5 cm, |BQ| = 3,6 cm, |SA| = 4,0 cm, |AP| = 2,4 cm. Zeige, dass diese Aufgabe zwei Lösungen hat und dass nur für eine der beiden Lösungen AP ∥ BQ gilt.

Mehrstufiges Argumentieren – Vorwärts- und Rückwärtsarbeiten

1. Johann und Lina sind verschieden vorgegangen, um folgendes Problem zu lösen: Begründe, dass in jedem Dreieck ABC das Verhältnis zweier Seiten mit dem umgekehrten Verhältnis der zugehörigen Höhen übereinstimmt:

$$\frac{a}{b} = \frac{h_b}{h_a}$$

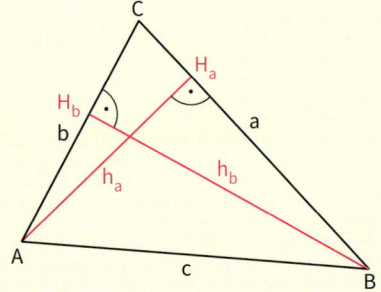

Lina

Vorüberlegungen:
- In zueinander ähnlichen Dreiecken sind die Längenverhältnisse aller entsprechenden Seiten gleich.
- Wir benötigen deshalb zwei zueinander ähnliche Teildreiecke, deren Seiten a und b bzw. h_a und h_b sind, um ein solches Längenverhältnis, wie oben benannt, aufzustellen.

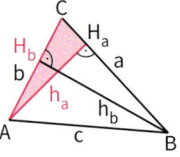 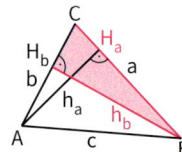

- Wenn wir zeigen können, dass die beiden Dreiecke ähnlich zueinander sind, so gilt für die Seitenlängen:

$$\frac{h_a}{b} = \frac{h_b}{a} \text{, also } \frac{a}{b} = \frac{h_b}{h_a}$$

Beweis:
Zu zeigen: Die beiden Teildreiecke sind ähnlich zueinander, d. h. zwei Winkel sind gleich.

Begründung:
- Beide Dreiecke haben den Winkel bei C gemeinsam.
- Jedes Teildreieck hat einen rechten Winkel. Demnach stimmen sie in zwei Winkeln überein und sind somit ähnlich zueinander. Damit gilt die obige Gleichung.

Johann

Die Höhen sind orthogonal zu den zugehörigen Seiten, jede Höhe unterteilt das Dreieck in zwei rechtwinklige Teildreiecke.
Die rechtwinkligen Teildreiecke AH_aC und H_bBC stimmen zusätzlich in dem Winkel bei C überein. Somit sind diese beiden Teildreiecke ähnlich zueinander. Dabei entsprechen folgende Eckpunkte einander:
$A \to B$
$H_a \to H_b$
$C \to C$
Bei zueinander ähnlichen Dreiecken kann man eines mit einem Ähnlichkeitsfaktor so vergrößern oder verkleinern, dass man ein zum zweiten Dreieck kongruentes erhält. Den Ähnlichkeitsfaktor k, mit dem man das Teildreieck H_bBC aus dem Teildreieck AH_aC erhält, kann man aus den Seitenlängen einander entsprechender Seiten berechnen, also:

$$k = \frac{a}{b} = \frac{h_b}{h_a}$$

Damit ist die Gleichung begründet.

Vergleiche die Begründungen von Lina und Johann hinsichtlich ihres Vorgehens.

Auf den Punkt gebracht

185

Information

Vorwärtsarbeiten
- Analysiere die Aufgabe genau: Welche Voraussetzungen liegen vor?
- Sammle all dein Wissen über die vorhandenen Voraussetzungen.
- Wähle zuerst die vielversprechendste Folgerung und überlege, ob diese dich weiter bringt.
- Bist du am Ziel? Falls nein, so musst du am erreichten Punkt wieder all dein Wissen sammeln, um daraus neue Folgerungen zu ziehen.

Rückwärtsarbeiten
- Analysiere die Behauptung: Kennst du Sätze, aus denen sie direkt folgt? Welche Voraussetzungen müssen dazu vorliegen?
- Kannst du die Figur, das Problem so erweitern, dass sich die entsprechenden Voraussetzungen schaffen lassen (Hilfslinien, Symmetrien, …)?
- Schließlich muss noch die etwas kleiner gewordenen Lücke zwischen den benötigten Voraussetzungen und den vorhandenen Voraussetzungen geschlossen werden. Meistens beginnt dann die Arbeit aus dem ersten Punkt von vorne.

Zum Schluss muss sich eine Argumentationskette von den gegebenen Voraussetzungen bis zur Behauptung hin ergeben.
Überprüfe dabei auch, ob jeweils ein Satz oder ein Kehrsatz benötigt wird.

2. Lukas argumentiert folgendermaßen, um die Aufgabe von Johann und Lina zu lösen. Erläutere sie und gib an, welche der beiden Vorgehensweisen Lukas angewendet hat.

Der Flächeninhalt des Dreiecks ABC kann ich berechnen als $A = \frac{1}{2}ah_a$ oder auch $A = \frac{1}{2}bh_b$.
Also gilt:
$$A = \frac{1}{2}ah_a = \frac{1}{2}bh_b \quad |\cdot 2$$
$$a \cdot h_a = b \cdot h_b \quad |:b$$
$$\frac{a}{b} \cdot h_a = h_b \quad |:h_a$$
$$\frac{a}{b} = \frac{h_b}{h_a}$$

Menelaos
griechischer Mathematiker und Astronom, lebte um 100 n. Chr. in Alexandria und Rom.

3. Gegeben sind ein Dreieck ABC und eine Gerade g, die die Seiten des Dreiecks oder deren Verlängerung schneidet, jedoch nicht durch eine Ecke geht. Die Schnittpunkte D, E und F sind äußere bzw. innere Teilungspunkte der Seiten.
Zeige: $\dfrac{|AD|}{|BD|} \cdot \dfrac{|CF|}{|CE|} \cdot \dfrac{|BE|}{|AF|} = 1$ *(Satz von Menelaos)*
Anleitung: Betrachte die eingezeichneten Orthogonalen auf der Geraden g; wende einen Strahlensatz an.

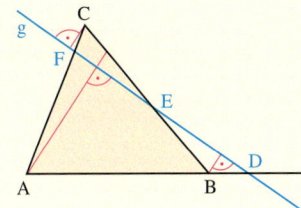

Giovanni Ceva
italienischer Mathematiker (1647–1734)

4. Gegeben sind ein Dreieck ABC und P im Inneren des Dreiecks. Die Verbindungsgerade AP schneidet die Seite $\overline{BC}$ im Punkt R, die Gerade BP die Seite $\overline{AC}$ in S und die Gerade CP die Seite $\overline{AB}$ in T.
Dann gilt:
$\dfrac{|AT|}{|TB|} \cdot \dfrac{|BR|}{|RC|} \cdot \dfrac{|CS|}{|SA|} = 1$ *(Satz von Ceva)*

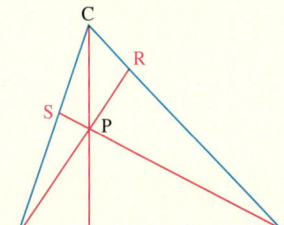

5.9 Aufgaben zur Vertiefung

1. Eine Sammellinse erzeugt von einem Gegenstand ein Bild.
   Für die Größe G des Gegenstandes, die Größe B des Bildes, den Abstand g des Gegenstandes von der Linse, den Abstand b des Bildes von der Linse sowie die Brennweite f gilt:

   (1) $\dfrac{G}{B} = \dfrac{g}{b}$ (2) $\dfrac{G}{B} = \dfrac{f}{b-f}$

   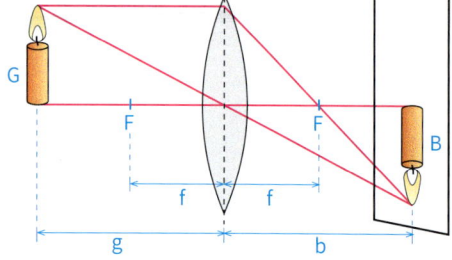

   Begründe diese Verhältnisgleichungen mithilfe geeigneter Strahlensatzfiguren.
   Leite dann die Linsenformel $\dfrac{1}{g} + \dfrac{1}{b} = \dfrac{1}{f}$ her.

2. Berechne für das nebenstehende Parallelogramm die beiden Längenverhältnisse $\dfrac{x}{y}$ und $\dfrac{u}{v}$.

   Hinweis: Ergänze die Figur im Heft so, dass eine Strahlensatzfigur entsteht. Zeichne sie rot ein.

   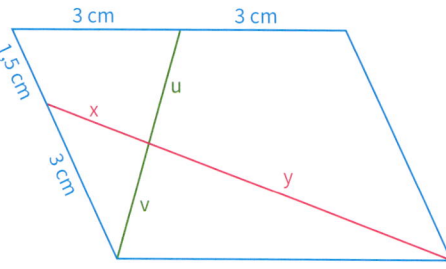

3. Schätze zunächst, welcher Anteil der Gesamtfläche rot gefärbt ist.
   Berechne den Anteil dann und gib ihn in Prozent an.

   a) 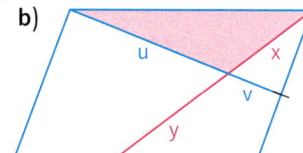 b) 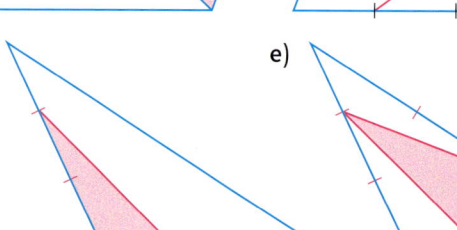 c)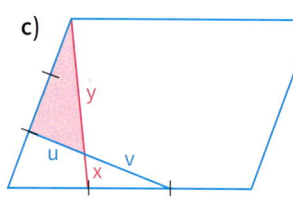

   d) e) f)

4. In dem gleichschenkligen Trapez rechts sind a = 200 mm, b = 120 mm und c = 56 mm gegeben.
   Wie groß ist der Anteil des rot gefärbten Dreiecks an der Gesamtfläche?

   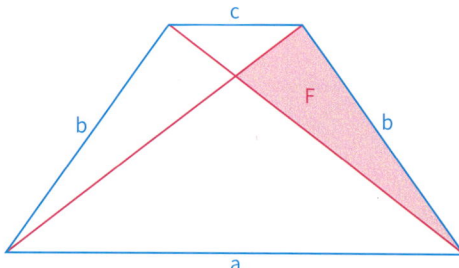

Das Wichtigste auf einen Blick

Ähnlichkeit von Vielecken	Zwei Vielecke F und G heißen **ähnlich** zueinander, wenn sich ihre Eckpunkte so einander zuordnen lassen, dass gilt: (1) Entsprechende Winkel sind gleich groß. (2) Alle Seiten des Vielecks G sind k-mal so lang wie die entsprechenden Seiten des Vielecks F (mit *demselben* Faktor k). Sind die Vielecke F und G ähnlich zueinander, so schreibt man kurz: F ~ G, gelesen: F ist ähnlich zu G. Der Faktor k heißt **Ähnlichkeitsfaktor**.	*Beispiel:* 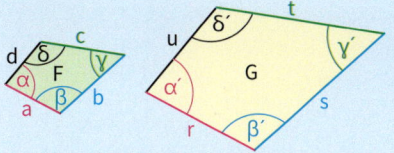 $\frac{r}{a} = \frac{s}{b} = \frac{t}{c} = \frac{u}{d} = k$ $\alpha = \alpha'$; $\beta = \beta'$; $\gamma = \gamma'$; $\delta = \delta'$;
Ähnlichkeitssatz für Dreiecke	Wenn Dreiecke in der Größe von zwei Winkeln übereinstimmen, dann sind sie ähnlich zueinander.	*Beispiel:* 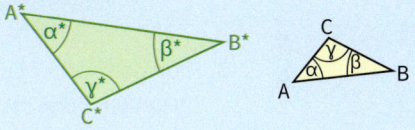
Berechnen von Streckenlängen	(1) Suche zueinander ähnliche Dreiecke und achte dabei auf Stufen- und Wechselwinkel. (2) Notiere gleich große Längenverhältnisse, die auch die gesuchte Streckenlänge enthalten. (3) Löse die entstandene Gleichung nach der gesuchten Streckenlänge auf.	*Beispiel: (Maße in cm)* BE ∥ CD AE ∥ BD 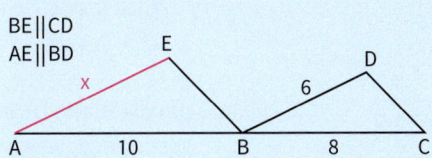 $\frac{x}{10} = \frac{6}{8}$ $x = \frac{6 \cdot 10}{8} = \frac{60}{8} = 7{,}5$
Strahlensätze	Für zwei Geraden a und b mit dem gemeinsamen Punkt S, die von zwei parallelen Geraden g und h geschnitten werden gilt: 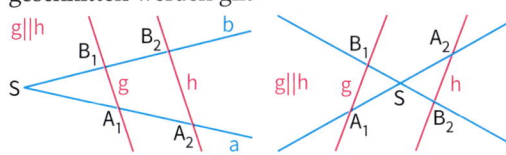 **Erster Strahlensatz:** $\frac{|SA_1|}{|SA_2|} = \frac{|SB_1|}{|SB_2|}$ und $\frac{|SA_1|}{|A_1A_2|} = \frac{|SB_1|}{|B_1B_2|}$ **Zweiter Strahlensatz:** $\frac{|SA_1|}{|SA_2|} = \frac{|A_1B_1|}{|A_2B_2|}$ und $\frac{|SB_1|}{|SB_2|} = \frac{|A_1B_1|}{|A_2B_2|}$	*Beispiel: (Maße in cm)* g ∥ h 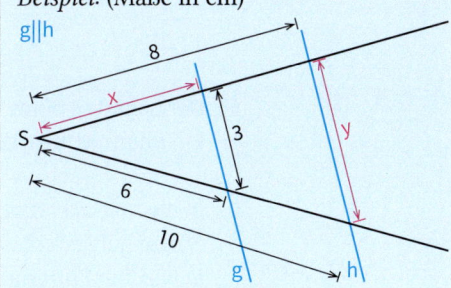 $\frac{x}{8} = \frac{6}{10}$ $\quad$ $\frac{y}{10} = \frac{3}{6}$ $x = \frac{6 \cdot 8}{10}$ $\quad$ $y = \frac{3 \cdot 10}{6}$ $x = 4{,}8$ $\quad$ $y = 5$

Bist du fit?

1. Welche der Figuren sind ähnlich zueinander? Gib auch den Ähnlichkeitsfaktor an.

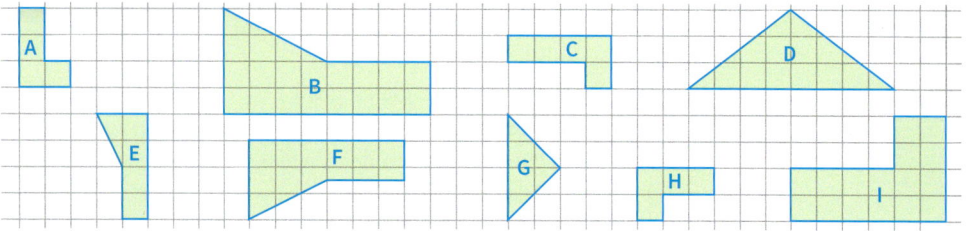

2. ABC ist ein Dreieck mit $\alpha = 42°$ und $\gamma = 67°$.
   a) Welches der folgenden Dreiecke $A^*B^*C^*$ ist zu diesem Dreieck ABC ähnlich?
   (1) $\alpha^* = 67°$; $\gamma^* = 61°$ (2) $\gamma^* = 42°$; $\beta^* = 71°$ (3) $\alpha^* = 67°$; $\gamma^* = 73°$
   b) Stelle für die Dreiecke $A^*B^*C^*$, die zu ABC ähnlich sind, die Gleichungen für die Längenverhältnisse entsprechender Seiten auf.

3. Von den sechs Längen a_1, a_2, b_1, b_2, c_1 und c_2 sind vier gegeben. Berechne die beiden nicht gegebenen Längen.

   a) $a_1 = 7{,}2$ cm   b) $a_2 = 10{,}5$ dm   c) $a_1 = 8{,}8$ km
       $b_1 = 4{,}8$ cm $b_1 = 2{,}3$ dm $b_1 = 3{,}9$ km
       $b_2 = 6{,}4$ cm $c_2 = 5{,}4$ dm $c_2 = 6{,}3$ km
       $c_1 = 2{,}4$ cm $a_1 = 4{,}2$ dm $c_1 = 4{,}5$ km

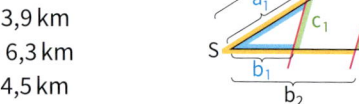

4. Um die Breite $\overline{DE}$ eines Flusses zu bestimmen, werden die Punkte A, B, C, D und E wie im Bild abgesteckt und folgende Strecken gemessen: $|BC| = 48$ m; $|AB| = 84$ m und $|CD| = 43$ m.
   Wie breit ist der Fluss?

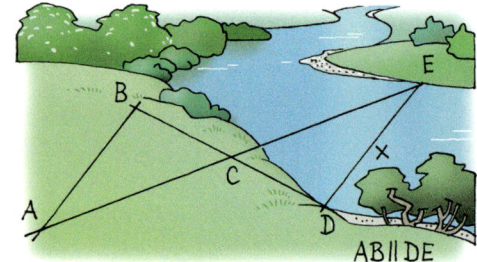

5. Der Schatten eines 1,30 m hohen senkrecht aufgestellten Stabes ist 1,56 m lang. Ein Baum wirft zu derselben Zeit einen 12,75 m langen Schatten. Wie hoch ist der Baum?

6. In einem Dachstuhl soll eine 80 cm hohe Stütze aufgestellt werden.
   In welcher Entfernung vom Dachstuhlende E ist diese Stütze einzufügen?

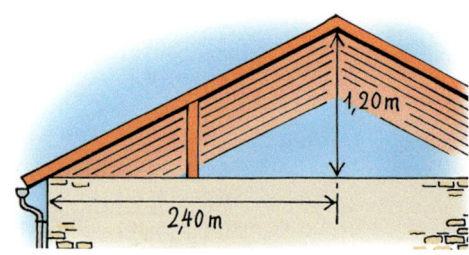

7. Die Wand eines Dachzimmers ist 4 m breit. Sie ist auf einer Seite 1,40 m und auf der anderen 3,50 m hoch.
   Kann man an die Wand einen Schrank stellen, der 2,25 m hoch und 2,40 m breit ist?

6. Trigonometrie

Zum Festlegen von Grundstücksgrenzen und zur Planung von Bauwerken ist es nötig, im Gelände Messungen durchzuführen und Messpunkte zu markieren.

Der berühmte Mathematiker Carl Friedrich Gauß (1777 –1855) hat für den König von Hannover dessen Königreich zwischen 1818 und 1827 jeden Sommer vermessen. Dazu hat er ein Messgerät entwickelt, den Heliotrop, mit dem das Sonnenlicht durch einen Spiegel von einem Messpunkt über weite Entfernungen zu einem anderen Messpunkt gesendet werden kann. Dieses Licht erscheint selbst am Tag wie ein heller Stern. Die Messpunkte waren die Eckpunkte von Dreiecken, die zusammen ein großes Netz bildeten. Diese Eckpunkte heißen trigonometrische Punkte und werden im Gelände als Granitblöcke mit der Aufschrift TP gesetzt.

τρίγωνου Dreieck
μέτρησις Messung

→ Überlege, warum Gauß Dreiecke und nicht Vierecke oder andere Vielecke benutzt hat.
→ Die mathematischen Grundlagen zur Berechnung von Streckenlängen und Winkeln zu den gemessenen Daten sind Inhalt der Trigonometrie. Überlege, warum man wohl diese Bezeichnung gewählt hat.

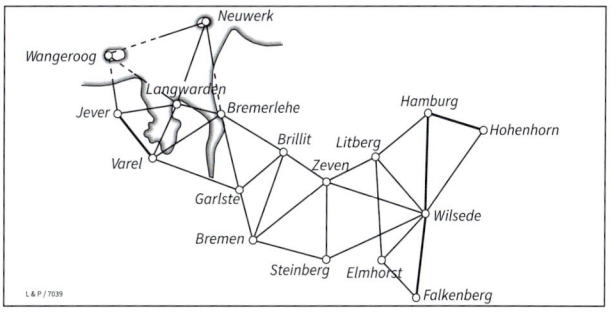

In diesem Kapitel ...
lernst du, wie man z.B. im Dreieck Längen und Winkel berechnen kann.

Lernfeld: Alles über Dreiecke

Behindertengerechte Planung

Barrierefreie Stadtbücherei

In der Stadtbücherei gibt es viele Barrieren, die so nicht sein müssen. Eine davon wurde erst in der jüngsten Vergangenheit geschaffen. Für den Zugang zur Hörbuchabteilung wurde eine Rampe zur Überbrückung von drei Stufen geschaffen. Diese wurde konsequent am Benutzer vorbeigeplant: Die Rampe weist eine Steigung von 60 % auf.

→ Schätze geeignete Streckenlängen anhand des Bildes oben und überprüfe die Angabe 60 %. Welcher Steigungswinkel wäre zu überwinden?

Gesetzliche Verordnung für öffentliche Rampen

Rampen im öffentlichen Bereich sind immer nach DIN 18024 mit max. 6 % auszuführen.

Aus der Forderung einer maximalen Steigung von 6 % ergeben sich sehr große Rampenlängen.

Beispiel: Für eine zu überwindende Stufenhöhe von 36 cm ergibt sich eine Rampenlänge von 600 cm. Meist steht aber kein ausreichender Platz für eine solche große Rampe zur Verfügung. Unter der Voraussetzung, dass der Rollstuhl von einer Begleitperson geschoben wird, oder dass ein Elektroantrieb zur Verfügung steht, kann die Rampe im privaten Bereich auch steiler ausgeführt werden. Dadurch lässt sich die Länge der Rampe verkürzen. Die Rampenbreite kann ebenfalls angepasst werden.
Im privaten Bereich haben sich in der Praxis folgende Werte für die Steigung als geeignet herausgestellt:
– Selbstfahrer: 6 %
– kräftige Selbstfahrer: 6 % – 10 %
– es wird von einer schwachen Person geschoben: max. 12 %
– es wird von einer kräftigen Person geschoben: 12 % – 20 %
– Elektroantrieb (Steigung laut Bedienungsanleitung): bis ca. 20 %

→ Ermittle für die in der gesetzlichen Verordnung angegebenen Steigungen die zugehörigen Steigungswinkel.
Zeichne den Graphen der Zuordnung *Steigung (in %) → Steigungswinkel (in °)*. Was vermutest du? Überprüfe deine Vermutung, indem du auch größere Steigungen untersuchst.

→ Vergleicht eure Werte in der Klasse. Zeichnet den Graphen für die Zuordnung *Steigung (in %) → Steigungswinkel (in °)* für Werte von 0 % bis 900 %.

→ Überlegt gemeinsam, wo große Steigungen in eurer Umwelt vorkommen. Eventuell könnt ihr euch auch noch im Internet informieren. Verwendet den im vorigen Auftrag gezeichneten Graphen, um die zugehörigen Steigungswinkel zu ermitteln.

6.1 Sinus, Kosinus und Tangens

Einstieg

Info: Gleitzahl
Segelflugzeuge gleiten. Je weiter sie bei einem Gleitflug aus einer bestimmten Höhe kommen, um so besser sind sie. Ein Maß für die Güte eines Segelflugzeugs ist die Gleitzahl. Diese ist das Verhältnis aus dem Höhenverlust und der Länge der dabei überwundenen Entfernung. Moderne Segelflugzeuge besitzen eine Gleitzahl zwischen 1 : 30 und 1 : 70.

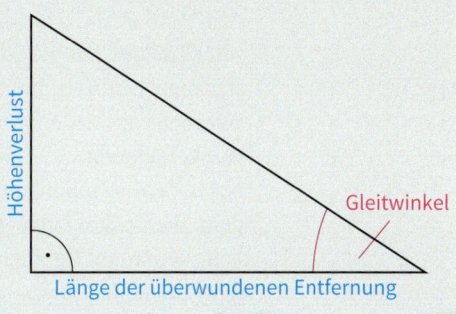

Ein Segelflugzeug hat die Gleitzahl 1 : 34.
Wie viel Höhe verliert es, wenn es (1) 10 m, (2) 20 m Flugstrecke zurücklegt?
Gebt jeweils die Größe des Gleitwinkels an. Was stellt ihr fest? Begründet.

Aufgabe 1

Die Abbildung zeigt die Oberkasseler Rheinbrücke in Düsseldorf. Die Tragseile, die die Fahrbahn mit dem 100 m hohen Pylon verbinden, verlaufen parallel zueinander.

Pylon: turmartiger Teil von Hängebrücken, der die Seile an den höchsten Punkten trägt

a) Das obere Tragseil ist in einer Höhe von 96 m am Pylon befestigt und hat von dort eine Länge von 228 m bis zur Fahrbahn.
Wie lang muss das zweite Seil sein, das am Pylon eine Höhe von 72 m erreicht?

b) Welchen Winkel schließen die Tragseile mit der Fahrbahn ein?

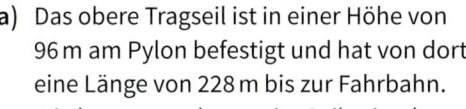

Lösung

a) Da die Seile parallel zueinander sind, bilden sie mit Pylon und Fahrbahn zueinander ähnliche, rechtwinklige Dreiecke. Die Längenverhältnisse einander entsprechender Seiten bei den Dreiecken stimmen also überein:
$\frac{s}{72\,m} = \frac{228\,m}{96\,m}$, also $s = \frac{228 \cdot 72}{96}\,m = 171\,m$
Das zweite Seil hat eine Länge von 171 m.

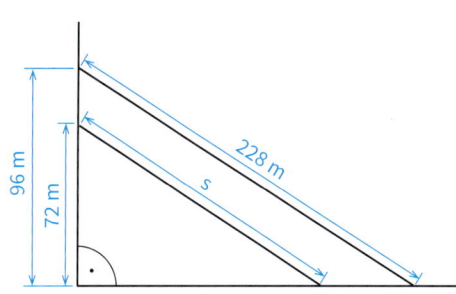

b) Diese Teilaufgabe können wir nur zeichnerisch lösen. Im Maßstab 1 : 4000 erhalten wir das abgebildete Dreieck.
Der Winkel zwischen Fahrbahn und Seil beträgt also etwa 25°.

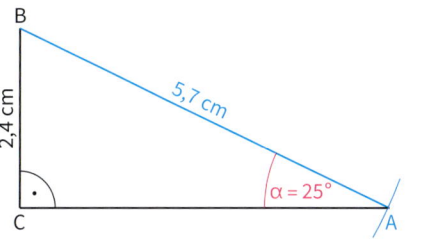

Information

(1) Zielsetzung
In rechtwinkligen Dreiecken können wir nach dem Satz des Pythagoras Seitenlängen berechnen. Unser Ziel ist es nun, Verfahren zu erarbeiten, mit deren Hilfe man auch die Winkel aus gegebenen Stücken *berechnen* kann.

(2) Gleiche Längenverhältnisse bei rechtwinkligen Dreiecken
Wir betrachten zwei rechtwinklige Dreiecke ABC und A´B´C´, die in der Größe eines spitzen Winkels, z.B. in der Größe von α, übereinstimmen. Dann stimmen aber nach dem Winkelsummensatz beide Dreiecke in der Größe aller Winkel überein.
Nach dem Ähnlichkeitssatz für Dreiecke sind dann die beiden Dreiecke ABC und A´B´C´ ähnlich zueinander. Folglich stimmt das Längenverhältnis je zweier Seiten des Dreiecks ABC mit dem entsprechender Seiten des Dreiecks A´B´C´ überein; also gilt: $\frac{b}{c} = \frac{b´}{c´}$; $\frac{a}{c} = \frac{a´}{c´}$; $\frac{b}{a} = \frac{b´}{a´}$

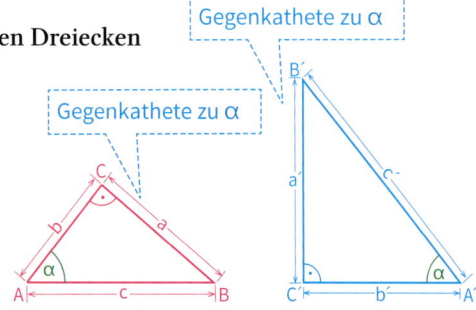

Wir erhalten also: Alle rechtwinkligen Dreiecke, die in einem weiteren Winkel und damit in allen Winkeln übereinstimmen, besitzen dieselben Längenverhältnisse entsprechender Seiten.

(3) Sinus, Kosinus und Tangens in rechtwinkligen Dreiecken
Die Figur rechts macht deutlich, dass die unter (2) betrachteten Längenverhältnisse in rechtwinkligen Dreiecken jedoch von der Größe des Winkels bei A abhängen.

Für α < α´ gilt offenbar z.B.: $\frac{|BC|}{|AC|} < \frac{|B´C|}{|AC|}$ und $\frac{|AC|}{|AB|} > \frac{|AC|}{|AB´|}$

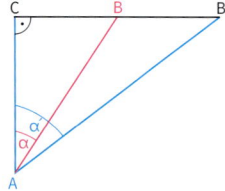

Definition
In jedem rechtwinkligen Dreieck ist die **Gegenkathete** eines Winkels, die Kathete, die ihm gegenüber liegt. Die **Ankathete** eines spitzen Winkels ist die an ihm liegende Kathete.

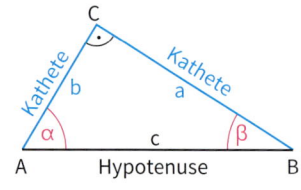

(1) Das Verhältnis aus der Länge der Gegenkathete eines spitzen Winkels und der Länge der Hypotenuse nennt man den Sinus dieses Winkels:

Sinus eines Winkels = $\frac{\text{Länge der Gegenkathete des Winkels}}{\text{Länge der Hypotenuse}}$

Beispiel: Für das Dreieck ABC mit γ = 90° gilt: $\sin(\alpha) = \frac{a}{c}$; $\sin(\beta) = \frac{b}{c}$

(2) Das Verhältnis aus der Länge der Ankathete eines spitzen Winkels und der Länge der Hypotenuse nennt man **Kosinus** dieses Winkels.

Kosinus eines Winkels = $\frac{\text{Länge der Ankathete des Winkels}}{\text{Länge der Hypotenuse}}$

Beispiel: Für das Dreieck ABC mit γ = 90° gilt: $\cos(\alpha) = \frac{b}{c}$; $\cos(\beta) = \frac{a}{c}$

(3) Das Verhältnis aus der Länge der Gegenkathete und der Länge der Ankathete eines spitzen Winkels nennt man **Tangens** dieses Winkels.

Tangens eines Winkels = $\frac{\text{Länge der Gegenkathete des Winkels}}{\text{Länge der Ankathete des Winkels}}$

Beispiel: Für das Dreieck ABC mit γ = 90° gilt: $\tan(\alpha) = \frac{a}{b}$; $\tan(\beta) = \frac{b}{a}$

Sinus (lat): Krümmung, Übertragen auch Strecken

Beispiel für Sinus, Kosinus und Tangens eines Winkels:

$\sin(\alpha) = \frac{3\,\text{cm}}{5\,\text{cm}} = 0{,}6$

$\cos(\alpha) = \frac{4\,\text{cm}}{5\,\text{cm}} = 0{,}8$

$\tan(\alpha) = \frac{3\,\text{cm}}{4\,\text{cm}} = 0{,}75$

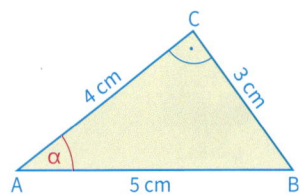

(4) Vereinbarung zum Einsparen von Klammern
Gelegentlich verzichtet man auf das Setzen von Klammern, wenn durch ihr Fehlen keine Missverständnisse entstehen; man schreibt also $\sin\alpha$ statt $\sin(\alpha)$ oder $\cos 37°$ statt $\cos(37°)$.
Allerdings sind bei $\tan(37° \cdot 2)$ die Klammern nötig.

Übungsaufgaben

2. Zeichne mehrere verschieden große rechtwinklige Dreiecke mit
   (1) $\alpha = 30°$;   **(2)** $\alpha = 44°$.
   Zeichne dabei die Gegenkathete zu α in Rot, die Ankathete zu α in Blau und die Hypotenuse in Grün. Miss jeweils alle Seitenlängen und berechne $\sin(\alpha)$, $\cos(\alpha)$ und $\tan(\alpha)$. Dein Partner kontrolliert anschließend die Aufgaben.

3. Skizziere das Dreieck zunächst zweimal im Heft und markiere zu jedem Winkel die Gegenkathete in Rot, die Ankathete in Blau und die Hypotenuse in Grün. Gib dann den Sinus, den Kosinus und den Tangens der beiden spitzen Winkel jeweils als Längenverhältnis an.

a) 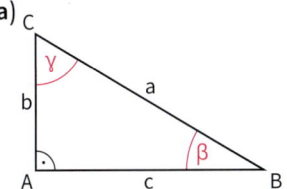   b) 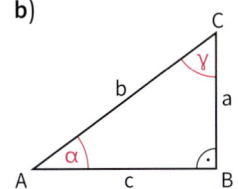   c)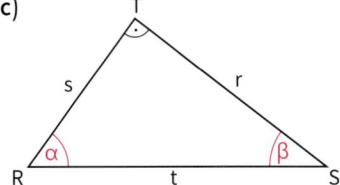

4. Berechne Sinus, Kosinus und Tangens des angegebenen Winkels.

a) 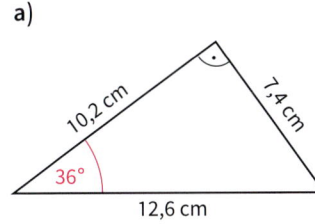   b) 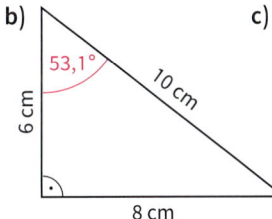   c)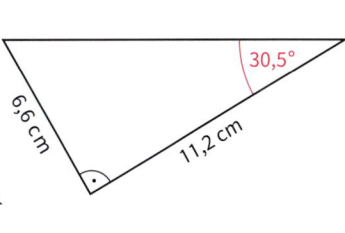

Denke an den Satz des Pythagoras.

5. Berechne $\sin(\alpha)$, $\cos(\alpha)$, $\tan(\alpha)$, $\sin(\beta)$, $\cos(\beta)$ und $\tan(\beta)$.

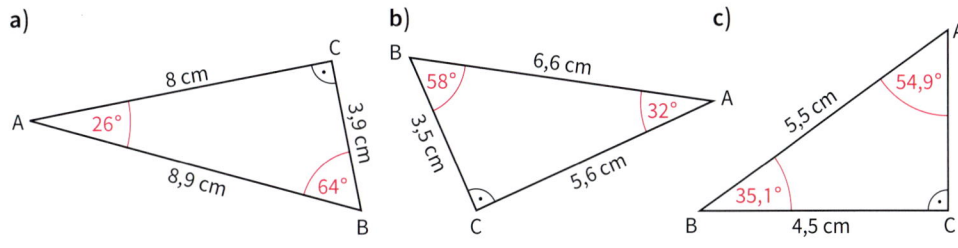

6. Kontrolliere Vanessas Hausaufgaben.

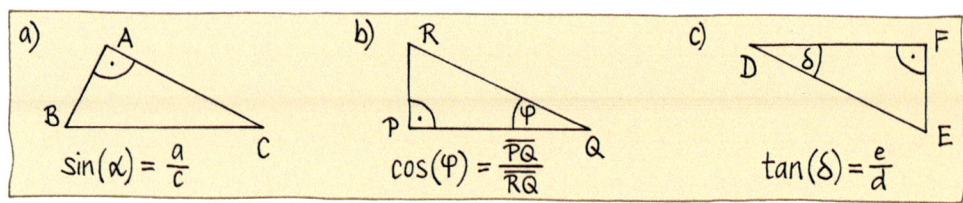

7. Konstruiere das Dreieck ABC. Berechne bzw. miss die fehlenden Stücke. Berechne dann in dem rechtwinkligen Dreieck Sinus, Kosinus und Tangens der beiden spitzen Winkel.
   a) $\gamma = 90°$; $\beta = 38°$; $c = 9\,cm$
   b) $\alpha = 90°$; $\gamma = 48°$; $b = 8\,cm$
   c) $\beta = 90°$; $a = 5\,cm$; $\gamma = 58°$
   d) $\beta = 90°$; $\alpha = 28°$; $c = 13\,cm$

8. Gib die Größe des Winkels α an. Zeichne dazu ein geeignetes rechtwinkliges Dreieck ABC.
   a) $\sin(\alpha) = \frac{2}{3}$
   b) $\cos(\alpha) = \frac{4}{5}$
   c) $\tan(\alpha) = \frac{4}{5}$
   d) $\tan(\alpha) = \frac{5}{4}$
   e) $\sin(\alpha) = \frac{7}{10}$
   f) $\sin(\alpha) = 0{,}5$
   g) $\sin(\alpha) = 0{,}8$
   h) $\cos(\alpha) = 0{,}3$
   i) $\cos(\alpha) = 0{,}8$
   j) $\tan(\alpha) = 4$

9. Konstruiere ein rechtwinkliges Dreieck ABC mit $\alpha = 55°$, $\beta = 35°$ und $\gamma = 90°$. Miss die Seitenlängen. Berechne $\sin(\alpha)$, $\cos(\alpha)$, $\sin(\beta)$ und $\cos(\beta)$. Was kannst du entdecken?

10. a) Untersuche, ob der Sinus eines Winkels proportional zur Winkelgröße ist. Du kannst dazu geeignete Dreiecke zeichnen.
    b) Untersuche entsprechend $\cos(\alpha)$ und $\tan(\alpha)$.

11. **Steilste Zahnradbahn der Welt**

    Vorbei an saftig blühenden Alpenwiesen, schäumend klaren Bergbächen und faszinierenden Felsklippen bahnt sich die seit 1889 steilste Zahnradbahn der Welt ihren Weg von Alpnachstad nach Pilatus Kulm in der Schweiz.

    Da bei dieser Steigung bei herkömmlichen Zahnstangen mit vertikalem Eingriff die Gefahr des Aufkletterns des Zahnrades aus der Zahnstange bestünde, entwickelte der Schweizer Ingenieur Eduard Locher speziell für diese Bahn eine Zahnstange mit seitlichem Eingriff (Zahnradsystem Locher).

    Technische Daten:
Betriebszeit	Mai bis November
Höhendifferenz	1 635 m
Länge der Bahn	4 628 m
Fahrgeschwindigkeit	bergwärts 12 km/h, talwärts 9 km/h
Fahrzeit	bergwärts 30 min, talwärts 40 min

    a) Bestimme aus einer maßstabsgetreuen Zeichnung
       (1) die horizontale Luftlinienentfernung der Strecke;
       (2) die Steigung und den Steigungswinkel der Strecke.
    b) Erläutere die Bedeutung von Sinus, Kosinus und Tangens in diesem Sachverhalt.

6.2 Bestimmen von Werten für Sinus, Kosinus und Tangens – Zusammenhänge

Um Berechnungen an rechtwinkligen Dreiecken durchführen zu können, benötigen wir für jeden spitzen Winkel die Werte für Sinus, Kosinus und Tangens.

Einstieg

Zeichnet mit einem dynamischen Geometrie-System eine Strecke $\overline{AC}$ und eine dazu orthogonale Gerade durch C. Erzeugt dann auf der Orthogonalen einen Punkt B und verbindet ihn mit Punkt A. Messt in dem rechtwinkligen Dreieck ABC den Winkel α und die Strecken a, b und c.

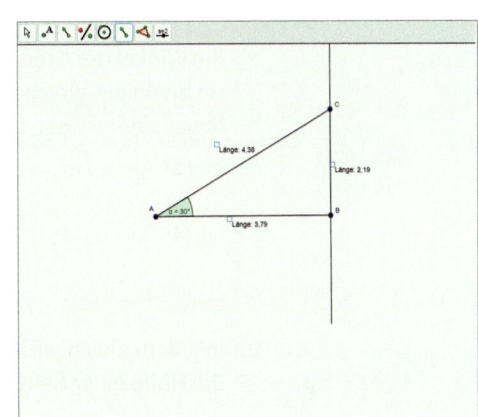

a) Bildet den Quotienten der Streckenlängen a und c. Verändert durch Bewegung von Punkt B den Winkel und notiert so eine Wertetabelle für Sinuswerte in eurem Heft.
b) Erstellt entsprechend eine Wertetabelle
   (1) für Kosinuswerte; (2) für Tangenswerte.

Aufgabe 1

Zeichnerisches Bestimmen von Näherungswerten
Bestimme zeichnerisch Näherungswerte von sin(α), cos(α) und tan(α) für α = 10°, 20°, 30°, 40°, 50°, 60°, 70°, 80°. Lege eine Wertetabelle an.

Anleitung:
(1) Zeichne dazu einen Viertelkreis mit dem Radius 1 dm.
(2) Zeichne in ihm rechtwinklige Dreiecke mit den Winkelgrößen 10°, 20°, ..., 80°. Die Hypotenuse ist jeweils ein Kreisradius; der Scheitelpunkt ist der Kreismittelpunkt.
(3) Lies aus der Zeichnung die Werte für sin(α) und cos(α) ab. Erstelle eine Wertetabelle.
(4) Berechne die Werte für tan(α).
(5) Kontrolliere deine Werte mit der Sinus-, Kosinus- und Tangenstaste des Taschenrechners.

Geschicktes Vorgehen erspart Rechenarbeit.

Lösung

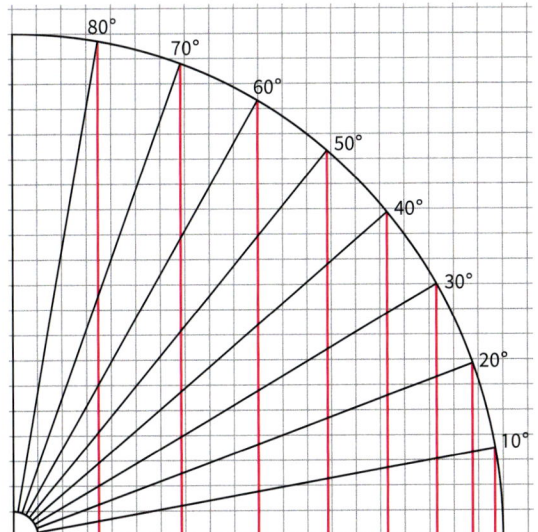

α	Näherungswerte für sin(α)	cos(α)	tan(α)
10°	0,17	0,98	0,18
20°	0,34	0,94	0,36
30°	0,50	0,87	0,58
40°	0,64	0,77	0,84
50°	0,77	0,64	1,19
60°	0,87	0,50	1,73
70°	0,94	0,34	2,75
80°	0,98	0,17	5,67

Aufgabe 2 — Sinus, Kosinus und Tangens für spezielle Winkelgrößen

Für einige spezielle Winkelgrößen kann man die genauen Werte für Sinus, Kosinus und Tangens bestimmen.

a) Zeichne ein geeignetes rechtwinkliges Dreieck und berechne $\sin(45°)$, $\cos(45°)$ und $\tan(45°)$.

b) Berechne Sinus, Kosinus und Tangens für 30° und 60°. Wähle dazu ein geeignetes Dreieck.

Lösung

a) Ein Winkel der Größe 45° tritt als Basiswinkel in einem rechtwinklig-gleichschenkligen Dreieck auf. Zur Schenkellänge a berechnen wir die Hypotenusenlänge c:

Satz des Pythagoras

$c^2 = a^2 + a^2 = 2a^2$, also $c = \sqrt{2a^2} = a\sqrt{2}$

$\sin(45°) = \cos(45°) = \dfrac{a}{c} = \dfrac{a}{a\sqrt{2}} = \dfrac{1}{\sqrt{2}} = \dfrac{1 \cdot \sqrt{2}}{\sqrt{2} \cdot \sqrt{2}} = \dfrac{1}{2}\sqrt{2}$

$\tan(45°) = \dfrac{a}{a} = 1$

Nenner rational machen

b) In jedem gleichseitigen Dreieck sind alle Winkel 60° groß. Die Höhe einer Seite im gleichseitigen Dreieck halbiert auch den gegenüberliegenden Winkel. In jedem der beiden rechtwinkligen Teildreiecke kommen daher Winkel der Größe 30° und 60° vor.

Nach dem Satz des Pythagoras gilt:

$h^2 = a^2 - \left(\dfrac{a}{2}\right)^2 = \dfrac{3}{4}a^2$, also $h = \sqrt{\dfrac{3}{4}a^2} = \dfrac{a}{2}\sqrt{3}$

Teilweises Wurzelziehen

$\sin(30°) = \cos(60°) = \dfrac{\frac{a}{2}}{a} = \dfrac{1}{2}$

$\tan(30°) = \dfrac{\frac{a}{2}}{h} = \dfrac{\frac{a}{2}}{\frac{a}{2}\sqrt{3}} = \dfrac{1}{\sqrt{3}} = \dfrac{1 \cdot \sqrt{3}}{\sqrt{3} \cdot \sqrt{3}} = \dfrac{1}{3}\sqrt{3}$

$\sin(60°) = \cos(30°) = \dfrac{h}{a} = \dfrac{\frac{a}{2}\sqrt{3}}{a} = \dfrac{1}{2}\sqrt{3}$

$\tan(60°) = \dfrac{h}{\frac{a}{2}} = \dfrac{\frac{a}{2}\sqrt{3}}{\frac{a}{2}} = \sqrt{3}$

Information — Zusammenstellung von Sinus-, Kosinus- und Tangenswerten für spezielle Winkel

Nur für wenige Winkelgrößen lassen sich Sinus, Kosinus und Tangens auf einfache Weise genau bestimmen. Diese speziellen Werte sind auch in Formelsammlungen notiert.

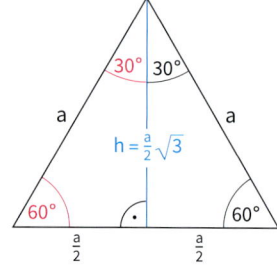

Formelsammlung

α	30°	45°	60°
sin α	$\dfrac{1}{2}$	$\dfrac{1}{2}\sqrt{2}$	$\dfrac{1}{2}\sqrt{3}$
cos α	$\dfrac{1}{2}\sqrt{3}$	$\dfrac{1}{2}\sqrt{2}$	$\dfrac{1}{2}$
tan α	$\dfrac{1}{3}\sqrt{3}$	1	$\sqrt{3}$

Merke: $\dfrac{1}{2}\sqrt{a}$ für $a = 1, 2, 3$

Weiterführende Aufgaben — Zusammenhänge zwischen $\sin(\alpha)$, $\cos(\alpha)$ und $\tan(\alpha)$

3. a) Anhand der Tabelle in Aufgabe 1 erkennst du: $\sin(10°) = \cos(80°) = \cos(90° - 10°)$. Bestätige anhand der Tabelle $\sin(\alpha) = \cos(90° - \alpha)$ und $\cos(\alpha) = \sin(90° - \alpha)$. Begründe dies mithilfe der Definitionen.

b) Begründe: $(\sin(\alpha))^2 + (\cos(\alpha))^2 = 1$

c) An der Berechnung von $\tan(\alpha)$ in Aufgabe 1 erkennst du: $\tan(\alpha) = \dfrac{\sin(\alpha)}{\cos(\alpha)}$. Begründe.

6.2 Bestimmen von Werten für Sinus, Kosinus und Tangens – Zusammenhänge

Deutung von Sinus, Kosinus und Tangens am Einheitskreis

4. Die Lösung der Aufgabe 2 führt uns zu einer weiteren Deutung von Sinus, Kosinus und Tangens eines spitzen Winkels. Wir zeichnen in den 1. Quadranten eines Koordinatensystems einen Viertelkreis mit dem Radius 1. Einen Kreis mit dem Radius 1 um den Koordinatenursprung O nennt man *Einheitskreis*.
    a) Betrachte die rechtwinkligen Dreiecke OAP und OTQ.
       Begründe: $|OA| = \cos(\alpha)$; $|AP| = \sin(\alpha)$; $|TQ| = \tan(\alpha)$
    b) Erläutere die Bezeichnung „Tangens".

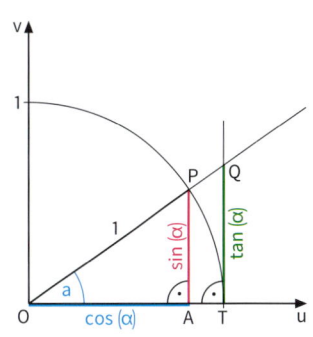

Information

Statt $((\sin(\alpha))^2$ schreibt man auch $\sin^2(\alpha)$, gelesen: Sinus Quadrat α.

Beziehungen zwischen Sinus, Kosinus und Tangens für $0° < \alpha < 90°$

(a) $\cos(\alpha) = \sin(90° - \alpha)$ (c) $\tan(\alpha) = \dfrac{\sin(\alpha)}{\cos(\alpha)}$

(b) $\sin(\alpha) = \cos(90° - \alpha)$ (d) $(\sin(\alpha))^2 + (\cos(\alpha))^2 = 1$

Anmerkung: Die Beziehung (a) zwischen Sinus und Kosinus ist die Basis für die Namensgebung „Kosinus": Kosinus kommt von: Komplimenti sinus; der Kosinus eines Winkels α ist der Sinus des Komplementwinkels zu α, also des Ergänzungswinkels von α zu 90°.

Übungsaufgaben

5. Taschenrechner haben Tasten zur Berechnung der Werte von Sinus, Kosinus und Tangens. Achte darauf, dass der Taschenrechner im Modus *Grad* (englisch: Degree) anzeigt. Gegebenenfalls musst du auch Klammern um die Winkelgröße setzen. Probiere das mit deinem Rechner aus.
   Gib mit dem Taschenrechner auf drei Stellen nach dem Komma gerundet an.
   a) $\sin(16°)$ b) $\cos(24°)$ c) $\tan(38°)$ d) $\sin(49{,}7°)$ e) $\sin(51{,}2°)$ f) $\tan(68{,}5°)$
   $\cos(16°)$ $\sin(24°)$ $\sin(38°)$ $\cos(49{,}7°)$ $\cos(51{,}2°)$ $\sin(68{,}5°)$
   $\tan(16°)$ $\tan(24°)$ $\cos(38°)$ $\tan(49{,}7°)$ $\tan(51{,}2°)$ $\cos(68{,}5°)$

6. a) Bestimme die Werte mit dem Taschenrechner. Was fällt dir auf?
      $\tan(89°)$; $\tan(89{,}9°)$; $\tan(89{,}99°)$; $\tan(89{,}999°)$; $\tan(89{,}9999°)$; $\tan(89{,}999999°)$
      Führe das entsprechend für $\sin(\alpha)$ und $\cos(\alpha)$ durch.
   b) Bestimme die Werte mit dem Taschenrechner. Was fällt dir auf?
      $\tan(1°)$; $\tan(0{,}1°)$; $\tan(0{,}01°)$; $\tan(0{,}001°)$; $\tan(0{,}0001°)$
      Führe das entsprechend für $\sin(\alpha)$ und $\cos(\alpha)$ durch.
   c) Vergleiche $\sin(\alpha)$ und $\tan(\alpha)$ für folgende Winkelgrößen α: 1°; 0,9°; 0,8°; 0,7°.
      Was stellst du fest? Erläutere den Sachverhalt am Einheitskreis.

7. Die drei Gleichungen sind durchgestrichen. Zeige anhand von Gegenbeispielen, dass sie nicht gelten. Nutze dazu die Tabelle von Seite 195 oder deinen Rechner.

   (1) $\sin(\alpha + \beta) = \sin\alpha + \sin\beta$
   (2) $\cos(\alpha + \beta) = \cos\alpha + \cos\beta$
   (3) $\tan(\alpha + \beta) = \tan\alpha + \tan\beta$

6.3 Berechnungen in rechtwinkligen Dreiecken

Einstieg

Ein Sendemast soll mit vier Seilen von je 40 m Länge gehalten werden. Der Neigungswinkel α der Seile zur Horizontalen soll jeweils 55° groß sein.
In welcher Höhe müssen die Seile befestigt werden?
Wie weit vom unteren Ende des Mastes müssen die Seile befestigt werden?

Aufgabe 1

Anwenden des Sinus und Kosinus
a) Eine Leiter von 6 m Länge soll an eine Hauswand gelehnt werden. Damit sie nicht abrutscht oder umkippt, muss nach Sicherheitsvorschriften der Neigungswinkel, den sie mit dem waagerechten Erdboden bildet, mindestens 68°, aber höchstens 75° betragen.
In welchem Abstand muss das Fußende der Leiter von der Hauswand aufgestellt werden, damit der Neigungswinkel 70° beträgt? Wie hoch reicht die Leiter dann?

b) Eine 7 m lange Leiter soll an einer Wand 6,70 m hoch reichen. Ist dann der Neigungswinkel nach den Sicherheitsvorschriften noch eingehalten?

Lösung

a) In dem rechtwinkligen Dreieck rechts bedeuten:
$d = 6\,m$ Länge der Leiter
$\alpha = 70°$ Größe des Neigungswinkels der Leiter
a gesuchter Abstand von der Hauswand
h gesuchte Höhe an der Hauswand

Der Skizze entnehmen wir: $\cos(\alpha) = \frac{a}{d}$ und $\sin(\alpha) = \frac{h}{d}$.

Wir isolieren die Variable a und die Variable h und setzen ein:
$a = d \cdot \cos(\alpha)$ $h = d \cdot \sin(\alpha)$
$a = 6\,m \cdot \cos(70°)$ $h = 6\,m \cdot \sin(70°)$

gerundet auf volle cm ⇢ $a \approx 2{,}05\,m$ $h \approx 5{,}64\,m$

Ergebnis: Das Fußende der Leiter muss unten in einem Abstand von ungefähr 2 m von der Hauswand aufgestellt werden; sie reicht dann etwa 5,60 m hoch.

b) Der Skizze zu a) entnehmen wir: $\sin(\alpha) = \frac{h}{d}$.

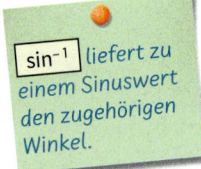

sin⁻¹ liefert zu einem Sinuswert den zugehörigen Winkel.

Durch Einsetzen erhalten wir:

$\sin(\alpha) = \frac{6{,}70\,m}{7{,}00\,m} \approx 0{,}9571$, also $\alpha \approx 73°$.

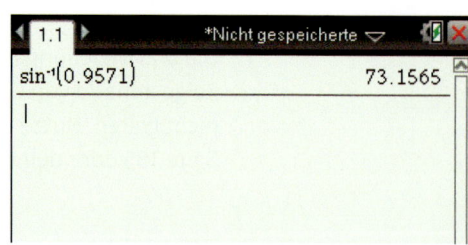

Ergebnis: Die Größe des Neigungswinkels der Leiter beträgt etwa 73°. Die Sicherheitsvorschriften sind also eingehalten.

6.3 Berechnungen in rechtwinkligen Dreiecken

Information

(1) Strategien zum Berechnen von Winkeln und Längen in rechtwinkligen Dreiecken
Bei der Berechnung von Längen oder Winkeln in rechtwinkligen Dreiecken sind in der Regel folgende Lösungsschritte hilfreich:
- Fertige eine geeignete Skizze an.
- Markiere die gegebenen und gesuchten Größen.
- Wähle aus den Gleichungen für Sinus, Kosinus und Tangens diejenige aus, in der die beiden gegebenen und die gesuchte Größe vorkommen.
- Berechne aus dieser Gleichung die gesuchte Größe.

(2) Berechnen von Winkelgrößen aus Sinus-, Kosinus- und Tangenswerten mit dem Rechner
Zu einem gegebenen Sinuswert erhält man mithilfe des Befehls $\boxed{\sin^{-1}}$ die zugehörige Winkelgröße. Entsprechend verfährt man bei Kosinus- und Tangenswerten.

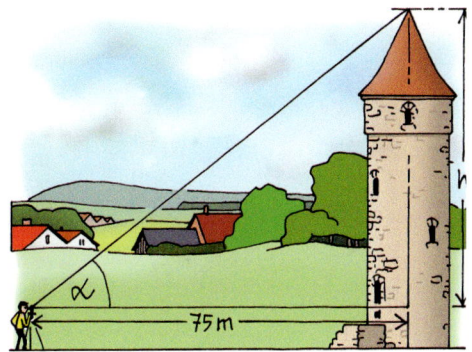

Weiterführende Aufgabe

Anwenden des Tangens

2. a) Mit einem Theodoliten (siehe Foto links) wird die Größe des Höhenwinkels eines 75 m entfernten Turms bestimmt: $\alpha = 38°$. Der Theodolit befindet sich in 1 m Höhe. Wie hoch ist der Turm?
   b) Wie groß ist der Höhenwinkel in einer Entfernung von 120 m?

Übungsaufgaben

3. Berechne die rot markierte Größe.

   a) 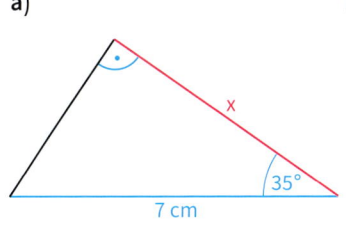   b)   c) 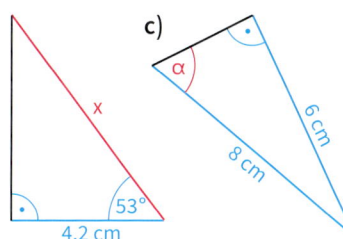   d)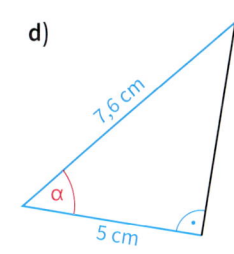

4. Von einem Dreieck ABC mit $\alpha = 90°$ sind außerdem folgende Stücke gegeben:
   a) $a = 12{,}7$ cm; $c = 5{,}9$ cm   b) $a = 14{,}1$ cm; $b = 7{,}8$ cm   c) $b = 21$ cm; $c = 17$ cm
   Berechne jeweils die Größe der beiden fehlenden Winkel sowie die Länge der fehlenden Seiten.

Das kann ich noch!

A) Berechne ohne Rechner.
1) $\sqrt{16} + \sqrt{9}$ 2) $\sqrt{3} \cdot \sqrt{12}$ 3) $\sqrt{9} - \sqrt{4}$ 4) $\dfrac{\sqrt{27}}{\sqrt{3}}$

5. a) An einer geradlinig verlaufenden Straße zeigt ein Straßenschild ein Gefälle von 14 % an. Das bedeutet: Auf 100 m horizontal gemessener Entfernung beträgt der Höhenunterschied 14 m. Berechne den Neigungswinkel α.
b) Berechne den Höhenunterschied auf 700 m.
c) Berechne den Neigungswinkel bei 100 % Gefälle.
d) Berechne das Gefälle in Prozent bei einem Neigungswinkel von (1) 60°; (2) 85°.

6. a) Eine Rampe für Rollstuhlfahrer ist 4,50 m lang. Der Neigungswinkel beträgt 3,4°. Welche Höhe wird mit der Rampe überwunden?
b) Die Neigung einer Rampe für Rollstuhlfahrer beträgt laut Bauvorschrift maximal 6 %. Wurde diese Bestimmung in Teilaufgabe a) eingehalten?
c) Eine Rampe für Rollstuhlfahrer soll höchstens 6 m lang sein. Welche Höhe kann damit maximal erreicht werden?

7. Kontrolliere Dominiks Hausaufgaben.

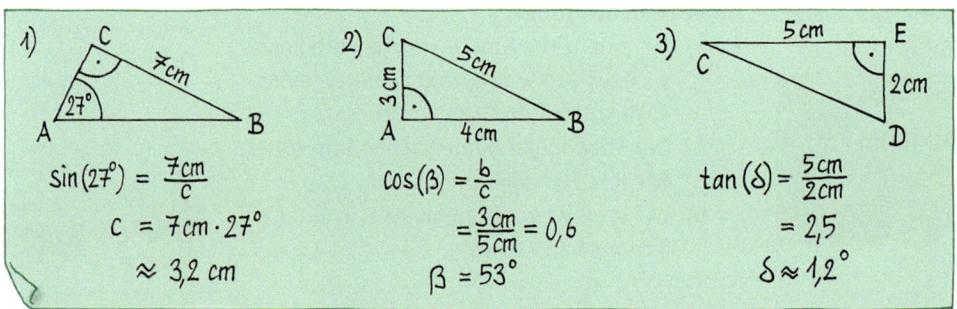

8. Berechne die rot markierte Größe.

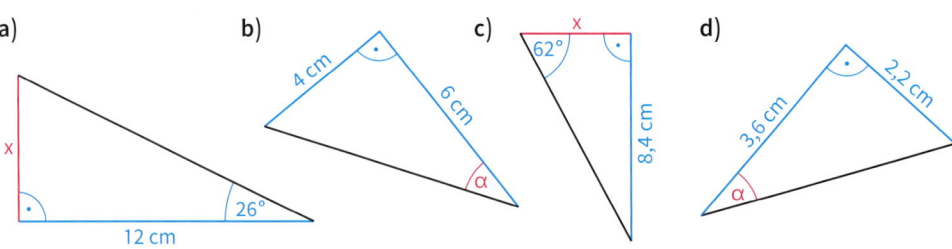

9. Bei Passstraßen ist auf Straßenkarten stets die größte Steigung angegeben:
Jaufenpass: 12 %   St. Gotthard: 10 %
Timmelsjoch: 13 %   Julierpass: 11 %
a) Gib die Größe des zugehörigen Steigungswinkels an.
b) Welcher Höhenunterschied wird jeweils auf einer 1,2 km langen Strecke mit größter Steigung zurückgelegt?

10. Berechne die Größe der fehlenden Winkel sowie die Länge der fehlenden Seiten des Dreiecks.
    a) a = 12,3 cm b) b = 23 cm c) a = 4,3 cm d) a = 5,5 cm e) a = 27,4 cm
       c = 9,4 cm   c = 16 cm   b = 57 mm   γ = 90°   γ = 90°
       β = 90°   α = 90°   γ = 90°   β = 67°   α = 51°

11. Der Schatten eines 4,50 m hohen Baumes ist 6 m lang. Wie hoch steht die Sonne, d. h. unter welchem Winkel α treffen die Sonnenstrahlen auf den Boden?

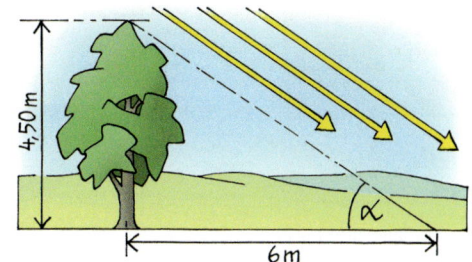

12. Berechne die Steigung (in %) einer Eisenbahnlinie, wenn der Steigungswinkel
    a) 0,7°; b) 1,4°; c) 2,1° groß ist.

Promille: 1 ‰ = $\frac{1}{1000}$

13. Die maximal mögliche Steigung ist bei den verschiedenen Bahnen unterschiedlich.
    Reibungsbahnen: 70 ‰   Standseilbahnen: 750 ‰
    Zahnradbahnen: 280 ‰   Seilschwebebahnen: 900 ‰
    Gib jeweils den maximalen Steigungswinkel an. Berechne auch, welchen Höhenunterschied diese Bahnen auf einer 1,5 km langen Strecke überwinden.

Gleitzahl: Verhältnis aus Höhenverlust und der Länge der zurückgelegten Entfernung

14. Hochleistungssegelflugzeuge haben eine Gleitzahl von 1:70. Mit einer Seilwinde können Segelflugzeuge auf eine Höhe von 500 m gebracht werden.
    Im Schleppflug kann das Flugzeug auf eine Höhe von 1,2 km gebracht werden.
    Stelle selbst geeignete Aufgaben und löse sie.

15. Eine Firma bietet verschieden lange Anlegeleitern an. Der Neigungswinkel soll 70° betragen. Die erreichbare Arbeitshöhe ist um 1,35 m höher als die Höhe, bis zu der die Leiter reicht.
    a) Stelle selbst geeignete Aufgaben und löse sie.
    b) Prüfe, ob folgende Zuordnungen proportional sind.
       (1) Länge der Leiter → erreichte Höhe
       (2) Länge der Leiter → erreichbare Arbeitshöhe

BAUMARKT
Anlegeleitern

Anzahl der Sprossen	Länge der Leiter
9	2,65 m
12	3,50 m
15	4,35 m
18	5,20 m

16. Das nebenstehende Bild zeigt, wie man die Breite eines Flusses an der Stelle B bestimmen kann. Man misst die Länge einer Strecke $\overline{AB}$ parallel zum Flussufer und den Winkel α.
    Es ist |AB| = 30 m und α = 52,3°.
    Wie breit ist der Fluss?

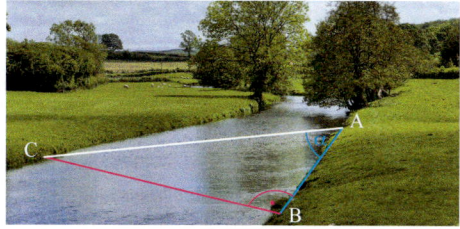

17. Unter welchem Höhenwinkel α sieht man aus einer Entfernung von 1,5 km die 137 m hohe Cheopspyramide?
(Der Beobachtungspunkt und der Fußpunkt der Pyramidenhöhe sind in gleicher Höhe.)

18. In welcher waagerechten Entfernung vom Fußpunkt erscheint unter einem Höhenwinkel von 52° die Turmspitze des 108,71 m hohen Turms der St.-Johannis-Kirche in Lüneburg?

19. Ein Partner löst die folgenden Textaufgaben für einen Würfel der Kantenlänge 5 cm, der andere für einen Würfel der Kantenlänge 7 cm.
Vergleicht eure Ergebnisse und verallgemeinert auf eine beliebige Kantenlänge a.
   a) Wie groß ist der Winkel, den die Raumdiagonale des Würfels
      (1) mit einer Kante bildet;
      (2) mit der Diagonalen einer Seitenfläche bildet?
   b) Wie groß ist der Winkel zwischen zwei Raumdiagonalen?

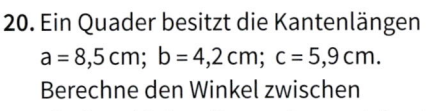

20. Ein Quader besitzt die Kantenlängen
$a = 8,5$ cm; $b = 4,2$ cm; $c = 5,9$ cm.
Berechne den Winkel zwischen
   a) den Flächendiagonalen und den Kanten;
   b) einer Raumdiagonalen und den Kanten;
   c) einer Raumdiagonalen und den Flächendiagonalen;
   d) zwei Raumdiagonalen.

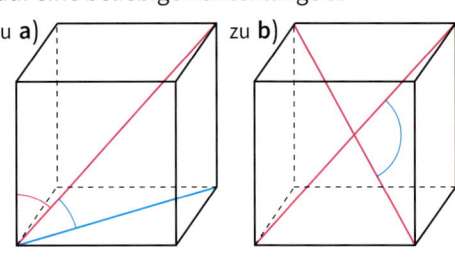

21. Ein Verkehrsflugzeug befindet sich in 10 000 m Höhe. Der Flugkapitän will durch einen Sinkflug geradlinig einen Landeplatz ansteuern. Der Sinkwinkel beträgt in der Regel 3° bis 5°, höchstens jedoch 10°. In welcher horizontalen Entfernung vom Landeplatz muss der Flugkapitän   (1) normalerweise;   (2) spätestens den Sinkflug beginnen?

22. Stellt euch abwechselnd geeignete Aufgaben zur Niesenbahn und löst sie.

Die Niesenbahn bei Mülenen südwestlich des Thunersees in der Schweiz wurde 1906–1910 erbaut. Sie ist in zwei Abschnitte geteilt und mit 3 499 m die längste Standseilbahn der Welt.

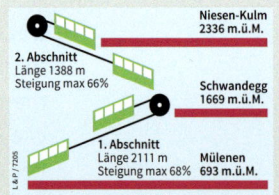

Die für die Wartung der Gleise erstellte Treppe ist mit 11 674 Stufen die längste Treppe der Welt.
1990 wurde ein Niesen-Treppenlauf durchgeführt.
Der schnellste Läufer benötigte 53:26,33 Minuten. Die Bahn benötigt für diese Strecke 28 Minuten.

6.4 Berechnungen in gleichschenkligen Dreiecken

Ziel Bisher haben wir nur rechtwinklige Dreiecke berechnet. Wir wollen nun eine Strategie kennen lernen, wie man auch Stücke in nichtrechtwinkligen Dreiecken berechnen kann. In diesem Abschnitt betrachten wir zunächst nur gleichschenklige Dreiecke.

Zum Erarbeiten Berechnen von Basis und Basiswinkel in gleichschenkligen Dreiecken

In einer Ferienanlage werden Nurdachhäuser gebaut. Der Giebel hat die Form eines gleichschenkligen Dreiecks.
Die Dachsparren sind 6,50 m lang, der Winkel an der Dachspitze beträgt 50°.
Wie breit ist der Giebel am Boden?
Wie groß ist die Dachneigung?

→ Wir skizzieren zunächst das Giebeldreieck und tragen die gegebenen und die gesuchte Größe ein. Da dieses Dreieck nicht rechtwinklig ist, zerlegen wir es durch die Höhe in zwei rechtwinklige Teildreiecke. Da das gleichschenklige Dreieck symmetrisch ist, sind diese beiden Teildreiecke kongruent zueinander. Die Höhe halbiert sowohl den Winkel an der Spitze als auch die Basis.

Somit gilt für die Giebelseite c am Boden:

$$\sin(25°) = \frac{\frac{c}{2}}{6,50 \text{ m}}$$

$\frac{c}{2} = 6,50 \text{ m} \cdot \sin(25°)$

$c = 13 \text{ m} \cdot \sin(25°)$

$c \approx 5,49 \text{ m}$

Ergebnis: Am Boden ist der Giebel 5,49 m breit.
Für den Dachneigungswinkel α folgt aus der Winkelsumme im linken Teildreieck:

$\alpha + 90° + 25° = 180°$

$\alpha = 180° - 90° - 25° = 65°$

Ergebnis: Die Dachneigung beträgt 65°.

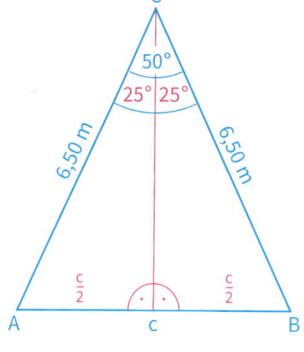

Strategie zum Berechnen gleichschenkliger Dreiecke
Die Berechnung von Stücken in gleichschenkligen Dreiecken kann man auf die von rechtwinkligen Dreiecken zurückführen, indem man das gleichschenklige Dreieck durch eine Symmetrieachse in zwei rechtwinklige Teildreiecke zerlegt.

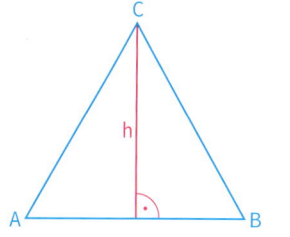

Zum Üben

1. ABC ist ein gleichschenkliges Dreieck mit der Basis $\overline{AB}$. Es ist a = 5,3 cm und c = 3,7 cm. Berechne die Winkelgrößen α, β und γ.

2. ABC ist ein gleichschenkliges Dreieck mit der Basis $\overline{AB}$. Berechne aus den gegebenen Größen die übrigen sowie die Höhe zur Basis und den Flächeninhalt.
   a) c = 25 m; γ = 72°
   b) c = 34 cm; β = 62°
   c) b = 112,4 cm; β = 34°

Eine Raute ist ein Viereck mit vier gleich langen Seiten.

3. Von den drei Größen a, e und f einer Raute sind zwei gegeben. Berechne die dritte Größe.
   Berechne auch den Flächeninhalt und den Umfang der Raute.
   a) e = 5 cm; f = 7 cm
   b) a = 6 mm; e = 9 mm
   c) a = 4,8 km; f = 3,1 km
   d) e = 4,7 m; f = 3,3 m

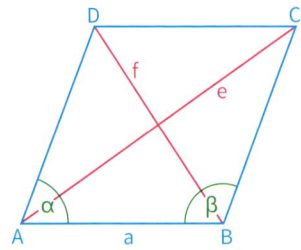

Bei einem Drachenviereck gibt es zu jeder Seite eine benachbarte gleich lange.

4. Das Drachenviereck ABCD hat die Symmetrieachse AC. Die Seite $\overline{AB}$ ist 5 cm lang, die Diagonale $\overline{AC}$ ist 9 cm lang und die Diagonale $\overline{BD}$ ist 8 cm lang.
   Wie lang sind die drei Seiten $\overline{BC}$, $\overline{DC}$ und $\overline{DA}$?

5. Von einem gleichschenkligen Dreieck ABC sind gegeben:
   α = β = 65° und Flächeninhalt A = 11,5 cm².
   Wie lang ist die Basis $\overline{AB}$?

6. Ein Haus mit Satteldach ist 10,40 m breit.
   Die Dachsparren sind 6,30 m lang und stehen 30 cm über. Vernachlässige die Dicke der Dachsparren.
   Stelle selbst geeignete Aufgaben und löse sie.

7. Bei einem Kreis mit dem Radius r soll s die Länge der Sehne, die zum Mittelpunktswinkel ε gehört, sein. Außerdem soll d der Abstand des Mittelpunktes von der Sehne sein.
   Leite zunächst eine Formel her, in der r, d, s und ε vorkommen.

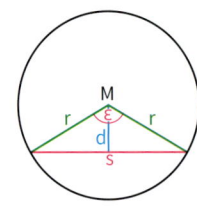

   Berechne damit die fehlenden Größen.
   a) r = 6,5 cm; ε = 65°
   b) r = 9 cm; s = 12 cm
   c) s = 2,5 cm; d = 1,4 cm
   d) r = 5,0 cm; d = 3,4 cm
   e) ε = 116°; s = 6,8 cm

8. Gegeben ist ein regelmäßiges Sechseck ABCDEF mit der Seitenlänge a = 3 cm.
   a) Wie groß ist der Winkel ε?
   b) Berechne den Radius r_a des Umkreises des Sechsecks.
   c) Berechne den Radius ρ des Inkreises des Sechsecks.
   d) Berechne den Flächeninhalt des Sechsecks.

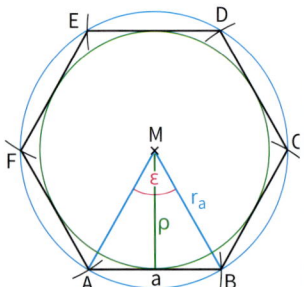

6.5 Berechnungen in beliebigen Dreiecken

6.5.1 Sinussatz

Einstieg

a) Von einem ostwärts fahrenden Schiff sieht man einen Leuchtturm unter einem Winkel von 41°. Nach 8 Seemeilen sieht man unter einem Winkel von 57° zum Leuchtturm zurück.
Berechnet, welche Entfernung das Schiff vom Leuchtturm hat.

b) Ein anderes Schiff sieht den Leuchtturm unter einem Winkel von 47° zur Ostrichtung. Nach 5 Seemeilen ist dieser immer noch vorne, der Winkel zur Ostrichtung beträgt schon 72°. Welche Entfernung hatte dieses Schiff anfangs vom Leuchtturm?

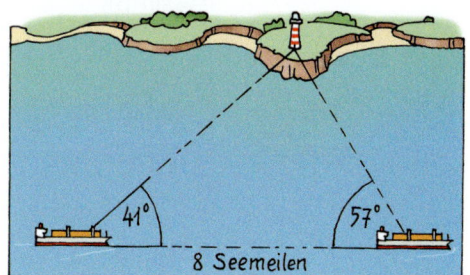

Aufgabe 1

Berechnen eines Dreiecks im Fall wsw

a) A, B und C sind Kirchtürme, wobei A von B und von C durch einen Fluss getrennt ist. Es soll die Entfernung von A nach C bestimmt werden, ohne diese direkt zu messen.
Man misst die Entfernung von B nach C sowie die Winkel β und γ: $|BC| = 5{,}4$ km; $β = 44°$; $γ = 69°$
Berechne die Entfernung von A nach C.

b) In einem Dreieck ABC sind gegeben: $a = 8{,}0$ cm; $β = 115°$; $γ = 20°$. Berechne die Seitenlänge b.

Lösung

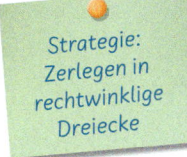

Strategie: Zerlegen in rechtwinklige Dreiecke

a) Bisher haben wir eine solche Aufgabe zeichnerisch gelöst.
Um nun die gesuchte Entfernung zu berechnen, zerlegen wir das Dreieck ABC mit einer Höhe in zwei rechtwinklige Teildreiecke. Dafür gibt es drei Möglichkeiten:

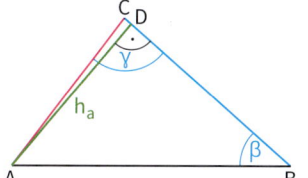 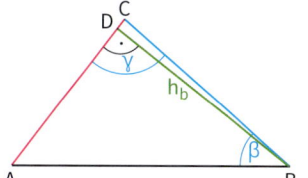 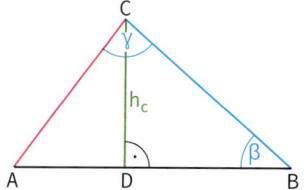

| Die Höhe h_a zerlegt die gegebene Seite $\overline{BC}$ in zwei Teile, deren Länge wir nicht kennen. Damit ist keine weitere Berechnung möglich. | Bei dieser Zerlegung kann man zunächst die Seiten im Teildreieck BCE berechnen. Da der Winkel α wegen der Winkelsumme bekannt ist, kann man auch die Seiten im anderen Teildreieck berechnen. Damit sind dann beide Teilstrecken der gesuchten Länge |AC| bekannt. | Im Teildreieck BCD können wir die Höhe h_c mithilfe von $\overline{BC}$ und β berechnen. Anschließend können wir im Teildreieck ADC mithilfe von h_c und α die gesuchte Länge |AC| berechnen. |

Die Zerlegung mithilfe der Höhe h_c liefert somit die günstigste Lösungsmöglichkeit.

Zunächst berechnen wir den Winkel α mit dem Winkelsummensatz aus dem Dreieck ABC:
α + β + γ = 180°, α = 180° − β − γ = 180° − 44° − 69° = 67°

Berechnen von h_c im Dreieck DBC
$\frac{h_c}{a} = \sin(\beta)$
$h_c = a \cdot \sin(\beta)$
$h_c = 5{,}4 \text{ km} \cdot \sin(44°)$
$ \approx 3{,}751 \text{ km}$

Berechnen von b im Dreieck ADC
$\frac{h_c}{b} = \sin(\alpha)$
$b = \frac{h_c}{\sin(\alpha)}$
$b \approx \frac{3{,}751 \text{ km}}{\sin(67°)}$
$ \approx 4{,}075 \text{ km}$

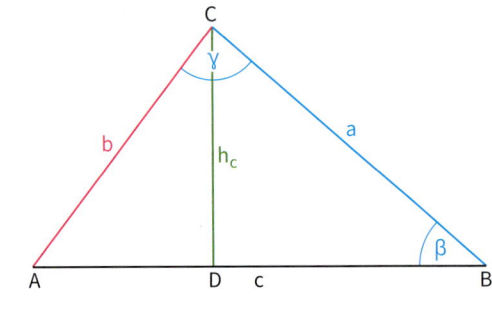

Ergebnis: Die Entfernung zwischen den Kirchtürmen A und C beträgt ungefähr 4,1 km.

b) Wir ergänzen das stumpfwinklige Dreieck ABC durch die Höhe h_c zur Seite $\overline{AB}$ zu einem rechtwinkligen Dreieck ADC. Im Teildreieck BDC können wir h_c und anschließend im Teildreieck ADC die gesuchte Länge b berechnen. Wir berechnen den Winkel α mithilfe des Winkelsummensatzes aus dem Dreieck ABC:
α + β + γ = 180°; α = 180° − β − γ = 180° − 115° − 20° = 45°

Berechnen von h_c *Berechnen von b*
im Dreieck BDC: *im Dreieck ADC:*
$\frac{h_c}{a} = \sin(180° − \beta)$, also $\quad \frac{h_c}{b} = \sin(\alpha)$, also
$h_c = a \cdot \sin(180° − \beta) \quad\quad b = \frac{h_c}{\sin(\alpha)}$
$h_c = 8{,}0 \text{ cm} \cdot \sin(180° − 115°)$ Einsetzen ergibt:
$h_c = 8{,}0 \text{ cm} \cdot \sin(65°) \quad\quad b \approx \frac{7{,}3 \text{ cm}}{\sin(45°)}$
$h_c \approx 7{,}3 \text{ cm} \quad\quad\quad\quad\quad\quad b \approx 10{,}3 \text{ cm}$

Ergebnis: Die Seite $\overline{AC}$ ist ungefähr 10,3 cm lang.

Information

(1) Berechnen eines Dreiecks im Falle wsw, sww und Ssw
In Aufgabe 1 haben wir ein Dreieck berechnet, in dem eine Seite und die anliegenden Winkel gegeben sind (wsw).

> **Strategie zur Berechnung von Stücken eines beliebigen Dreiecks**
> In einem beliebigen Dreieck kann man aus vorgegebenen Stücken wsw bzw. sww und Ssw die übrigen mithilfe des Sinus und des Winkelsummensatzes berechnen.
> Durch Einzeichnen einer geeigneten Höhe zerlegt man das gegebene Dreieck in rechtwinklige Dreiecke oder ergänzt es zu einem rechtwinkligen Dreieck. Man wählt die Höhe so, dass in einem der beiden Teildreiecke zwei Stücke gegeben sind.

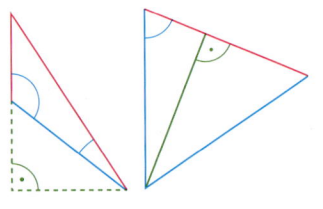

(2) Herleitung des Sinussatzes

Um Berechnungsformeln für die oben genannten Aufgabentypen zu entwickeln, führen wir die Berechnungen im Falle sww allgemein durch.

In einem Dreieck ABC sind die Stücke a, α und β gegeben. Wir wollen nun wie in der Aufgabe 1 die Seitenlänge b allgemein berechnen.

1. Fall: $0° < \alpha < 90°$ und $0° < \beta < 90°$

Wir zerlegen das Dreieck ABC durch die Höhe h_c in zwei rechtwinklige Teildreiecke ADC und DBC.
Für das Dreieck ADC gilt:
$\sin(\alpha) = \frac{h_c}{b}$, also $h_c = b \cdot \sin(\alpha)$
Für das Dreieck DBC gilt:
$\sin(\beta) = \frac{h_c}{a}$, also $h_c = a \cdot \sin(\beta)$
Aus beiden Gleichungen erhalten wir durch Gleichsetzen:
$b \cdot \sin(\alpha) = a \cdot \sin(\beta)$
Durch Dividieren beider Seiten durch b und durch $\sin(\beta)$ erhalten wir dann:

$$\frac{\sin(\alpha)}{\sin(\beta)} = \frac{a}{b} \quad \text{für } 0° < \alpha < 90° \text{ und } 0° < \beta < 90°$$

2. Fall: $90° < \alpha < 180°$

Wir ergänzen das stumpfwinklige Dreieck ABC durch die Höhe h_c zu einem rechtwinkligen Dreieck DBC.
Wir entnehmen der nebenstehenden Figur:
Für das Dreieck DAC gilt:
$\frac{h_c}{b} = \sin(180° - \alpha)$, also $h_c = b \cdot \sin(180° - \alpha)$

Für das Dreieck DBC gilt:
$\frac{h_c}{a} = \sin(\beta)$, also $h_c = a \cdot \sin(\beta)$
Durch Gleichsetzen ergibt sich:
$a \cdot \sin(\beta) = b \cdot \sin(180° - \alpha)$
Durch Dividieren beider Seiten durch b und durch $\sin(\beta)$ erhalten wir:

$$\frac{\sin(180° - \alpha)}{\sin(\beta)} = \frac{a}{b} \quad \text{für } 90° < \alpha < 180° \text{ und } 0° < \beta < 90°$$

(3) Sinuswerte für stumpfe Winkel

Um zu erreichen, dass die Formel $\frac{a}{b} = \frac{\sin(\alpha)}{\sin(\beta)}$ auch für stumpfe Winkel gilt, definieren wir den Sinus auch für Winkelgrößen zwischen 90° und 180°.

> **Definition**
> Für Winkelgrößen α mit $90° < \alpha < 180°$ soll gelten: **$\sin(\alpha) = \sin(180° - \alpha)$**

Somit haben der stumpfe Wikel α und der spitze Winkel $180° - \alpha$ denselben Sinuswert. Kennt man umgekehrt einen Sinuswert, so gehören dazu ein spitzer und ein stumpfer Winkel. Bei einem vorgegebenen Sinuswert kann man somit nicht eindeutig folgern, welcher Winkel dazu gehört.

Sinussatz

In jedem Dreieck ist das Verhältnis der Längen zweier Dreieckseiten gleich dem Verhältnis der Sinuswerte der gegenüberliegenden Winkel.

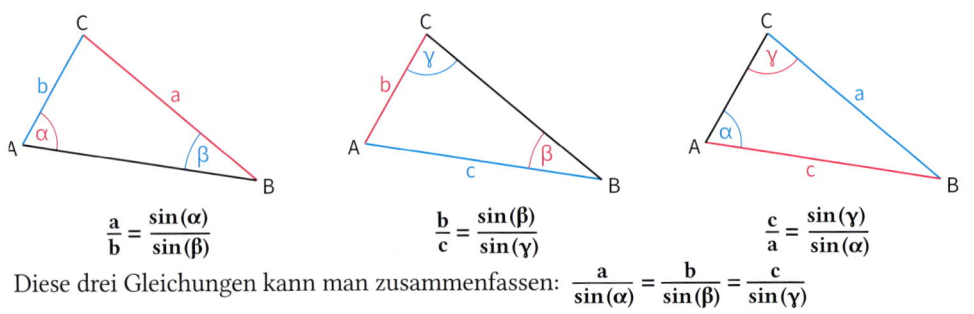

$$\frac{a}{b} = \frac{\sin(\alpha)}{\sin(\beta)} \qquad \frac{b}{c} = \frac{\sin(\beta)}{\sin(\gamma)} \qquad \frac{c}{a} = \frac{\sin(\gamma)}{\sin(\alpha)}$$

Diese drei Gleichungen kann man zusammenfassen: $\dfrac{a}{\sin(\alpha)} = \dfrac{b}{\sin(\beta)} = \dfrac{c}{\sin(\gamma)}$

Sind in einem Dreieck zwei Winkel und eine Seite oder zwei Seiten und ein der Seite gegenüberliegender Winkel gegeben, so kann man die übrigen Stücke mithilfe des Sinussatzes und des Winkelsummensatzes berechnen.

Aufgabe 2 Berechnen eines Dreiecks mithilfe des Sinussatzes
Berechne die übrigen Stücke des Dreiecks ABC mit:
a) b = 4,7 cm; c = 5,8 cm; β = 50°
b) b = 4,7 cm; c = 5,8 cm; γ = 50°

Lösung

a) Da wir die Seite b, den ihr gegenüberliegenden Winkel β sowie c kennen, können wir mithilfe des Sinussatzes den Winkel γ berechnen:

Beginne mit der gesuchten Größe

$\dfrac{\sin(\gamma)}{\sin(\beta)} = \dfrac{c}{b}$, also $\sin(\gamma) = \dfrac{c}{b} \cdot \sin(\beta)$

$\sin(\gamma) = \dfrac{5,8 \text{ cm}}{4,7 \text{ cm}} \cdot \sin(50°) \approx 0,945$

Planfigur:

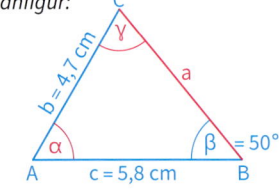

Mithilfe des Befehls $\boxed{\sin^{-1}}$ erhalten wir einen Winkel mit diesem Sinuswert: $\gamma_1 \approx 71°$
Außer diesem spitzen Winkel gibt es einen weiteren stumpfen Winkel mit dem gleichen Sinuswert: $\sin(109°) = \sin(180° - 109°) = \sin(71°)$
$\gamma_2 \approx 180° - 71° = 109°$
Da der gegebene Winkel β der kleineren der beiden gegebenen Seiten gegenüberliegt, kommen beide Winkel infrage.

1. Möglichkeit:
$\alpha_1 = 180° - \beta - \gamma_1 = 180° - 50° - 71° = 59°$
Für die Seite a_1 gilt:
$\dfrac{a_1}{b} = \dfrac{\sin(\alpha_1)}{\sin(\beta)}$, also $a_1 = b \cdot \dfrac{\sin(\alpha_1)}{\sin(\beta)}$
$= 4,7 \text{ cm} \cdot \dfrac{\sin(59°)}{\sin(50°)} \approx 5,3 \text{ cm}$

2. Möglichkeit
$\alpha_2 = 180° - \beta - \gamma_2 = 180° - 50° - 109° = 21°$
Für die Seite a_2 gilt:
$\dfrac{a_2}{b} = \dfrac{\sin(\alpha_2)}{\sin(\beta)}$, also $a_2 = b \cdot \dfrac{\sin(\alpha_2)}{\sin(\beta)}$
$= 4,7 \text{ cm} \cdot \dfrac{\sin(21°)}{\sin(50°)} \approx 2,2 \text{ cm}$

Somit gibt es zwei nicht zueinander kongruente Dreiecke ABC_1 und ABC_2 mit den geforderten Eigenschaften b = 4,7 cm; c = 5,8 cm und β = 50°.

(verkleinerte Zeichnung)

b) Im Gegensatz zu Teilaufgabe a) liegt der gegebene Winkel der größeren der beiden gegebenen Seiten gegenüber. Nach dem Kongruenzsatz Ssw gibt es – bis auf Kongruenz – nur ein einziges Dreieck mit diesen Eigenschaften.
Wir berechnen zunächst den Winkel β:
$\frac{\sin(\beta)}{\sin(\gamma)} = \frac{b}{c}$, also
$\sin(\beta) = \frac{b}{c} \cdot \sin(\gamma) = \frac{4{,}7\,\text{cm}}{5{,}8\,\text{cm}} \cdot \sin(50°) \approx 0{,}620$
Somit ist β = 38° oder β = 180° − 38° = 142°.
Die zweite Möglichkeit können wir mit dem Winkelsummensatz ausschließen, da
γ + β = 50° + 142° = 192° > 180°.
Für den Winkel α gilt dann α = 180° − β − γ = 180° − 38° − 50° = 92°.
Für die Seite a gilt: $\frac{a}{b} = \frac{\sin(\alpha)}{\sin(\beta)}$, also $a = b \cdot \frac{\sin(\alpha)}{\sin(\beta)} = 4{,}7\,\text{cm} \cdot \frac{\sin(92°)}{\sin(38°)} \approx 7{,}6\,\text{cm}$

Weiterführende Aufgabe

Sinussatz für rechtwinklige Dreiecke

3. Im rechtwinkligen Dreieck ABC gilt: $\sin(\alpha) = \frac{a}{c}$
Bislang haben wir den Sinussatz für spitzwinklige und stumpfwinklige Dreiecke hergeleitet. Überlege, wie man den Sinus eines rechten Winkels definieren muss, damit der Sinussatz $\frac{\sin(\alpha)}{\sin(\gamma)} = \frac{a}{c}$ auch für rechtwinklige Dreiecke gilt.
Kontrolliere auch mit dem Rechner.

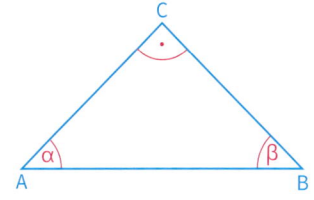

Übungsaufgaben

4. a) Die Entfernung zweier Berggipfel D und E beträgt 36 km. Von D aus sieht man den Gipfel E und einen weiteren Gipfel F unter dem Sehwinkel von 47°. Von E aus sieht man D und F unter dem Sehwinkel von 58°. Wie weit ist der Gipfel F von den Gipfeln D und E entfernt?
b) In einem Dreieck ABC sind c = 7 cm, α = 115° und β = 30° gegeben. Bestimme die Seitenlängen a und b.

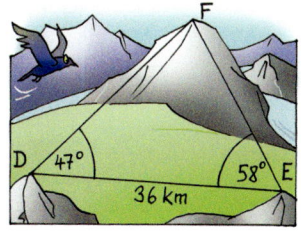

5. a) Bestimme sin(α) mit dem Rechner für folgende Winkelgrößen α:
(1) 117°;   (2) 175°;   (3) 95°;   (4) 143°;   (5) 167,4°;   (6) 99,5°.
b) Für welche Winkelgrößen α zwischen 0° und 180° gilt:
(1) sin(α) = 0,9945;   (2) sin(α) = 0,5978;   (3) sin(α) = 0,7384;   (4) sin(α) = 0,2345?

6. Berechne die übrigen Stücke des Dreiecks ABC.
a) a = 7,3 cm; α = 75°; β = 31°
b) c = 8,4 cm; α = 52°; β = 61°
c) b = 34 cm; α = 107°; β = 19°
d) a = 56 m; β = 18°; γ = 44°
e) a = 73 m; b = 64 m; α = 81°
f) b = 12 m; c = 8 m; γ = 37°
g) a = 1,11 m; c = 3,16 m; γ = 98°
h) a = 19,3 cm; b = 27,1 cm; β = 123°

7. Kontrolliere Jasmins Hausaufgabe.

 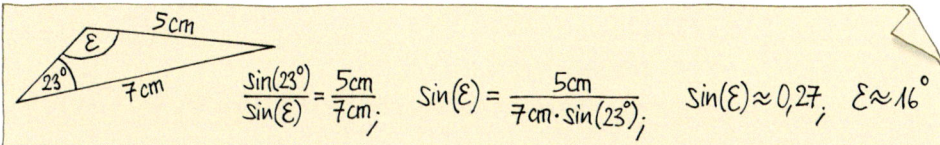

6.5.2 Kosinussatz

Einstieg

Vom Punkt D eines Bergwerks sind zwei Stollen in den Berg getrieben worden. Von E nach F soll nun ein Verbindungsstollen getrieben werden.
a) Wie lang wird dieser? Erstellt zunächst eine Formel.
b) Welche Winkel bildet er mit den bestehenden Stollen?

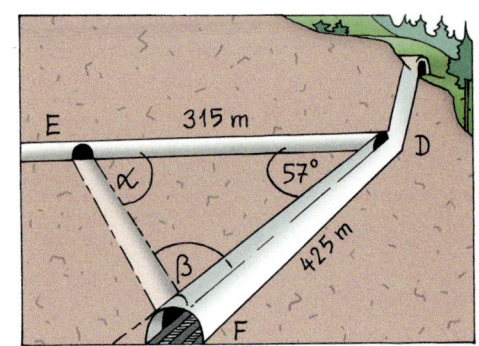

Aufgabe 1

Berechnen eines Dreiecks im Falle sws
a) Ein Straßentunnel soll geradlinig durch einen Berg gebaut werden. Um seine Länge zu bestimmen, werden von einem geeigneten Punkt C aus die Entfernungen a und b zu den Tunneleingängen sowie die Größe des Winkels γ gemessen:
$a = 2{,}851$ km; $b = 4{,}423$ km; $\gamma = 62{,}3°$
Berechne die Länge des Tunnels.
b) In einem Dreieck ABC sind $a = 6$ cm; $b = 8$ cm; $\gamma = 140°$ gegeben. Berechne die Seitenlänge c.

Lösung

a) Bisher haben wir eine solche Aufgabe zeichnerisch gelöst. Um die Länge zu berechnen, zerlegen wir das spitzwinklige Dreieck ABC in zwei rechtwinklige Teildreiecke, indem wir die Höhe h_b zur Seite $\overline{AC}$ einzeichnen. Die Länge der Teilstrecken $\overline{FC}$ und $\overline{FA}$ nennen wir u bzw. v.
Aus den beiden rechtwinkligen Teildreiecken BCF und ABF können wir nun nacheinander h_b, u, v und c berechnen.

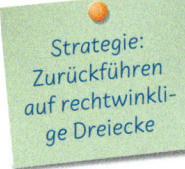

Strategie: Zurückführen auf rechtwinklige Dreiecke

Berechnen von h_b im Dreieck BCF:
$\frac{h_b}{a} = \sin(\gamma)$
$h_b = a \cdot \sin(\gamma)$
$h_b = 2{,}851 \text{ km} \cdot \sin(62{,}3°)$
$h_b \approx 2{,}524 \text{ km}$

Berechnen von u im Dreieck BCF:
$\frac{u}{a} = \cos(\gamma)$
$u = a \cdot \cos(\gamma)$
$u = 2{,}851 \text{ km} \cdot \cos(62{,}3°)$
$u \approx 1{,}325 \text{ km}$

Berechnen von v im Dreieck ABF
$u + v = b$
$v = b - u$
$v \approx 4{,}423 \text{ km} - 1{,}325 \text{ km} = 3{,}098 \text{ km}$

Berechnen von c im Dreieck ABF
$c^2 = h_b^2 + v^2$
$c = \sqrt{h_b^2 + v^2}$
$c = \sqrt{(2{,}524 \text{ km})^2 + (3{,}098 \text{ km})^2} \approx 3{,}996 \text{ km}$

Ergebnis: Die Länge des Tunnels beträgt fast 4 km.

b) Wir ergänzen das stumpfwinklige Dreieck ABC durch die Höhe h_b zu einem rechtwinkligen Dreieck ABF.

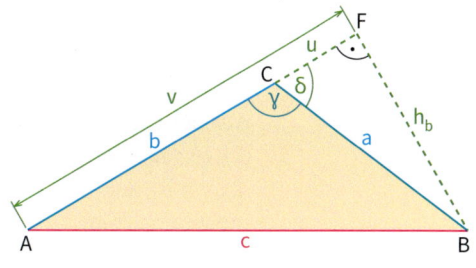

Berechnen von h_b im Dreieck BFC:
$\frac{h_b}{a} = \sin(180° - \gamma)$
$h_b = a \cdot \sin(180° - \gamma)$
$h_b = 6\,\text{cm} \cdot \sin(180° - 140°)$
$\quad = 6\,\text{cm} \cdot \sin(40°) \approx 3{,}9\,\text{cm}$

Berechnen von u im Dreieck BFC:
$\frac{u}{a} = \cos(180° - \gamma)$
$u = a \cdot \cos(180° - \gamma)$
$u = 6\,\text{cm} \cdot \cos(180° - 140°)$
$\quad = 6\,\text{cm} \cdot \cos(40°) \approx 4{,}6\,\text{cm}$

Berechnen von v im Dreieck ABF
$v = b + u$

$v \approx 8\,\text{cm} + 4{,}6\,\text{cm} = 12{,}6\,\text{cm}$

Berechnen von c im Dreieck ABF
$c^2 = h_b^2 + v^2$
$c = \sqrt{h_b^2 + v^2}$
$c \approx \sqrt{(3{,}9\,\text{cm})^2 + (12{,}6\,\text{cm})^2} \approx 13{,}2\,\text{cm}$

Ergebnis: Die Seitenlänge c beträgt ungefähr 13,2 cm.

Information

(1) Herleitung des Kosinussatzes

In der Aufgabe 1 haben wir ein Dreieck berechnet, in dem zwei Seitenlängen und die Größe des eingeschlossenen Winkels gegeben sind (sws). Wir führen die Berechnungen im Falle sws allgemein durch.
In einem Dreieck ABC sind die Stücke a, b und γ gegeben. Wir wollen nun wie in der Aufgabe 1 die Seitenlänge c allgemein berechnen.

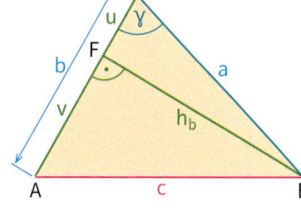

1. Fall: $\gamma < 90°$
Wir zerlegen das Dreieck ABC durch die Höhe h_b in zwei rechtwinklige Dreiecke ABF und FBC.

Berechnen von h_b im Dreieck FBC:	*Berechnen von u im Dreieck FBC:*	*Berechnen von v im Dreieck ABC:*	*Berechnen von c im Dreieck ABF:*
$\frac{h_b}{a} = \sin(\gamma)$	$\frac{u}{a} = \cos(\gamma)$	$u + v = b$	$c^2 = h_b^2 + v^2$
$h_b = a \cdot \sin(\gamma)$	$u = a \cdot \cos(\gamma)$	$v = b - u$	$c = \sqrt{h_b^2 + v^2}$

Durch Einsetzen erhalten wir:
$c^2 = h_b^2 + v^2$
$\quad = h_b^2 + (b - u)^2$
$\quad = h_b^2 + b^2 - 2bu + u^2$
$\quad = a^2 \cdot (\sin(\gamma))^2 + b^2 - 2ba \cdot \cos(\gamma) + a^2 \cdot (\cos(\gamma))^2$
$\quad = a^2 \cdot \big((\sin(\gamma))^2 + (\cos(\gamma))^2\big) + b^2 - 2ab \cdot \cos(\gamma)$

Wegen $(\sin(\gamma))^2 + (\cos(\gamma))^2 = 1$ folgt:

$$c^2 = a^2 + b^2 - 2ab \cdot \cos(\gamma) \quad (\text{für } 0° < \gamma < 90°)$$

Man nennt diese Gleichung den **Kosinussatz**.

2. Fall: $90° < \gamma < 180°$

Wir ergänzen das stumpfwinklige Dreieck ABC durch die Höhe h_b zu einem rechtwinkligen Dreieck ABF.

Aus der Figur rechts entnehmen wir:
(1) $c^2 = h_b^2 + v^2$ (3) $u = a \cdot \cos(\delta)$
(2) $v = b + u$ (4) $h_b = a \cdot \sin(\delta)$

Einsetzen ergibt:

$c^2 = h_b^2 + v^2$
$ = h_b^2 + (b + u)^2$
$ = h_b^2 + b^2 + 2bu + u^2$
$ = a^2 (\sin(\delta))^2 + b^2 + 2ba \cdot \cos(\delta) + a^2 (\cos(\delta))^2$
$ = a^2 ((\sin(\delta))^2 + (\cos(\delta))^2) + b^2 + 2ba \cdot \cos(\delta)$
$ = a^2 + b^2 + 2ab \cdot \cos(\delta)$

Wegen $\delta = 180° - \gamma$ folgt: $c^2 = a^2 + b^2 + 2ab \cdot \cos(180° - \gamma)$ für $90° < \gamma < 180°$

Um zu erreichen, dass die Formel $c^2 = a^2 + b^2 - 2ab \cdot \cos(\gamma)$ auch für stumpfe Winkel gilt, definieren wir den Kosinus auch für Winkelgrößen zwischen 90° und 180°.

Definition
Für Winkelgrößen α mit $90° < \alpha < 180°$ soll gelten: $\cos(\alpha) = -\cos(180° - \alpha)$

Kosinussatz: In jedem Dreieck ABC gilt:
$a^2 = b^2 + c^2 - 2bc \cdot \cos(\alpha)$
$b^2 = c^2 + a^2 - 2ca \cdot \cos(\beta)$
$c^2 = a^2 + b^2 - 2ab \cdot \cos(\gamma)$

In einem Dreieck ist das Quadrat einer Seitenlänge gleich der Summe der Quadrate der beiden anderen Seitenlängen, vermindert um das doppelte Produkt aus diesen Seitenlängen und dem Kosinus des eingeschlossenen Winkels.

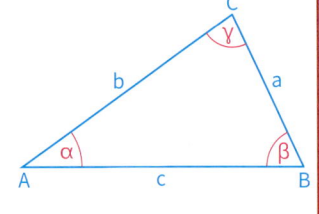

(2) Anwenden des Kosinussatzes im Fall sws

In Aufgabe 1 war für das Dreieck ABC bekannt: $a = 2{,}851$ km; $b = 4{,}423$ km; $\gamma = 62{,}3°$
Gesucht war die Länge der Seite c. Mithilfe des Kosinussatzes erhalten wir sofort

$c^2 = a^2 + b^2 - 2ab \cdot \cos(\gamma) = (2{,}851\text{ km})^2 + (4{,}423\text{ km})^2 - 2 \cdot (2{,}851\text{ km}) \cdot (4{,}423\text{ km}) \cdot \cos(62{,}3°)$
$ = 15{,}968 \text{ km}^2$
$c \approx 4 \text{ km}$

(3) Kosinussatz für rechtwinklige Dreiecke

Für ein rechtwinkliges Dreieck ABC mit $\gamma = 90°$ gilt nach dem Satz des Pythagoras $a^2 + b^2 = c^2$. Damit der Kosinussatz $c^2 = a^2 + b^2 - 2ab \cdot \cos(\gamma)$ auch für diesen Fall gilt, definiert man den Kosinus auch für rechte Winkel: $\cos(90°) = 0$.

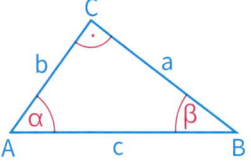

6.5 Berechnungen in beliebigen Dreiecken

Aufgabe 2

Berechnen eines Dreiecks im Fall sss
In einem Dreieck ABC sind a = 5 cm; b = 3,5 cm; c = 6,5 cm gegeben. Berechne die drei Winkel.

Lösung

Nach dem Kosinussatz gilt: $c^2 = a^2 + b^2 - 2ab\cos(\gamma)$
Wir isolieren $\cos(\gamma)$:

$$c^2 = a^2 + b^2 - 2ab \cdot \cos(\gamma) \quad |+2ab\cdot\cos(\gamma) \quad |-c^2$$
$$2ab \cdot \cos(\gamma) = a^2 + b^2 - c^2 \quad |:(2ab)$$
$$\cos(\gamma) = \frac{a^2 + b^2 - c^2}{2ab}$$

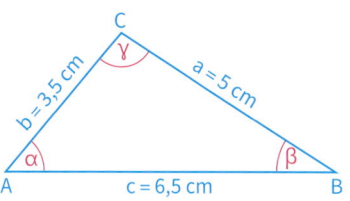

Wir setzen ein: $\cos(\gamma) = \dfrac{(5\,\text{cm})^2 + (3{,}5\,\text{cm})^2 - (6{,}5\,\text{cm})^2}{2 \cdot 5\,\text{cm} \cdot 3{,}5\,\text{cm}} = -\dfrac{5\,\text{cm}^2}{35\,\text{cm}^2} \approx -0{,}143$

Hier ist nur ein Winkel im Dreieck möglich.

Also folgt: $\gamma \approx 98°$

Entsprechend berechnen wir den Winkel α aus dem Kosinussatz in der Form
$$a^2 = b^2 + c^2 - 2bc \cdot \cos(\alpha)$$
$$\cos(\alpha) = \frac{b^2 + c^2 - a^2}{2bc}$$
$$\cos(\alpha) = \frac{(3{,}5\,\text{cm})^2 + (6{,}5\,\text{cm})^2 - (5\,\text{cm})^2}{2 \cdot 3{,}5\,\text{cm} \cdot 6{,}5\,\text{cm}} \approx 0{,}648$$

Also: $\alpha \approx 50°$

Den Winkel β erhalten wir mithilfe des Winkelsummensatzes:
$\beta = 180° - (\alpha + \gamma)$
$\beta \approx 180° - (50° - 98°) \approx 32°$

Für diese Berechnungen kann man auch den Sinussatz verwenden.

> Kennt man von einem Dreieck zwei Seiten und den eingeschlossenen Winkel (sws) oder drei Seiten (sss), so muss man zur Berechnung den Kosinussatz verwenden.

Übungsaufgaben

3. Die Entfernungen zwischen drei Burgtürmen A, B und C betragen |AB| = 4,1 km, |BC| = 5,7 km und |CA| = 3,2 km. Bestimme die Sehwinkel, unter denen man jeweils von einem der drei Burgtürme die beiden anderen Türme sieht.

4. Um die Entfernung zweier Orte A und B zu bestimmen, die wegen eines dazwischen liegenden Hindernisses nicht direkt gemessen werden kann, werden von einem dritten Punkt C aus die Entfernungen von C nach A und von C nach B gemessen, sowie der Winkel γ, unter dem die Strecke $\overline{AB}$ erscheint: |AC| = 290 m; |BC| = 600 m; γ = 100,3°
Berechne die Entfernung von A nach B.

5. a) Bestimme cos α mit dem Rechner für folgende Winkelgrößen α:
    (1) 117°;   (2) 175°;   (3) 95°;   (4) 143°;   (5) 167,4°;   (6) 99,5°.
   b) Für welche Winkelgrößen α zwischen 0° und 180° gilt:
    (1) cos(α) = −0,2588;   (2) cos(α) = −0,9397;   (3) cos(α) = −0,5461;   (4) cos(α) = −0,1212?

6. Berechne die übrigen Stücke des Dreiecks ABC. Berechne auch den Flächeninhalt.
   a) b = 12 m; c = 9 m; α = 64° c) a = 15,4 m; c = 11,3 m; α = 108°
   b) a = 9,4 cm; b = 6,9 cm; γ = 57° d) a = 5,3 cm; c = 8,7 cm; β = 124°

7. Kontrolliere Daniels Hausaufgabe.

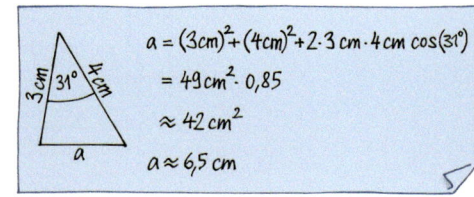

8. Berechne die übrigen Stücke des Dreiecks. Berechne auch den Flächeninhalt.

   a) a = 3,8 cm   b) a = 12 cm   c) a = 7,3 m   d) p = 112 km   e) d = 4,8 cm
      b = 5,1 cm   b = 15 cm   b = 5,8 m   q = 75 km   e = 4,2 cm
      c = 4,4 cm   c = 18 cm   c = 11,6 m   r = 52 km   f = 5,5 cm

9. Die Höhe des Fernsehturmes soll bestimmt werden. Dazu wird eine 50 m lange Standlinie $\overline{AB}$, die auf den Turm zuläuft, abgesteckt. Außerdem werden die Höhenwinkel α = 56,4° und β = 42,1° gemessen. Wie hoch ist der Fernsehturm? Rechne zunächst allgemein.

10. Um die Höhe h einer Felswand zu bestimmen, wird eine waagerechte Standlinie $\overline{AB}$ abgesteckt. In ihren Endpunkten werden die Höhenwinkel γ und δ gemessen. Ferner misst man in der Horizontalebene die Winkel α und β. Bestimme die Höhe h für:
s = 950 m; γ = 21,2°; δ = 25,7°; α = 52,4°; β = 80,5°

11. Die Entfernung der beiden Berggipfel P und Q soll bestimmt werden. Dazu wird eine 2,943 km lange Standlinie $\overline{AB}$ abgesteckt. Von den Endpunkten A und B aus wird der Punkt P angepeilt und die Winkel $α_1$ und $β_1$ werden gemessen:
$α_1$ = 87,7°; $β_1$ = 47,4°
Dann werden auf dieselbe Weise von A und B aus der Punkt Q angepeilt und die Winkel $α_2$ und $β_2$ gemessen:
$α_2$ = 42,3°; $β_2$ = 109,5°
Berechne die Entfernung der Berggipfel P und Q.

Dieses Verfahren heißt Vorwärtseinschneiden.

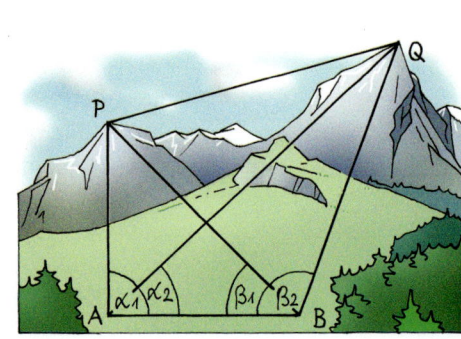

6.6 Vermischte Übungen

1. a) Berechne den Flächeninhalt des Dreiecks ABC mit α = 50°, b = 5 cm und c = 7 cm ohne zu messen.
   b) Beweise den folgenden Satz zur Berechnung des Flächeninhalts eines Dreiecks aus zwei Seitenlängen und der Größe des eingeschlossenen Winkels.

   Satz
   Für den Flächeninhalt A eines beliebigen Dreiecks ABC gilt:
   $$A = \tfrac{1}{2}ab \cdot \sin(\gamma); \quad A = \tfrac{1}{2}bc \cdot \sin(\alpha); \quad A = \tfrac{1}{2}ac \cdot \sin(\beta)$$

2. Bestimme den Flächeninhalt des Dreiecks
   a) a = 5 cm; b = 7 cm; γ = 80°
   b) b = 3 cm; c = 8 cm; α = 112°
   c) c = 4 cm; a = 9 cm; β = 85°
   d) a = 8,1 cm; b = 5,7 cm; γ = 73,5°

3. Leite aus den in Übungsaufgabe 1b) bewiesenen Formeln den Sinussatz her.

4. Berechne die übrigen Stücke des Dreiecks ABC. Gib auch den Flächeninhalt an.
   a) α = 115°; γ = 29°; c = 4,8 cm
   b) a = 2,7 cm; b = 3,5 cm; γ = 102°
   c) α = 35°; γ = 97°; b = 2,9 cm
   d) b = 9,1 cm; c = 6,4 cm; α = 37°
   e) α = 57,8°; β = 22,3°; a = 12 cm
   f) a = 5,3 cm; b = 3,1 cm; c = 4,8 cm
   g) b = 8,5 cm; c = 3,1 cm; β = 111°
   h) c = 8,4 cm; α = 52°; β = 61°
   i) a = 4,9 cm; c = 5,7 cm; γ = 95°
   j) b = 4,9 cm; c = 5,1 cm; β = 43°

5. Berechne von den Stücken a, b, c, α, γ, e eines gleichschenkligen Trapezes ABCD mit AB ∥ CD die fehlenden Stücke.
   a) a = 5,4 cm; d = 3,1 cm; β = 64,5°
   b) c = 3,5 m; d = 2,8 m; γ = 125,7°
   c) a = 6,1 km; c = 2,9 km; β = 68,8°
   d) c = 4,8 cm; b = 2,4 cm; e = 5,6 cm

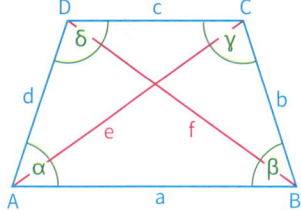

6. Stelle selbst Aufgaben und löse sie.
   a) Eine Leiter ist genauso lang, wie eine Mauer hoch ist. Lehnt man diese Leiter 20 cm unter dem oberen Mauerrand an, so steht sie unten 1,20 m von der Mauer entfernt.
   b) Zwischen der Talstation und der Bergstation verläuft ein Skilift.

 **Im Blickpunkt**

Wie hoch ist eigentlich … euer Schulgebäude?

Mit etwas handwerklichem Geschick könnt ihr euch selbst einfache Geräte basteln, mit denen ihr Gebäude vermessen könnt. Die Geräte eignen sich auch dazu, im freien Gelände beispielsweise die Breite eines Flusses zur bestimmen. Wie das funktioniert, erfahrt ihr hier.

1. Unten ist die Bauanleitung für ein Peilgerät abgebildet. Seht euch die Skizze an und erläutert das Funktionsprinzip des Gerätes. Baut euch selbst ein Försterdreieck. Worauf müsst ihr achten, wenn ihr das Gerät zur Höhenmessung einsetzt? Besprecht euch untereinander.

Vermessen mit einem Peilgerät

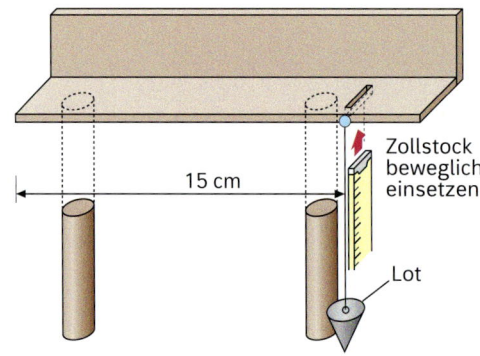

2. Bestimmt mithilfe von Maßband und Peilgerät die Gebäudehöhe eines Flachdachbaus. Schätzt zunächst. Fertigt anschließend eine Planfigur an und messt die notwendigen Größen.

3. Sucht euch im Gelände weitere Objekte (z.B. Bäume, Fahnenstangen usw.) und bestimmt deren Höhe.

Im Blickpunkt

Vermessen mit einem Winkelmesser

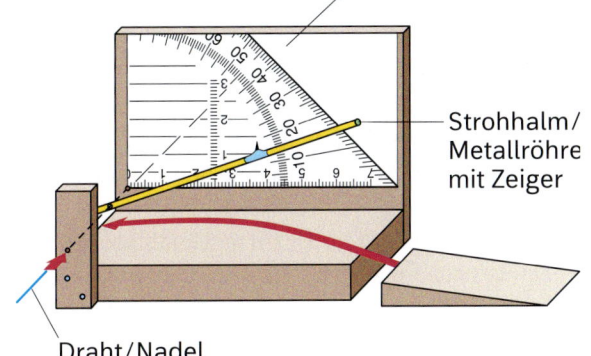

4. Auf dieser Seite findet ihr oben die Bauanleitung zu einem Winkelmesser. Seht euch die Skizze an und erläutert die Funktionsweise des Gerätes. Baut selbst einen Winkelmesser.

5. Mit dem Winkelmesser könnt ihr nun auch die Höhe eurer Schule bestimmen, wenn das Schulgebäude kein Flachdachbau ist. Peilt dazu die höchste Stelle von zwei Punkten aus an, die auf einer Linie liegen. Fertigt zunächst eine Skizze an. Messt dann die notwendigen Größen und bestimmt hieraus die Gebäudehöhe.

6. In dieser Aufgabe lernt ihr ein Verfahren kennen, um beispielsweise die Breite eines Flusses zu bestimmen.
Stellt euch den Schulhof als Fluss vor. Peilt von zwei Stellen auf der einen Seite des Schulhofes eine Stelle auf der gegenüberliegenden Seite an und bestimmt die Größe der Peilungswinkel. Mithilfe dieser Winkel und der Entfernung der beiden Peilstellen könnt ihr die Breite des Schulhofes (Flusses) berechnen. Fertigt zuerst eine Skizze an. Überprüft am Ende euer berechnetes Ergebnis durch Nachmessen.
Hinweis: Zum Peilen müsst ihr den Winkelmesser auf die Seitenplatte legen.

6.7 Aufgaben zur Vertiefung

1. Der Flächeninhalt A einer Raute hängt außer von der Seitenlänge a nur von der Winkelgröße α ab.

   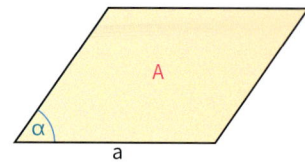

   a) Stelle eine Formel auf, mit der man zu vorgegebener Seitenlänge a und vorgegebener Winkelgröße α den Flächeninhalt berechnen kann.
   b) Eine Raute hat die Seitenlänge a = 3,5 cm. Gib die Funktionsgleichung der Funktion *Winkelgröße α → Flächeninhalt A* an. In welchem Bereich kann α liegen? Zeichne den Graphen der Funktion.

2. In einem Kreis mit dem Radius 10 cm ist ein regelmäßiges n-Eck einbeschrieben. Berechne mithilfe geeigneter Winkel Umfang und Flächeninhalt des n-Ecks für
   (1) n = 5;   (2) n = 9;   (3) n = 12;   (4) n = 100.

3. Wenn ein Lichtstrahl von einem Medium I (z. B. Luft) in ein Medium II (z. B. Wasser) übergeht, dann gilt für Einfallswinkel α und Ausfallswinkel β das Brechungsgesetz $\frac{\sin(\alpha)}{\sin(\beta)} = n$, wobei n eine Konstante ist, die von den beiden Medien abhängt. Sie heißt Brechungsindex.

   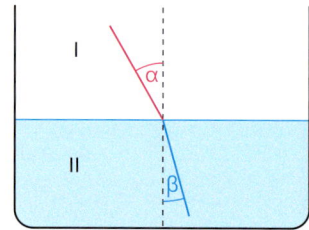

   a) Berechne für den Übergang Luft–Wasser (n = 1,333) den Brechungswinkel β für
   (1) α = 20°;   (2) α = 32°;   (3) α = 50°;   (4) α = 67,5°.
   b) Berechne dieselben Werte für den Übergang Luft–Glas (n = 1,500).
   c) Wie groß ist der Brechungsindex umgekehrt von Wasser in Luft [von Glas in Luft]?
   d) Bestimme für den umgekehrten Übergang Wasser–Luft [Glas–Luft] den Winkel α für β = 90° (Grenzfall der Totalreflexion).

4. a) Für spitze Winkel α gilt: $\tan(\alpha) = \frac{\sin(\alpha)}{\cos(\alpha)}$. Was ergibt sich für α = 0° und α = 90°?
   b) Die Beziehung aus Teilaufgabe a) soll auch für stumpfe Winkel 90° < α < 180° gelten. Veranschauliche tan(α) am Einheitskreis und erstelle eine Wertetabelle für α = 100°, 110°, 120°, 170°. Gib die Tangenswerte mit zwei Stellen nach dem Komma an.

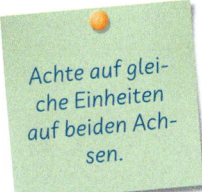

Achte auf gleiche Einheiten auf beiden Achsen.

5. Bei einer linearen Funktion mit der Gleichung y = mx + b gibt der Faktor m die Steigung der zugehörigen Geraden an.

   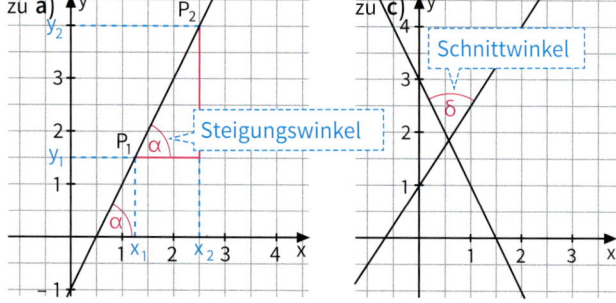

   a) Beweise, dass für den Steigungswinkel α gilt: m = tan(α)
   b) Gib den Steigungswinkel der Geraden an. Zeichne auch die Gerade und kontrolliere das Ergebnis durch Messen des Steigungswinkels.
   (1) y = 2·x + 1   (2) y = −3x + 2   (3) y = −$\frac{4}{5}$x − 1   (4) y = $\frac{1}{2}$x − 2
   c) Gegeben sind die beiden Geraden zu y = 1,5x + 1 und y = −2x + 3. Berechne den Schnittwinkel δ der beiden Geraden.

Das Wichtigste auf einen Blick

Sinus, Kosinus und Tangens

In rechtwinkligen Dreiecken hängt das Verhältnis der Längen zweier Seiten nicht von der Größe des Dreiecks ab, sondern nur von der Größe der spitzen Winkel.
Für jedes rechtwinklige Dreieck mit $\gamma = 90°$ gilt:

$$\text{Sinus eines Winkels} = \frac{\text{Länge der Gegenkathete des Winkels}}{\text{Länge der Hypotenuse}}$$

$$\text{Kosinus eines Winkels} = \frac{\text{Länge der Ankathete des Winkels}}{\text{Länge der Hypotenuse}}$$

$$\text{Tangens eines Winkels} = \frac{\text{Länge der Gegenkathete des Winkels}}{\text{Länge der Ankathete des Winkels}}$$

Beispiel:

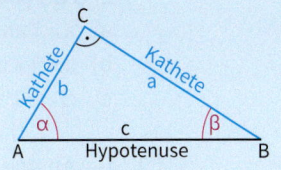

$a = 4\,\text{cm}, \ b = 3\,\text{cm}, \ c = 5\,\text{cm}$

$\sin(\alpha) = \frac{a}{c} = \frac{4\,\text{cm}}{5\,\text{cm}} = 0{,}8$

$\cos(\alpha) = \frac{b}{c} = \frac{3\,\text{cm}}{5\,\text{cm}} = 0{,}6$

$\tan(\alpha) = \frac{a}{b} = \frac{4\,\text{cm}}{3\,\text{cm}} = \frac{4}{3} = 1{,}\overline{3}$

Beziehungen zwischen Sinus, Kosinus und Tangens

Für Winkel α mit $0 < \alpha < 90°$ gilt:

$\cos(\alpha) = \sin(90° - \alpha)$ $\qquad \tan(\alpha) = \frac{\sin(\alpha)}{\cos(\alpha)}$

$\sin(\alpha) = \cos(90° - \alpha)$ $\qquad (\sin(\alpha))^2 + (\cos(\alpha))^2 = 1$

Beispiel:

$\cos(60°) = \sin(90° - 60°)$
$\qquad\quad\ = \sin(30°)$
$\sin(30°) = \cos(90° - 30°)$
$\qquad\quad\ = \cos(60°)$

Sinussatz

In jedem Dreieck ist das Verhältnis der Längen zweier Dreiecksseiten gleich dem Verhältnis der Sinuswerte der gegenüberliegenden Winkel.

Es gilt: $\frac{a}{b} = \frac{\sin(\alpha)}{\sin(\beta)}$

bzw. $\frac{a}{c} = \frac{\sin(\alpha)}{\sin(\gamma)}$

bzw. $\frac{b}{c} = \frac{\sin(\beta)}{\sin(\gamma)}$

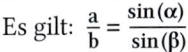

Beispiel:

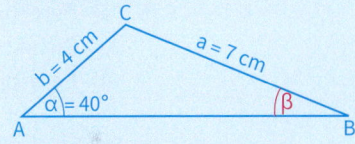

$a = 7\,\text{cm}, \ b = 4\,\text{cm}, \ \alpha = 40°$

$\frac{a}{b} = \frac{\sin(\alpha)}{\sin(\beta)}$

$\frac{7\,\text{cm}}{4\,\text{cm}} = \frac{\sin(40°)}{\sin(\beta)}$

$\sin(\beta) = \frac{4\,\text{cm} \cdot \sin(40°)}{7\,\text{cm}} \approx 0{,}367,$
also $\beta \approx 22°$

Kosinussatz

In jedem Dreieck ABC gilt:
$a^2 = b^2 + c^2 - 2bc \cdot \cos(\alpha)$
$b^2 = a^2 + c^2 - 2ac \cdot \cos(\beta)$
$c^2 = a^2 + b^2 - 2ab \cdot \cos(\gamma)$
Für den Winkel α gilt dann:

$\cos(\alpha) = \frac{b^2 + c^2 - a^2}{2bc}$

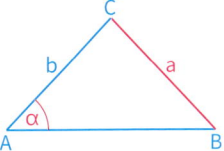

Beispiel:

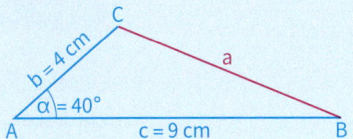

$b = 4\,\text{cm}, \ c = 9\,\text{cm}, \ \alpha = 40°$
$a^2 = b^2 + c^2 - 2bc \cdot \cos(\alpha)$
$a^2 = (4\,\text{cm})^2 + (9\,\text{cm})^2$
$\qquad - 2 \cdot 4\,\text{cm} \cdot 9\,\text{cm} \cdot \cos(40°)$
$a^2 \approx 41{,}84\,\text{cm}^2$
$a \approx 6{,}5\,\text{cm}$

Bist du fit?

1. Berechne alle übrigen Stücke des rechtwinkligen Dreiecks ABC; berechne auch den Umfang und den Flächeninhalt.
   a) $a = 7\,cm$; $\beta = 14°$; $\gamma = 90°$
   b) $a = 4,4\,cm$; $\alpha = 44°$; $\beta = 90°$
   c) $\alpha = 90°$; $a = 185\,m$; $\gamma = 58°$
   d) $c = 41\,m$; $\beta = 34°$; $\gamma = 90°$
   e) $\gamma = 90°$; $b = 84\,cm$; $\beta = 43°$
   f) $c = 7,8\,cm$; $\gamma = 51°$; $\beta = 90°$

2. Gegeben ist ein gleichschenkliges Dreieck ABC mit $\overline{AB}$ als Basis.
   Bestimme aus den gegebenen Stücken die übrigen Stücke des Dreiecks.
   Berechne auch den Flächeninhalt.
   a) $c = 17\,cm$; $a = 14\,cm$
   b) $c = 150\,m$; $\gamma = 126°$
   c) $c = 23\,m$; $\alpha = 77°$
   d) $a = 67\,m$; $\gamma = 55°$
   e) $a = 104,7\,cm$; $\alpha = 17°$
   f) $h_c = 25\,m$; $\alpha = 36°$

3. Für welche Winkelgrößen α im Bereich $0° \leq \alpha \leq 180°$ gilt:
   a) $\sin(\alpha) = 0,4384$
      $\sin(\alpha) = 0,2588$
   b) $\sin(\alpha) = 0,1564$
      $\sin(\alpha) = 0,9848$
   c) $\cos(\alpha) = -0,9848$
      $\cos(\alpha) = 0,6691$
   d) $\cos(\alpha) = 0,8090$
      $\cos(\alpha) = -0,1392$

4. Berechne aus den gegebenen Stücken des Dreiecks ABC die übrigen.
   a) $a = 5\,cm$; $b = 4\,cm$; $\gamma = 67°$
   b) $c = 9\,cm$; $a = 6\,cm$; $\gamma = 53,5°$
   c) $b = 8,1\,km$; $c = 5,3\,km$; $\alpha = 36,4°$
   d) $a = 3,6\,cm$; $b = 2,9\,cm$; $c = 3,2\,cm$

5. a) Berechne den Neigungswinkel α in der nebenstehenden Dachkonstruktion.
   b) Berechne die Höhe des Dachraumes.

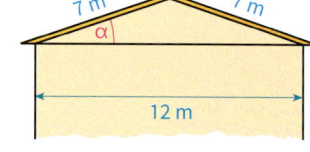

6. Steht die Sonne 46° hoch, so wirft eine Säule auf eine waagerechte Ebene einen 8,72 m langen Schatten.
   Fertige eine Skizze an und berechne die Höhe der Säule.

7. Der Querschnitt des Daches rechts soll aus einem rechtwinkligen Dreieck mit den angegebenen Maßen bestehen.
   Berechne die Dachneigungen.

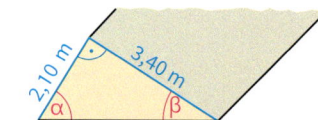

8. Die Neigung einer Garageneinfahrt darf höchstens 16 % betragen.
   Wie groß darf maximal der Höhenunterschied auf einer 5 m langen Einfahrt sein?

9. Der Böschungswinkel eines Deiches ist zur Seeseite kleiner als zur Landseite. Wie lang ist die Deichsohle?

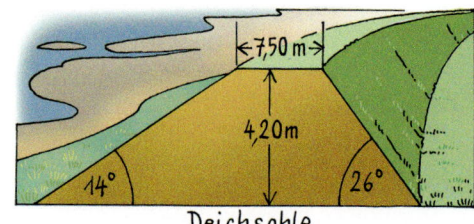

10. Auf einem Berg steht ein 10 m hoher Turm. Von einem Punkt im Tal aus sieht man den Fußpunkt des Turmes unter dem Winkel $\alpha = 44,3°$ und die Spitze des Turmes unter dem Winkel $\beta = 45,5°$. Wie hoch erhebt sich der Berg über die Talsohle?

Lösungen zu Bist du fit?

Seite 30

1. a) 9   b) 0,5   c) $\frac{8}{11}$ d) 200   e) 2,5

2. a: Kantenlänge des Würfels (in m);
   O: Größe der Oberfläche (in m²)
   $O = 6a^2 = 3$, mit $a > 0$, also $a = \sqrt{\frac{3}{6}} = \sqrt{\frac{1}{2}} = \frac{1}{2}\sqrt{2} \approx 0{,}71$
   Volumen (in m³): $a^3 = \left(\frac{1}{2}\sqrt{2}\right)^3 = \frac{1}{8} \cdot 2 \cdot \sqrt{2} = \frac{1}{4}\sqrt{2} \approx 0{,}354$
   Der Würfel hat eine Kantenlänge von ungefähr 71 cm und ein Volumen von ungefähr 354 dm³.

3. a) $\sqrt{100} = 10$
   b) $\sqrt{4} = 2$
   c) $(\sqrt{20})^2 + 2\sqrt{20}\sqrt{5} + (\sqrt{5})^2 = 20 + 2\sqrt{100} + 5 = 20 + 20 + 5 = 45$
   d) $2\sqrt{5} + \sqrt{5} = 3\sqrt{5}$

4. a) $3 \cdot |a|$
   b) $5x$ für $x \geq 0$
   c) x^3 für $x \geq 0$
   d) $y\sqrt{y}$ für $y \geq 0$
   e) $a + \sqrt{a}$ für $a \geq 0$
   f) $a + 2\sqrt{3ab} + 3b$ für $a \geq 0$, $b \geq 0$
   g) $12uv$ für $u \geq 0$, $v \geq 0$
   h) $\frac{7|a|}{2|b||c|}$
   i) $3\sqrt{a} - 3a\sqrt{a}$ für $a \geq 0$
   j) $|a + b|$

5. a) $2 \cdot \sqrt{3}$ b) $3 \cdot \sqrt{5}$ c) $|a| \cdot \sqrt{5}$ d) $1{,}2 \cdot |x| \cdot \sqrt{y}$ für $y \geq 0$

6. a) $5\sqrt{2}$ b) $\sqrt{3} - 9\sqrt{2}$ c) $-\sqrt{2}$ d) $22\sqrt{3}$

7. a) $\frac{5}{\sqrt{3}} = \frac{5 \cdot \sqrt{3}}{\sqrt{3} \cdot \sqrt{3}} = \frac{5}{3}\sqrt{3}$
   b) $\frac{a}{\sqrt{z}} = \frac{a \cdot \sqrt{z}}{\sqrt{z} \cdot \sqrt{z}} = \frac{a}{z}\sqrt{z}$ für $z > 0$
   c) $\frac{7}{4 - \sqrt{2}} = \frac{7 \cdot (4 + \sqrt{2})}{(4 - \sqrt{2})(4 + \sqrt{2})} = \frac{28 + 7\sqrt{2}}{16 - 2} = \frac{28 + 7\sqrt{2}}{14} = 2 + \frac{1}{2}\sqrt{2}$
   d) $\frac{\sqrt{a}}{\sqrt{3} - \sqrt{5}} = \frac{\sqrt{a} \cdot (\sqrt{3} + \sqrt{5})}{(\sqrt{3} - \sqrt{5})(\sqrt{3} + \sqrt{5})} = \frac{\sqrt{a}(\sqrt{3} + \sqrt{5})}{3 - 5} = -\frac{1}{2}(\sqrt{3} + \sqrt{5})\sqrt{a}$ für $a \geq 0$

Seite 55

1. a) $c = \sqrt{a^2 - b^2} = 100$ cm   c) $b = \sqrt{c^2 - a^2} = 39$ cm
   b) $b = \sqrt{c^2 + a^2} = 75$ cm   d) $r = \sqrt{s^2 - t^2} = 28$ cm

Seite 56

2. a) $h = \sqrt{s^2 - \left(\frac{g}{2}\right)^2} = \sqrt{(85\,\text{cm})^2 - \left(\frac{72\,\text{cm}}{2}\right)^2} = 77$ cm; $A = \frac{g \cdot h}{2} = 2772$ cm²
   b) $h = \frac{a}{2}\sqrt{3} = 13\,\text{cm} \cdot \sqrt{3} \approx 22{,}5$ cm; $A = \frac{a^2}{4} \cdot \sqrt{3} = 169 \cdot \sqrt{3}$ cm² $\approx 292{,}72$ cm²

3. a) $d = \sqrt{(2\,\text{cm})^2 + (2\,\text{cm})^2} = 2\sqrt{2}$ cm $\approx 2{,}8$ cm
      $e = \sqrt{d^2 + (2\,\text{cm})^2} = 2\sqrt{3}$ cm $\approx 3{,}5$ cm
   b) $d = \sqrt{(3\,\text{cm})^2 + (3\,\text{cm})^2} = 3\sqrt{2}$ cm $\approx 4{,}2$ cm
      $e = \sqrt{d^2 + (2\,\text{cm})^2} = \sqrt{22}$ cm $\approx 4{,}7$ cm
   c) $d = \sqrt{(3\,\text{cm})^2 + (2\,\text{cm})^2} = \sqrt{13}$ cm $\approx 3{,}61$ cm
      $e = \sqrt{d^2 + (1\,\text{cm})^2} = \sqrt{14}$ cm $\approx 3{,}74$ cm

Seite 56

4. $l = 4 \cdot \sqrt{(60\,m)^2 + \left(\frac{3}{4} \cdot 120\,m\right)^2}$
   $= 4 \cdot \sqrt{(60\,m)^2 + (90\,m)^2}$
   $= 4 \cdot 30 \cdot \sqrt{13}\,m \approx 432{,}67\,m \approx 433\,m$

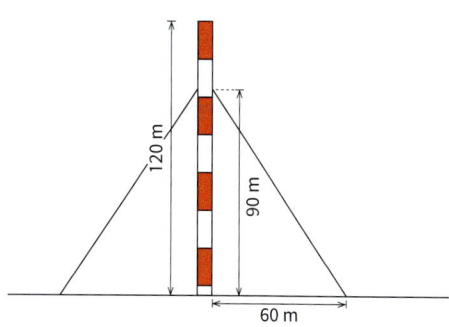

5. a) $s = \sqrt{(3{,}50\,m)^2 + (3{,}50\,m)^2} = 3{,}5 \cdot \sqrt{2}\,m \approx 4{,}95\,m$
   b) $K = 2 \cdot s \cdot 60\,m \cdot 36\,\frac{€}{m^2} \cdot 1{,}19 \approx 25\,446\,€;$
   Die Kosten belaufen sich auf etwa 25 400 €.

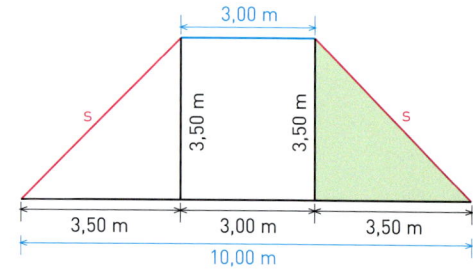

6. $(0{,}3\,cm)^2 + (l - 0{,}12\,cm)^2 = l^2$
   $6\,cm \approx l$
   Das Pendel ist etwa 6 cm lang.

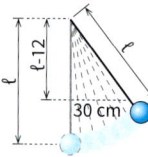

7. Für die ungefähr 3 367 cm² große Fläche müssen 15 Stiefmütterchen gekauft werden.

8. Im rechtwinkligen Dreieck ist die Hypotenuse die längste Seite. Wir prüfen:
   $(39\,cm)^2 + (52\,cm)^2 \overset{?}{=} (65\,cm)^2$
   $4\,225\,cm^2 \,\,\,= 4\,225\,cm^2$
   Das Dreieck mit den angegebenen Seitenlängen ist rechtwinklig.

9. Es gibt teilweise mehrere Möglichkeiten, die fehlenden Größen mit dem Satz des Pythagoras, dem Kathetensatz oder dem Höhensatz zu berechnen.
   a) $c = \frac{b}{q} = 9\,cm$
   $p = c - q = 5\,cm$
   $a = \sqrt{c^2 - b^2} = 3 \cdot \sqrt{5}\,cm \approx 6{,}7\,cm$
   $h = \sqrt{b^2 - q^2} = 2 \cdot \sqrt{5}\,cm \approx 4{,}5\,cm$
   $A = \frac{a \cdot b}{2} = \frac{c \cdot h}{2} = 9 \cdot \sqrt{5}\,cm^2 \approx 20{,}12\,cm^2$
   b) $c = p + q = 7\,cm$
   $h = \sqrt{p + q} = \sqrt{12}\,cm = 2\sqrt{3}\,cm \approx 3{,}5\,cm$
   $a = \sqrt{p^2 + h^2} = \sqrt{21}\,cm \approx 4{,}6\,cm$
   $b = \sqrt{q^2 + h^2} = \sqrt{28}\,cm = 2\sqrt{7}\,cm \approx 5{,}3\,cm$
   $A = \frac{c \cdot h}{2} = \frac{7\,cm \cdot 2\sqrt{3}\,cm}{2} = 7\sqrt{3}\,cm^2 \approx 12{,}14\,cm^2$

Seite 56

10. *Kathetensatz – Konstruktion*   *Höhensatz – Konstruktion*

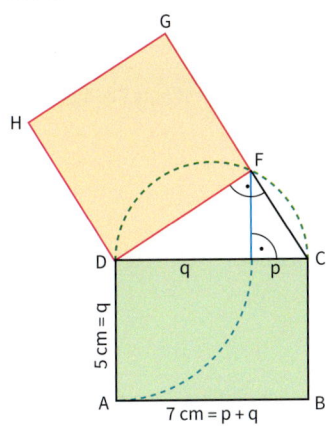
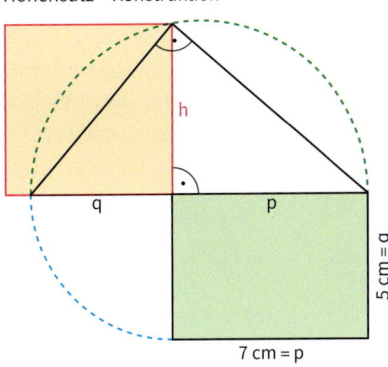

Seite 125

1. a) Um 1 nach links verschobene Normalparabel.
   b) Um 2 nach unten verschobene Normalparabel.
   c) Um 1 nach links und um 4 nach unten verschobene Normalparabel.

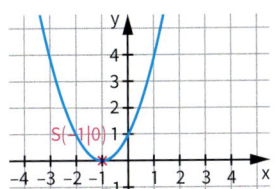
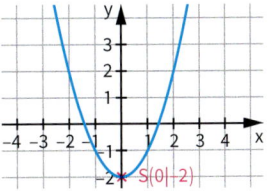
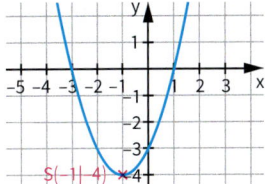

d) Um 2 nach rechts verschobene Normalparabel.
e) Um 2 nach rechts und um 3 nach oben verschobene Normalparabel.
f) Gespiegelte, um 1 nach links und um 4 nach unten verschobene Normalparabel.

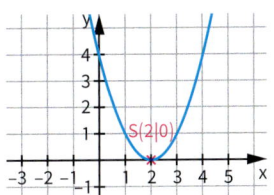
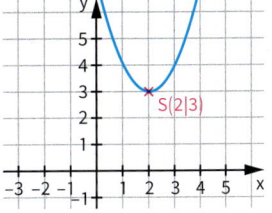
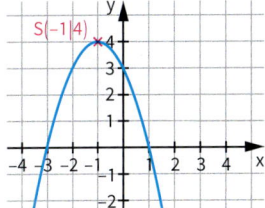

g) Um 1 nach links und um 4 nach unten verschobene, mit dem Faktor 2 gestreckte Normalparabel.
h) Gespiegelte, um 2 nach rechts und um 3 nach oben verschobene, mit dem Faktor $\frac{1}{2}$ gestauchte Normalparabel.
i) Gespiegelte, um 2 nach rechts und um 4 nach oben verschobene Normalparabel.

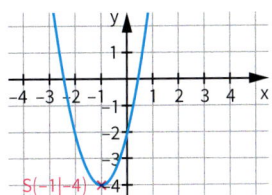
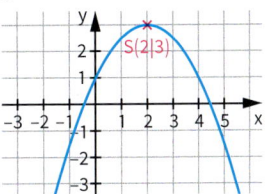
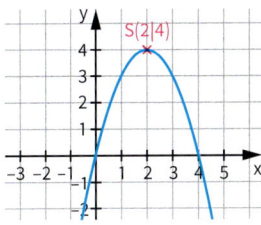

Seite 126

2. a) $f(x) = -x^2 + 4$
   b) $f(x) = (x + 1)^2 - 1$
   c) $f(x) = \frac{1}{2}(x - 1)^2 - 2$

Seite 126

3. a) $y = (x-9)^2 - 1$, Scheitelpunkt $S(9|-1)$; nach oben geöffnete Parabel.
Der Graph fällt für $x \leq 9$ und steigt für $x \geq 9$.
b) $y = -3(x+2)^2 + 192$; Scheitelpunkt $S(-2|192)$; nach unten geöffnete Parabel.
Der Graph steigt für $x \leq -2$ und fällt für $x \geq -2$.
c) $y = -\frac{1}{2}(x-7)^2 + \frac{9}{2}$; Scheitelpunkt $S(7|4,5)$; nach unten geöffnete Parabel.
Der Graph steigt für $x \leq 7$ und fällt für $x \geq 7$.

4. a) $L = \{-11; -1\}$ b) $L = \{4\}$ c) $L = \{-\frac{1}{4}; \frac{1}{2}\}$ d) $L = \{\ \}$ e) $L = \{-4\frac{1}{2}; \frac{2}{3}\}$ f) $L = \{-4; 6\}$

5. a) $f(x) = (x+1)^2 - 9$
   (1) Nullstellen: $x_1 = -4$; $x_2 = 2$
   (2) Scheitelpunkt $S(-1|-9)$; tiefster Punkt (nach oben geöffnete Parabel)
   (3) $Q_1(0|-8)$; $Q_2(-2|-8)$
   (4) $x_1 = -1 - \sqrt{13} \approx -4,6$; $x_2 = -1 + \sqrt{13} \approx 2,6$
   b) $f(x) = -(x+5)^2 + 4$
   (1) Nullstellen: $x_1 = -7$; $x_2 = -3$
   (2) Scheitelpunkt $S(-5|4)$; höchster Punkt (nach unten geöffnete Parabel)
   (3) $Q_1(0|-21)$; $Q_2(-10|-21)$
   (4) $x_1 = -5$
   c) $f(x) = -4(x-2,5)^2$
   (1) Nullstellen: $x_1 = 2,5$
   (2) Scheitelpunkt $S(2,5|0)$; höchster Punkt (nach unten geöffnete Parabel)
   (3) $Q_1(0|-25)$; $Q_2(5|-25)$
   (4) Da S der höchste Punkt ist, sind alle Funktionswerte kleiner als 4.

6. Länge der kürzeren Seite (in cm): x;
Länge der längeren Seite (in cm): $x + 5$
Gleichung: $x(x+5) = 300$; umgeformt: $x^2 + 5x - 300 = 0$
Lösungsmenge: $L = \{-20; 15\}$; -20 entfällt als Lösung, da Längen positiv sind.
Das Rechteck hat die Seitenlängen 15 cm und 20 cm.

7. Das Bild hat den Flächeninhalt $A_B = 20\,\text{cm} \cdot 30\,\text{cm} = 600\,\text{cm}^2$.
Da dieses $100\% - 40\% = 60\%$ der Gesamtfläche sind, beträgt der Flächeninhalt der Gesamtfläche $A_G = 1\,000\,\text{cm}^2$.
Der Flächeninhalt des Passepartouts beträgt $A_P = 400\,\text{cm}^2$.
Für die Breite x (in cm) des Passepartouts hat die Gesamtfläche die Seitenlängen $30\,\text{cm} + 2x$ und $20\,\text{cm} + 2x$.
Damit erhält man: Gleichung: $(20 + 2x)(30 + 2x) = 1\,000$; umgeformt: $x^2 + 25x - 100 = 0$
Lösungsmenge: $L = \{\frac{5}{2}(\sqrt{41} - 5); -\frac{5}{2}(\sqrt{41} + 5)\}$;
$-\frac{5}{2}(\sqrt{41} + 5)$ entfällt als Lösung, da Längen positiv sind.
Das Passepartout hat die Breite $\frac{5}{2}(\sqrt{41} - 5)\,\text{cm} \approx 3,5\,\text{cm}$.

8. $f(a) = 6a^2$

9. Breite des Rechtecks (in m): x
Länge des Rechtecks (in m): $(300 - 2x) : 2 = 150 - x$
Gleichung: $y = x(150 - x)$
$= 150x - x^2$
$= -(x^2 - 150x)$
$= -((x - 75)^2 - 75^2)$
$= -(x - 75)^2 + 5\,625$
Man erhält eine nach unten geöffnete Parabel mit dem Scheitelpunkt $S(75|5625)$.
Den größten Wert erhält man also für $x = 75$.
Ergebnis: Die Weide sollte 75 m lang und 75 m breit sein. Der Flächeninhalt beträgt dann $5\,625\,\text{m}^2$.

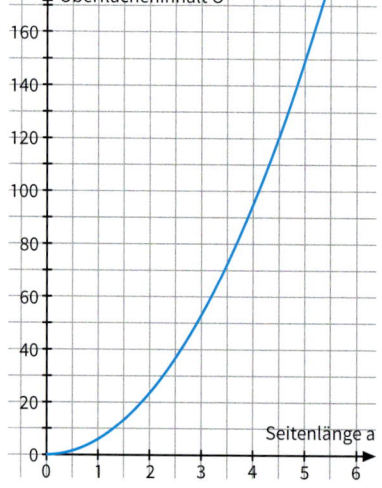

Lösungen zu Bist du fit?

Seite 148

1. a)

	besitzt Smartphone	besitzt kein Smartphone	Gesamt
Mädchen	60	503	563
Junge	68	369	437
Gesamt	128	872	1 000

b)
(1) P(Jugendlicher besitzt ein Smartphone) = $\frac{128}{1\,000} \approx 0{,}128 \approx 12{,}8\,\%$

(2) P(Mädchen besitzt kein Smartphone) = $\frac{503}{563} \approx 0{,}893 \approx 89{,}3\,\%$

(3) P(Smartphonebesitzer ist ein Mädchen) = $\frac{60}{128} \approx 0{,}479 \approx 47{,}9\,\%$

(4) P(Kein Smartphonebesitzer ist ein Junge) = $\frac{369}{872} \approx 0{,}423 \approx 42{,}3\,\%$

2. Heimmannschaft: H   Gastmannschaft: G

Baumdiagramm:

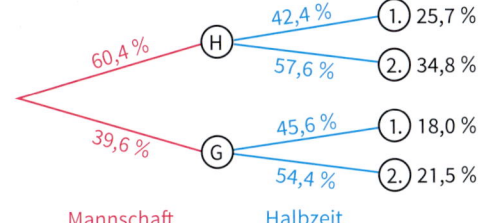

Mannschaft   Halbzeit

Umgekehrtes Baumdiagramm:

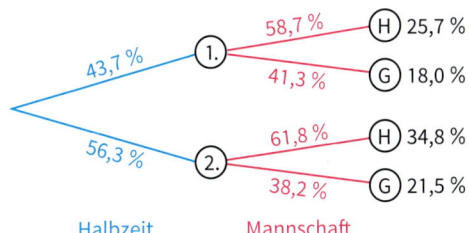

Halbzeit   Mannschaft

Vierfeldertafel:

		Halbzeit		gesamt
		1.	2.	
Mann-schaft	Heim	25,7 %	34,8 %	60,4 %
	Gast	18,0 %	21,5 %	39,6 %
	gesamt	43,7 %	56,3 %	100 %

Zeitungsartikel, zum Beispiel:
Fußballstatistiker haben festgestellt:
In der Fußball-Bundesliga werden etwa 60 % aller Tore durch die Heimmannschaft erzielt. Während die Heimmannschaft gut 42 % ihrer Tore in der 1. Halbzeit schießt, sind es bei der Gastmannschaft in der 1. Halbzeit sogar fast 46 % ihrer Tore.

3. *Baumdiagramm*

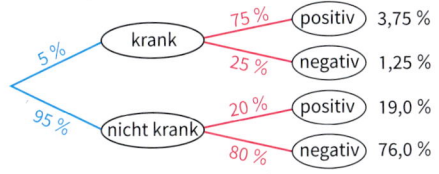

Erkrankung   Testergebnis

Umgekehrtes Baumdiagramm

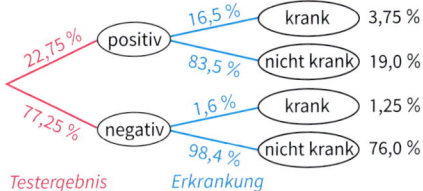

Testergebnis   Erkrankung

Vierfeldertafel für 10 000

		Testergebnis		gesamt
		positiv	negativ	
Erkrankung	krank	375	125	500
	nicht krank	1900	7600	9500
	gesamt	2275	7725	10 000

Ablesbare Informationen (Beispiel):
Wird das Schnelltestverfahren flächendeckend in der Bevölkerung durchgeführt, dann würden in ca. 22,75 % der Untersuchungen positive Testergebnisse auftreten; allerdings wären von diesen Personen mit positivem Testergebnis nur 16,5 % tatsächlich infiziert. Unter den Personen mit negativem Testergebnis sind nur ca. 1,6 % tatsächlich infizierte Personen.

Seite 148

4. a) Wir zeichnen zunächst das zugehörige Baumdiagramm:

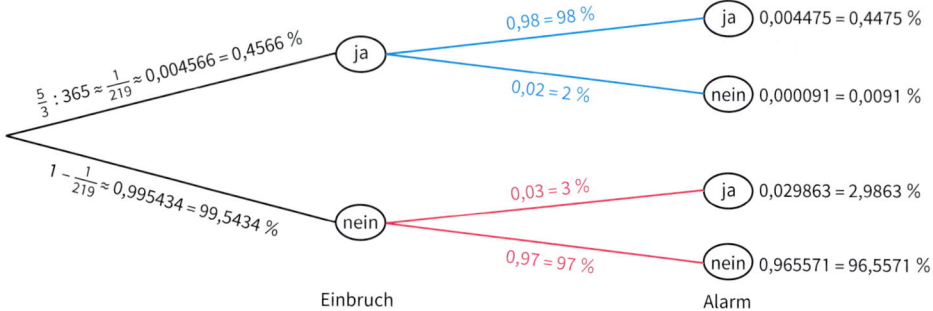

Aus diesem Baumdiagramm können wir die zugehörige Vierfeldertafel erstellen.

		Einbruch		Gesamt
		ja	nein	
Alarm	ja	0,4475 %	2,9863 %	3,4338 %
	nein	0,0091 %	96,5571 %	96,5662 %
gesamt		0,4566 %	99,5434 %	100 %

b) Wahrscheinlichkeit dafür, dass der Alarm ausgelöst wird, ohne dass eingebrochen wurde:

$P = \frac{2{,}9863\,\%}{3{,}4338\,\%} \approx 0{,}8697 = 86{,}97\,\%$.

In rund 87 % der Fälle, in denen die Alarmanlage auslöst, findet gar kein Einbruch statt.

c) Dann ist die Wahrscheinlichkeit, dass an einem beliebigen Tag ein Fehlalarm stattfindet, nicht mehr 3 %, sondern nur noch $\frac{3}{365} \approx 0{,}8221\,\%$.

Wir notieren zunächst wieder die Änderungen im Baumdiagramm

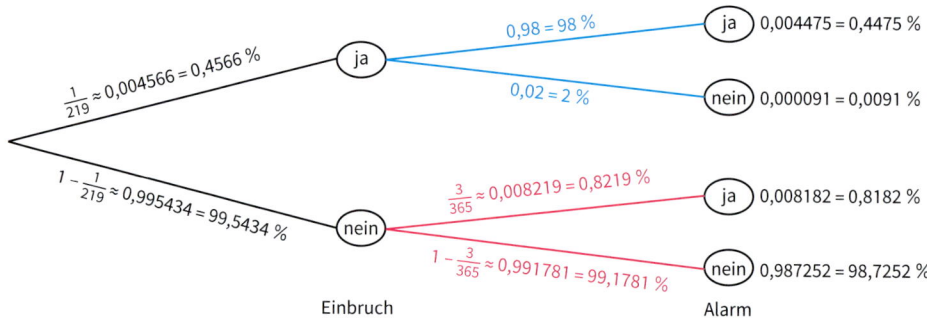

Daraus ergibt sich die folgende Vierfeldertafel:

		Einbruch		Gesamt
		ja	nein	
Alarm	ja	0,4475 %	0,8182 %	1,2657 %
	nein	0,0091 %	98,7252 %	98,7343 %
gesamt		0,4566 %	99,5434 %	100 %

Vorher betrug die Wahrscheinlichkeit, dass bei einem Alarm tatsächlich eingebrochen wurde, 100 % – 86,97 % = 13,03 %.

Jetzt beträgt die Wahrscheinlichkeit für diesen Fall $\frac{0{,}4475\,\%}{1{,}2657\,\%} = 35{,}36\,\%$. Also hat sich die Wahrscheinlichkeit fast verdreifacht.

Lösungen zu Bist du fit?

Seite 148

4. d) Wir in Teilaufgabe a) zeichnen zunächst wieder das zugehörige Baumdiagramm:

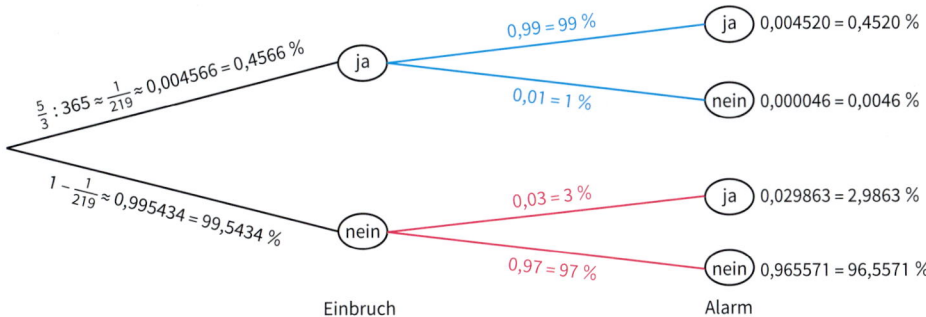

Daraus ergibt sich wieder die folgende Vierfeldertafel:

		Einbruch		Gesamt
		ja	nein	
Alarm	ja	0,4520 %	2,9863 %	3,4338 %
	nein	0,0046 %	96,5571 %	96,5662 %
gesamt		0,4566 %	99,5434 %	100 %

Daraus ergibt sich, dass in $\frac{2,9863\%}{3,4383\%} \approx 0,8685 = 86,85\%$, also ungefähr 87 % der Fälle, in denen die Alarmanlage auslöst, findet gar kein Einbruch statt.

Für die Fragestellung in Teilaufgabe c) notieren wir zunächst wieder die Änderungen im Baumdiagramm:

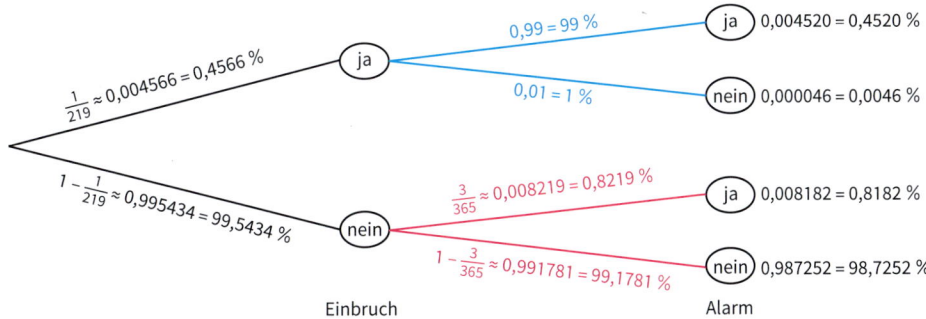

Daraus ergibt sich wieder die folgende Vierfeldertafel:

		Einbruch		Gesamt
		ja	nein	
Alarm	ja	0,4520 %	0,8182 %	1,2702 %
	nein	0,0046 %	98,7252 %	98,7298 %
gesamt		0,4566 %	99,5434 %	100 %

Vorher betrug die Wahrscheinlichkeit, dass bei einem Alarm tatsächlich eingebrochen wurde, 100 % − 86,85 % = 13,15 %.
Jetzt beträgt die Wahrscheinlichkeit für diesen Fall $\frac{0,4520\%}{1,2702\%} = 35,58\%$. Also hat sich die Wahrscheinlichkeit fast verdreifacht.

Seite 188

1. A ähnlich H; k = 1   B ähnlich E; k = $\frac{1}{2}$ E ähnlich B; k = 2   F ähnlich B; k = $\frac{4}{3}$

   H ähnlich A; k = 1   I ähnlich A; k = $\frac{1}{2}$ A ähnlich I; k = 2   B ähnlich F; k = $\frac{3}{4}$

   E ähnlich F; k = $\frac{3}{2}$ F ähnlich E; k = $\frac{2}{3}$ H ähnlich I; k = 2   I ähnlich H; k = $\frac{1}{2}$

2. a) Die Größe der Winkel bleibt erhalten. Nur das Dreieck in (2) ist ähnlich zum Dreieck ABC.
   b) Für diese Dreiecke gilt: $\frac{a^*}{a} = \frac{b^*}{b} = \frac{c^*}{c}$

3. a) a_2 = 9,6 cm; c_2 = 3,2 cm   b) b_2 = 5,75 dm; c_1 = 2,16 dm   c) a_2 = 12,32 km; b_2 = 5,46 km

Seite 188

4. $x = |DE| = \frac{|CD|}{|BC|} \cdot |AB| = 75{,}25$ m

   Er ist also 75,25 m breit.

5. $h = \frac{12{,}75\,m}{1{,}56\,m} \cdot 1{,}30\,m = 10{,}625\,m \approx 10{,}63 \approx 11\,m$

6. $\frac{x}{2{,}40\,m} = \frac{0{,}80\,m}{1{,}20\,m}$, also $x = \frac{0{,}80\,m \cdot 2{,}40\,m}{1{,}20\,m} = 1{,}60\,m$

   Die Stütze wurde 1,60 m vom Dachstuhlende eingefügt.

7. Mithilfe zueinander ähnlicher Dreiecke erhält man (s. Abbildung rechts):

   $\frac{x}{2{,}10\,m} = \frac{1{,}60\,m}{4{,}00\,m}$

   $x = 0{,}84$ m

   $h = 1{,}40\,m + 0{,}84\,m = 2{,}24\,m$

   Der Schrank dürfte nur 2,24 m hoch sein.
   Er passt also nicht in das Zimmer.

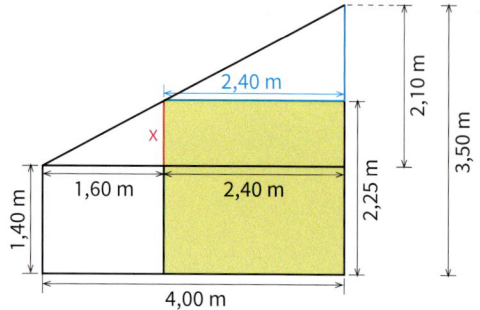

Seite 220

1. a) $\alpha = 90° - \beta = 76°$
   $b = a \cdot \tan(\beta) \approx 1{,}7$ cm
   $c = \frac{a}{\cos(\beta)} \approx 7{,}2$ cm
   $u \approx 15{,}9$ cm ≈ 16 cm
   $A = \frac{1}{2} a b \approx 5{,}95$ cm² ≈ 6 cm²

   b) $\gamma = 90° - \alpha = 46°$
   $b = \frac{a}{\sin(\alpha)} \approx 6{,}3$ cm
   $c = \frac{a}{\tan(\alpha)} \approx 4{,}6$ cm
   $u \approx 15{,}3$ cm
   $A = \frac{1}{2} a c \approx 10{,}12$ cm² ≈ 10 cm²

   c) $\beta = 90° - \gamma = 32°$
   $b = a \cdot \cos(\gamma) \approx 98{,}04$ m ≈ 98 m
   $c = a \cdot \sin(\gamma) \approx 156{,}89$ m ≈ 157 m
   $u \approx 439{,}92$ m ≈ 440 m
   $A = \frac{1}{2} b c \approx 7690{,}31$ m² ≈ 7690 m²

   d) $\alpha = 90° - \beta = 56°$
   $a = c \cdot \cos(\beta) \approx 33{,}99$ m ≈ 34 m
   $b = c \cdot \sin(\beta) \approx 22{,}93$ m ≈ 23 m
   $u \approx 97{,}92$ m ≈ 98 m
   $A = \frac{1}{2} a b \approx 389{,}65$ m² ≈ 390 m²

   e) $\alpha = 90° - \beta = 47°$
   $a = \frac{b}{\tan(\beta)} \approx 90{,}1$ cm ≈ 90 cm
   $c = \frac{b}{\sin(\beta)} \approx 123{,}2$ cm
   $u \approx 297{,}2$ cm ≈ 297 cm
   $A = \frac{1}{2} a b \approx 3783{,}32$ cm² ≈ 3783 cm²

   f) $\alpha = 90° - \gamma = 39°$
   $a = \frac{c}{\tan(\gamma)} \approx 6{,}3$ cm
   $b = \frac{c}{\sin(\gamma)} \approx 10{,}0$ cm
   $u \approx 24{,}2$ cm
   $A = \frac{1}{2} a c \approx 24{,}63$ cm² ≈ 25 cm²

2. a) $b = a = 14$ cm
   $h_c = \sqrt{a^2 - \left(\frac{c}{2}\right)^2} \approx 11{,}1$ cm
   $\sin(\alpha) = \frac{h_c}{a} \approx 0{,}7946$, also $\alpha = \beta \approx 52{,}6°$

   b) $\alpha = \beta = (180° - \gamma) : 2 = 27°$
   $a = b = \frac{\frac{c}{2}}{\cos(\alpha)} \approx 84{,}17$ m

   c) $\beta = \alpha = 77°$
   $\gamma = 180° - \alpha - \beta = 26°$
   $a = b = \frac{\frac{c}{2}}{\cos(\alpha)} \approx 51{,}12$ m

   d) $b = a = 67$ m
   $\alpha = \beta = (180° - \gamma) : 2 = 62{,}5°$
   $c = 2 \cdot a \cdot \cos(\alpha) \approx 61{,}87$ m

   e) $b = a = 104{,}7$ cm
   $\beta = \alpha = 17°$
   $\gamma = 180° - \alpha - \beta = 146°$
   $c = 2 \cdot a \cdot \cos(\alpha) \approx 200{,}25$ cm

   f) $\beta = \alpha = 36°$
   $\gamma = 180° - \alpha - \beta = 108°$
   $c = 2 \cdot \frac{h_c}{\tan(\alpha)} \approx 68{,}82$ m

   $\gamma = 180° - \alpha - \beta \approx 74{,}8°$
   $A = \frac{1}{2} c \cdot h_c \approx 94{,}56$ cm² ≈ 95 cm²

   $h_c = \frac{c}{2} \cdot \tan(\alpha) \approx 38{,}21$ m
   $A = \frac{1}{2} c \cdot h_c \approx 2866{,}08$ m² ≈ 2866 m²

   $h_c = \frac{c}{2} \cdot \tan(\alpha) \approx 49{,}81$ m
   $A = \frac{1}{2} c \cdot h_c \approx 572{,}84$ m² ≈ 573 m²

   $h_c = a \cdot \sin(\alpha) \approx 59{,}43$ m
   $A = \frac{1}{2} c \cdot h_c \approx 1838{,}59$ m² ≈ 1839 m²

   $h_c = a \cdot \sin(\alpha) \approx 30{,}6$ cm
   $A = \frac{1}{2} c \cdot h_c \approx 3064{,}96$ cm² ≈ 3065 cm²

   $a = b = \frac{h_c}{\sin(\alpha)} \approx 42{,}53$ m
   $A = \frac{1}{2} c \cdot h_c \approx 860{,}24$ m² ≈ 860 m²

Lösungen zu Bist du fit?

Seite 220

3.
a) $\alpha \approx 26°$ oder $\alpha \approx 154°$
   $\alpha \approx 15°$ oder $\alpha \approx 165°$
b) $\alpha \approx 9°$ oder $\alpha \approx 171°$
   $\alpha \approx 80°$ oder $\alpha \approx 100°$
c) $\alpha \approx 170°$
   $\alpha \approx 48°$
d) $\alpha \approx 36°$
   $\alpha \approx 98°$

4.
a) $c = \sqrt{a^2 + b^2 - 2ab \cdot \cos(\gamma)} \approx 5{,}0\,\text{cm}$
   $\sin(\alpha) = \dfrac{a \cdot \sin(\gamma)}{c} \approx 0{,}9138$, also $\alpha = 66{,}0°$
   ($\alpha = 114°$ entfällt; Winkelsummensatz)
   $\beta = 180° - \alpha - \gamma \approx 47{,}0°$

b) $\sin(\alpha) = \dfrac{a \cdot \sin(\gamma)}{c} \approx 0{,}5359$, also $\alpha = 32{,}4°$
   ($\alpha = 147{,}6°$ entfällt; Winkelsummensatz)
   $\beta = 180° - \alpha - \gamma \approx 94{,}1°$ $\gamma = 180° - \alpha - \beta \approx 39{,}4°$

c) $a = \sqrt{b^2 + c^2 - 2bc \cdot \cos(\alpha)} \approx 4{,}959\,\text{km} \approx 5{,}0\,\text{km}$
   $\cos(\beta) = \dfrac{a^2 + c^2 - b^2}{2 \cdot a \cdot c} \approx -0{,}2459$, also $\beta = 104{,}2°$
   $b = \dfrac{c \cdot \sin(\beta)}{\sin(\gamma)} \approx 11{,}2\,\text{cm}$

d) $\cos(\alpha) = \dfrac{b^2 + c^2 - a^2}{2 \cdot b \cdot c} \approx 0{,}3066$, also $\alpha \approx 72{,}1°$
   $\cos(\beta) = \dfrac{a^2 + c^2 - b^2}{2 \cdot a \cdot c} \approx 0{,}6419$, also $\beta \approx 50{,}1°$
   $\gamma = 180° - \alpha - \beta \approx 57{,}8°$

5.
a) $\cos(\alpha) = \dfrac{6\,\text{m}}{7\,\text{m}} = \dfrac{6}{7}$, also $\alpha \approx 31°$
b) $h = \sqrt{(7\,\text{m})^2 - (6\,\text{m})^2} \approx 3{,}61\,\text{m} \approx 3{,}6\,\text{m}$

6. $h = 8{,}72\,\text{m} \cdot \tan(46°) \approx 9{,}03\,\text{m} \approx 9\,\text{m}$

7. $\tan(\alpha) = \dfrac{3{,}40\,\text{m}}{2{,}10\,\text{m}} = \dfrac{34}{21} \approx 1{,}6190$, also $\alpha \approx 58{,}3°$
$\beta = 90° - \alpha \approx 31{,}7°$

8. $\tan(\alpha) = \dfrac{16}{100} = 0{,}16$, also $\alpha \approx 9{,}1°$
$h = 5\,\text{m} \cdot \sin(\alpha) \approx 0{,}79\,\text{m} \approx 0{,}8\,\text{m}$

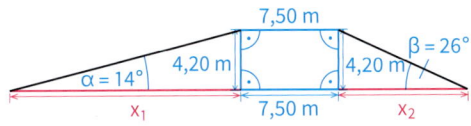

9. $x_1 = \dfrac{4{,}20\,\text{m}}{\tan(\alpha)} \approx 16{,}85\,\text{m}$
$x_2 = \dfrac{4{,}20\,\text{m}}{\tan(\beta)} \approx 8{,}61\,\text{m}$
Länge l der Deichsohle:
$l = 7{,}50\,\text{m} + x_1 + x_2 = 32{,}96\,\text{m} \approx 33\,\text{m}$

10. $\gamma = 90° - \beta = 44{,}5°$
$x = 10\,\text{m} \cdot \dfrac{\sin(\gamma)}{\sin(\delta)} \approx 334{,}68\,\text{m}$
$\delta = \beta - \alpha = 1{,}2°$
$h = x \cdot \sin(\alpha) \approx 233{,}75\,\text{m} \approx 234\,\text{m}$
Der Berg erhebt sich ungefähr 234 m über die Talsohle.

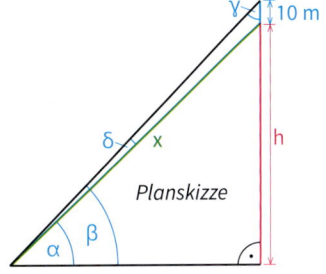

Planskizze

Verzeichnis mathematischer Symbole

$a = b$	a gleich b
$a \neq b$	a ungleich b
$a < b$	a kleiner b
$a > b$	a größer b
$a \approx b$	a ungefähr gleich b
$a + b$	a plus b; Summe aus a und b
$a - b$	a minus b; Differenz aus a und b
$a \cdot b$	a mal b; Produkt aus a und b
$a : b$	a durch b; Quotient aus a und b
$\lvert a \rvert$	Betrag von a
a^n	a hoch n; Potenz aus Basis a und Exponent n
$p\,\%$	p Prozent
$p\,‰$	p Promille
$\{1; 5; 8\}$	Menge mit den Elementen 1, 5, 8
$\{\ \}$	leere Menge
$\mathbb{N}\ [\mathbb{N}^*]$	Menge der natürlichen Zahlen [ohne null]
$\mathbb{Z}$	Menge der ganzen Zahlen
$\mathbb{Z}_+\ [\mathbb{Z}_+^*]$	Menge der nicht negativen ganzen Zahlen [ohne null]
$\mathbb{Q}$	Menge der rationalen Zahlen
$\mathbb{Q}_+\ [\mathbb{Q}_+^*]$	Menge der nicht negativen rationalen Zahlen [ohne null]
AB	Verbindungsgerade durch die Punkte A und B; Gerade durch A und B
$\overline{AB}$	Verbindungsstrecke der Punkte A und B; Strecke mit den Endpunkten A und B
$\overrightarrow{AB}$	Halbgerade mit dem Anfangspunkt A durch den Punkt B
$\lvert AB \rvert$	Länge der Strecke $\overline{AB}$
$g \parallel h$	g ist parallel zu h
$g \nparallel h$	g ist nicht parallel zu h
$g \perp h$	g ist orthogonal zu h
$g \not\perp h$	g ist nicht orthogonal zu h
ABC	Dreieck mit den Eckpunkten A, B und C
$ABCD$	Viereck mit den Eckpunkten A, B, C und D
$A(a \mid b)$	Punkt mit dem Rechtswert a und dem Hochwert b. a ist die 1. Koordinate, b die 2. Koordinate von A.
$h_a\ [h_b; h_c]$	Höhe eines Dreiecks zur Seite a [Seite b; Seite c]
$w_\alpha\ [w_\beta; w_\gamma]$	Länge der Abschnitte der Winkelhalbierenden im Dreieck

Stichwortverzeichnis

A
ähnlich   152, 166, 187
Ähnlichkeitsabbildung   167
Ähnlichkeitsfaktor   152, 187
Ähnlichkeitssatz für Dreiecke   169, 171, 187
– -es, Beweisen mithilfe des   171
allgemeine quadratische Gleichung   87, 100
Ankathete   192, 219

B
Baumdiagramm   136, 147
– en, Umkehren von   140, 147
Binomische Formeln   9, 25
Brennpunkt   121, 125

D
Dreieck
– -e, Flächeninhalt belibieger   215
– gleichschenkliges   203
– gleichseitiges   39
– en, Berechnungen in   39, 203, 206, 230
Diskriminante   95

E
Ergänzung, quadratische   75, 125
Euklid
– Höhensatz des   51, 55
– Kathetensatz des   52, 55
Extremwert   111

F
Flächenverhältnis   158
Funktion
–, quadratische   61, 87, 100, 124

G
Gegenkathete   192, 219
Goldener Schnitt   105

H
Höhensatz des Euklid   51, 55
Hypotenuse   35, 192, 219
– nabschnitt   51

K
Kathete   35, 192, 219
Kathetensatz des Euklid   52, 55
Kosinus   192, 197, 219
– -satz   212, 219

L
Längenverhältnis   153, 158
Leitlinie   121, 125
Linearfaktorzerlegung   99, 124
Lösen von
– Gleichungen   70, 81, 107
Lösung, exakte   118
Lösungsformel
– für quadratische Gleichungen   95, 125
Lösungsmenge   63

M
Maximum   111
Minimum   111
Modellieren   46, 107

N
Näherungslösung   118
Normalform   87, 95, 99, 125
Normalparabel   63, 124
– Strecken einer   80, 86, 124
– verschieben einer   67, 70, 124
Nullstelle   67

O
Optimieren   110

P
Parabeln   61
– als Abstandskurve   121
– als Ortslinien   125, 121
– Bestimmen von   115
– Schnittpunkt zweier   103
Paradoxien   145
Pfadregeln   127
Pythagoras
– Kehrsatz des   49, 55
– Satz des   35, 55
Pythagoreisches Zahlentripel   49

Q
Quadratfunktion   63, 124
quadratische Ergänzung   75, 125
quadratische Funktion   61, 87, 100, 124
quadratische Gleichung   87, 95, 99, 125
Quadratwurzel   13, 30
Quadrieren   22, 30

R
Radikand   13
Radizieren   13
Rückwärtsarbeiten   185

S
Scheitelpunktform   75, 100, 124
Schnittpunkt
– von Parabeln und Geraden   102
– zweier Parabeln   103
Schwerpunktsatz für Dreiecke   183
Sinus   192, 197, 207, 219
– -satz   208, 219
Strahlensatz, erster   174, 187
– erweiterter   175
– Kehrsatz   183
Strahlensatz, zweiter   174, 187
Streckenlängen   173, 187
Streckfaktor   80, 163
Streckung, zentrische   163
Streckzentrum   163

T
Tangens   192, 197, 219

V
Vieta, Satz von   99, 125
Vierfeldertafel   132, 136, 147
Vorwärtsarbeiten   185

W
Wachstum, quadratisches   63
Wurzelgesetze   18, 30
Wurzelzeichen   13

Wurzelziehen   13, 22, 30
–, teilweises   19, 23, 30

Z
zentrische Streckung   163

Bildquellenverzeichnis

|123RF.com, Hong Kong: Clarence Martin 28.4. |Alamy Stock Photo (RMB), Abingdon/Oxfordshire: Chattle, Matthew 151.1; Robert Matton AB 41.1; The History Collection 28.2. |Armbrust, Stephanie, Wiesbaden: Zentrische Streckung - Kurt Armbrust, Wiesbaden (1924-2009) 162.1. |Bildagentur Geduldig, Maulbronn: 198.1. |bildagentur-online GmbH, Burgkunstadt: Universal History Archiv/U.I.G 52.2. |Blickwinkel, Witten: McPHOTO 57.2. |Caro Fotoagentur, Berlin: Seeberg 4.1, 129.1, 199.3. |Dietmar Hasenpusch Photo-Productions, Schenefeld: 150.4. |F1online, Frankfurt/M.: Maskot 160.2. |Fabian, Michael, Hannover: 45.4, 47.2, 48.1, 58.2, 90.3, 118.1, 149.2, 153.1, 153.2, 161.2, 183.4. |Fotoagentur SVEN SIMON, Mülheim an der Ruhr: 168.1, 168.5. |fotolia.com, New York: ARochau 108.3; daseaford 4.3, 189.1; Denis Junker 64.1; Didier, Brandelet 44.4; dieter76 3.2, 11.2; Gosch, Ralf 45.2; Stefan Balk 151.4; Svt 200.3. |Gebrüder HAFF GmbH Feinmechanik, Pfronten: 181.1. |Getty Images, München: Hulton Archive 151.5; Panoramic Images 3.3, 31.1. |Getty Images (RF), München: Dorling Kindersley 14.2, 20.1, 24.1, 26.2, 36.3, 53.3, 64.5, 71.2, 76.1, 77.1, 88.1, 96.3, 97.1, 97.3, 101.4, 156.5, 169.4, 176.1, 194.1, 200.4, 209.3, 214.2; iStockvectors 52.4, 90.1, 164.1; iStockvectors/Tom Nulens 8.1, 12.1, 12.3, 25.1, 25.2, 25.3, 32.1, 32.3, 58.1, 58.3, 107.1, 130.1, 130.4, 150.1, 157.2, 157.5, 157.7, 190.1, 203.1; Nancy Brammer 3.4, 57.1; Paul Hudson 4.2, 149.1. |Griese, Dietmar, Laatzen: 10.1, 11.3, 12.2, 13.3, 14.1, 15.2, 15.3, 15.4, 16.1, 17.2, 18.1, 26.1, 26.3, 28.1, 28.3, 29.2, 29.3, 29.4, 30.1, 32.5, 33.2, 34.2, 35.2, 36.4, 38.1, 38.2, 40.2, 42.3, 43.2, 43.3, 43.4, 44.1, 46.1, 47.1, 49.1, 49.2, 50.1, 51.1, 51.5, 52.7, 53.1, 53.4, 53.5, 54.1, 56.3, 59.1, 59.2, 59.3, 61.2, 61.3, 62.1, 63.2, 65.1, 65.2, 66.1, 67.2, 68.8, 70.2, 72.1, 73.1, 75.1, 75.2, 76.2, 77.2, 78.2, 79.3, 80.3, 81.1, 83.1, 83.2, 83.6, 85.1, 88.2, 93.1, 94.1, 96.2, 97.2, 107.5, 110.1, 126.2, 127.2, 128.1, 130.3, 130.5, 145.1, 146.1, 156.6, 159.2, 161.1, 167.2, 168.2, 168.3, 170.2, 172.1, 172.2, 172.3, 173.2, 174.3, 175.2, 176.5, 176.7, 176.8, 176.9, 177.1, 178.3, 179.1, 181.2, 185.1, 188.3, 188.4, 190.2, 194.2, 195.1, 195.3, 197.3, 198.2, 199.2, 200.2, 200.5, 201.1, 201.2, 202.2, 204.3, 205.1, 205.2, 209.2, 209.4, 210.1, 210.2, 213.2, 214.1, 214.3, 214.4, 214.5, 215.2, 215.3, 217.4, 220.3. |Grünewald, Lothar (Urheber); Bundesministerium der Finanzen (Herausgeber), Berlin: Briefmarke Deutschland, 100 Jahre Müngstener Brücke, 1997 83.3. |Gust, Dietmar, Berlin: 139.2. |Interfoto, München: Blackpool 27.1; Photoaisa 35.5. |iStockphoto.com, Calgary: Adrio 112.6; Argestes 201.3; GoodLifeStudio 114.2; imetlion Titel; JerryPDX 116.2; Khrizmo 201.5; skodonnell 151.2; TommL 105.1. |Jochen Tack Fotografie, Essen: 160.1. |Kehrig, Dirk, Kottenheim: 216.3, 216.4, 217.2, 217.3. |Klaes, Holger, Wermelskirchen: 56.2. |Kluyver, Urs, Hamburg: 150.2. |Langner & Partner Werbeagentur GmbH, Hemmingen: 13.1, 29.1, 32.4, 39.2, 42.4, 43.1, 58.4, 58.5, 78.1, 80.1, 81.2, 83.5, 89.2, 91.1, 92.1, 92.3, 106.4, 114.1, 117.1, 118.2, 119.1, 119.2, 129.2, 130.2, 133.1, 134.1, 138.1, 151.6, 156.1, 157.1, 157.4, 158.2, 158.3, 158.4, 162.2, 168.6, 180.4, 189.3, 200.7, 201.4, 202.6. |Leemage, Berlin: 106.3, 109.4. |mauritius images GmbH, Mittenwald: P. Widmann 139.1; studiodiezwei 216.1. |mauritius images GmbH (RF), Mittenwald: SPL 154.2. |Microsoft Deutschland GmbH, München: 91.2. |Miniatur Wunderland Hamburg GmbH, Hamburg: 150.3. |OKAPIA KG - Michael Grzimek & Co., Frankfurt/M.: Juergen Hasenkopf/imageBROKER 128.4; LADE/Andree, D. 203.2; Uselmann, Manfred 84.1. |PantherMedia GmbH (panthermedia.net), München: Schirmer, Kai 3.1, 11.1; Travelphoto 57.4, 83.4. |picswiss.ch, Roland Zumbühl, Arlesheim: 194.4. |Picture-Alliance GmbH, Frankfurt a.M.: akg-images 151.3, 180.5; Arco Images/Scholz 202.1; Eibner-Pressefoto 144.1; Goldmann, Ralph 191.3; Henning Kaiser 146.2; Keystone 202.5; maxppp/Leemage 27.2; Sueddeutsche Zeitung Photo 57.3. |Pilatus-Bahnen AG, Kriens/Luzern (Schweiz): 194.3. |plainpicture, Hamburg: Johner 84.2. |Popko, Mathias, Meine: 56.5. |REUTERS, Berlin: Gentile, Tony 105.2. |Schlierf, Birgit und Olaf, Lachendorf: 9.1, 9.2, 9.3, 9.4, 11.4, 13.2, 14.3, 15.1, 24.2, 32.2, 33.1, 33.3, 34.1, 34.3, 34.4, 35.1, 35.3, 35.4, 36.1, 36.2, 37.1, 37.2, 37.3, 37.4, 37.5, 38.3, 39.1, 39.3, 39.4, 40.1, 40.3, 41.2, 41.4, 42.1, 44.2, 44.3, 44.5, 45.1, 45.3, 46.2, 47.3, 48.2, 50.2, 51.2, 51.3, 51.4, 52.1, 52.3, 52.5, 52.6, 53.2, 53.6, 53.7, 54.2, 54.3, 55.1, 55.2, 55.3, 55.4, 56.1, 56.4, 60.1, 60.2, 60.3, 61.1, 62.2, 63.1, 63.3, 63.4, 64.3, 64.4, 64.6, 66.2, 67.1, 67.3, 69.1, 70.1, 71.1, 71.3, 71.4, 71.5, 73.2, 73.3, 73.4, 74.1, 74.2, 76.3, 77.3, 78.3, 79.1, 79.2, 79.4, 80.2, 80.4, 81.3, 82.1, 82.2, 85.2, 86.1, 86.2, 86.3, 86.4, 89.1, 97.4, 97.5, 97.6, 97.7, 98.1, 98.2, 98.3, 98.4, 98.5, 98.6, 98.7, 99.1, 99.2, 99.3, 100.1, 100.2, 101.1, 101.2, 101.3, 101.5, 102.1, 102.2, 104.1, 105.3, 106.1, 106.5, 107.4, 108.1, 108.2, 109.1, 109.2, 109.3, 110.2, 111.1, 113.1, 113.2, 113.3, 113.4, 115.1, 115.2, 120.1, 121.1, 121.2, 121.3, 122.1, 122.2, 123.1, 124.1, 124.2, 125.1, 126.1, 127.1, 127.3, 128.2, 128.3, 135.1, 135.2, 135.3, 135.4, 136.1, 136.2, 139.3, 140.1, 141.1, 143.1, 144.2, 144.3, 145.2, 147.1, 148.1, 151.7, 152.1, 152.2, 153.3, 154.1, 154.3, 154.4, 155.1, 156.2, 156.3, 156.4, 157.3, 157.6, 157.8, 158.1, 159.1, 162.3, 163.1, 163.2, 163.3, 164.2, 164.3, 164.4, 164.5, 165.1, 165.2, 165.3, 166.1, 166.2, 166.3, 167.4, 168.4, 168.7, 169.1, 169.2, 169.3, 170.1, 170.3, 170.4, 171.1, 171.2, 171.3, 171.4, 173.1, 173.3, 174.1, 174.2, 175.1, 175.3, 175.4, 176.2, 176.3, 176.4, 176.6, 176.10, 177.2, 177.3, 178.1, 178.2, 179.2, 179.3, 179.4, 179.5, 180.1, 180.2, 180.3, 181.4, 182.1, 182.2, 183.1, 183.2, 183.3, 183.5, 183.6, 184.1, 184.2, 185.2, 185.3, 186.1, 186.2, 186.3, 186.4, 187.1, 187.2, 187.3, 187.4, 187.5, 188.1, 188.2, 191.2, 191.4, 191.5, 192.1, 192.2, 192.3, 193.1, 193.2, 193.3, 193.4, 195.2, 196.1, 196.2, 197.1, 198.3, 199.4, 200.6, 202.3, 202.4, 203.3, 203.4, 204.1, 204.2, 204.4, 204.5, 205.3, 205.4, 205.5, 206.1, 206.2, 206.3, 207.1, 207.2, 208.1, 208.2, 208.3, 209.1, 210.3, 211.1, 211.2, 212.1, 212.2, 212.3, 213.1, 215.1, 218.1, 218.2, 218.3, 219.1, 219.2, 219.3, 219.4, 219.5, 220.1, 220.2, 222.1, 222.2, 222.3, 223.1, 223.2, 223.3, 223.4, 223.5, 223.6, 223.7, 223.8, 223.9, 223.10, 223.11, 224.1, 225.1, 225.2, 225.3, 225.4, 226.1, 226.2, 227.1, 227.2, 228.1, 229.1, 229.2, 229.3. |Shutterstock.com, New York: Aerial-motion 107.2, 107.3; bibiphoto 131.1; Claudio Divizia 189.2; Dmitry Kalinovsky 132.1; gosphotodesign 167.1; Hoetink, Robert 92.2. |stock.adobe.com, Dublin: maho 41.3. |Suhr, Friedrich, Lüneburg: 116.1, 178.4. |Texas Instruments Education Technology GmbH, Freising: 16.2, 17.1, 19.1, 21.1, 23.1, 23.2, 25.4, 64.2, 65.3, 65.4, 65.5, 68.1, 68.2, 68.3, 68.4, 68.5, 68.6, 68.7, 95.1, 95.2, 95.3, 95.4, 95.5, 115.3, 115.4, 115.5, 118.3, 118.4, 119.3, 167.5, 167.6, 167.7, 197.2, 199.1; Redaktion 96.1, 103.1, 103.2, 103.3, 103.4, 103.5, 103.6, 104.2, 104.3, 104.4, 104.5, 104.6, 104.7, 112.1, 112.2, 112.3, 112.4, 112.5, 198.4. |The M.C. Escher Company B.V., Baarn: M.C. Escher's "Circle limit I" © 2016 The M.C. Escher Company-The Netherlands. All rights reserved. www.mcescher.com 167.3. |topset GmbH - Rudi Warttmann, Nürtingen: 216.2, 217.1. |ullstein bild, Berlin: Lambert 137.1. |vario images, Bonn: imageBROKER 106.2. |Visum Foto GmbH, Asbach: Aufwind-Luftbilder 191.1. |Warmuth, Torsten, Berlin: 31.2, 181.3, 200.1. |wikimedia.commons: Eric Rolph / cc-by-sa-2.5 117.2. |Willemsen, Thomas, Stadtlohn: 90.2. |Wilms, Ulrike, Mönchengladbach: 42.2.